人民邮电出版社

北京

图书在版编目（CIP）数据

变频空调器电控系统维修完全图解 ：彩色升级版 /
李志锋编著. -- 北京 ：人民邮电出版社，2014.6(2022.10重印)
ISBN 978-7-115-34880-7

Ⅰ. ①变… Ⅱ. ①李… Ⅲ. ①变频空调器—电子系统
—维修—图解 Ⅳ. ①TM925.120.7-64

中国版本图书馆CIP数据核字(2014)第062744号

内 容 提 要

本书通过大量实物照片向读者展示和介绍了变频空调器电控系统维修时必须了解的基础知识。全书从认识变频空调器常用电子元器件入手，详细介绍了变频空调器电控系统的原理和检修方法，并给出常见故障的维修技巧。

本书适合空调器维修人员自学或提高技能学习之用，还可作为中等职业学校空调器相关专业操作技能培训的参考书。

◆ 编　　著　李志锋
　责任编辑　张　鹏
　责任印制　程彦红

◆ 人民邮电出版社出版发行　　北京市丰台区成寿寺路 11 号
　邮编　100164　　电子邮件　315@ptpress.com.cn
　网址　http://www.ptpress.com.cn
　固安县铭成印刷有限公司印刷

◆ 开本：787×1092　1/16
　印张：17　　　　2014 年 6 月第 1 版
　字数：398 千字　　2022 年 10 月河北第 20 次印刷

定价：89.80 元

读者服务热线：(010) 81055493　印装质量热线：(010) 81055316
反盗版热线：(010) 81055315
广告经营许可证：京东市监广登字20170147号

前言 PREFACE

近年来，空调器的产销量不断增加，已成为家庭的必需品之一，随之而来的是售后维修服务的需求不断增加，这也需要更多的空调器维修人员进入这个领域。空调器作为季节性很强的一个产品，在其使用旺季时维修量也非常大，这就要求维修人员熟练掌握检修的基本知识和方法，能迅速检查出故障原因并予以排除。为此我们汇集多位空调器维修人员的实践经验编写了图解空调器维修系列图书，以帮助广大维修人员提高他们的维修技能。

本系列图书自出版以来受到广大维修人员的喜爱，对书中的内容也提出了许多意见，我们根据这些意见和建议对书中的内容进行了修正，同时将全部图片重新制作，编写了这套空调器维修完全图解系列图书的彩色升级版，改版升级后的系列图书包括《空调器维修基础知识完全图解（彩色升级版）》、《空调器电控系统维修完全图解（彩色升级版）》、《变频空调器电控系统维修完全图解（彩色升级版）》、《空调器电路板维修完全图解（彩色升级版）》4本。这套图书采用电路原理图与实物照片相结合（注：为了与实物照片相对应，原理图中的元器件标号未采用标准名称符号），在图片上增加标注，维修操作步骤全程图解的方法来介绍空调器各部分的结构和常见故障检修方法（注：为了方便维修人员阅读、理解，这套图书将“电动机”改为维修人员习惯的称呼“电机”，提请注意）。希望这种直观易懂的形式能帮助维修人员快速学会并掌握相关的知识，提高维修技能。

本套图书由李志锋主编，参加编写及为本套图书的编写提供帮助的人员还有李殿魁、李献勇、周涛、李嘉妍、李明相、李佳怡、班艳、王丽、殷将、刘提、刘均、金闯、金华勇、金坡、李文超、金科技、程战超等，在此对所有人员的辛勤工作表示由衷的感谢。

本书的编者长期从事空调器维修工作，由于能力、水平所限，加上编写时间仓促，书中难免有不妥之处，还希望广大读者提出宝贵的意见和建议。

编者

CONTENT

第1章 变频空调器基础知识

第3章 海信KFR-2601GW/BP室内机电控系统

第4章 海信KFR-2601GW/BP室外机电控系统

第5章 海信KFR-26GW/11BP电控系统

第1章 变频空调器基础知识

本章共分为6节，介绍变频空调器的基础知识，主要内容有变频空调器与定频空调器的硬件区别、工作原理与分类、单元电路对比、控制功能、特殊电气元器件和智能功率模块（IPM）。

第1节 变频空调器与定频空调器的硬件区别

本节选用海信空调器的两款机型，比较两类空调器硬件之间的相同点与不同点，以使读者对变频空调器有一个初步的了解。定频空调器选用典型的机型 KFR-25GW；变频空调器选用KFR-26GW/11BP，这是一款最普通的交流变频空调器。

一、室内机

1. 实物

见图1-1，两类空调器的进风格栅、进风口、出风口、导风板、显示板组件的设计形状和作用基本相同，部分部件甚至可以通用。

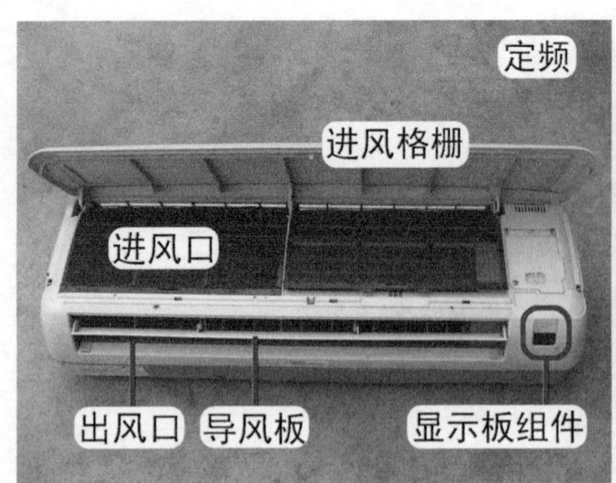

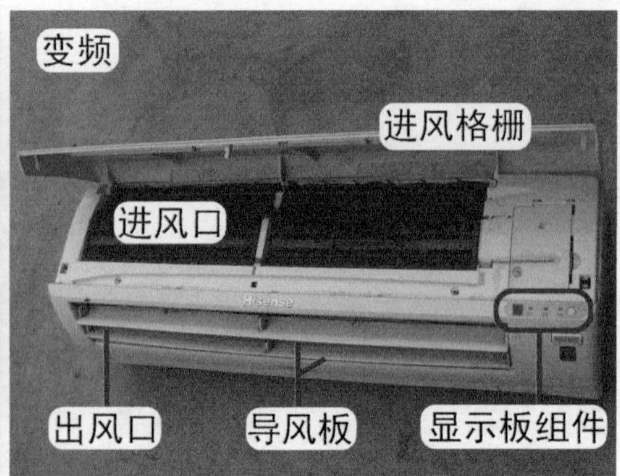

图1-1　室内机

2. 主要部件设计位置

见图1-2，两类空调器的主要部件设计位置基本相同，包括蒸发器、电控盒、接水盘、步进电机、导风板、贯流风扇和室内风机等。

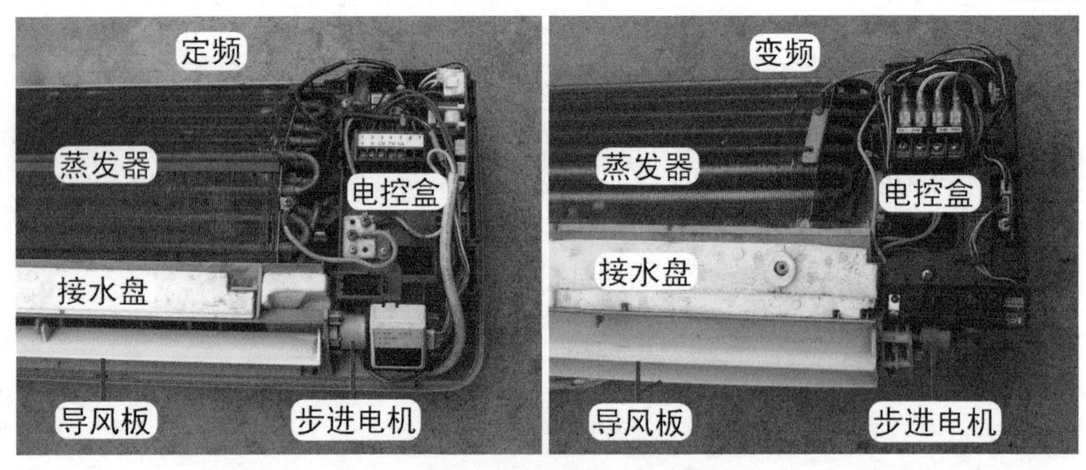

图1-2　室内机主要部件设计位置

3. 制冷系统

见图1-3，两类空调器的制冷系统设计相同，只有蒸发器。

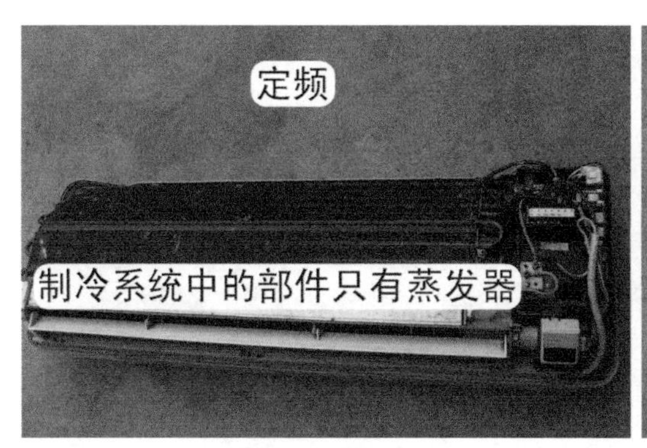

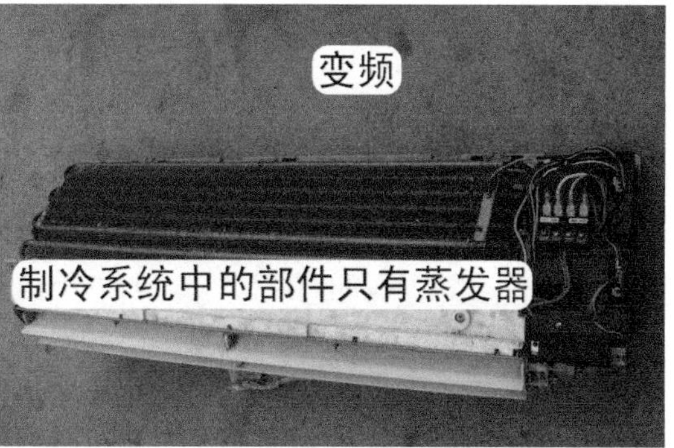

图1-3　室内机制冷系统部件

4. 通风系统

见图1-4，两类空调器的通风系统使用相同形式的贯流风扇，均由带有霍尔反馈功能的PG电机驱动，贯流风扇和PG电机在两类空调器中可以相互通用。

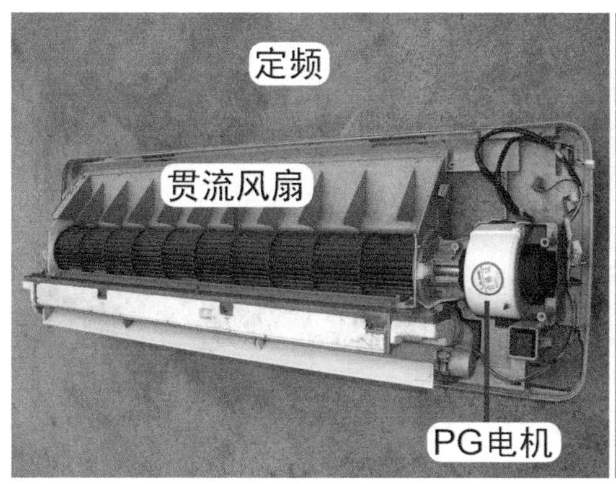

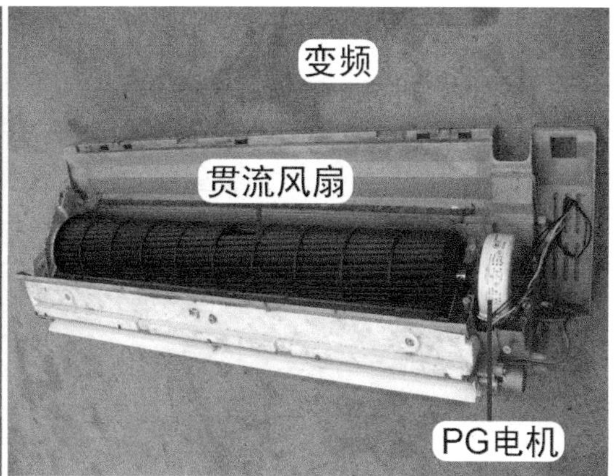

图1-4　室内机通风系统

5. 辅助系统

接水盘和导风板在两类空调器中的设计位置与作用相同。

6. 电控系统

两类空调器的室内机主板在控制原理方面的最大区别在于：定频空调器的室内机主板是整个电控系统的控制中心，对空调器整机进行控制，室外机不再设置电路板；变频空调器的室内机主板只是电控系统的一部分，工作时处理输入的信号，处理后的信号传送至室外机主板，才能对空调器整机进行控制，也就是说室内机主板和室外机主板结合起来才能构成一套完整的电控系统。

（1）室内机主板

两类空调器的室内机主板单元电路相似，所以在硬件方面有许多相同的地方。不同之处在于（见图1-5）：定频空调器的室内机主板使用3个继电器为压缩机、室外风机、四通阀线圈供电；变频空调器的室内机主板只使用1个继电器为室外机供电，并增加通信电路与室外机主板传递信息。

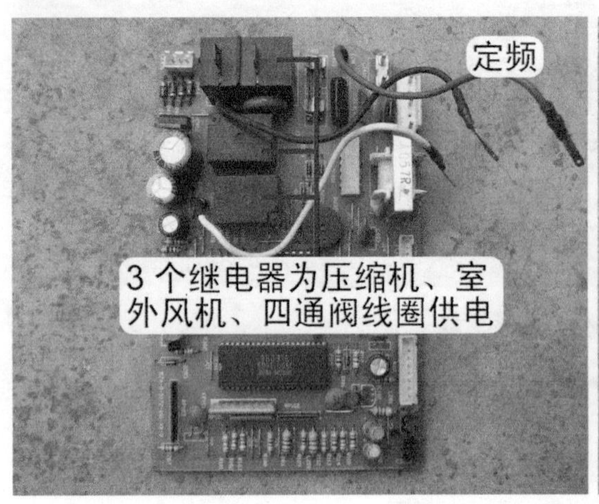

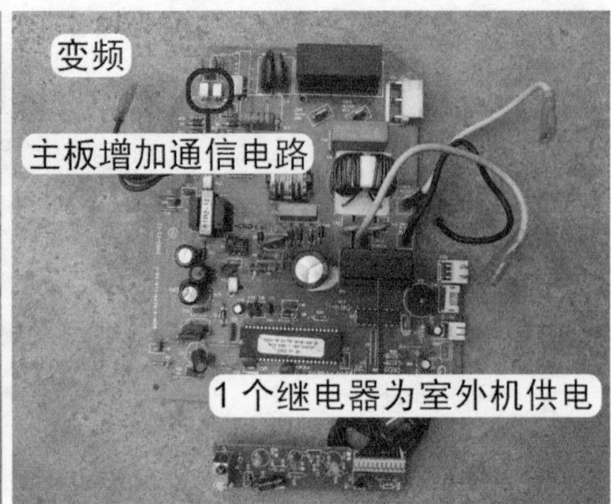

图1-5　室内机主板

（2）接线端子

从两类空调器的接线端子上也能看出控制原理的区别。见图1-6，定频空调器的室内外机接线端子上共有5根引线，分别是地线、公用零线、压缩机引线、室外风机引线和四通阀线圈引线；而变频空调器只有4根引线，分别是相线、零线、地线和通信线。

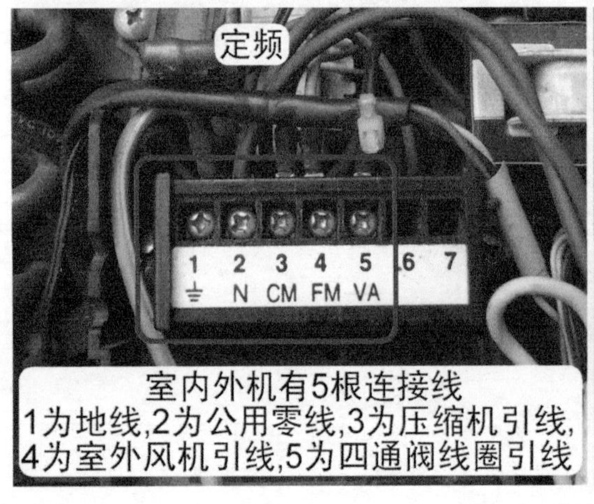

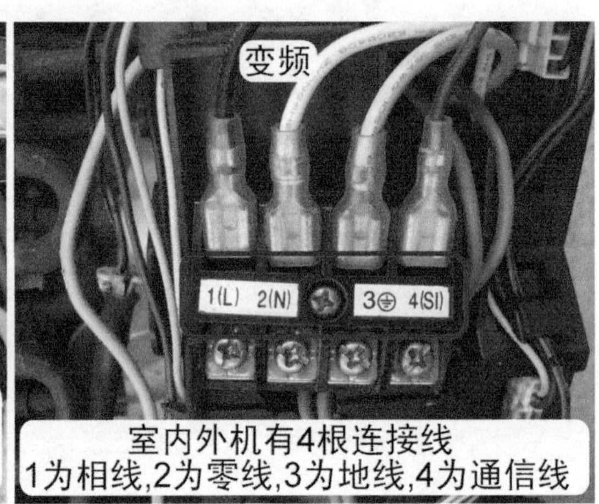

图1-6　室内机接线端子

二、室外机

1．实物

见图1-7，从外观上看，两类空调器进风口、出风口、管道接口、接线端子等部件的位置与形状基本相同，没有明显的区别。

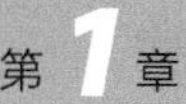

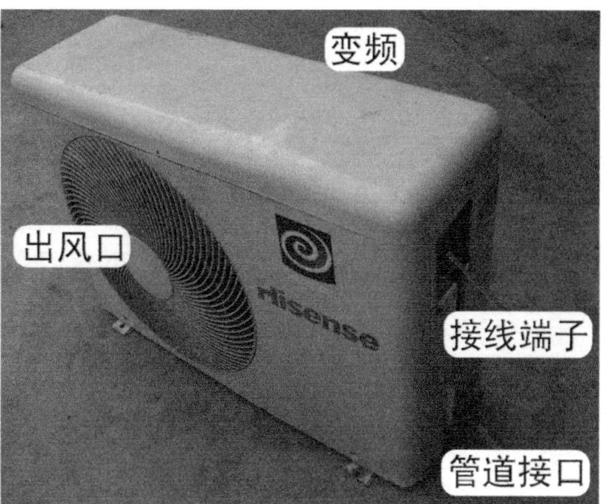

图1-7　室外机

2. 主要部件设计位置

见图1-8，室外机的主要部件有冷凝器、室外风机（轴流风扇）、轴流电机、压缩机、毛细管和四通阀等，电控盒的设计位置也基本相同。

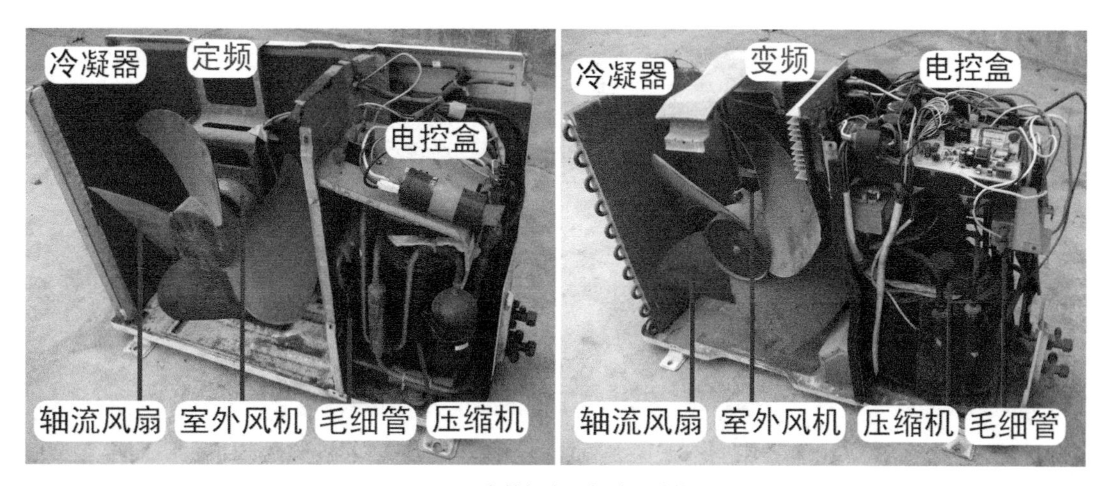

图1-8　室外机主要部件设计位置

3. 制冷系统

在制冷系统方面，两类空调器中的冷凝器、毛细管、四通阀、单向阀与辅助毛细管等部件设计的位置与工作原理基本相同，有些部件可以通用。

两类空调器在制冷系统方面最大的区别在于压缩机，见图1-9，其设计位置和作用相同，但工作原理（或称为方式）不同：定频空调器供电为输入的市电交流220V，由室内机主板提供，转速、制冷量、耗电量均为额定值；而变频空调器压缩机的供电由模块提供，运行时转速、制冷量、耗电量均可连续变化。

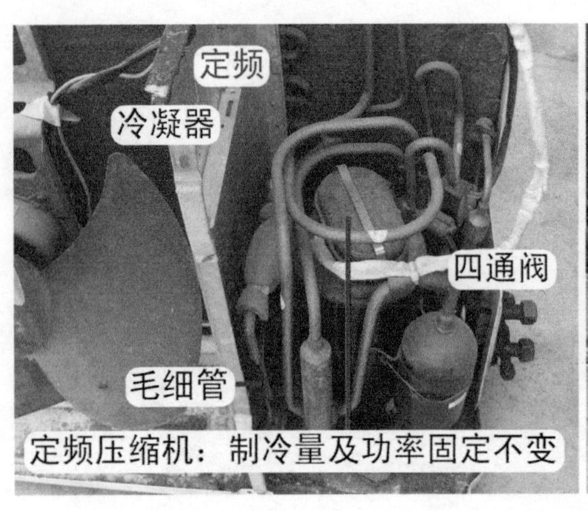

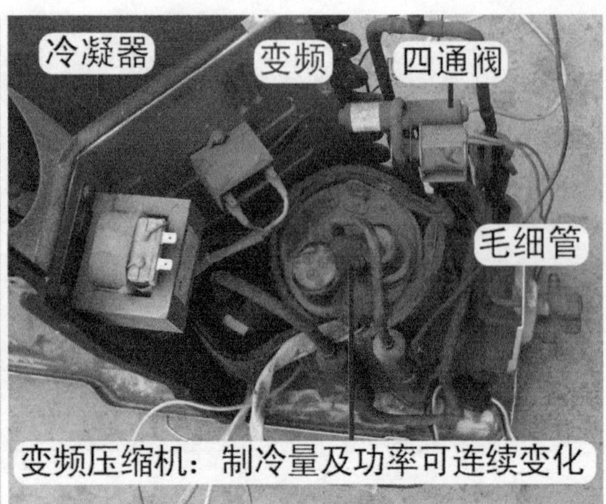

图1-9　室外机制冷系统主要部件

4. 通风系统

两类空调器的室外机通风系统部件为轴流风扇和室外风机，工作原理和外观基本相同，室外风机均使用交流220V供电；不同的地方是定频空调器由室内机主板供电，变频空调器由室外机主板供电，见图1-10。

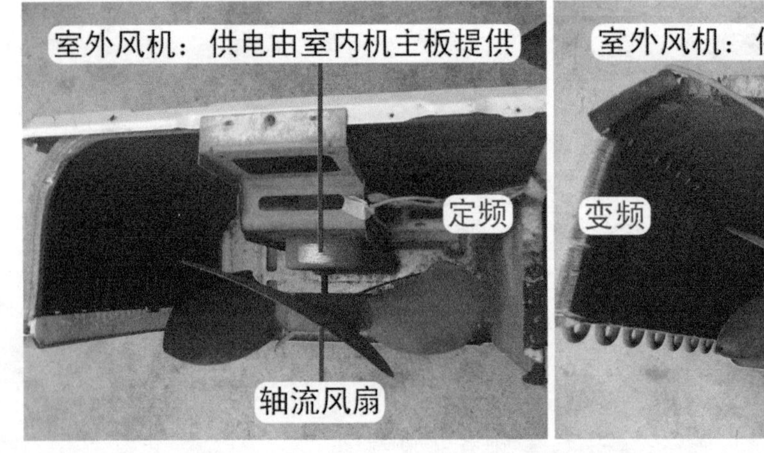

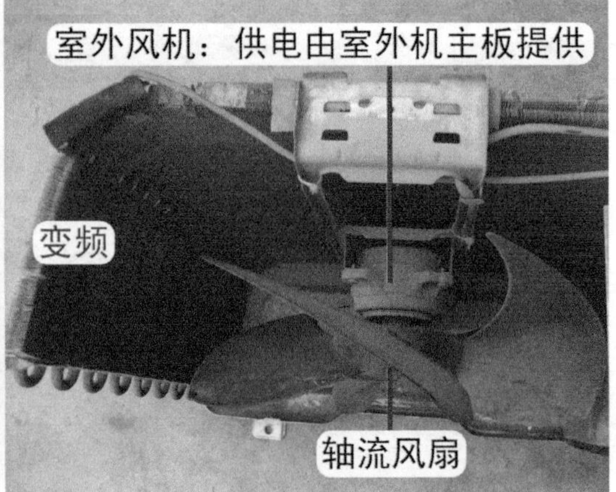

图1-10　室外机通风系统

5. 制冷/制热状态转换

两类空调器的制冷/制热状态转换部件均为四通阀，工作原理与设计位置相同，四通阀在两类空调器中也可以通用，四通阀线圈供电均为交流220V；不同的地方是定频空调器中由室内机主板供电，变频空调器中由室外机主板供电，见图1-11。

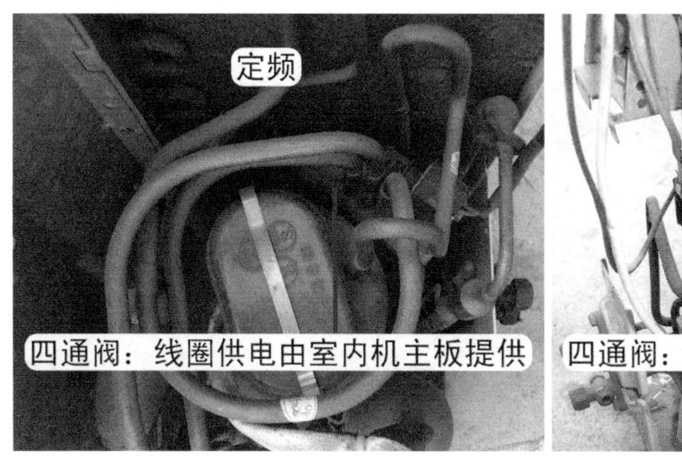

图1-11 室外机四通阀

6. 电控系统

两类空调器硬件方面最大的区别是室外机电控系统，区别如下。

（1）室外机主板和模块

定频空调器室外机未设置电控系统，只有压缩机启动电容和室外风机启动电容；而变频空调器则设计有复杂的电控系统，主要部件是室外机主板和模块等，见图1-12。

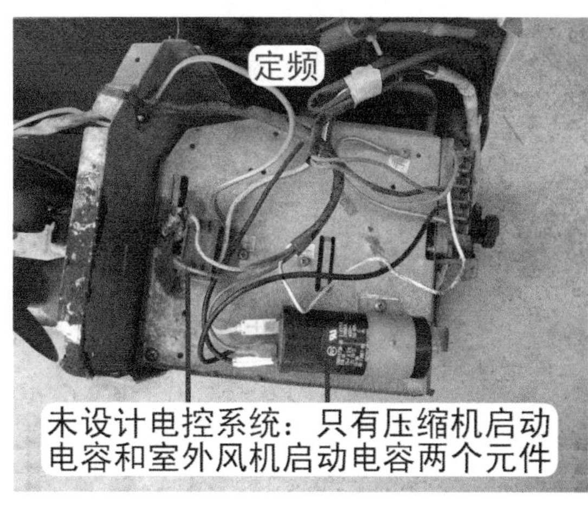

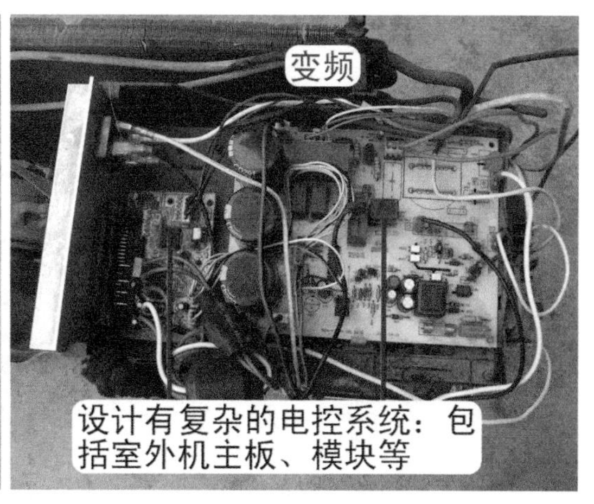

图1-12 室外机电控系统

（2）压缩机启动方式

定频空调器的压缩机由电容直接启动运行，工作电压为交流220V、频率50Hz、转速约2 800r/min；交流变频空调器压缩机由模块供电，工作电压为交流 30～220V、频率15～120Hz、转速1 500～9 000r/min，见图1-13。

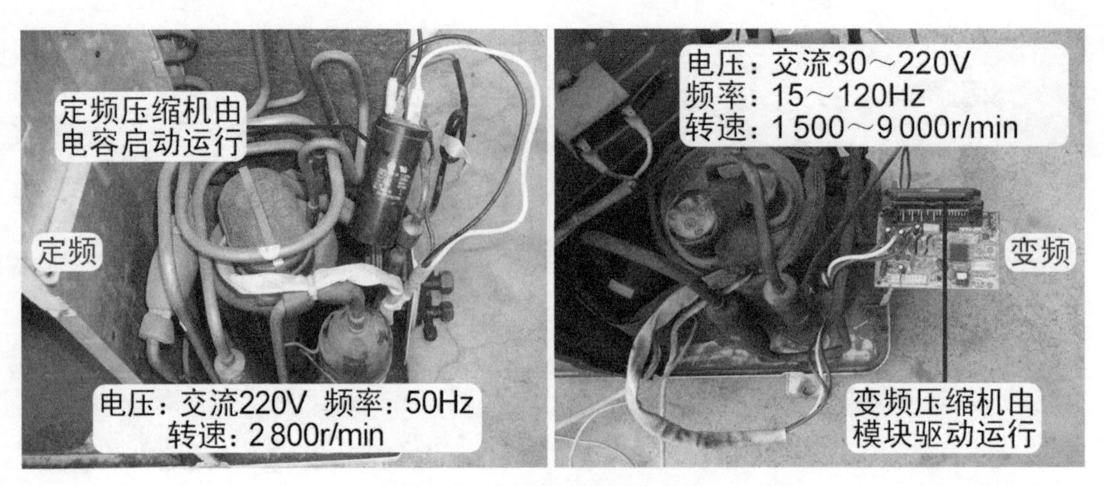

图1-13 室外机压缩机工作状态

（3）电磁干扰保护

变频空调器由于模块等部件工作在开关状态，电路中的电流谐波成分增加，功率因数减小，见图1-14，在电路中增加了滤波电感等元件，定频空调器则不需要设计此类元件。

定频

无

图1-14 室外机电磁干扰保护

（4）温度检测

变频空调器为了对压缩机的运行进行最好的控制，见图1-15，设计了室外环温传感器、室外管温传感器、压缩机排气温度传感器；定频空调器一般没有设计此类器件（只有部分机型设置有室外管温传感器）。

定频

无

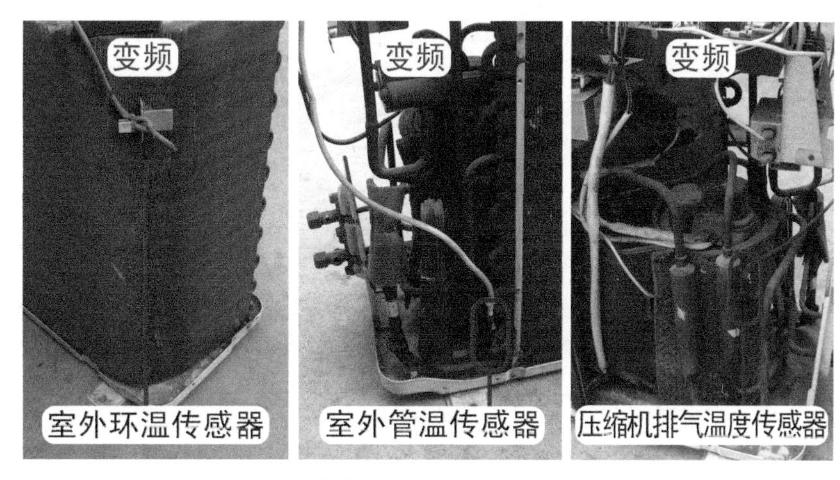

图1-15 室外机温度检测器件

三、结论

1. 通风系统

两类空调器室内机均使用贯流式通风系统，室外机均使用轴流式通风系统。

2. 制冷系统

两类空调器制冷系统均由压缩机、冷凝器、毛细管和蒸发器四大部件组成，区别是压缩机工作原理不同。

3. 主要部件设计位置

两类空调器主要部件的设计位置基本相同。

4. 电控系统

两类空调器电控系统的工作原理不同，硬件方面室内机有相同之处，最主要的区别是室外机电控系统。

5. 压缩机

这是定频空调器与变频空调器最根本的区别，变频空调器的室外机电控系统就是为控制变频压缩机而设计的，也可以简单地理解为，将定频空调器的压缩机换成变频压缩机，并配备与之配套的电控系统（方法是增加室外机电控系统，更换室内机主板的部分元器件），那么这台定频空调器就可以称为变频空调器。

第2节 变频空调器工作原理与分类

本节介绍变频空调器的节电原理、工作原理和分类，以及交流变频空调器与直流变频空调器的相同之处和不同之处。

由于直流变频空调器与交流变频空调器的工作原理、单元电路、硬件实物基本相似，且出现故障时维修方法也基本相同，因此本书重点介绍最普通但具有代表机型、社会保有量最大、大部分已进入维修期的交流变频空调器。

一、变频空调器节电原理

最普通的交流变频空调器与典型的定频空调器相比，只是压缩机的运行方式不同，定频空调器压缩机供电由市电直接提供，电压为交流220V，频率为50Hz，理论转速为3 000r/min，运行时由于阻力等原因，实际转速约为2 800r/min，因此制冷量也是固定不变的。

变频空调器压缩机的供电由模块提供，模块输出的模拟三相交流电，频率可以在15～120Hz变化，电压可以在30～220V之间变化，因而压缩机可以运行在转速1 500～9 000r/min的范围内。

压缩机转速升高时，制冷量随之加大，制冷效果加快，制冷模式下房间温度迅速下降，相对应的，此时空调器耗电量也随之增大；当房间内的温度下降到设定温度附近时，电控系统控制压缩机转速降低，制冷量下降，维持房间温度，相对应的，此时耗电量也随之减少，从而达到节电的目的。

二、变频空调器工作原理

图1–16所示为变频空调器工作原理框图，图1–17所示为实物示意图。

室内机主板CPU接收遥控器发送的设定模式与设定温度信号，与环温传感器温度相比较，如达到开机条件，控制室内机主板主控继电器触点吸合，向室外机供电；室内机主板CPU同时根据蒸发器温度信号，结合内置的运行程序计算出压缩机目标运行频率，通过通信电路传送至室外机主板CPU，室外机主板CPU再根据室外环温传感器、室外管温传感器、压缩机排气温度传感器和市电电压等信号，综合室内机主板CPU传送的信息，得出压缩机的实际运行频率，输出控制信号至功率模块（IPM）。

功率模块是将直流300V电压转换为频率与电压均可调的三相电的变频装置，内含6个大功率IGBT开关管，构成三相上下桥式驱动电路。室外机主板CPU输出的控制信号使每个IGBT导通180°，且同一桥臂的两个IGBT一个导通时，另一个必须关断，否则会造成直流300V直接短路，且相邻两相的IGBT导通相位差在120°，在任意360°内都有3个IGBT开关管导通，以接通三相负载。在IGBT导通与截止的过程中，输出的三相模拟交流电中带有可以变化的频率，且在一个周期内，如IGBT导通时间长而截止时间短，则输出的三相交流电的电压相对应就会升高，从而达到频率与电压均可调的目的。

功率模块输出的三相模拟交流电加在压缩机的三相异步电机上，压缩机运行，系统工作在制冷或制热模式。如果室内温度与设定温度的差值较大，室内机主板CPU处理后送至室外机主板CPU，室外机CPU综合输入信号处理后，输出控制信号，使功率模块内部的IGBT导通时间长而截止时间短，从而输出频率与电压均相对较高的三相模拟交流电加至压缩机，压缩机转速加快，单位制冷量也随之加大，达到快速制冷的目的；反之，当房间温度与设定温度的差值变小时，室外机主板CPU输出的控制信号使得功率模块输出较低的频率与电压，压缩机转速变慢，制冷量减少。

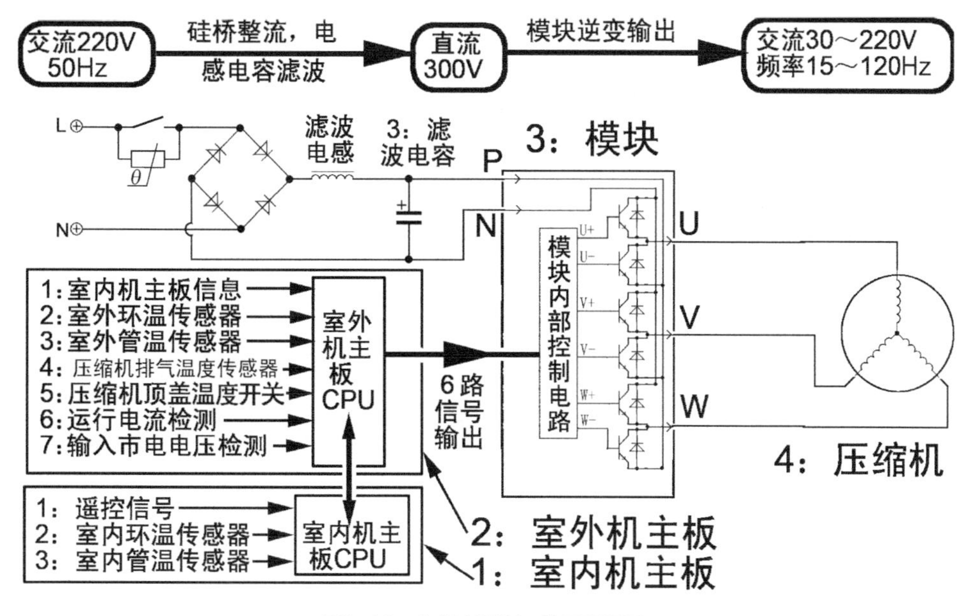

图1-16　变频空调器工作原理框图

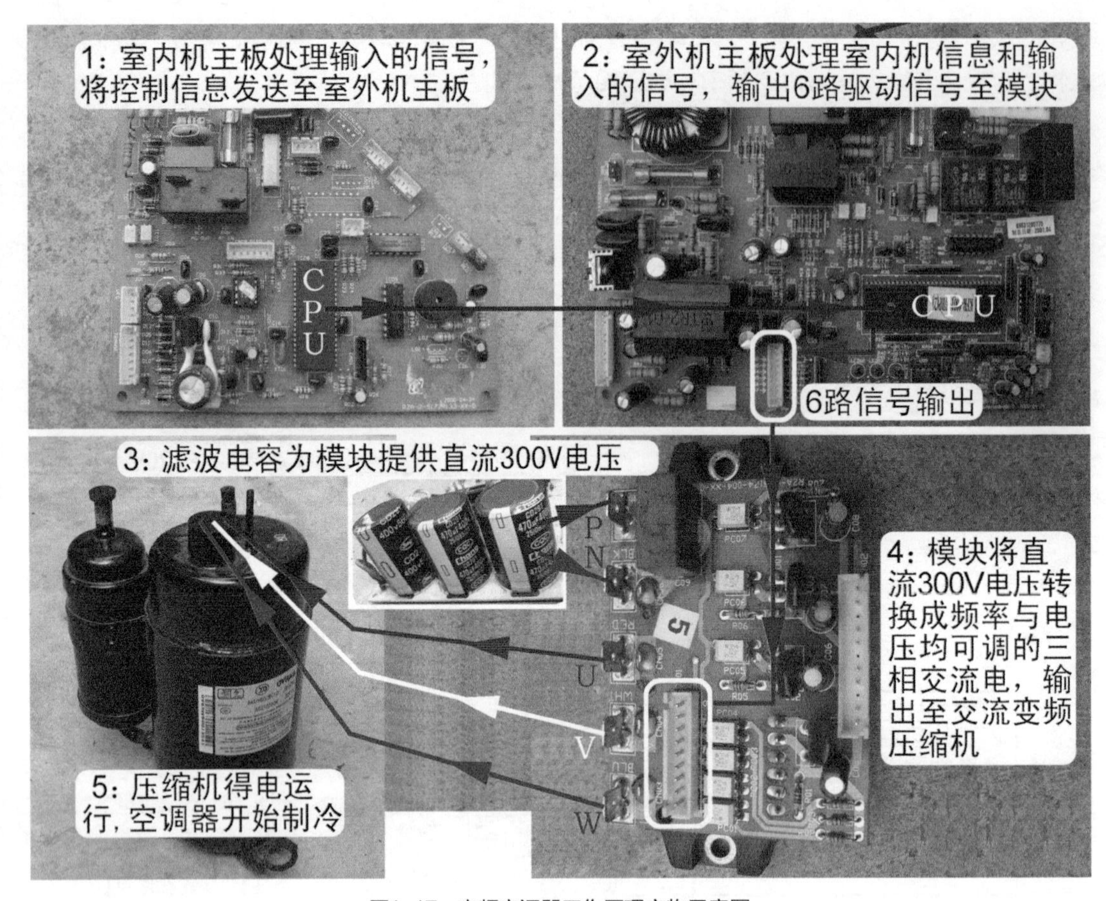

图1-17　变频空调器工作原理实物示意图

三、变频空调器分类

变频空调器根据压缩机工作原理和室内外风机的供电状况可分为3种类型，即交流变频空调器、直流变频空调器和全直流变频空调器。

1．交流变频空调器

见图1-18，交流变频空调器是最早的变频空调器，也是市场上拥有量最大的类型，现在一般已经进入维修期，它是本书重点介绍的机型。

变频空调器中的室内风机和室外风机与普通定频空调器中的相同，均为交流异步电机，由市电交流220V直接启动运行，只是压缩机转速可以变化，供电为功率模块提供的模拟三相交流电。

交流变频空调器中的制冷剂通常使用与普通定频空调器相同的R22，一般使用常见的毛细管作节流元件。

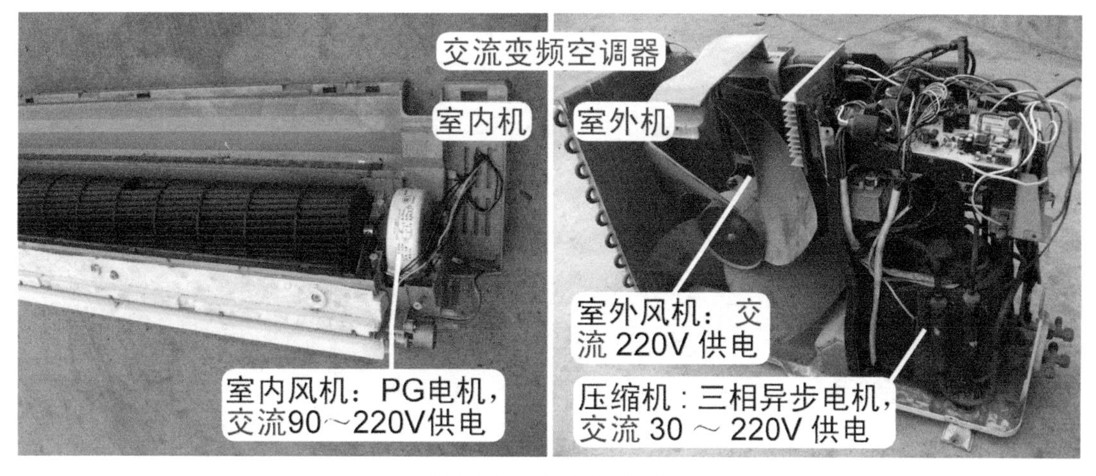

图1-18 交流变频空调器

2. 直流变频空调器

见图1-19，直流变频空调器是在交流变频空调器基础上发展而来的，与之不同的是压缩机采用无刷直流电机，整机的控制原理与交流变频空调器基本相同，只是在室外机电路板上增加了位置检测电路。

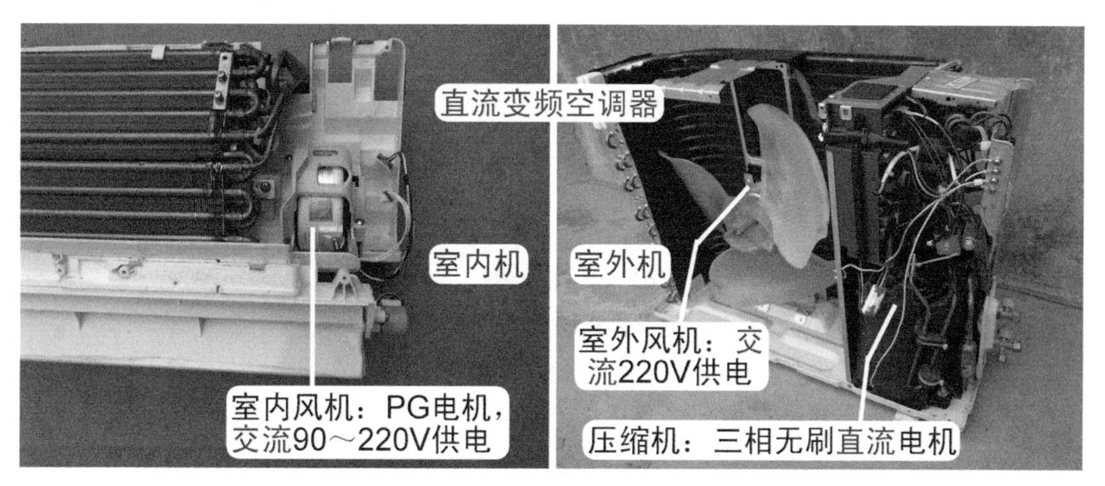

图1-19 直流变频空调器

直流变频空调器中的室内风机和室外风机与普通定频空调器中的相同，均为交流异步电机，由市电交流220V直接启动运行。

直流变频空调器中的制冷剂早期机型使用R22，目前生产的机型多使用新型环保制冷剂R410A，节流元件同样使用常见且价格低廉但性能稳定的毛细管。

3. 全直流变频空调器

全直流变频空调器属于目前的高档空调器，在直流变频空调器基础上发展而来。见图1-20，全直流变频空调器与直流变频空调器相比最主要的区别是，室内风机和室外风机的供电为直流300V电压，而不是交流220V，同时使用直流变转速压缩机。

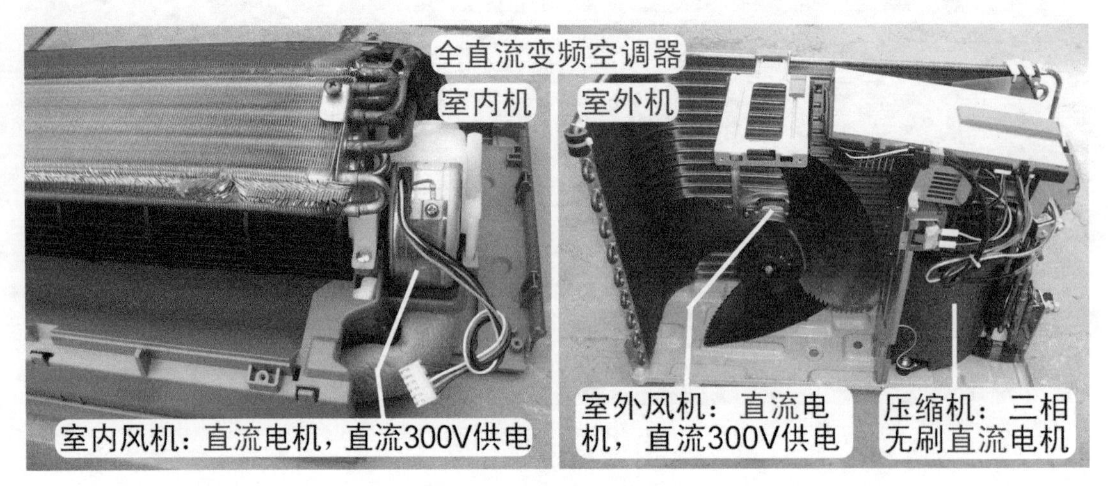

图1-20　全直流变频空调器

全直流变频空调器中的制冷剂通常使用新型环保制冷剂R410A，节流元件也大多使用毛细管，只有少数品牌的机型使用电子膨胀阀，或电子膨胀阀与毛细管相结合的方式。

四、交流变频空调器与直流变频空调器的相同和不同之处

1. 相同之处

① 制冷系统：定频空调器、交流变频空调器、直流变频空调器的工作原理与实物基本相同，区别是压缩机工作原理与内部结构不同。

② 电控系统：交流变频空调器与直流变频空调器的控制原理、单元电路和硬件实物基本相同，区别是室外机主控CPU对模块的控制原理不同（即脉冲宽度调制（PWM）方式或脉冲幅度调制（PAM）方式），但控制程序内置于室外机CPU或存储器之中，实物中看不到。

2. 不同之处

① 压缩机：交流变频空调器使用三相异步电机，直流变频空调器使用无刷直流电机，两者的内部结构不同。

② 模块输出电压：交流变频空调器模块输出频率与电压均可调的模拟三相交流电，频率与电压越高，转速就越快；直流变频空调器的模块输出断续、极性不断改变的直流电，在任何时候只有两相绕组有电流通过（余下绕组的感应电压用作位置检测信号），电压越高，转速就越快。

③ 位置检测电路：直流变频空调器设有位置检测电路，交流变频空调器则没有。

第3节 单元电路对比

本节介绍具有典型电控系统的控制电路框图，并以早期电控系统代表机型海信KFR-2601GW/BP和目前电控系统代表机型海信KFR-26GW/11BP为基础，对交流变频空调器单元电路硬件部分的特点作简要分析。

说明：本节内容不涉及全直流变频空调器。本书内容的重点也是以上述两种机型为基础，对早期代表机型电控系统和目前代表机型电控系统的控制原理进行分析。由于直流变频空调器和交流变频空调器电控系统基本相同，因此学习直流变频空调器时可以参考和借鉴。

一、控制电路框图

图1-21所示为典型交流变频空调器的整机控制电路框图，其中，左半部分为室内机电路，右半部分为室外机电路。

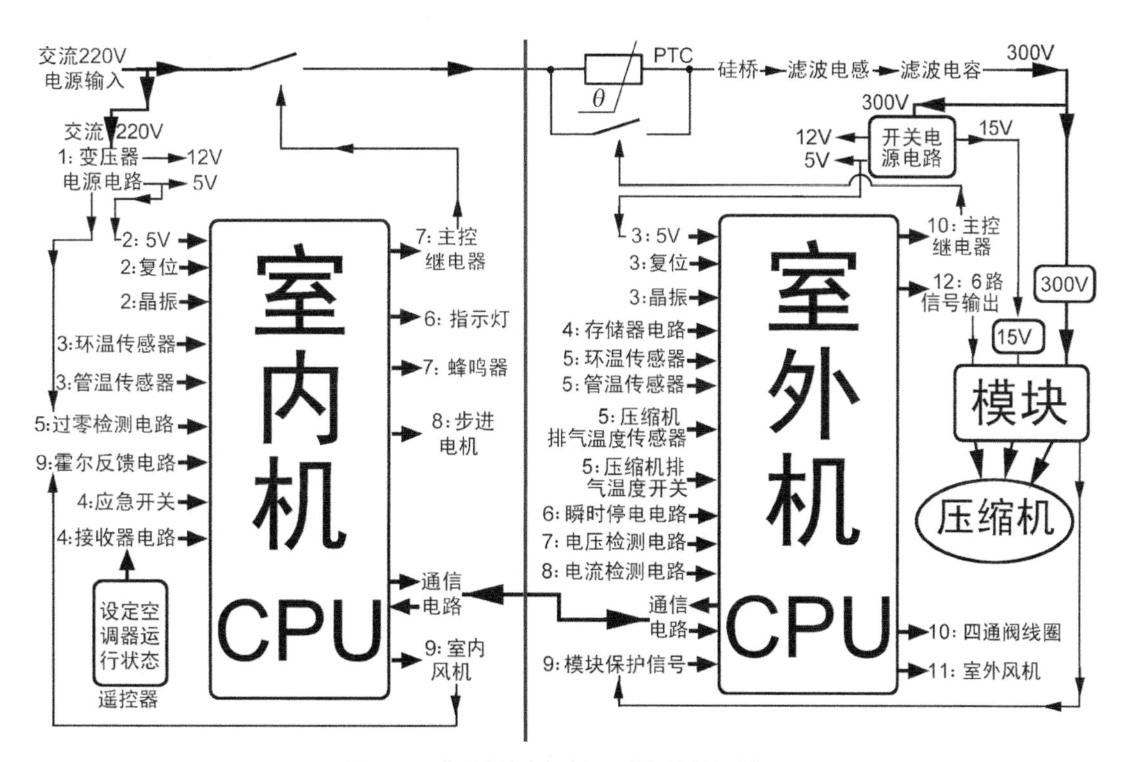

图1-21 典型交流变频空调器整机控制电路框图

从图1-21中可以看出，整机电路也是由许多单元电路组成的，且室内机单元电路同定频空调器电控系统相差不多，主要区别或称为“难点”在室外机电控系统，控制原理在以后的章节中介绍。

二、室内机单元电路对比

1. 电源电路

电源电路见图1-22，作用是为室内机主板提供直流12V和5V电压。

常见有两种形式的电路：使用变压器降压和使用开关电源。交流变频空调器或直流变频空调器室内风机使用PG电机（供电为交流220V），普遍使用变压器降压形式的电源电路，也是目前最常见的设计形式，只有少数机型使用开关电源电路。

全直流变频空调器室内风机为直流电机（供电为直流300V），普遍使用开关电源电路。

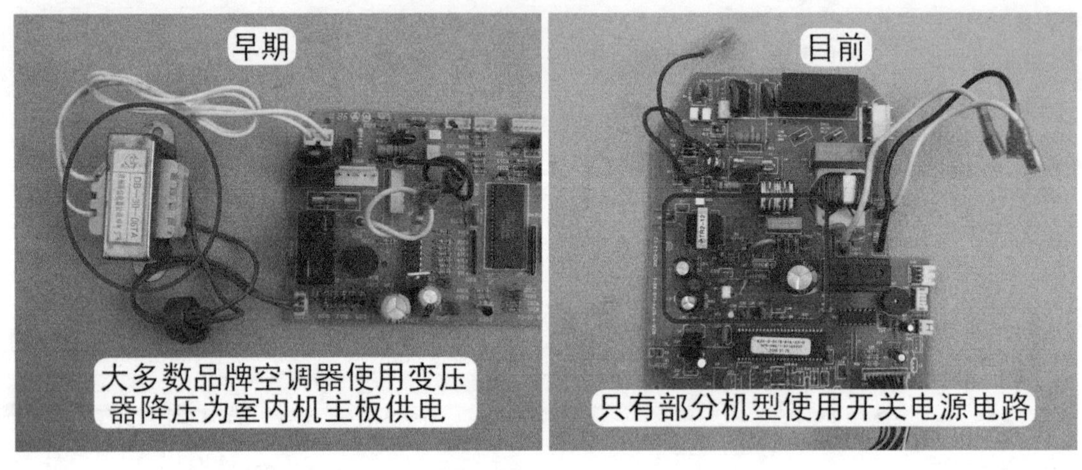

图1-22　早期和目前的空调器电源电路之对比

2. CPU三要素电路

CPU三要素电路见图1-23。它是CPU正常工作的必备电路，包含直流5V供电电路、复位电路和晶振电路。

无论是早期还是目前的室内机主板，CPU三要素电路的工作原理完全相同，即使不同也只限于使用元器件的型号。

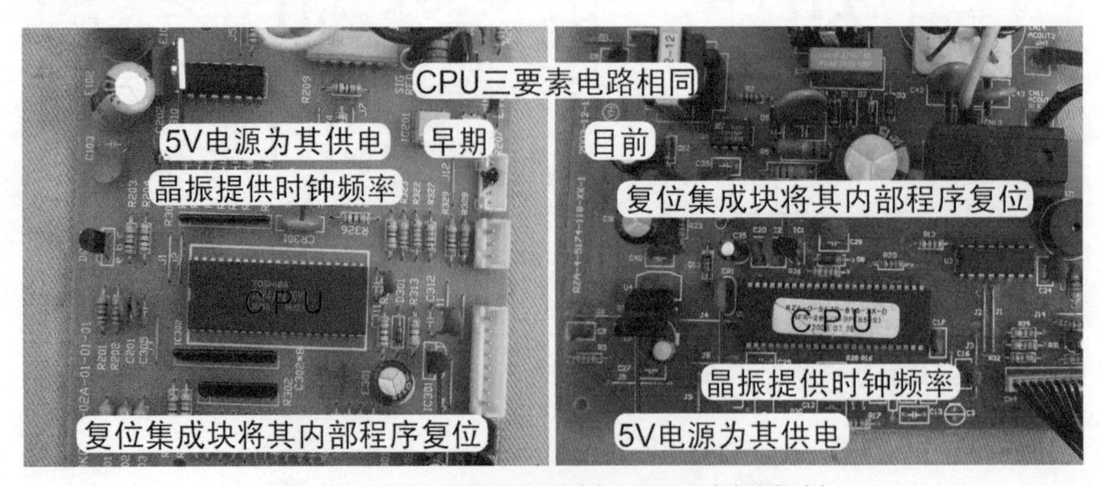

图1-23　早期和目前的空调器室内机CPU三要素电路之对比

3. 传感器电路

传感器电路见图1–24，作用是为CPU提供温度信号，环温传感器检测房间温度，管温传感器检测蒸发器温度。

早期和目前的室内机主板传感器电路相同，均由环温传感器和管温传感器组成。

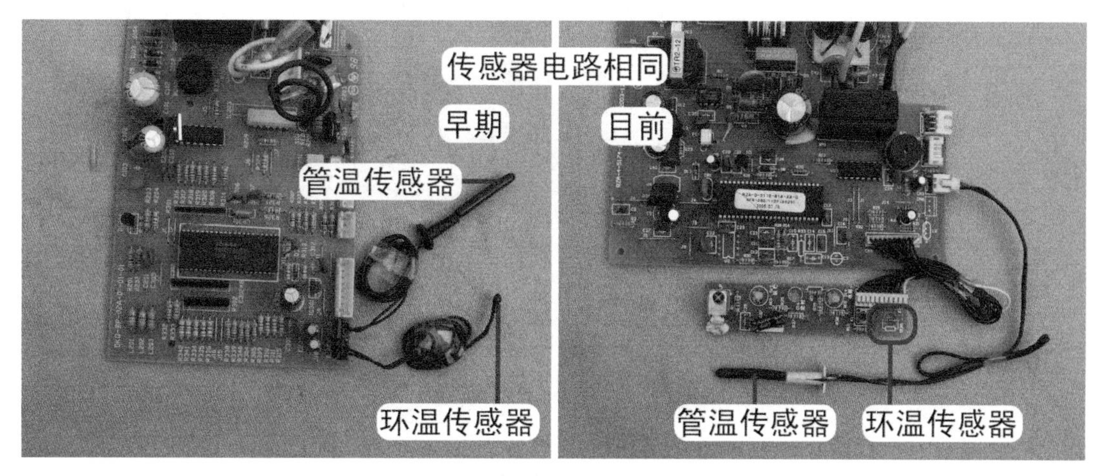

图1–24 早期和目前的空调器传感器电路之对比

4. 接收器和应急开关电路

接收器和应急开关电路见图1–25。接收器电路将遥控器发射的遥控信号传送至 CPU，应急开关电路在无遥控器时可以操作空调器的运行。

早期和目前的室内机主板接收器和应急开关电路基本相同，即使不同也只限于应急开关的设计位置或型号，以及目前生产的接收器表面涂有绝缘胶（减小空气中水分引起的漏电概率）。

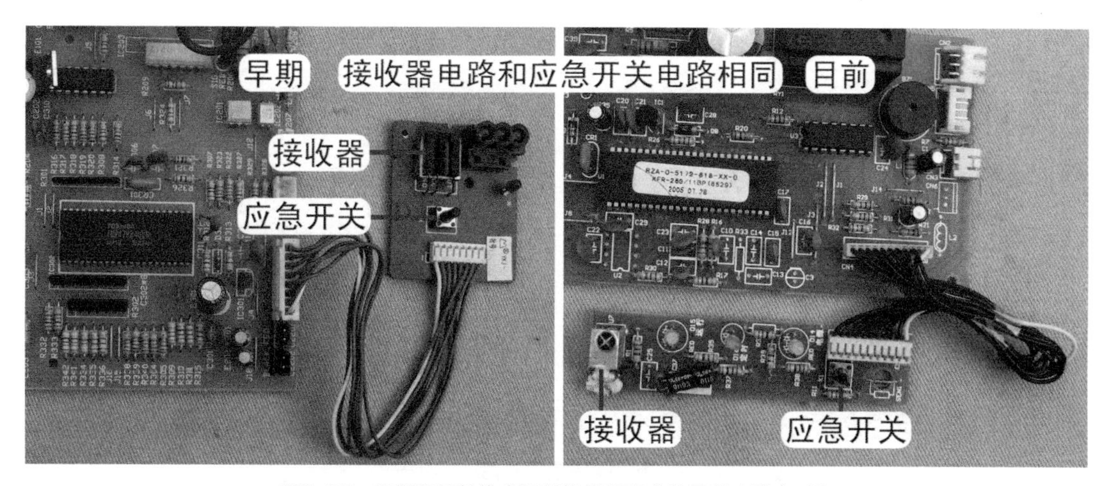

图1–25 早期和目前的空调器接收器和应急开关电路之对比

5. 过零检测电路

进零检测电路见图1-26，作用是为CPU提供过零信号，以便CPU驱动光耦晶闸管（又称光耦可控硅）。

使用变压器供电的主板，检测器件为 NPN 型三极管，取样电压取自变压器二次绕组整流电路；使用开关电源供电的主板，检测器件为光耦，取样电压取自交流220V输入电源。

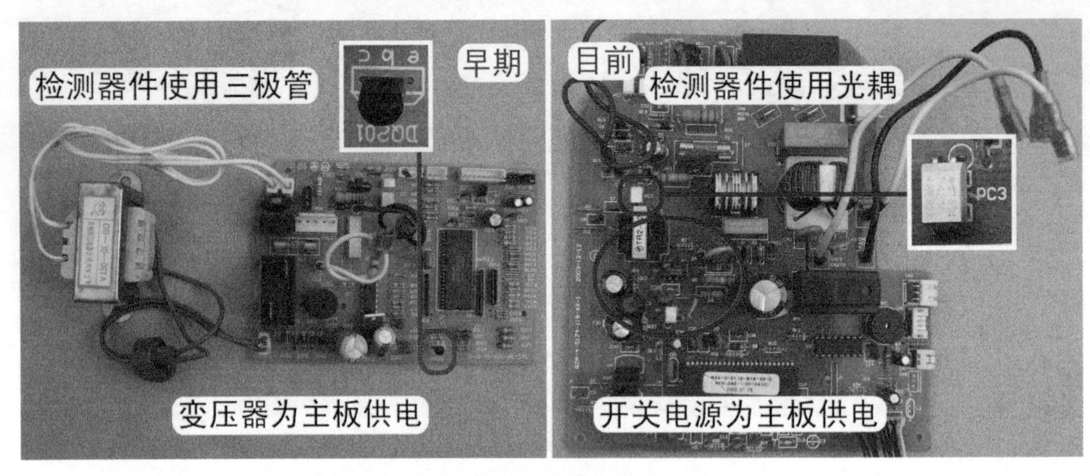

图1-26　早期和目前的空调器过零检测电路之对比

6. 指示灯电路

指示灯电路见图1-27，作用是显示空调器的运行状态。

早期和目前的空调器指示灯电路工作原理相同，不同的是使用器件不同，早期多使用单色的发光二极管，目前多使用双色的发光二极管。

说明：有些空调器使用指示灯和数码管组合的方式，也有些空调器使用液晶显示屏或真空荧光显示屏（VFD）。

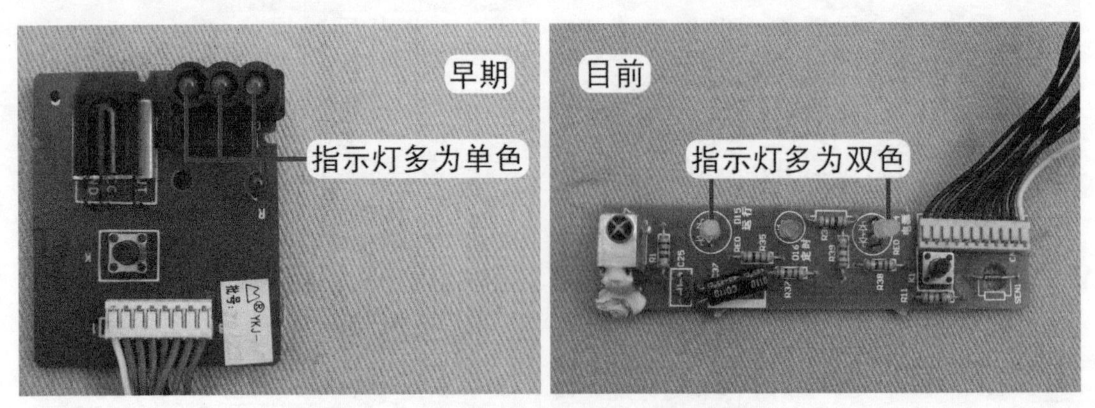

图1-27　早期和目前的空调器指示灯电路之对比

7. 蜂鸣器和主控继电器电路

蜂鸣器和主控继电器电路见图1-28。蜂鸣器电路提示已接收到遥控信号或应急开关信号，并且已处理；主控继电器电路为室外机供电。

早期和目前的空调器主板中蜂鸣器、主控继电器电路相同。

说明：有些空调器蜂鸣器发出的响声为和弦音。

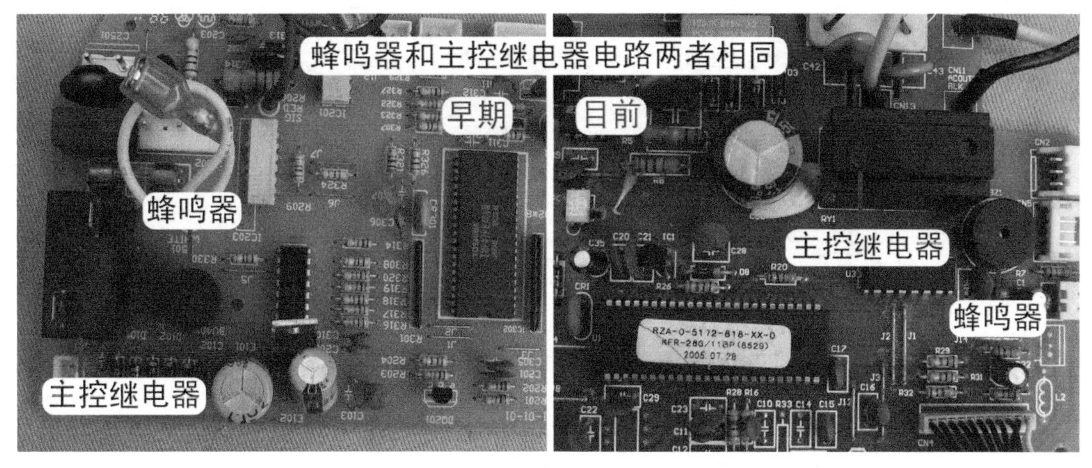

图1-28 早期和目前的空调器蜂鸣器和主控继电器电路之对比

8. 步进电机电路

步进电机电路见图1-29，作用是带动导风板上下旋转运行。

早期和目前的空调器主板步进电机电路相同。

说明：有些空调器也使用步进电机驱动左右导风板。

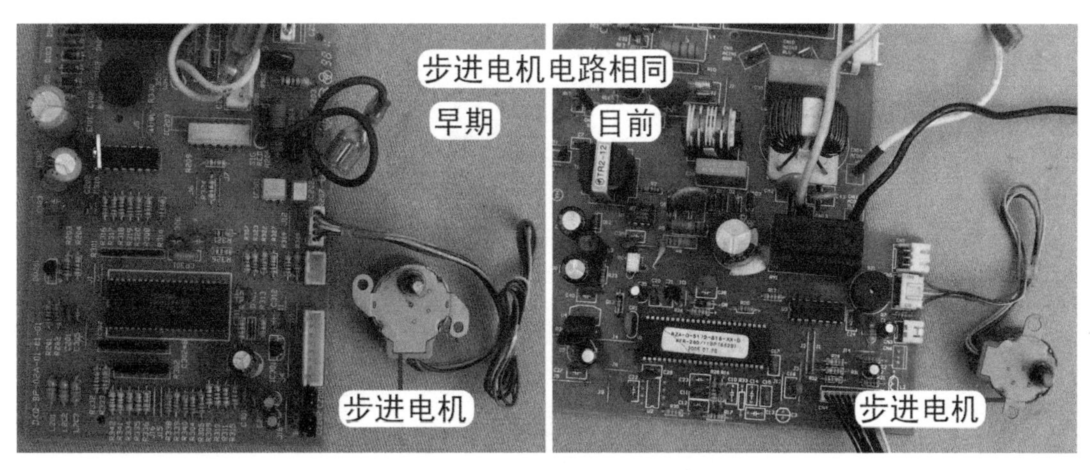

图1-29 早期和目前的空调器步进电机电路之对比

9. 室内风机驱动和霍尔反馈电路

室内风机驱动和霍尔反馈电路见图1-30。室内风机驱动电路改变PG电机的转速，霍尔反馈电路向CPU输入代表PG电机实际转速的霍尔信号。

早期和目前的空调器主板中室内风机驱动和霍尔反馈电路相同。

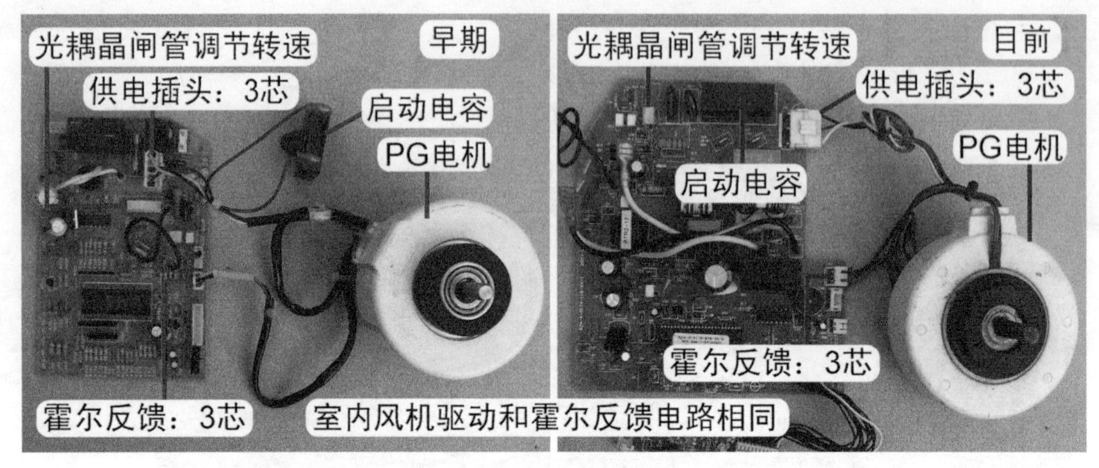

图1-30　早期和目前的空调器室内风机驱动和霍尔反馈电路之对比

10. 通信电路

通信电路的作用是用于室内机主板CPU和室外机主板CPU交换信息。

早期空调器主板的通信电路电源为直流140V，见图1-31，设在室外机主板，并且较多使用6脚光耦。

目前空调器主板的通信电路电源通常为直流24V，见图1-32，设在室内机主板，一般使用4脚光耦。

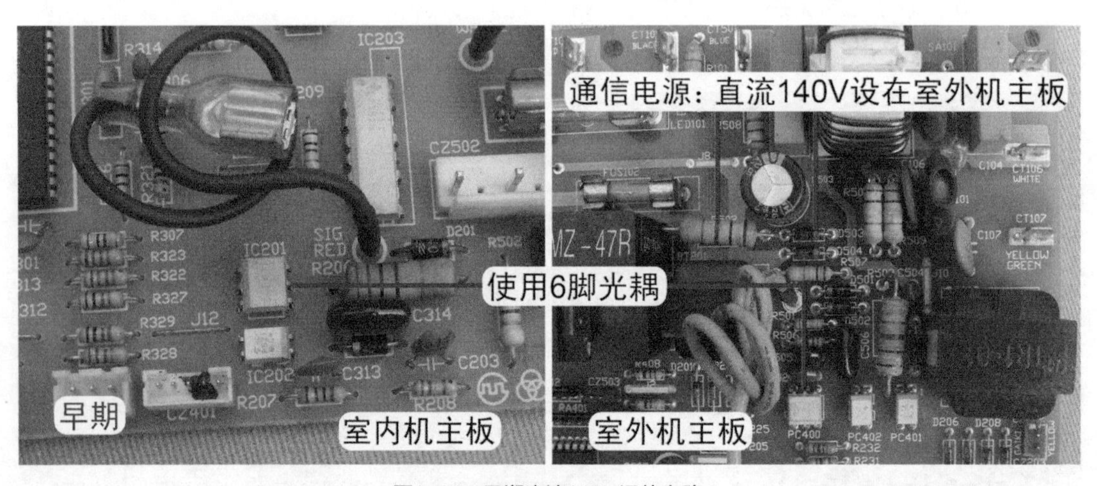

图1-31　早期直流140V通信电路

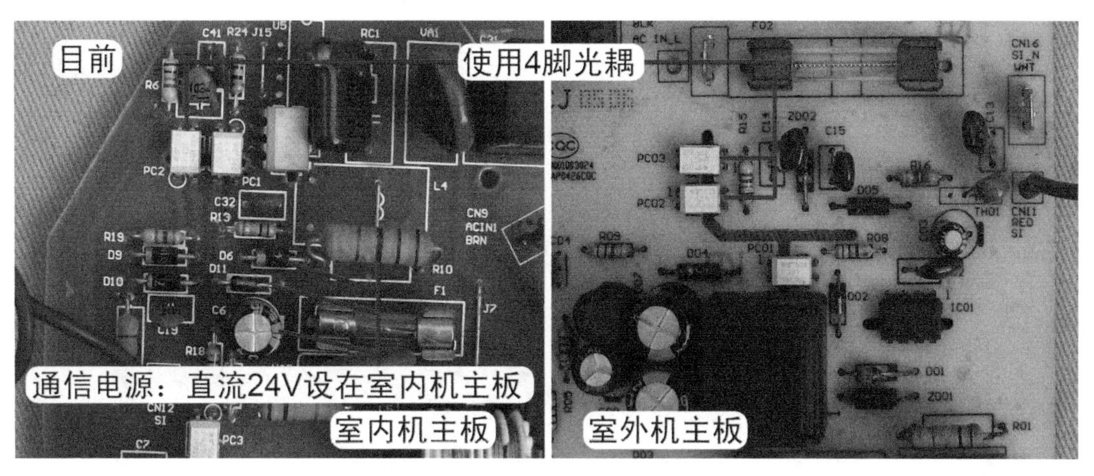

图1-32 目前直流24V通信电路

三、室外机单元电路对比

1. 直流300V电压形成电路

直流300V电压形成电路见图1-33，作用是将输入的交流220V电压转换为平滑的直流300V电压，为模块和开关电源供电。

早期和目前的空调器电控系统均是由PTC电阻、主控继电器、硅桥、滤波电感和滤波电容5个主要元器件组成的；不同之处在于滤波电容的结构形式，早期电控系统通常由1个容量较大的电容组成，目前的电控系统通常由2～4个容量较小的电容并联组成。

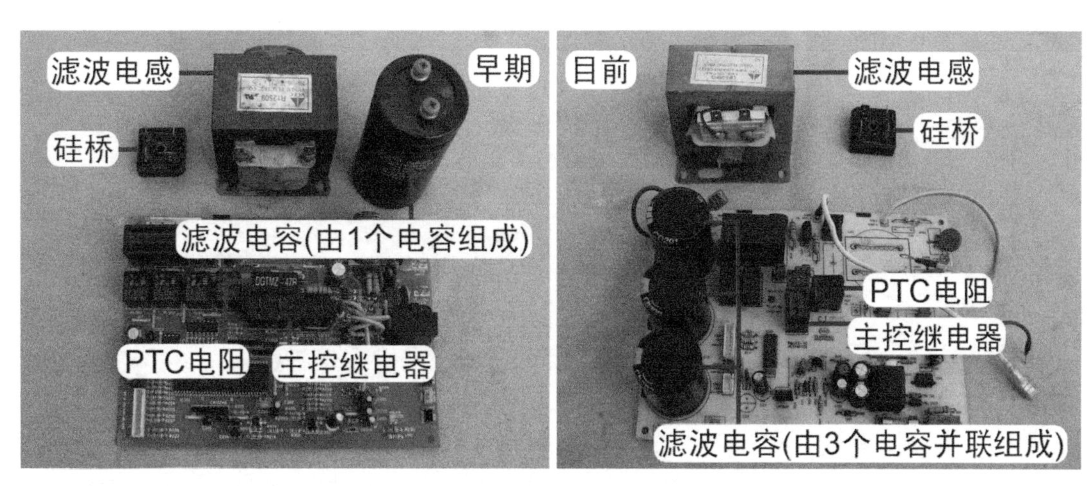

图1-33 早期和目前的空调器直流300V电压形成电路之对比

2. 开关电源电路

开关电源电路见图1-34。变频空调器的室外机电源电路全部使用开关电源电路，为室外机主板提供直流12V和5V电压，为模块内部控制电路提供直流15V电压。

早期空调器主板的开关电源电路通常由分立元器件组成，以开关管和开关变压器为核心，输出的直流15V电压通常为4路。

目前空调器主板的开关电源电路通常使用集成电路的形式，以集成电路和开关变压器为核心，直流15V电压通常为单路输出。

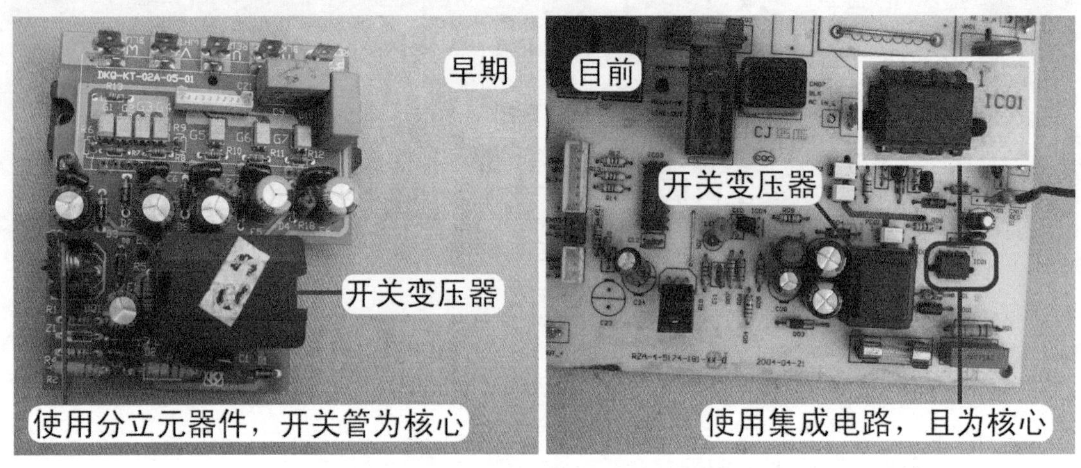

图1-34　早期和目前的空调器开关电源电路之对比

3. CPU三要素电路

CPU三要素电路见图1-35，CPU三要素电路是CPU正常工作的必备电路，具体内容参见室内机CPU。

早期和目前的空调器主板CPU三要素电路原理均相同，只是早期的空调器主板CPU引脚较多，目前的空调器主板CPU引脚较少。

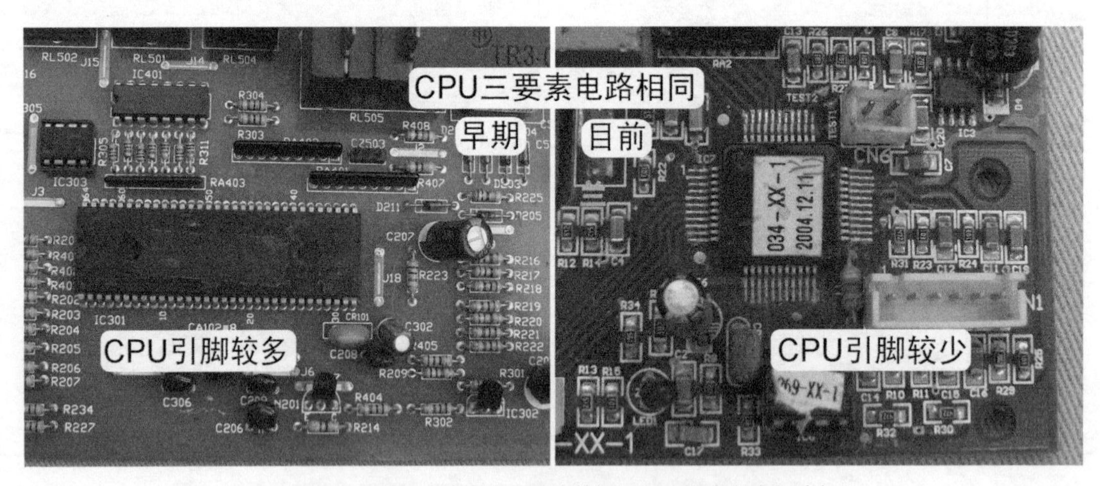

图1-35　早期和目前的空调器室外机CPU三要素电路之对比

4. 存储器电路

存储器电路见图1-36，作用是存储相关数据，供CPU运行时调取使用。

早期空调器主板的存储器多使用93C46，目前空调器主板的存储器多使用24C××系列（24C01、24C02、24C04等）。

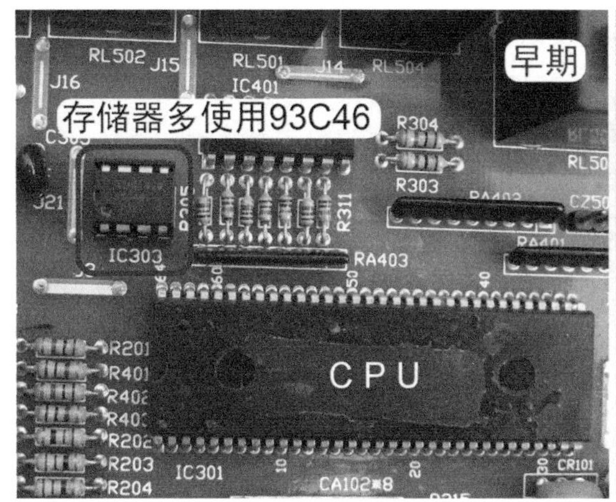

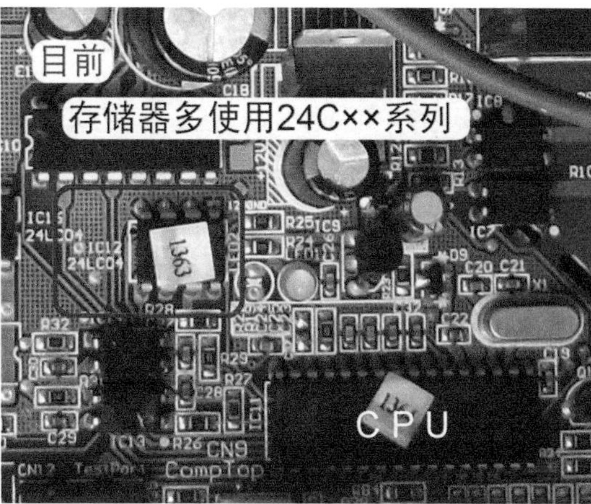

图1-36 早期和目前的空调器存储器电路之对比

5. 传感器电路和压缩机顶盖温度开关电路

传感器电路和压缩机顶盖温度开关电路见图1-37，作用是为CPU提供温度信号。环温传感器检测室外环境温度，管温传感器检测冷凝器温度，压缩机排气温度传感器检测压缩机排气管温度，压缩机顶盖温度开关检测压缩机顶部温度是否过高。

早期和目前的空调器主板中传感器电路和压缩机顶盖温度开关电路相同。

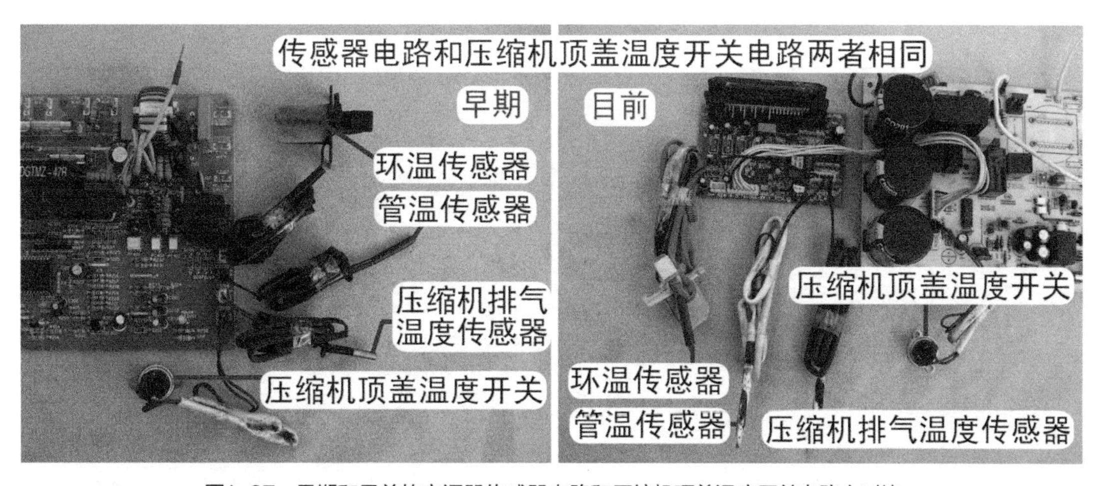

图1-37 早期和目前的空调器传感器电路和压缩机顶盖温度开关电路之对比

6. 瞬时停电检测电路

瞬时停电检测电路见图1–38，作用是向CPU提供输入市电电压是否接触不良的信号。

早期空调器的主板使用光耦检测，目前空调器的主板则不再设计此电路，通常由室内机CPU检测过零信号，通过软件计算得出输入的市电电压是否正常。

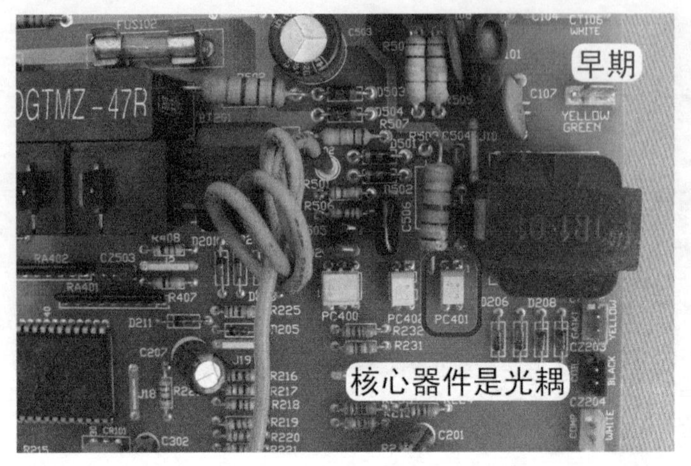

图1–38　早期和目前的空调器瞬时停电检测电路之对比

7. 电压检测电路

电压检测电路见图1–39，作用是向CPU提供输入市电电压的参考信号。

早期空调器的主板多使用电压检测变压器，向CPU提供随市电变化而变化的电压，CPU内部电路根据软件计算出相应的市电电压值。

目前空调器的主板CPU通过检测直流300V电压，经软件计算出相应的交流市电电压值，起到间接检测市电电压的目的。

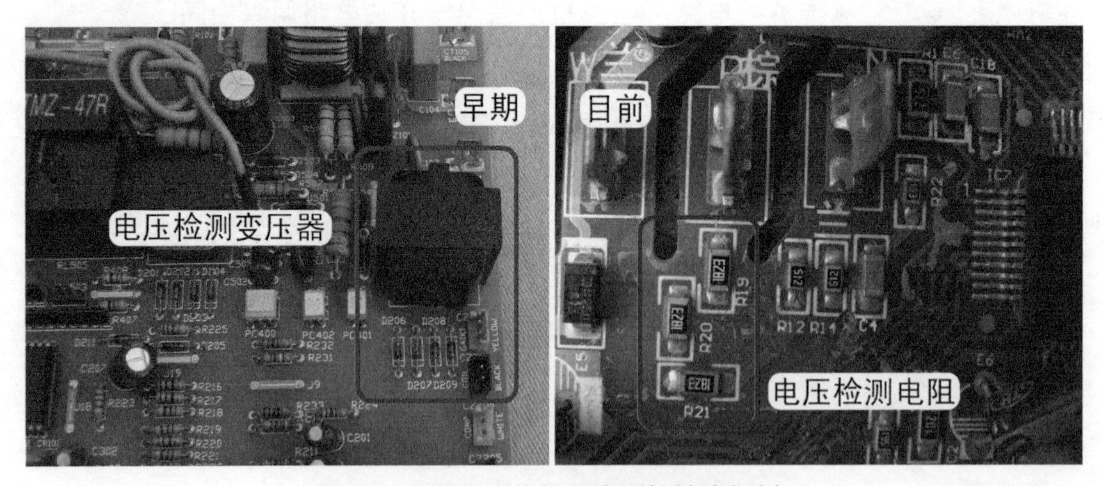

图1–39　早期和目前的空调器电压检测电路之对比

8. 电流检测电路

电流检测电路见图1-40，作用是提供室外机运行电流信号或压缩机运行电流信号，由CPU通过软件计算出实际的运行电流值，以便更好地控制压缩机。

早期空调器的主板通常使用电流检测变压器，向CPU提供室外机运行的电流参考信号。

目前空调器的主板由模块其中的一个引脚，或模块电流取样电阻，输出代表压缩机运行的电流参考信号，由外部电路将电流信号放大后提供给CPU，通过软件计算出压缩机的实际运行电流值。

说明：早期和目前空调器的主板还有另外一种常见形式，就是使用电流互感器。

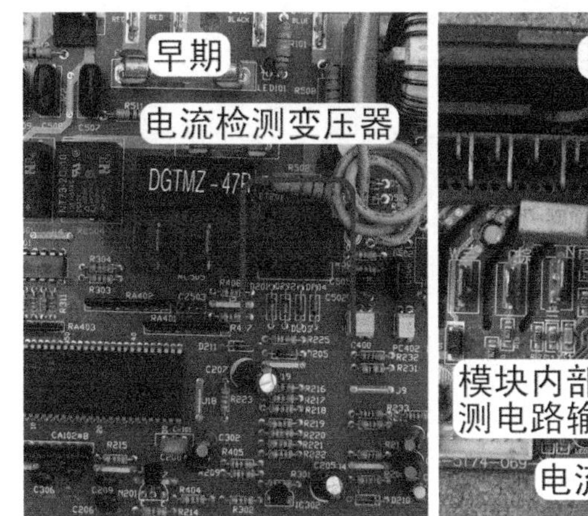

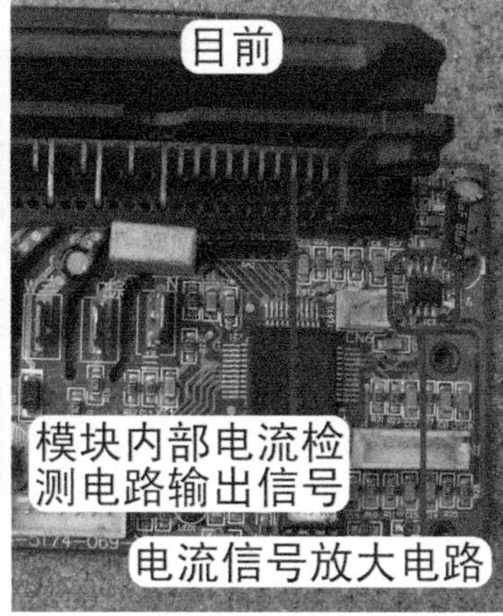

图1-40　早期和目前的空调器电流检测电路之对比

9. 模块保护电路

模块保护电路见图1-41，模块保护信号由模块输出，送至室外机CPU。

早期的空调器模块输出的保护信号经光耦耦合送至室外机主板CPU，目前的空调器模块输出的保护信号直接送至室外机主板CPU。

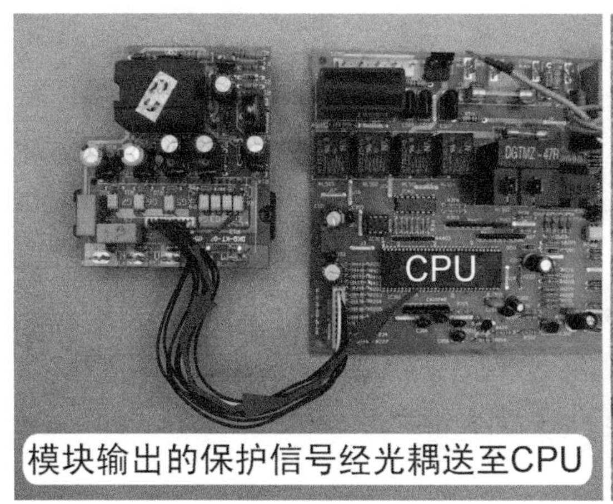

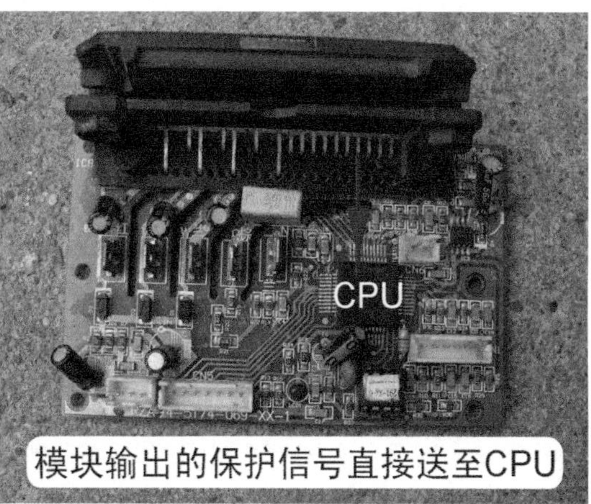

图1-41　早期和目前的空调器模块保护电路之对比

10. 主控继电器和四通阀线圈电路

主控继电器和四通阀线圈电路见图1-42，主控继电器电路控制主控继电器触点的接通与断开，四通阀线圈电路控制四通阀线圈的供电与失电。

早期和目前空调器的主板中主控继电器电路和四通阀线圈电路相同。

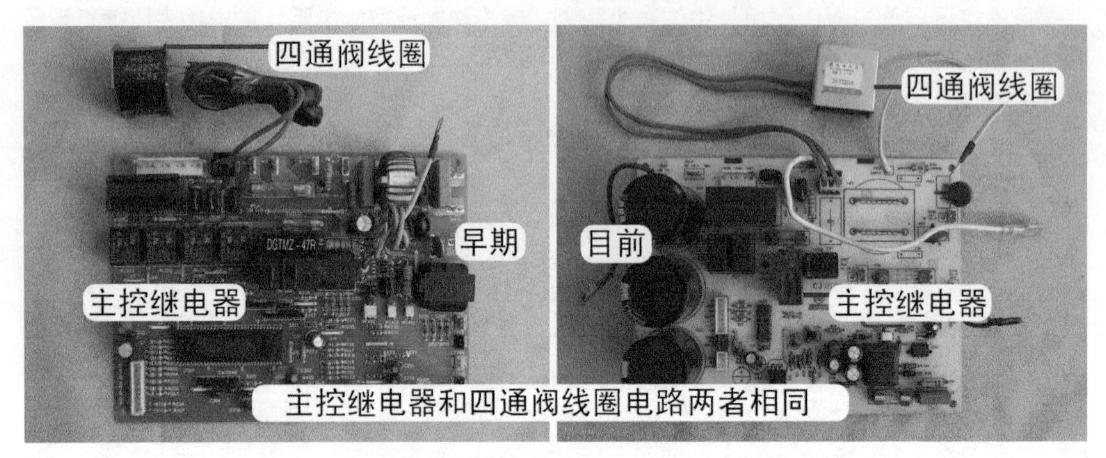

图1-42 早期和目前的空调器主控继电器和四通阀线圈电路之对比

11. 室外风机电路

室外风机电路见图1-43，作用是控制室外风机运行。

早期的空调器室外风机一般为2挡风速或3挡风速，因此室外机主板有2个或3个继电器；目前的空调器室外风机风速一般只有1个挡位，因此室外机主板只设有1个继电器。

说明：目前空调器部分品牌的机型也有使用2挡或3挡风速的室外风机；如果为全直流变频空调器，室外风机供电为直流300V，不再使用继电器。

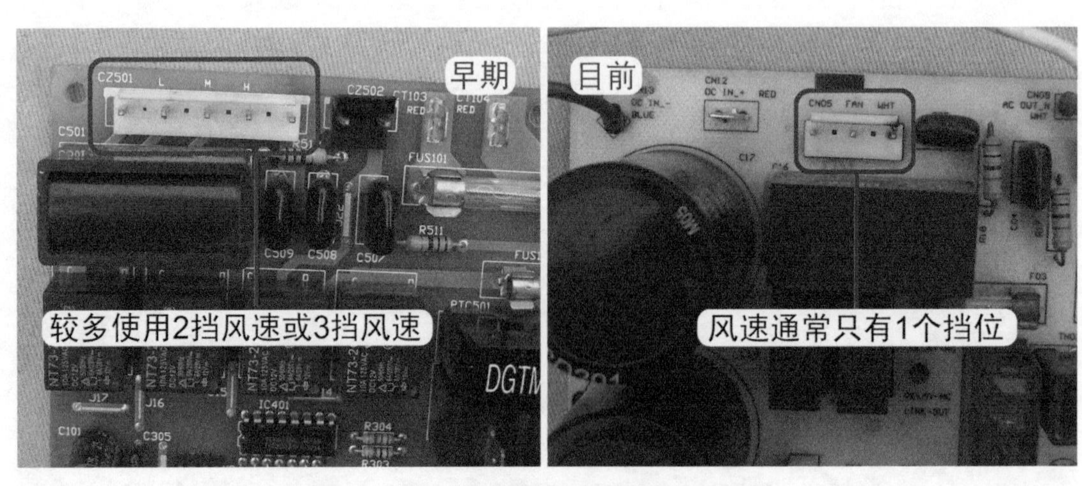

图1-43 早期和目前的空调器室外风机电路之对比

12．6路信号电路

6路信号电路见图1-44。6路信号由室外机CPU输出，通过控制模块内部6个IGBT开关管的导通与截止，将直流300V电压转换为频率与电压均可调的模拟三相交流电，驱动压缩机运行。

早期空调器主板CPU输出的6路信号不能直接驱动模块，需要使用光耦传递，因此模块与室外机CPU通常设计在两块电路板上，中间通过连接线连接。

目前空调器主板CPU输出的6路信号可以直接驱动模块，因此通常做到一块电路板上，不再使用连接线和光耦。

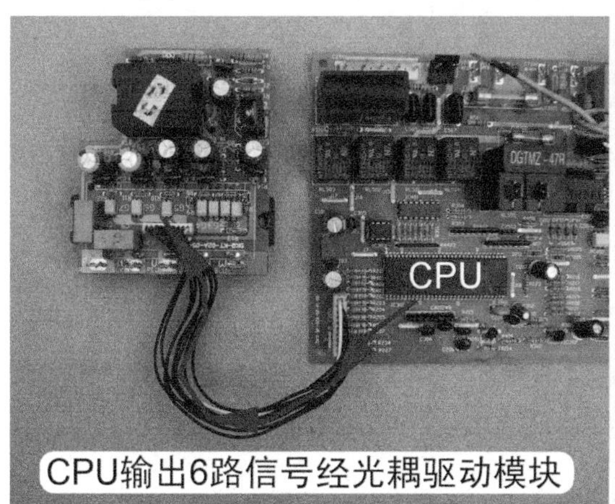

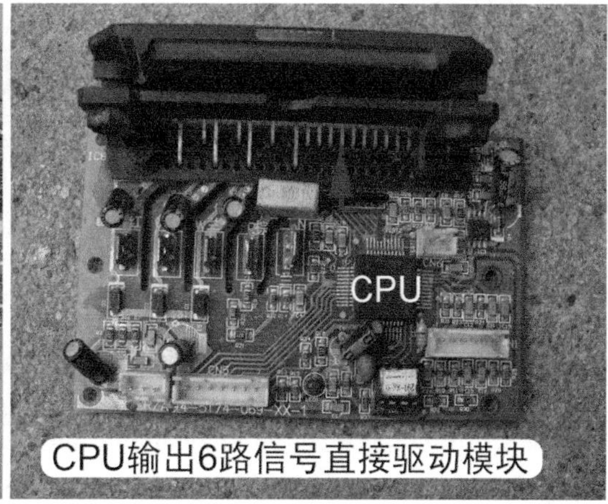

图1-44 早期和目前的空调器6路信号电路之对比

四、常见室外机电控系统特点

变频空调器电控系统由室内机和室外机组成，由于室内机电控系统基本相同，因此不再进行说明，本节只对几种常见形式的室外机电控系统的特点作简单说明。

1．海信KFR-4001GW/BP室外机电控系统

电控系统见图1-45，由室外机主板和模块板两块电路板组成。

室外机主板处理各种输入信号，对负载进行控制，并集成开关电源电路，向模块板输出6路信号和直流15V电压，模块处理后输出频率与电压均可调的三相交流电，驱动压缩机运行。

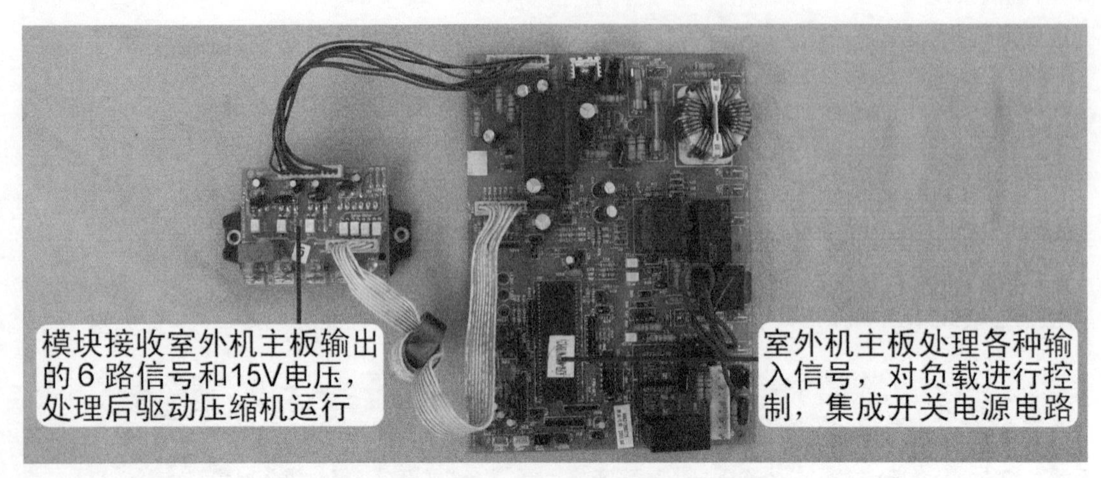

图1-45　海信KFR-4001GW/BP室外机电控系统

2. 海信KFR-2601GW/BP室外机电控系统

电控系统见图1-46，由室外机主板和模块板两块电路板组成。

海信KFR-2601GW/BP室外机电控系统的特点与海信KFR-4001GW/BP基本相同；不同之处在于开关电源电路设在模块板上，由模块板输出直流12V电压，为室外机主板供电。

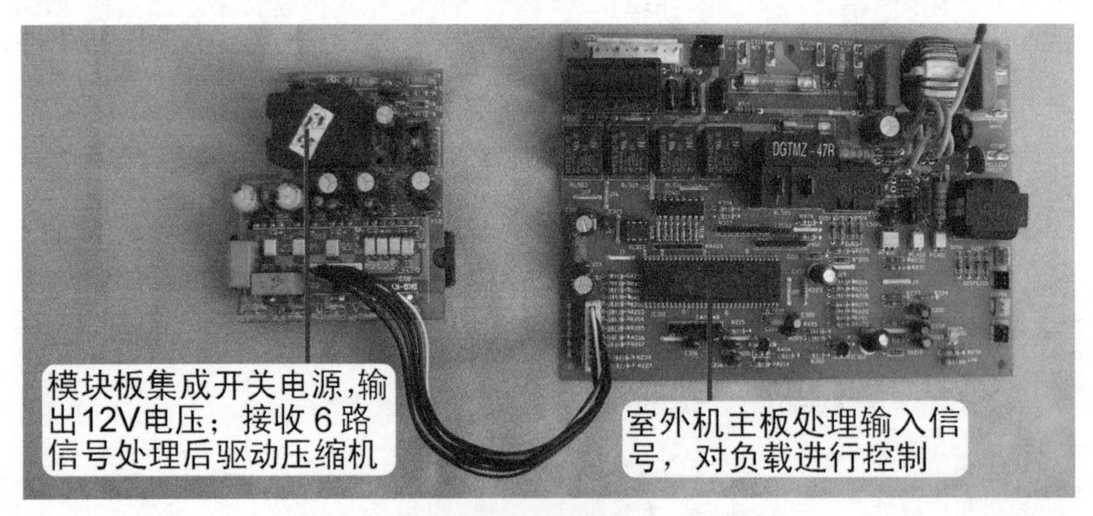

图1-46　海信KFR-2601GW/BP室外机电控系统

3. 海信KFR-26GW/11BP室外机电控系统

电控系统见图1-47，由模块板和室外机主板两块电路板组成。

海信KFR-26GW/11BP室外机电控系统与前两类电控系统相比最大的区别在于，CPU和弱电信号处理电路集成在模块板上，是室外机电控系统的控制中心。

室外机主板的开关电源电路为模块板提供直流5V和15V电压，并传递通信信号和驱动继电器，作用和定频空调器使用两块电路板中的强电板相同。

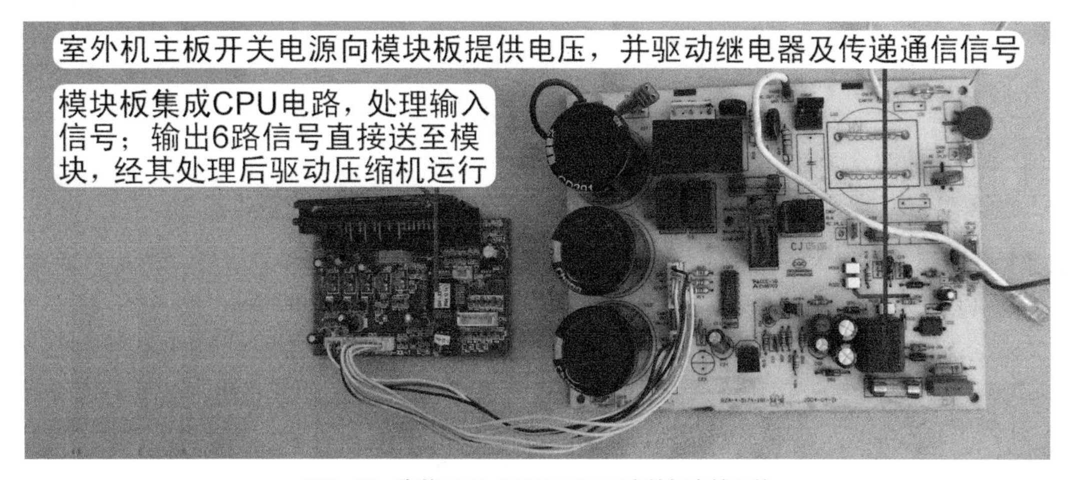
室外机主板开关电源向模块板提供电压，并驱动继电器及传递通信信号
模块板集成CPU电路，处理输入信号；输出6路信号直接送至模块，经其处理后驱动压缩机运行

图1-47　海信KFR-26GW/11BP室外机电控系统

4. 美的KFR-35GW/BP2DN1Y-H（3）室外机电控系统

电控系统见图1-48，由室外机主板一块电路板组成。

功率模块、硅桥、CPU和弱电信号处理电路、通信电路等所有电路均集成在一块电路板上，从而提高了可靠性和稳定性，出现故障时维修起来也最简单，只需更换一块电路板，基本上就可以排除室外机电控系统的故障。

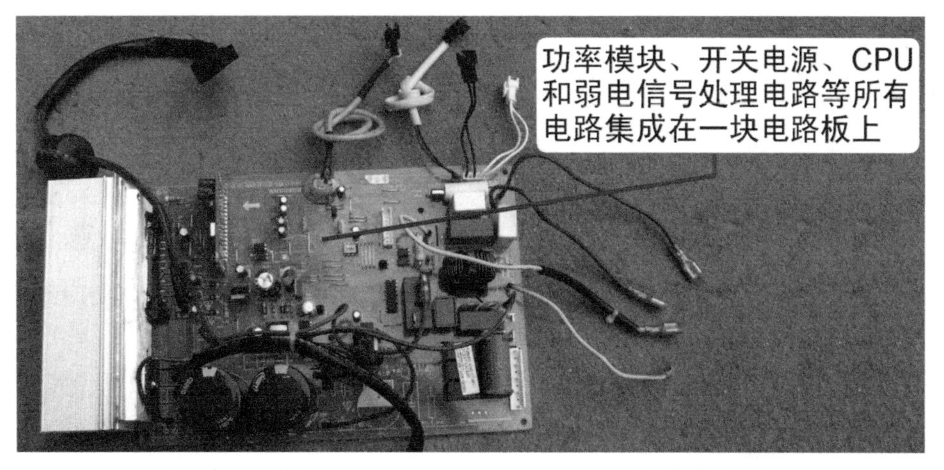
功率模块、开关电源、CPU和弱电信号处理电路等所有电路集成在一块电路板上

图1-48　美的KFR-35GW/BP2DN1Y-H（3）室外机电控系统

总结：

① 交流变频空调器室内机主板与定频空调器室内机主板的单元电路基本相同，大部分单元电路的工作原理也相同，因此学习或维修时可以参考定频空调器电控系统。

② 室外机主板从整体看比较复杂，体积大且电路较多。如果细分到单元电路，可以看出其实也有规律可循，只有部分电路或电气元器件相对于定频空调器而言是没有接触过的，只要认真学习，大多数读者都可以学会。

第4节 控制功能

电控系统由室内机电控系统和室外机电控系统组成，主板是其中的核心部件，由硬件和软件两部分组成。硬件部分就是由能看到的电气元器件组成的单元电路，在本章第2节和第3节已有简单的介绍，以后的章节还会详细介绍其控制原理。软件是看不到的，储存在CPU内部或存储器之中，作用是在各种运行模式下对外围负载进行控制。由于空调器品牌众多，而控制功能也大同小异，本节只介绍海信KFR–26GW/11BP的整机控制功能，以使读者对变频空调器的控制功能有一个简单的了解。

说明：本节中将室内房间温度简称为$t_{室}$，设定温度简称为$t_{设}$。

一、室内机显示指示灯

1. 电源指示灯

空调器处于开启状态时，此灯亮。此灯为双色显示，制热时显示橙色，制冷、抽湿、自动（制冷）模式为绿色。

2. 定时指示灯

空调器处于定时状态时，此灯亮（绿色）。

3. 运行指示灯

为双色显示，压缩机处于运行状态时，此灯显示为蓝色；压缩机处于高频运行或开启高效功能时，此灯显示为红色。

若由于通信故障，室内机不能正确接收到室外机发送的通信信号，有可能导致运行指示灯不亮，但压缩机可以短时间运行。

4. 故障报警

当CPU自检出故障时，空调器会停止运行，但电源指示灯仍然亮。在开机状态下按遥控器上的“传感器切换”键两次，或按压应急开关5s，蜂鸣器“嘀嘀”响两声，空调器的3个指示灯全部熄灭，然后显示故障内容，若没有故障，显示直接恢复。

二、应急开关功能

应急开关可以在没有遥控器的情况下开启或关闭空调器，控制方法如下。

① $t_{室}$≥23℃，模式自动选为制冷，$t_{设}$为26℃，风向、风速为自动。

② $t_{室}$<23℃，模式自动选为制热，$t_{设}$为23℃，风向、风速为自动。

③ 冬季室温比较低需要移机或拆机、回收制冷剂时，在空调器关闭的情况下，按压应急开关超过5s，将进入“强制制冷”状态，不考虑$t_{室}$和$t_{设}$，直接启动室外机运行。

三、无室内机电控启动室外机

将室外机模块板上的CN6两个端子短接，然后再接通电源，空调器进行制热运行，室外风机处于运行状态；再将短接线断开，空调器将进行制冷运行（压缩机延时50s），室外风机仍然处于运行状态，只有切断电源，室外机才能停止运行。

四、空调器的工作模式

使用遥控器可将空调器设置为自动、制热、制冷、抽湿4种工作模式。

1. 自动模式

① 当$t_{室}$≥$t_{设}$，空调器处于制冷工作模式。

② 当$t_{室}$<$t_{设}$，空调器处于制热工作模式。

③ 运行模式一旦确定，30min内不应做转换，除非符合下列条件：当处于自动制冷模式，$t_{室}$<$t_{设}$−3℃时，空调器将立即进入制热模式；或当处于自动制热模式，$t_{室}$>$t_{设}$+3℃时，空调器将立即进入制冷模式。

2. 制冷模式

① 室内风机按照遥控器的设定运行，微风600r/min，低风800r/min，中风1 000r/min，高风1 250r/min，高效1 350r/min。

若为自动风速，按表1–1所示的控制方法进行控制。

表1–1 制冷模式自动风速控制方法

	$t_{设}-t_{室}$	风　速		$t_{设}-t_{室}$	风　速
温差方向↓	1℃	低	温差方向↑	1℃	低
	2℃	低		2℃	中
	3℃	中		3℃	中
	4℃	中		4℃	高
	≥5℃	高		≥5℃	高

② 步进电机的控制按照遥控器设定进行，可参见使用或安装说明书。

③ 压缩机运转的目标频率由$t_{设}$和$t_{室}$的差值决定，温差越大频率越高，电压可通过压缩机的U/f曲线查得。当$t_{室}<t_{设}$时，压缩机停止运行（但必须满足压缩机运行5min以上）。

制冷模式下压缩机最低运行频率15Hz，最高90Hz，额定频率为61Hz。

④ 四通阀线圈始终处于失电状态，室外风机为单速风机，与压缩机同时运行。

3. 抽湿模式

① $t_{室}-t_{设}\leqslant 2$℃，进入抽湿模式运转。室内风机转速强制为设定风速，压缩机在高频（60Hz）和低频（40Hz）交替运行，室外风机运行。

② $t_{室}-t_{设}>2$℃，空调器按照制冷模式运转。

③ $t_{设}-t_{室}\geqslant 1$℃，停压缩机、室外风机，室内风机按微风600r/min运行。

4. 制热模式

① 若$t_{内盘}$（室内管温检测温度）≥38℃，室内风机按照遥控器的设定运行，微风600r/min，低风800r/min，中风1 000r/min，高风1 250r/min，高效1 350r/min。

若为自动风速，按表1-2所示的控制方法进行控制。

表1-2　制热模式自动风速控制方法

	$t_{设}-t_{室}$	风　速		$t_{设}-t_{室}$	风　速
温差方向↓	1℃	低	温差方向↑	1℃	低
	2℃	中		2℃	低
	3℃	中		3℃	中
	4℃	中		4℃	中
	5℃	高		5℃	中
	≥6℃	高		≥6℃	高

② 步进电机的控制按照遥控器设定进行，可参见使用或安装说明书。

③ 压缩机运转目标频率由$t_{设}$和$t_{室}$的差值决定，温差越大频率越高，电压可通过压缩机的U/f曲线查得。当$t_{室}>t_{设}$时，压缩机停止运行（但必须满足压缩机运行5min以上）。

制热模式下压缩机最低运行频率为15Hz，最高110Hz，额定频率为75Hz。

④ 四通阀线圈始终处于通电吸合状态（化霜期间除外），室外风机为单速风机，与压缩机同时运行。

⑤ 除霜采用制热逆循环的方式。进入除霜的条件：制热运行超过 30min，室外环温与室外管温之差超过7℃并且持续5min。除霜过程如下：

→压缩机降低频率，室外风机停止；

→断开四通阀线圈供电；

→$t_{外盘}$（室外管温检测温度）>12℃或压缩机运行超过8min，压缩机停止运行；

→30s后开启四通阀线圈供电；

→5s后启动压缩机；

→3s后开启室外风机；

→除霜结束。

⑥ 防冷风功能：压缩机启动后，室内风机根据室内盘管温度的变化改变其运行速度，防止吹出冷风而让人感觉不适，主要以室内管温检测温度为参考值。

- 当$t_{内盘}<23$℃时，室内风机停机。
- 当$t_{内盘}\geqslant 28$℃时，室内风机低速运转。
- 当$t_{内盘}\geqslant 38$℃时，室内风机以设定风速运行。
- 若4min内不能达到38℃时，4min后强制以设定风速运行。

五、空调器保护功能

1. 通信故障

当室内机主板超过30s接收不到室外机主板发送的通信信号时，室内机主板停止向室外机供电。

当室外机开机后或正在运行过程中，若超过20s接收不到室内机主板发送的有效通信信号时，室外机将停止运行。

2. 延时启动保护

压缩机关闭后，必须延时3min才能再次启动，但第一次上电要立即启动。

3. 经济运行

经济运行时（由遥控器设定），空调器限制最大运行电流（最大电流的50%）。

4. 传感器异常

当室内、室外传感器发生短路或断路时，停止压缩机运转。

5. 室内风机故障

根据室内风机（PG电机）的霍尔反馈信号，若室内机CPU判定电机处于停止、堵转或异常抖动状态，将切断室内风机的驱动信号，整机停机，3min后重新启动。

6. 制冷过载保护

当$t_{外盘}$（室外管温检测温度）$\geqslant 70$℃，压缩机停机；当$t_{外盘}\leqslant 50$℃，3min以后自动开机。

7. 制冷蒸发器防冻结保护

① 当$t_{内盘}$（室内管温检测温度）＞10℃时，压缩机频率不受限制。
② 当$t_{内盘}$＜7℃时，压缩机开始降频。
③ 当$t_{内盘}$＜−1℃并持续3min时，压缩机停止运行，室内风机正常运行。
④ 当$t_{内盘}$≥7℃，且压缩机停机已满3min时，压缩机恢复运行。

8. 制热蒸发器防过载保护

① 当$t_{内盘}$（室内管温检测温度）＜48℃时，正常运行。
② 当$t_{内盘}$＞63℃时，压缩机降频运行。
③ 当$t_{内盘}$＞78℃时，压缩机停止运行。
④ 当$t_{内盘}$≤58℃时，3min后压缩机恢复运行。

9. 制冷电流保护

I_O（7A）为E^2ROM中设定的正常运行电流值，I_{max}（10A）为E^2ROM中设定的最大运行电流值。
① $I<I_O-1.5A$时不约束。
② $I>I_O+1.5A$时降频运行。
③ $I \geqslant I_{max}$时停机。

10. 制热电流保护

I_O（8.5A）为E^2ROM中设定的正常运行电流值，I_{max}（11A）为E^2ROM中设定的最大运行电流值。
① $I<I_O-1.5A$时不约束。
② $I>I_O+1.5A$时降频运行。
③ $I \geqslant I_{max}$时停机。

11. 压缩机排气温度保护

① 当$t_{排}$（排气温度）≤93℃时，正常运行。
② 当93℃＜$t_{排}$＜115℃时，运行频率受限制。
③ 当$t_{排}$＞115℃时，停机。
④ 当$t_{排}$≤90℃时，恢复正常运行。

12. 电源电压异常保护

当交流输入电源电压大于260V或小于160V时，压缩机停止运转并显示故障代码。

13. 功率模块异常

功率模块发生过热（100℃）、过电流（17A）和驱动电压过低（低于13V）等故障时，压缩机、室外风机停止运转，显示故障代码。

六、限频因素

室外机的模块板上设有一个发光二极管（LED）指示灯，在压缩机运行时，以闪烁的次数表示限制压缩机运行频率的原因。

1次：正常运行，无限频因素。
2次：电源电压限制。
3次：冷凝器温度限制。
4次：总电流限制。
5次：压缩机排气温度限制。
6次：制冷室内管温限制。
7次：室内风机风速限制。
8次：AD口调频限制。

第5节 特殊电气元器件

特殊电气元器件是变频空调器电控系统中比较重要的元器件，在定频空调器电控系统中没有使用。这类元器件工作在大电流下，比较容易损坏。本节将对特殊电气元器件的作用、实物外形、测量方法等作简单说明。

一、直流电机

说明：本节的直流电机为三菱重工KFR-35GW/AIBP全直流变频空调器上所使用。

1. 作用

直流电机用于全直流变频空调器的室内风机和室外风机，其实物外形和安装位置见图1-49。它的作用、安装位置和普通定频空调器室内机的PG电机、室外机的室外风机相同。

室内直流电机带动贯流风扇运行，制冷时将蒸发器产生的冷量输送到室内。

室外直流电机带动轴流风扇运行，制冷时将冷凝器产生的热量排放到室外，吸入自然空气为冷凝器降温。

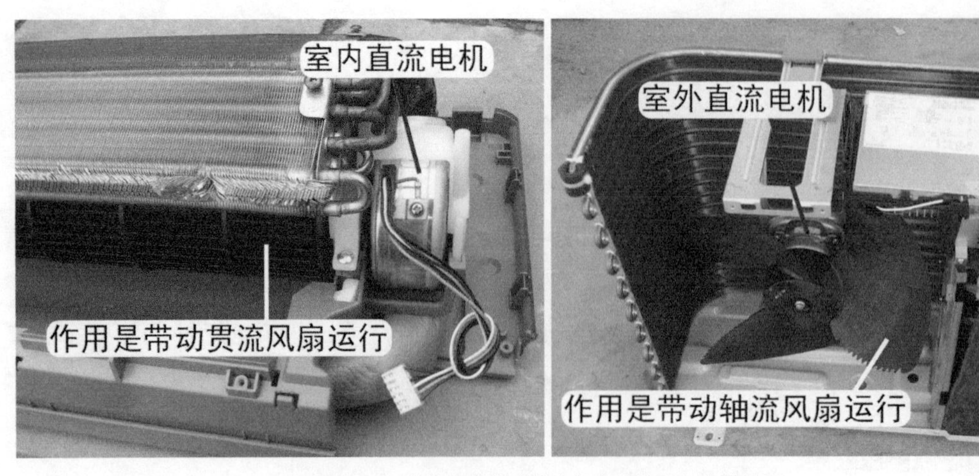

图1-49　室内和室外直流电机实物外形和安装位置

2. 引线作用和工作原理

（1）引线作用

直流电机实物外形和引线作用见图1-50。室内直流电机、室外直流电机的工作原理和插头引线作用相同。

直流电机插头共有5根引线：1号红线为直流300V电压正极引线，2号黑线为直流电压地线，3号白线为直流15V电压正极引线，4号黄线为驱动控制引线，5号蓝线为转速反馈引线。

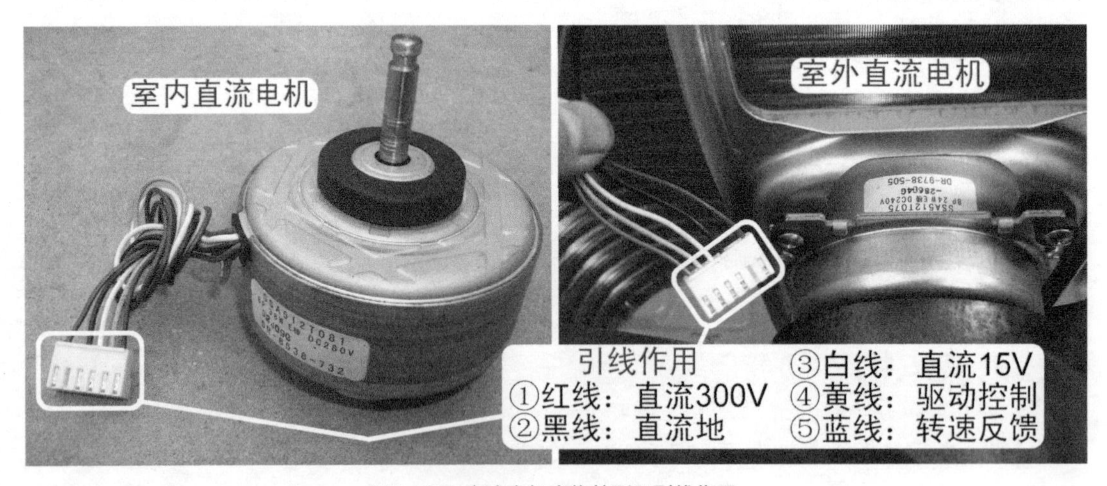

图1-50　直流电机实物外形和引线作用

（2）工作原理

直流电机内部结构由定子、控制电路板、转子、上盖等组成，见图1-51。其工作原理与直流变频压缩机基本相同，只不过将变频模块和控制电路封装在电机内部，组成一块电路板。变频模块供电电压为直流300V，控制电路供电电压为直流15V，均由主板提供。

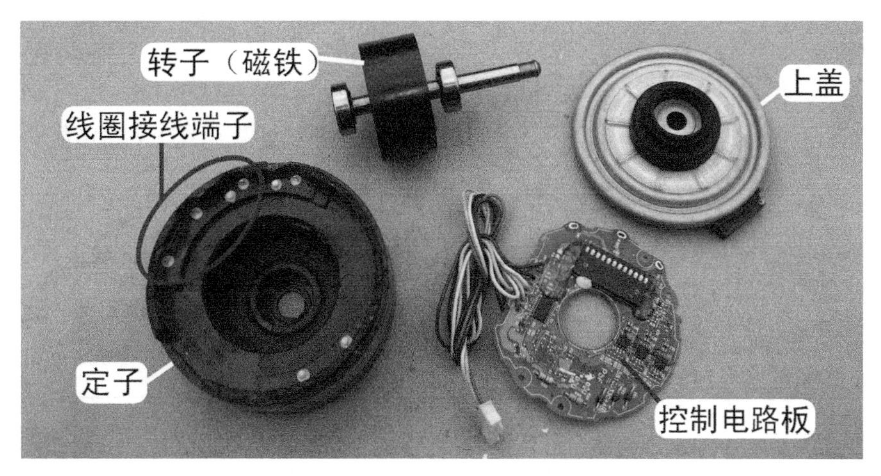

图1-51 直流电机内部结构

主板CPU输出含有转速信号的驱动电压，经光耦耦合由4号黄线送入直流电机内部控制电路，处理后驱动变频模块，将直流300V转换为绕组所需要的电压，直流电机开始运行，从而带动贯流风扇或轴流风扇旋转运行。

直流电机运行时5号蓝线输出转速反馈信号，经光耦耦合后送至主板CPU，主板CPU适时监测直流电机的转速，与内部存储的目标转速相比较，如果转速高于或低于目标值，主板CPU调整输出的脉冲电压值，直流电机内部控制电路处理后驱动变频模块，改变直流电机绕组的电压，转速随之改变，使直流电机的实际转速与目标转速保持一致。

说明：直流电机输入的直流300V电压，室内直流电机由交流220V整流和滤波后直接提供，实际电压值一般恒为直流300V；室外直流电机则取自功率模块的P、N端子，实际电压值随压缩机转速变化而变化，压缩机低频运行时电压高，高频运行时电压低，电压范围通常在直流240～300V之间。

3. 直流电机与交流电机对比

虽然直流电机与室内PG电机、室外轴流电机（二者为交流电机）的作用和安装位置均相同，但工作原理完全不同，是两种不同形式的电机，以室内直流电机、室内PG电机、室外轴流电机（单速）为例进行比较，区别见表1-3。

表1-3 直流电机与交流电机各项功能之对比

序号	比较项目	直流电机	室内PG电机	室外轴流电机
1	供电电压	直流300V	交流90～220V	交流220V
2	电机类型	直流电机	交流电机	交流电机
3	内部结构	控制电路板和 直流绕组电机	交流异步电机和 霍尔反馈元件	交流异步电机

续表

序号	比较项目	直流电机	室内PG电机	室外轴流电机
4	启动方式	电机内部控制电路直接启动运行	电容启动运行	电容启动运行
5	控制方式	由主板和电机内部电路板两部分完成	以光耦晶闸管为核心组成的驱动电路	以继电器为核心组成的控制电路
6	控制电路	最复杂，由主板和电机内部两部分组成	比较简单	最简单
7	调速原理	电机内部电路板改变输出电压值	室内机主板改变交流电压的有效值	单一风速不可调节
8	转速调节	转速可以调节且调节范围较宽	转速可以调节但调节范围较窄	单一风速不可调节
9	转速反馈	电机内部电路板输出转速反馈信号	电机内部输出霍尔反馈信号	无
10	引线数量	1个插头 5根引线	2个插头 各3根引线	一部分为3根引线， 一部分为4根引线
11	适用范围	全直流变频空调器的室内风机和室外风机	交/直流变频空调器、定频空调器室内风机	交/直流变频空调器、定频空调器室外风机

4. 测量方法

由于直流电机由电路板和电机绕组两部分组成，绕组引线与内部电路板连接，因此不能像交流电机那样，使用万用表电阻挡通过测量电机绕组的阻值就可以判断是否正常，也就是说，依靠万用表电阻挡测量直流电机的方法不准确，容易引起误判。准确的方法是在主板通电时测量插头引线之间电压，根据电压值判断。

（1）电阻法

使用万用表电阻挡测量直流电机的5根引线之间的阻值，只有两组引线有阻值，见表1-4，其余均为无穷大。

■ 表1-4　测量直流电机引线阻值

驱动控制黄线—地线	0.227MΩ（227kΩ）
15V供电白线—地线	37kΩ

（2）直流电压法

测量时使用万用表直流电压挡，由于直流电机的直流300V电压的地线与主板上直流5V电压的地线不相连（即不是同一个地线），因此在测量时要注意地线的选择。

室内直流电机和室外直流电机的测量方法与判断结果相同，本节以室内直流电机为例进行说明。

① 测量直流300V和直流15V电压。测量直流300V电压时，见图1-52（a），黑表笔接黑色地线，红表笔接红色300V引线；测量直流15V时，见图1-52（b），黑表笔接黑色地线，红表笔接白色15V引线。

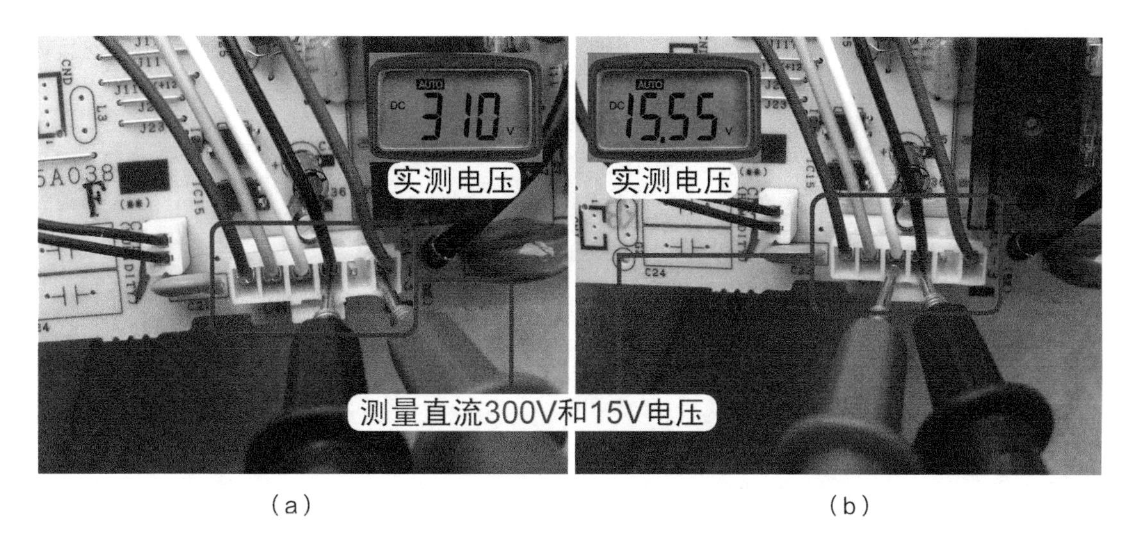

（a）　　　　　　　　　　　　（b）

图1-52　测量直流300V和15V电压

由于直流电机供电由主板提供，如果主板未供电或供电电压不正常，即使直流电机正常也不能运行，因此应首先测量上述两个电压值。测量结果为直流300V和直流15V，说明主板供电电路正常。如果电压值为0V或低于正常值较多，说明主板供电电路出现故障，可以更换主板试机。

② 电机不运行故障，开机测量驱动控制引线电压。见图1-53，黑表笔接黑色地线，红表笔接黄色驱动控制引线，使用遥控器开机，主板CPU输出的驱动电压经光耦耦合，由驱动控制引线（4号黄线）送至直流电机内部电路板。4号黄线正常电压：低风2.7V，中风3.3V，高风3.7V；如果用遥控器关机即处于待机状态，电压为0V。

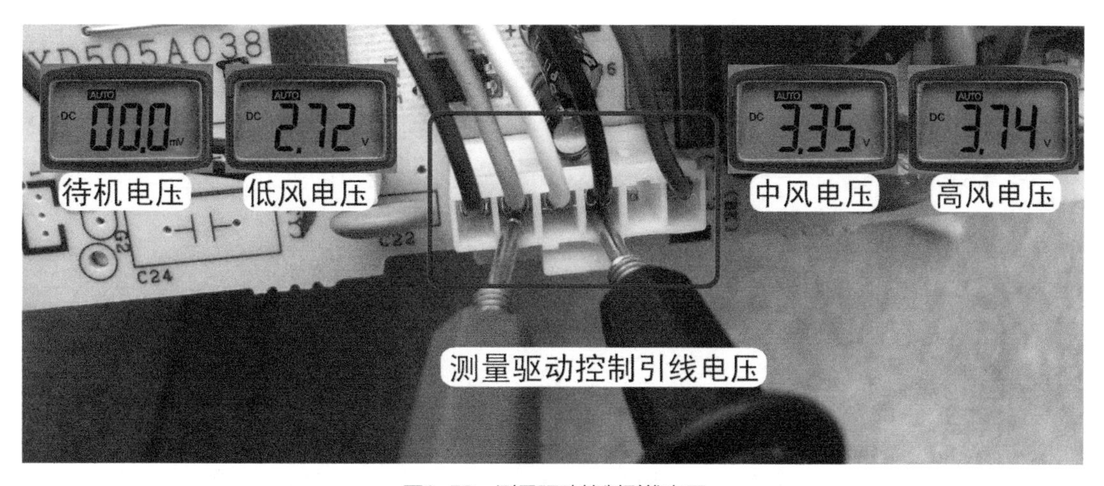

图1-53　测量驱动控制引线电压

直流电机不运行时，如实测电压值与上述电压值相同，说明主板输出驱动电压正常，在直流300V和15V电压正常的前提下，可以判断为直流电机损坏。如在待机和开机状态下电压均为0V，则说明是主板故障，可更换试机。

③ 电机运行正常，但开机后马上关机，报“室内风扇电机异常”的故障代码。关机但不拔下空调器电源插头，将手从出风口伸入室内机并慢慢拨动贯流风扇，见图1-54，黑表笔接

黑色地线，红表笔接蓝色转速反馈引线测量电压，正常为跳变电压，即0V→24V→0V→24V变化。正常的直流电机在运行时，转速反馈引线电压约为直流11V。

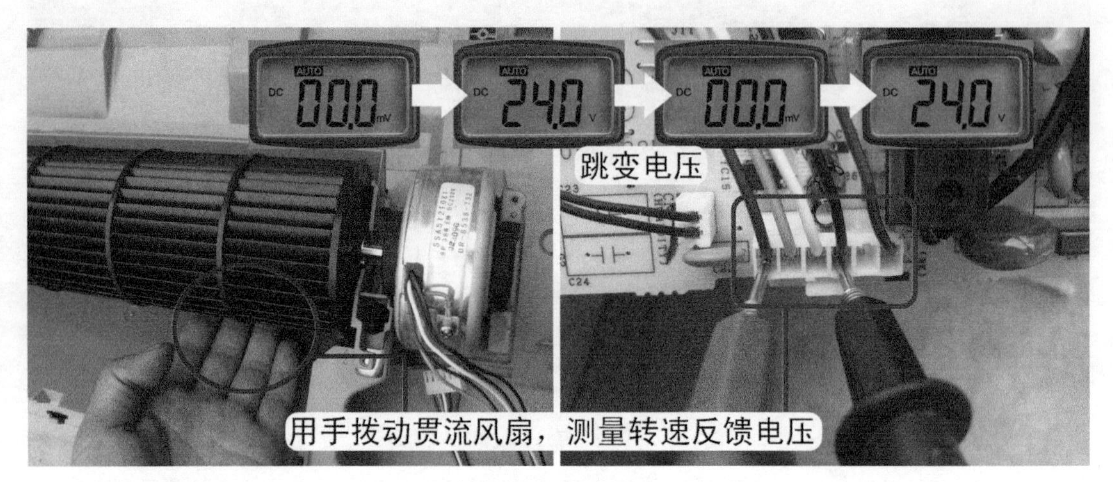

图1-54　测量转速反馈引线电压

如果测量结果符合上述特点，说明直流电机正常，故障为主板转速反馈电路损坏，可更换主板试机。

如果旋转贯流风扇时显示值一直为0V或24V或其他数值，则说明直流电机内部电路板上的转速反馈电路损坏，可更换直流电机试机。

说明1：直流电机转速反馈故障的检查方法和定频空调器室内风机为PG电机的检查方法一样，待机状态下拨动贯流风扇时均为跳变电压，运行时则恒为一定值。

说明2：本机比较特殊，拨动贯流风扇时为0V↔24V的跳变电压，有些直流电机则为0V↔15V的跳变电压，电机运行时霍尔反馈为恒定的直流7.5V。

5. 常见故障

常见故障是电机不运行或运行时无转速反馈信号，故障判断方法见上述内容。

二、电子膨胀阀

1. 作用

电子膨胀阀在制冷系统中的作用和毛细管相同，起到降压节流和调节流量的作用。CPU输出电压驱动电子膨胀阀线圈，带动阀体内的阀针上下移动，改变阀孔的间隙，使阀体的流通截面发生变化，通过改变制冷剂流过时的压力，从而改变节流压力和流量，使进入蒸发器的制冷剂流量与压缩机运行速度相适应，达到精确调节制冷量的目的。

2. 优点

压缩机在高频或低频运行时对进入蒸发器的制冷剂流量要求不同。在高频运行时要求进入蒸发器的制冷剂流量大，以便迅速蒸发，提高制冷量，迅速降低房间温度；在低频运行时要求进入蒸发器的制冷剂流量小，降低制冷量，以便维持房间温度。

使用毛细管作为节流元件的空调器，由于节流压力和流量为固定值，因而在一定程度上削弱了变频空调器的优势；而使用电子膨胀阀作为节流元件则满足制冷剂流量变化的要求，从而最大限度地发挥了变频空调器的优势，提高了系统制冷量；同时具有流量控制范围大、调节精确、可以使制冷剂正反两个方向流动等优点。

3. 适用范围

如果电子膨胀阀的开度控制不好（即和压缩机转速不匹配），制冷量会下降甚至低于使用毛细管作为节流元件的变频空调器。

使用电子膨胀阀的变频空调器，由于在运行过程中需要同时调节两个变量，这也要求室外机主板上的CPU有很高的运算能力，同时电子膨胀阀与毛细管相比成本较高，因此一般使用在高档空调器中。

4. 实物外形和安装位置

电子膨胀阀的实物外形和安装位置见图1-55，它通常是垂直安装在室外机制冷系统中。

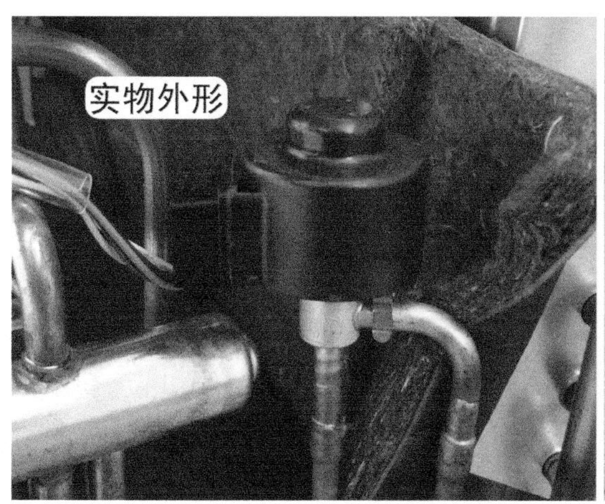

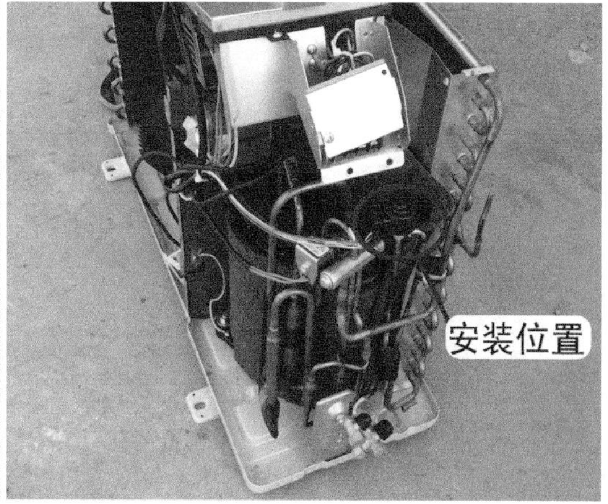

图1-55 电子膨胀阀的实物外形和安装位置

5. 连接管走向

有两根铜管与制冷系统连接，与冷凝器出管连接的为电子膨胀阀的进管，与二通阀连接的为电子膨胀阀的出管。

见图1-56（a），制冷模式下冷凝器流出高压低温液体，经电子膨胀阀节流后变为低温低压液体，再经二通阀后由连接管送至室内机的蒸发器。

6. 测量方法

电子膨胀阀线圈供电为直流12V。电子膨胀阀线圈根据引线数量分为两种：一种为6根引线，其中有2根引线连在一起为公共端，接电源直流12V，余下4根引线接CPU控制部分；另一种为5根引线，见图1-56（b），1根为公共端，接直流12V，余下4根接CPU控制部分。

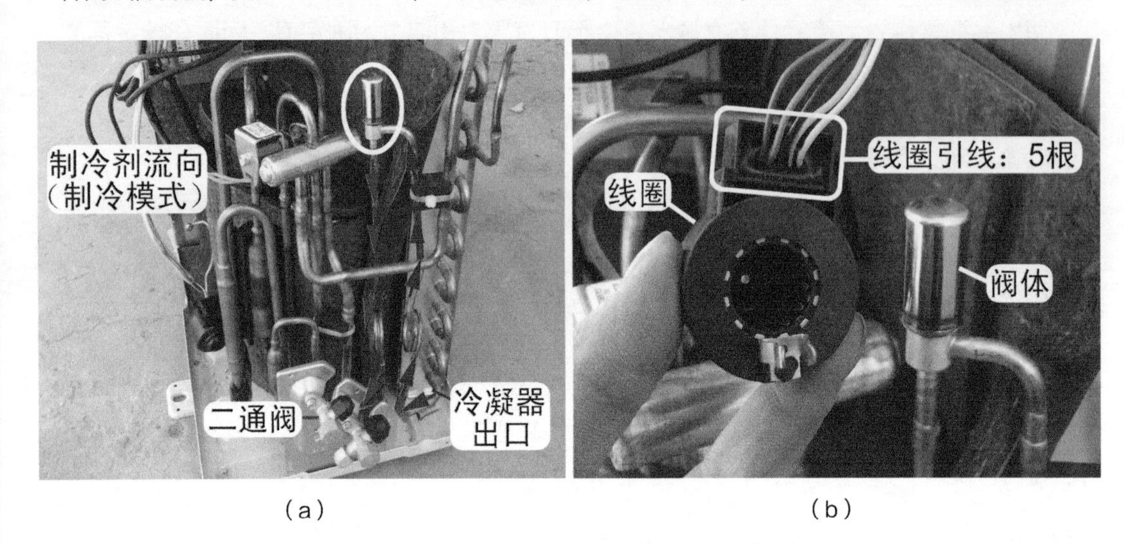

图1-56 电子膨胀阀线圈和制冷模式下制冷剂流向

测量时使用万用表电阻挡，黑表笔接公共端，红表笔测量4根控制引线，阻值应相等，为44Ω，4根控制引线之间的阻值为88Ω，结果见表1-5。

说明：测量方法和步进电机绕组相同。

表1-5 测量电子膨胀阀线圈

实物图形	等效电路图	测量结果	分析	故障
54321	543 1 2	1与2、1与3、1与4、1与5的阻值相等，为44Ω 2与3、2与4、2与5、3与4、3与5、4与5的阻值相等，为88Ω	1号线为公共端，2、3、4、5为线圈端	如测量引线之间阻值为无穷大，为线圈开路故障，需要更换电子膨胀阀线圈

三、PTC电阻

1. 作用

PTC电阻为正温度系数热敏电阻，阻值随温度上升而变大，其与室外机主控继电器触点并联。室外机初次通电时，主控继电器因无工作电压，触点断开，交流220V电压通过PTC电阻对滤波电容充电，PTC电阻通过电流时由于温度上升阻值也逐渐变大，从而限制充电电流，防止由于电流过大造成空调器插头与插座间打火。在室外机供电正常后，CPU控制主控继电器触点吸合，PTC电阻便不起作用。

2. 实物外形和安装位置

PTC电阻为黑色的长方体，见图1-57，共有两个引脚，安装在室外机主板主控继电器附近，引脚与继电器触点并联。

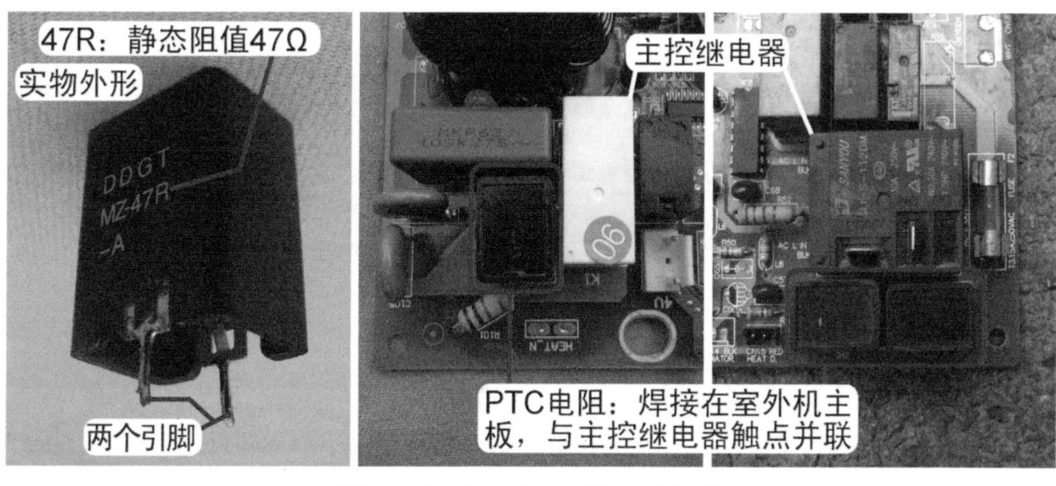

图1-57　PTC电阻的实物外形和安装位置

3. 测量方法

PTC电阻使用规格通常为25℃/47Ω，常温下测量阻值为50Ω左右，表面温度较高时测量阻值为无穷大。其常见故障为开路，即常温下测量阻值为无穷大。

由于PTC电阻的两个引脚与室外机主控继电器的两个触点并联，见图1-58，使用万用表电阻挡测量继电器的两个端子就相当于测量PTC电阻的两个引脚。

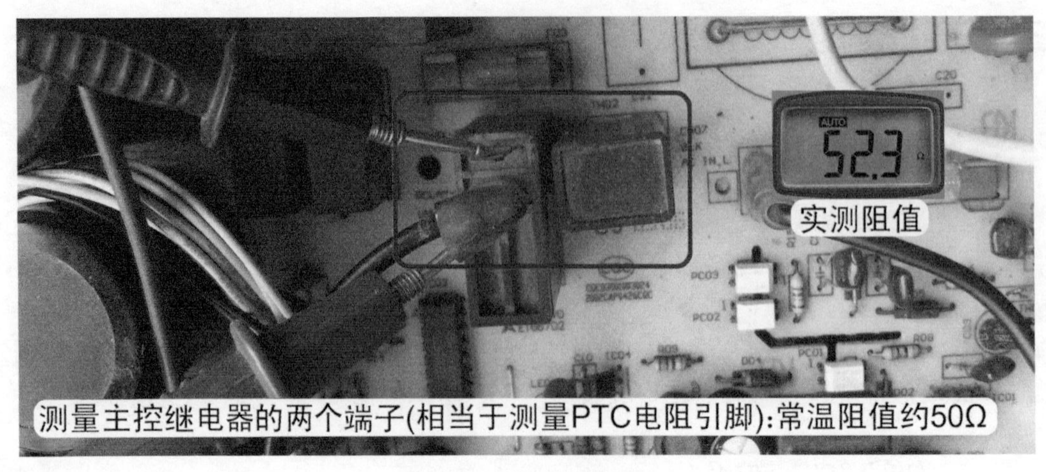

图1-58　测量PTC电阻阻值

四、硅桥

1. 作用与常用型号

硅桥的内部为4个大功率整流二极管组成的桥式整流电路，将交流220V电压整流成为直流300V电压。

硅桥的常用型号为S25VB60，“25”的含义为最大正向整流电流25A，“60”的含义为最高反向工作电压600V。

2. 安装位置

硅桥的安装位置见图1-59。其工作时需要通过较大的电流，功率较大，有一定的热量，因此它与模块一起固定在大面积的散热片上。

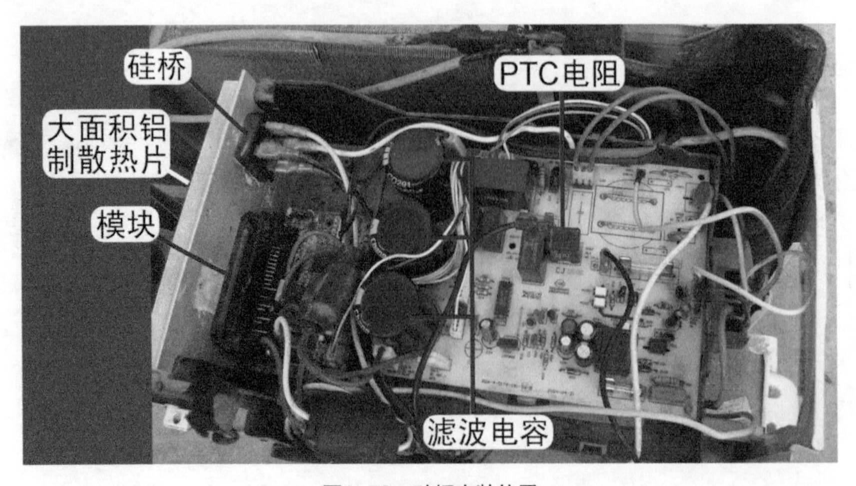

图1-59　硅桥安装位置

3. 引脚

硅桥共有4个引脚，分别为两个交流输入端和两个直流输出端。两个交流输入端接交流220V，使用时没有极性之分；两个直流输出端中的正极经滤波电感接滤波电容正极，负极直接与滤波电容负极连接。

4. 分类和引脚辨认方法

硅桥根据外观分类常见有两种：方形和扁形。

① 方形：见图1-60（a），其中的一角有豁口，对应引脚为直流正极，直流正极对角线上的引脚为直流负极，其他两个引脚为交流输入引脚。

② 扁形：见图1-60（b），其中一侧有一个豁口，对应引脚为直流正极，中间两个引脚为交流输入引脚，最后一个引脚为直流负极。

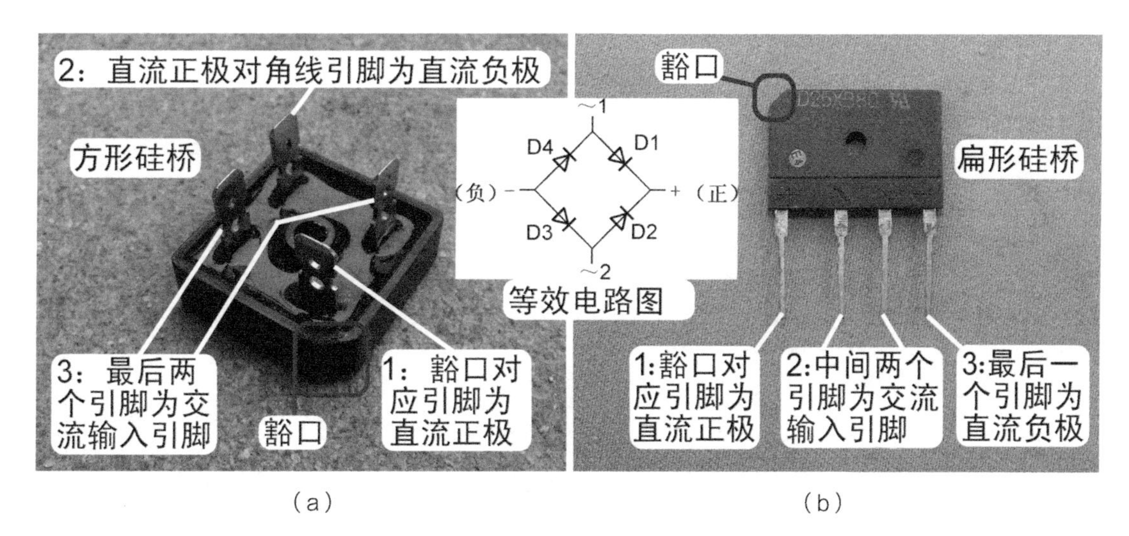

（a）　　　　（b）

图1-60　硅桥引脚辨认方法

5. 测量方法

由于硅桥内部为4个大功率的整流二极管，因此测量时应使用万用表二极管挡。

（1）测量正、负端子

测量过程见图1-61，相当于测量串联的D1和D4（或串联的D2和D3）。

红表笔接正极，黑表笔接负极，为反向测量，结果为无穷大；红表笔接负极，黑表笔接正极，为正向测量，结果为823mV。

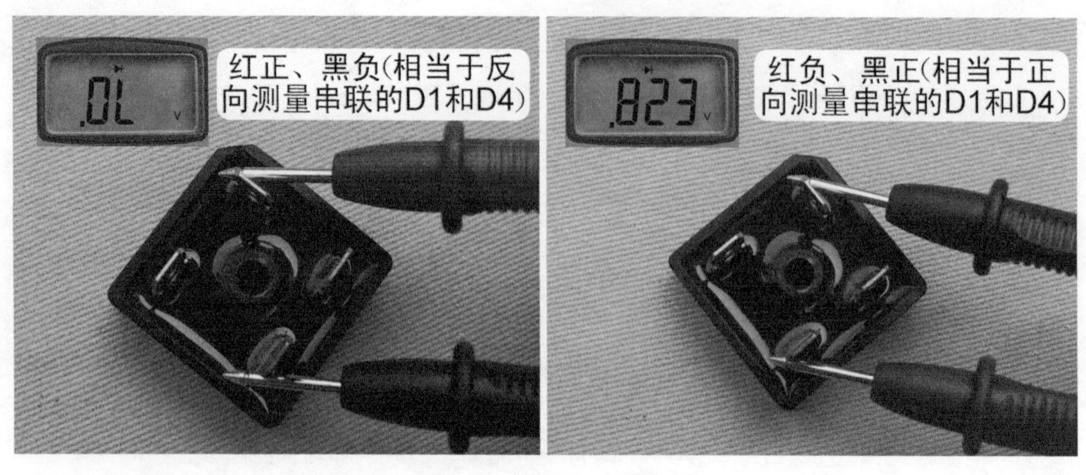

图1-61　测量正、负端子

（2）测量正极、两个交流输入端

测量过程见图1-62，相当于测量D1、D2。

红表笔接正极，黑表笔接交流输入端，为反向测量，两次结果相同，应均为无穷大；红表笔接交流输入端，黑表笔接正极，为正向测量，两次结果应相同，均为452mV。

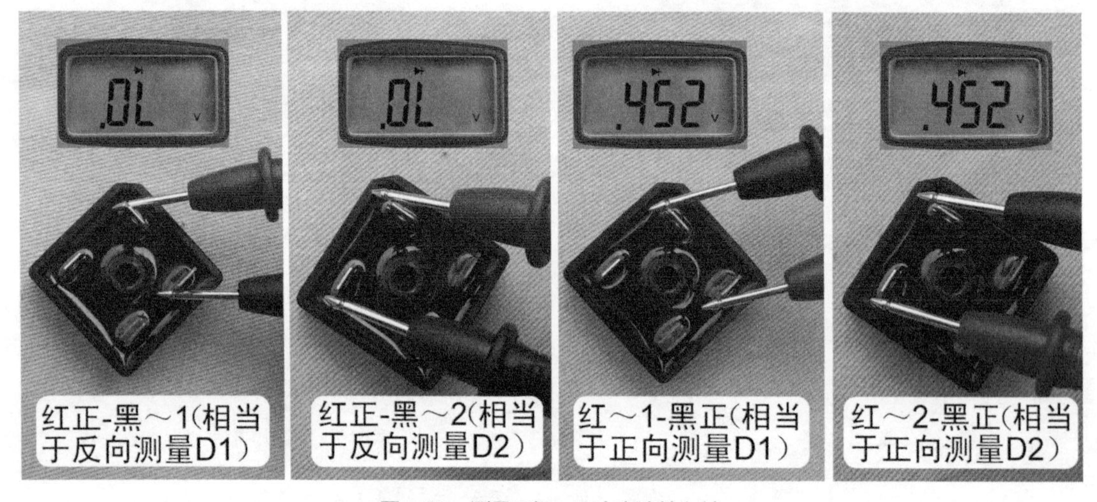

图1-62　测量正极、两个交流输入端

（3）测量负极、两个交流输入端

测量过程见图1-63，相当于测量D3、D4。

红表笔接负极，黑表笔接交流输入端，为正向测量，两次结果相同，均为452mV；红表笔接交流输入端，黑表笔接负极，为反向测量，两次结果相同，均为无穷大。

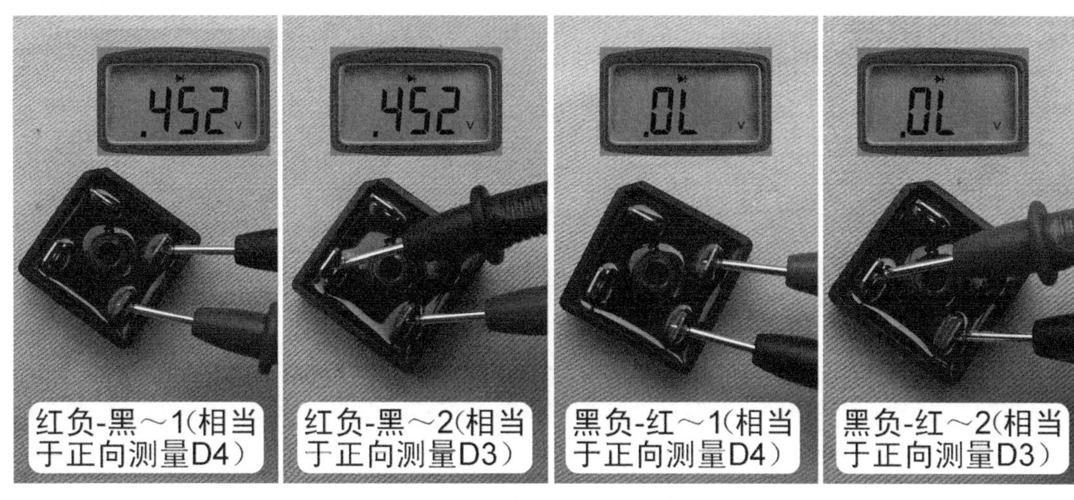

图1-63 测量负极、两个交流输入端

（4）测量交流输入端

测量过程见图1-64，相当于测量反方向串联的D1和D2（或D3和D4）。由于为反向串联，因此正反向测量结果应均为无穷大。

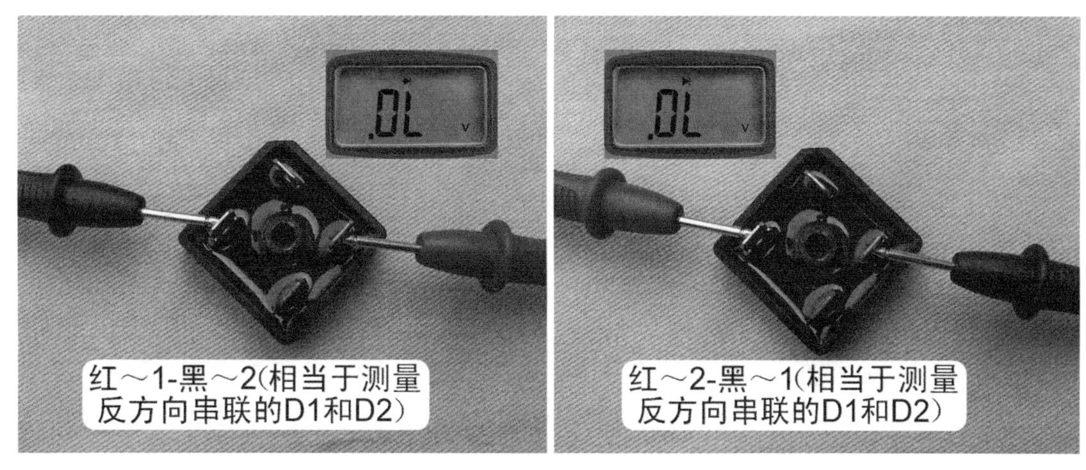

图1-64 测量两个交流输入端

6. 测量说明

① 测量时应将4个端子的引线全部拔下。

② 上述测量方法使用数字万用表。如果使用指针万用表，选择R × 1k挡，测量时红、黑表笔所接端子与上述方法相反，得出的规律才会一致。

③ 不同的硅桥、不同的万用表正向测量时，得出结果的数值会不相同，但一定要符合内部4个整流二极管连接特点所构成的规律。

④ 同一硅桥、同一万用表正向测量内部二极管时，结果数值应相同（如本次测量为452mV）。测量硅桥时不要只记得出的数值，要掌握规律。

⑤ 硅桥的常见故障为内部4个二极管全部击穿或某个二极管击穿，开路损坏的概率相对较小。

五、滤波电感

1. 作用

电感具有“通直流、隔交流”的特性，可阻止由硅桥整流后直流电压中含有的交流成分通过，使输送给滤波电容的直流电压更加平滑、纯净。

2. 引脚

将较粗的线圈按规律绕制在铁芯上，即组成滤波电感，见图1-65（a），其只有两个接线端子，没有正负之分。

3. 实物外形和安装位置

滤波电感通电时会产生电磁频率且自身较重容易产生噪声，为防止对主板控制电路产生干扰，见图1-65（b），通常将滤波电感设计在室外机底座上面。

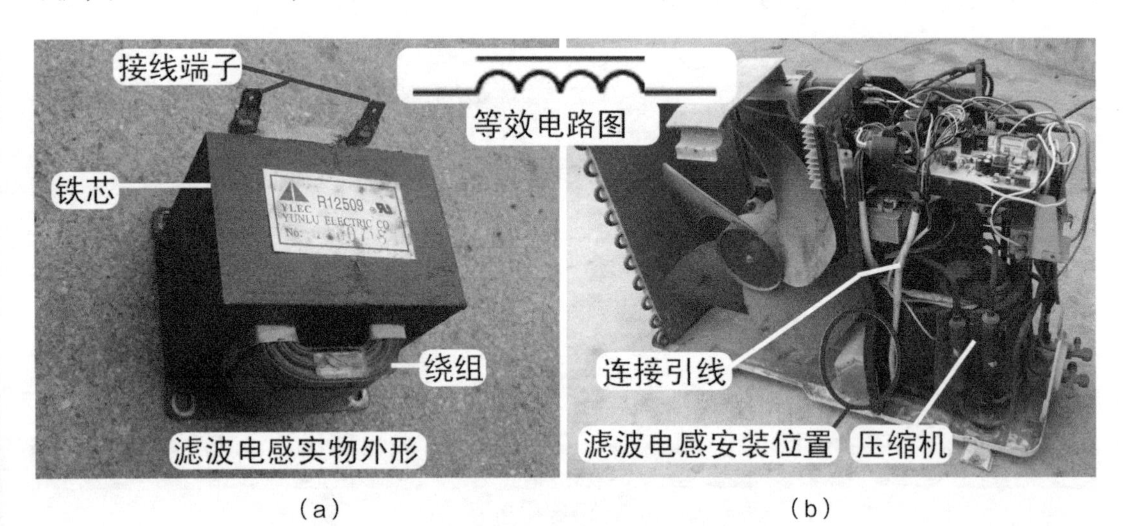

（a）　　（b）

图1-65　滤波电感的实物外形和安装位置

4. 测量方法

测量时使用万用表电阻挡，见图1-66，测量阻值约1Ω。由于滤波电感位于室外机底部，且外部有铁壳包裹，直接测量其接线端子不是很方便，检修时可以测量两个连接引线的插头阻值。

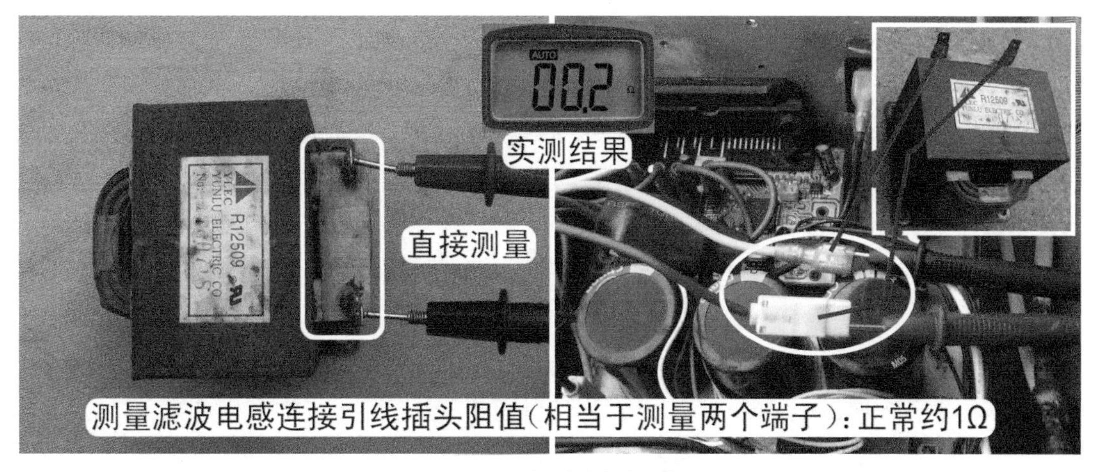

图1-66　测量滤波电感阻值

5．常见故障

① 滤波电感安装在室外机底部，在制热模式下化霜过程中产生的冷凝水将其浸泡，一段时间之后（安装5年左右）将引起绝缘阻值下降，通常在低于2MΩ时，会出现空调器通上电源之后空气开关跳闸的故障。

② 由于绕制滤波电感的线圈线径较粗，很少有开路损坏的故障。而其工作时通过的电流较大，接线端子处容易产生热量，将连接引线烧断，出现室外机无供电的故障。

③ 滤波电感如果铁芯与线圈松动，在压缩机工作时会发出比较刺耳的噪声，有些故障表现为压缩机低频运行时噪声小，压缩机高频运行时噪声大，容易误判为压缩机故障，在维修时需要注意。

六、滤波电容

1．作用

滤波电容实际为容量较大（约 2 000μF）、耐压较高（约直流 400V）的电解电容。根据电容“通交流、隔直流”的特性，电容对滤波电感输送的直流电压再次滤波，使其中含有的交流成分直接入地，使供给模块P、N端的直流电压平滑、纯净，不含交流成分。

2．引脚

电容共有两个引脚，即正极和负极。正极接模块P端子，负极接模块N端子，负极引脚对应有“▯”状标志。

3. 分类

滤波电容按电容个数分类，有两种类型：单个电容或几个电容并联组成。

几个电容并联：见图1-67（a），由2～4个耐压400V、容量560μF左右的电解电容并联组成，对直流电压滤波后为模块供电，总容量为单个电容标注容量相加，常见于目前生产的变频空调器，它们直接焊在室外机主板上。

单个电容：见图1-67（b），为1个耐压400V、容量2 200μF左右的电解电容，对直流电压滤波后为模块供电，常见于早期生产的变频空调器，电控盒内设有专用安装位置。

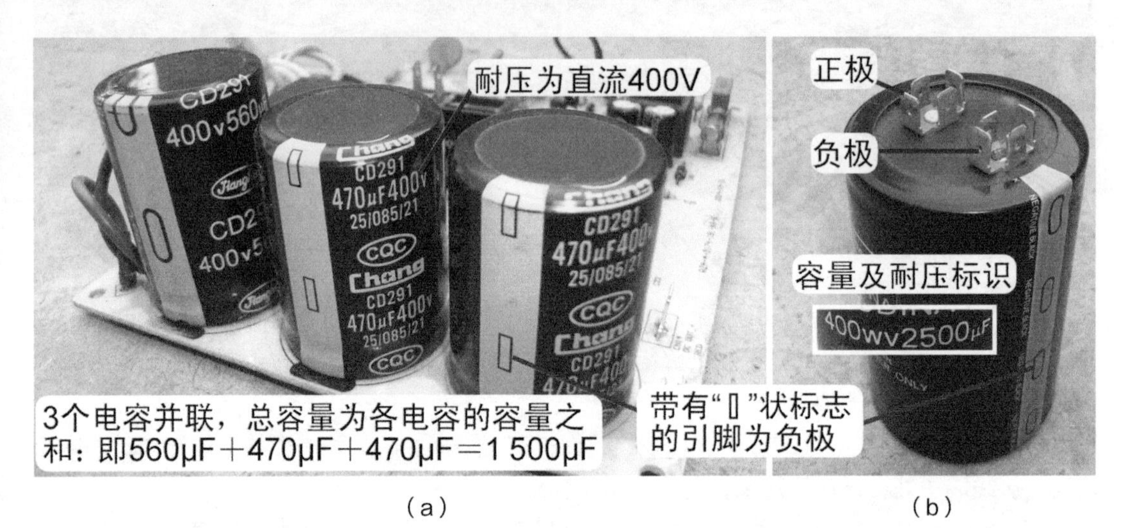

图1-67　两种滤波电容的实物外形和容量计算方法

4. 测量方法

由于滤波电容容量较大，使用万用表检测难以准确判断，通常直接代换试机。其常见故障为容量减小引发屡烧模块故障，在实际维修中损坏的概率较小。

需要注意的是，由于滤波电容的容量较大，不能像检测定频空调器的压缩机启动电容一样，直接短路其两个引脚，否则滤波电容将会发出很大的放电声音，甚至能将螺丝刀的刀杆打出一个豁口。

5. 注意事项

滤波电容正极连接模块P端子，负极连接N端子，引线不能接错。引线接反时，如滤波电容内存有直流 300V 电压，将直接加在模块内部与IGBT开关管并联的续流二极管两端，瞬间令模块炸裂。

如滤波电容未存有电压，不会损坏模块，但滤波电容正极经模块内部的续流二极管接滤波电容的负极，相当于直流300V电压短路，在室外机上电时，PTC电阻由于后级短路电流过大，阻值变为无穷大，室外机无工作电源，室内机由于检测不到室外机发送的通信信号，2min后断开室外机供电，报“通信故障”的故障代码。

七、变频压缩机

变频压缩机实物外形见图1–68（a），铭牌标识内容见图1–68（b）。

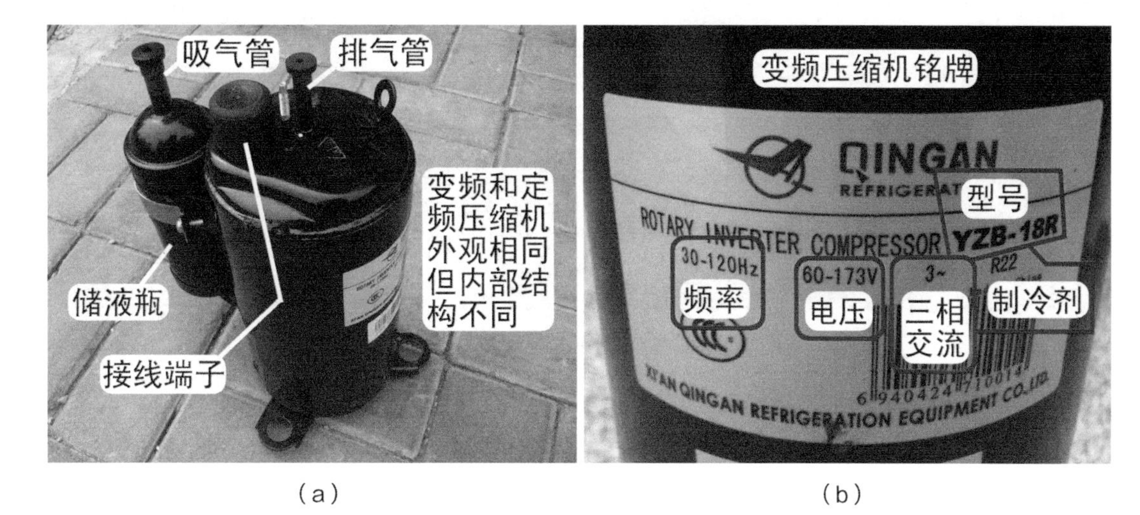

（a）　　　　（b）

图1–68　变频压缩机的实物外形和铭牌

1. 作用

变频压缩机是制冷系统的心脏，通过运行使制冷剂在制冷系统中保持流动和循环。它由三相异步电机和压缩系统两部分组成，模块输出频率与电压均可调的模拟三相交流电为三相异步电机供电，电机带动压缩系统工作。

模块输出电压变化时电机转速也随之变化，转速变化范围为1 500～9 000r/min，压缩系统的输出功率（即制冷量）也发生变化，从而达到在运行时调节制冷量的目的。

2. 引线作用

无论是交流变频压缩机还是直流变频压缩机，均有3个接线端子，见图1–69，标识分别为U、V、W，和模块上的U、V、W 3个接线端子对应连接。

交流变频空调器在更换模块或压缩机时，如果U、V、W接线端子由于不注意插反了导致不对应，压缩机则有可能反方向运行，引起不制冷故障，调整方法和定频空调器三相涡旋压缩机相同，即对调任意两根引线的位置。

直流变频空调器如果U、V、W接线端子不对应，压缩机启动后室外机CPU检测转子位置错误，报出“压缩机位置保护”或“直流压缩机失步”的故障代码。

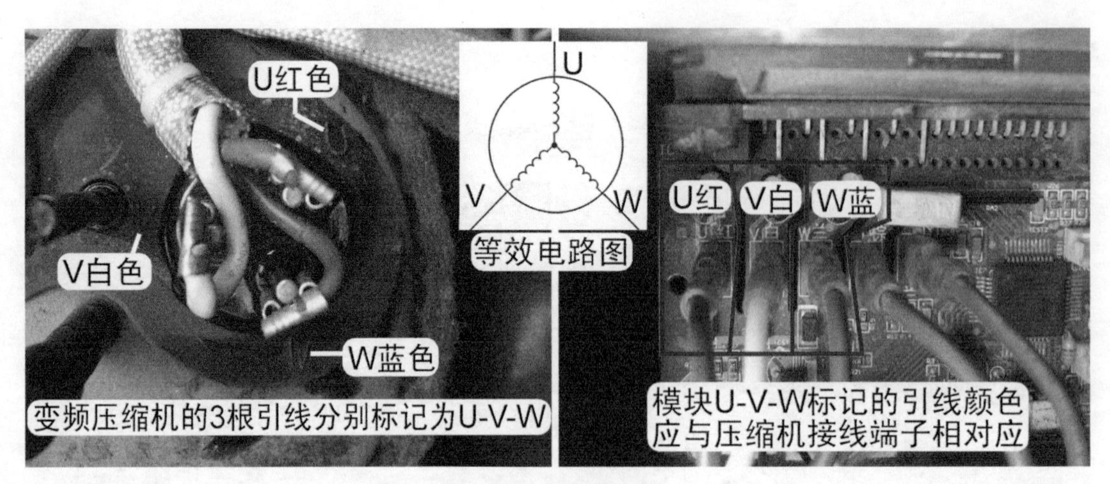

图1-69　变频压缩机引线

3. 分类

变频压缩机根据工作方式主要分为直流变频压缩机和交流变频压缩机。

① 直流变频压缩机：又称直流变转速压缩机，使用无刷直流电机，工作电压为连续但极性不断改变的直流电。

② 交流变频压缩机：使用三相异步电机，工作电压为交流30～220V，频率15～120Hz，转速1 500～9 000r/min。

4. 测量方法

使用万用表电阻挡，见图1-70，测量3个接线端子之间的阻值，U与V、U与W、V与W间的阻值相等，即$R_{UV}=R_{UW}=R_{VW}$，阻值为1.5Ω左右。

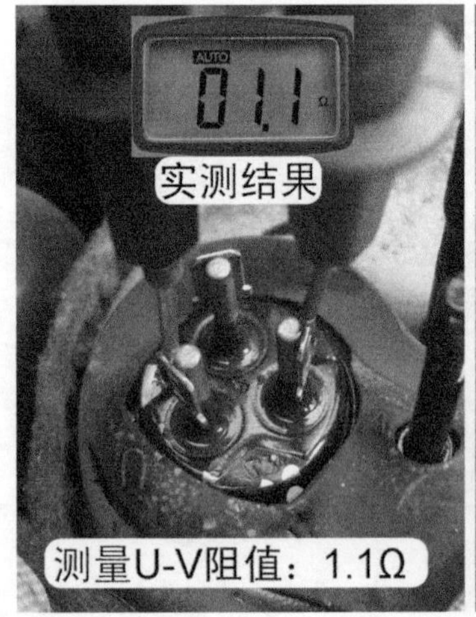

图1-70　测量线圈阻值

5. 常见故障

实际维修中变频空调器压缩机和定频空调器压缩机相比，故障率较低，原因为室外机电控系统保护电路比较完善，故障主要是压缩机启动不起来（卡缸）或线圈对地短路等。

第6节 功率模块

功率模块是变频空调器电控系统中较重要的器件之一，也是故障率较高的一个器件，属于电控系统特殊器件之一，本应归入本章第5节，但由于知识点较多，因此单设一节进行详细说明。

一、基础知识

1. 作用

功率模块可以简单地看作电压转换器。室外机主板CPU输出6路信号，经功率模块内部驱动电路放大后控制IGBT开关管的导通与截止，将直流 300V 电压转换成与频率成正比的模拟三相交流电压（交流30～220V、频率15～120Hz），驱动压缩机运行。

三相交流电压越高，压缩机转速和输出功率（即制冷效果）越高；反之，三相交流电压越低，压缩机转速和输出功率（即制冷效果）就越低。三相交流电压的高低由室外机CPU输出的6路信号决定。

2. 功率模块实物外形

严格意义的功率模块见图1-71，它是一种智能模块，将IGBT连同驱动电路和多种保护电路封装在同一模块内，从而简化了设计，提高了稳定性。功率模块只有固定在外围电路的控制基板上，才能组成模块板组件。

PS21964-AT（15A）

PS21564-P（15A）

PS21765（20A）

PS21865-P（20A）

图1-71 常见的几种功率模块实物外形

3. 功率模块组成

在实际应用中，功率模块通常与控制基板组合在一起。如三菱一种型号为PM20CTM60的功率模块，与带开关电源功能的控制基板组合，即组成带开关电源功能的功率模块板组件。

本书所称的“模块”就是由功率模块和控制基板组合而成的模块板组件。

4. 固定位置

由于模块工作时产生很高的热量，因此设有面积较大的铝制散热片，见图1-72，并固定在上面，中间有绝缘垫片，设计在室外机电控盒里侧，室外风扇运行时带走铝制散热片表面的热量，间接为模块散热。

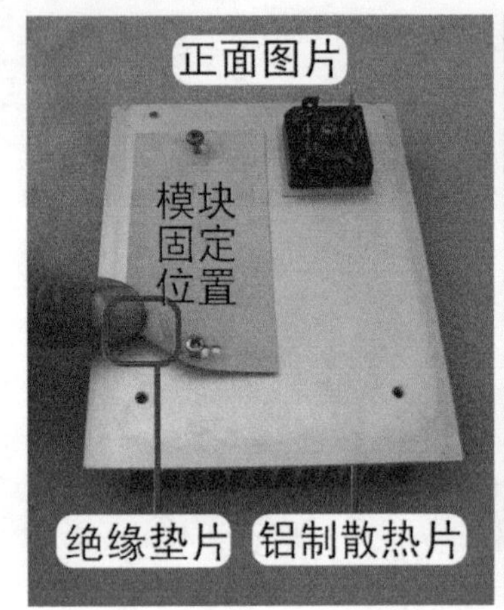

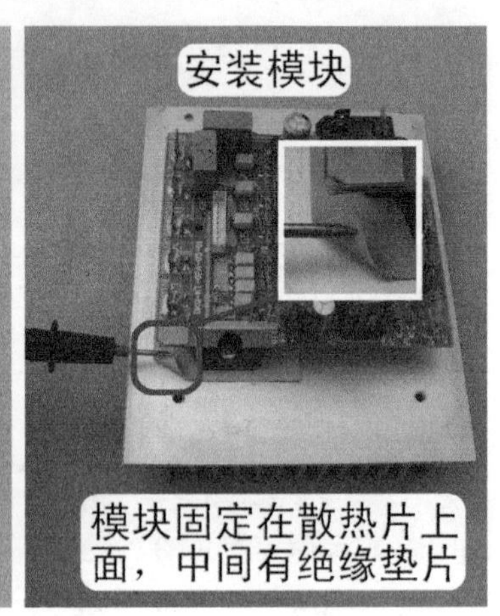

图1-72　模块固定位置

二、输入与输出电路

图1-73所示为模块输入与输出电路的框图，图1-74所示为实物图。

1. 输入部分

① P、N：由滤波电容提供直流300V电压，为模块内部开关管供电，其中P端外接滤波电容正极，内接上桥3个IGBT开关管的集电极；N端外接滤波电容负极，内接下桥3个IGBT开关管的发射极。

② 15V：由开关电源提供，为模块内部控制电路供电。

③ 6路驱动信号：由室外机CPU提供，经模块内部控制电路放大后，按顺序驱动6个IGBT开关管的导通与截止。

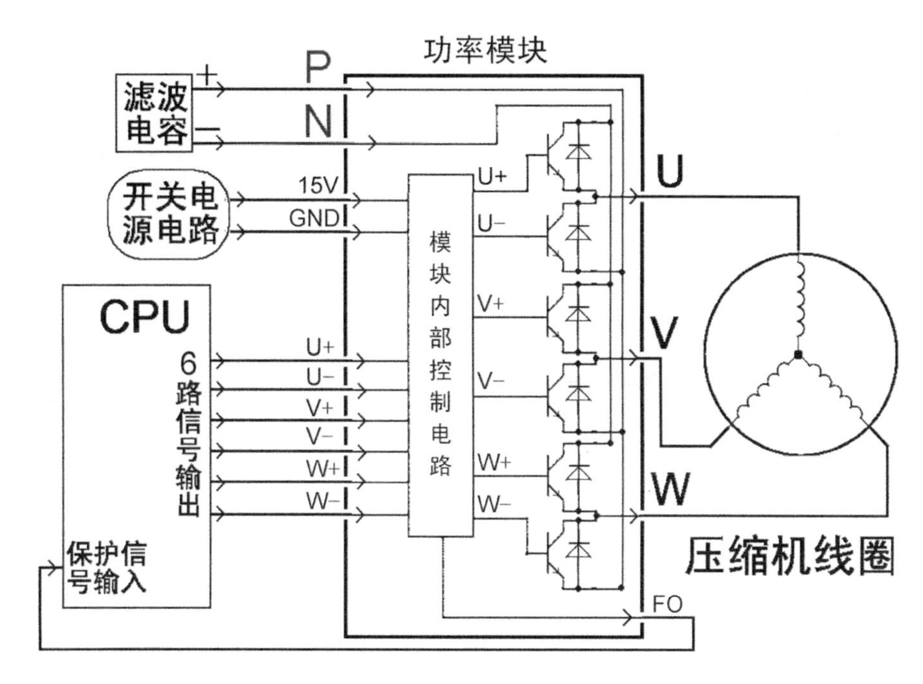

图1-73 模块输入与输出电路框图

2. 输出部分

① U、V、W：上桥与下桥的中点，输出与频率成正比的模拟三相交流电，驱动压缩机运行。

② FO（保护信号）：当模块内部控制电路检测到过热、过电流、短路、15V电压低4种故障时，输出保护信号至室外机CPU。

说明：直流300V供电回路中，在实物图上未显示PTC电阻、室外机主控继电器和滤波电感等元器件。

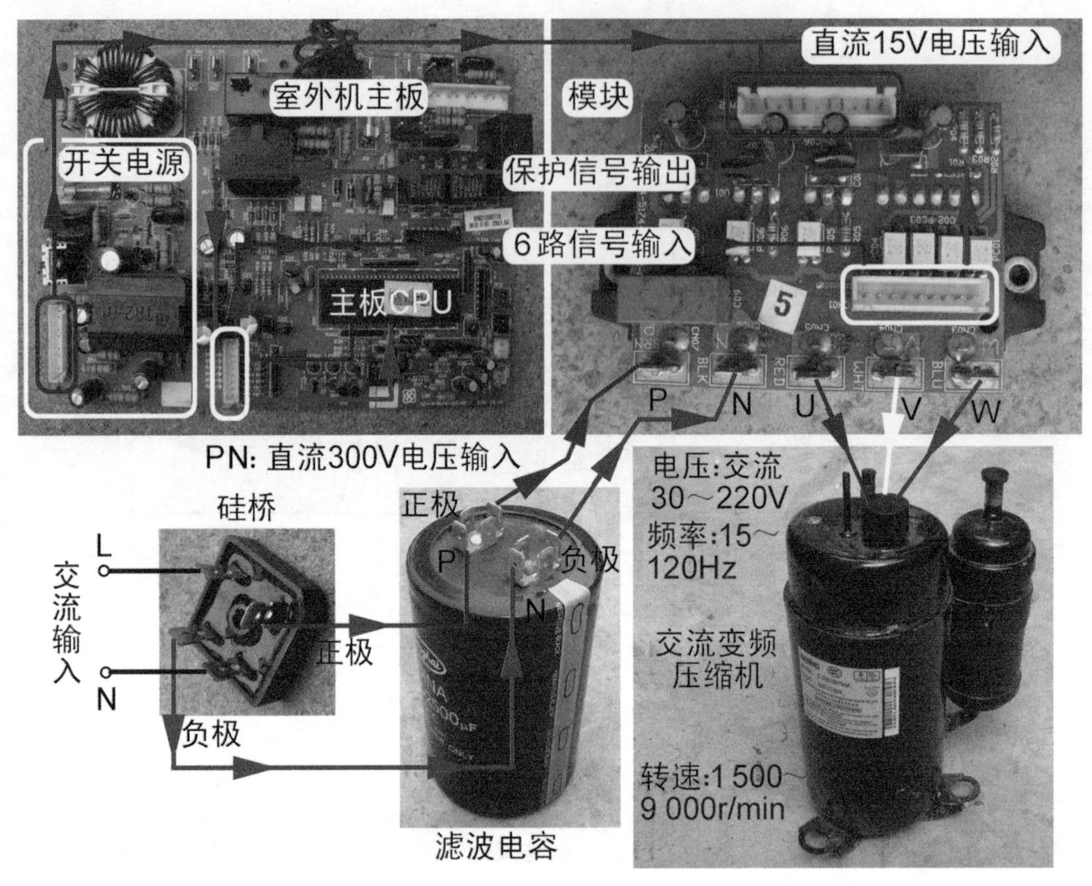

图1-74　模块输入与输出电路实物图

三、常见模块形式和特点

国产变频空调器从问世到现在大约有 10 年的时间，在此期间出现了许多改进机型。模块作为变频空调器的重要器件，也从最初只有模块的功能，到集成CPU控制电路，再到目前常见的模块控制电路一体化，经历了很多技术上的改变。

1. 只具有功率模块功能的模块

代表有海信KFR–4001GW/BP、海信KFR–3501GW/BP等机型，见图1–75。此类模块多见于早期的交流变频空调器。

使用光耦传递6路驱动信号，直流15V电压由室外机主板提供（分为单路15V供电和4路15V供电两种）。

模块的常见型号为三菱PM20CTM060，可以称其为第二代模块，其最大负载电流20A，最高工作电压600V，设有铝制散热片，目前已经停止生产。

图1-75　只有功率模块功能的模块

2. 带开关电源的模块

代表有海信KFR-2601GW/BP、美的KFR-26GW/BPY-R等机型，见图1-76。此类模块多见于早期的交流变频空调器，在只有功率模块功能的模块板基础上改进而来。

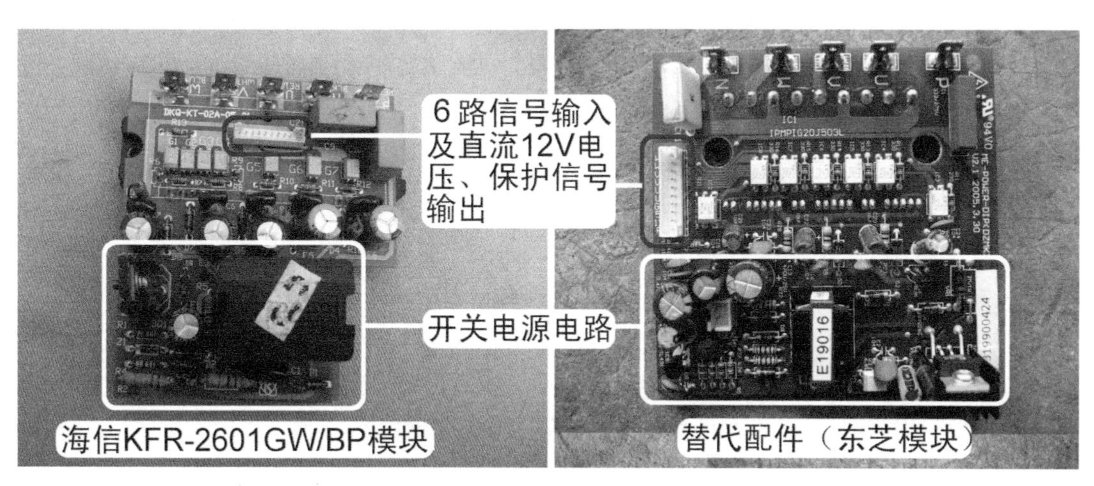

图1-76　带开关电源的模块

该类模块的模块板增加了开关电源电路，次级输出4路直流15V和1路直流12V两种电压：直流15V电压直接供给模块内部控制电路；直流12V电压输出至室外机主板7805稳压块，为室外机主板供电，室外机主板则不再设计开关电源电路。

模块的常见型号同样为三菱PM20CTM060，由于此类模块已停止生产，而市场上还存在大量使用此类模块的变频空调器，为供应配件，目前有改进的模块作为配件出现，如使用东芝或三洋的模块，东芝型号为IPMPIG20J503L。

3. 集成CPU控制电路的模块

代表有海信KFR-26GW/11BP等机型，见图1-77。此类模块多见于目前生产的交流变频空调器或直流变频空调器。

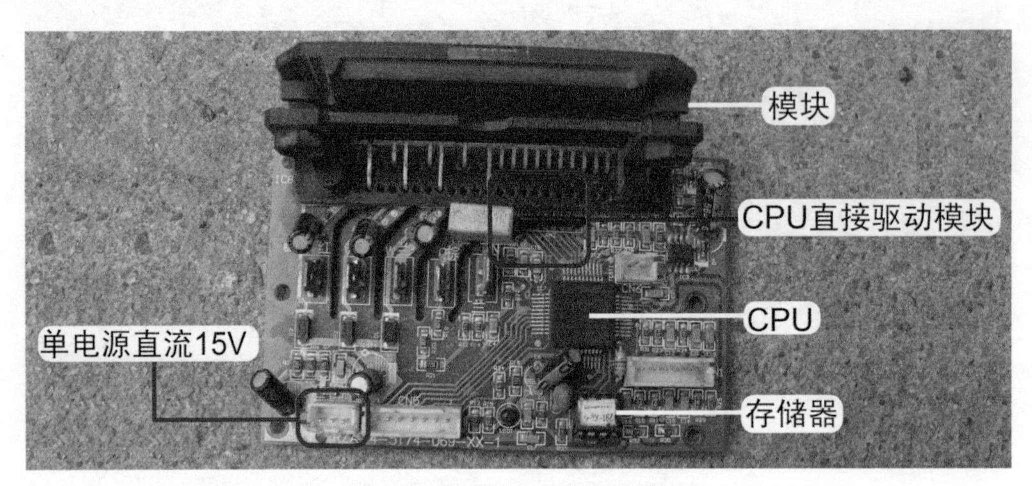

图1-77　集成CPU控制电路的模块

该类模块的模块板集成CPU控制电路、室外机电控系统的弱电信号控制电路。室外机主板只是提供模块板所必需的直流15V（模块内部控制电路供电）、5V（室外机CPU和弱电信号控制电路供电）电压，以及传递通信信号、驱动继电器等功能。

该类模块的生产厂家有三菱、三洋、飞兆等，可以称其为第三代模块，与三菱PM20CTM060系列的模块相比，有着本质区别：一是6路信号为直接驱动，中间不再需要光耦，这也为集成CPU提供了必要的条件；二是成本较低，通常采用非铝制散热片；三是模块内部控制电路使用单电源直流15V供电；四是内部可以集成电流检测电阻元件，与外围元器件电路即可组成电流检测电路。

4．控制电路和模块一体化的模块

代表有美的KFR-35GW/BP2DN1Y-H（3）、三菱重工KFR-35GW/AIBP等机型，见图1-78。此类模块多见于目前生产的交流变频空调器、直流变频空调器和全直流变频空调器，也是目前比较常见的一种类型，在集成CPU控制电路模块的基础上改进而来。

模块、室外机CPU控制电路、弱电信号处理电路、开关电源电路、滤波电容、硅桥、通信电路、PFC电路、继电器驱动电路等，也就是说室外机电控系统的所有电路均集成在一块电路板上，只需配上传感器、滤波电感等少量外围元器件即可以组成室外机电控系统。

该模块的生产厂家有三菱、三洋、飞兆等，可以称其为第四代模块，是目前最常见的控制类型，由于所有电路均集成在一块电路板上，因此在出现故障后维修时也最简单。

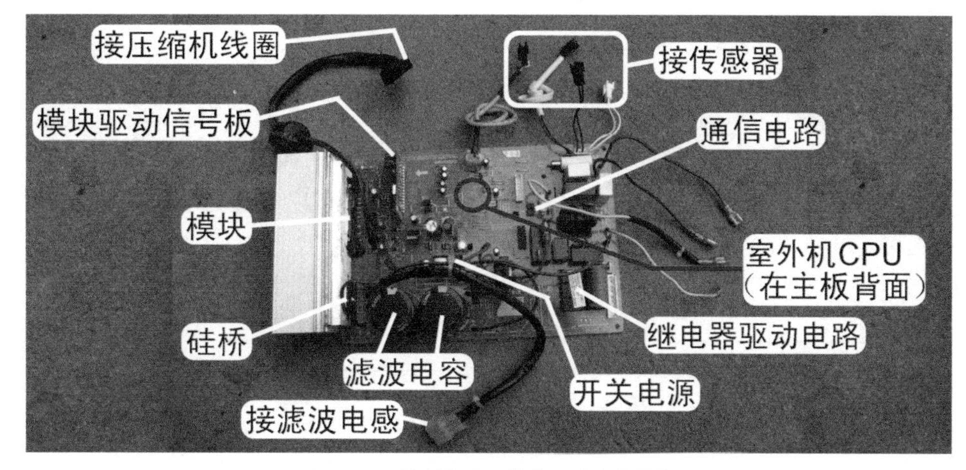

图1-78 控制电路和模块一体化的模块

四、分类

根据CPU输出6路驱动信号至模块内部控制电路的过程，模块可分为使用光耦耦合与直接驱动两种。

1. 6路信号使用光耦耦合的模块特点

该类模块的实物外形见图1-75和图1-76。

① 通常用于早期生产的交流变频空调器。

② CPU输出的6路信号经光耦耦合至模块内部控制电路，模块输出的保护信号也是经光耦耦合至CPU，即CPU电路与模块内部电路相互隔离。

③ 模块与CPU控制电路通常设计在两块电路板上，使用排线连接。

④ 模块内部控制电路使用的直流15V电压通常为4路供电。

⑤ 模块通常与开关电源电路设计在一块电路板上。

2. 6路信号直接驱动的模块特点

该类模块的实物外形见图1-77和图1-78。

① 通常用于目前生产的交流变频空调器或直流变频空调器。

② CPU输出的6路信号直接送至模块内部控制电路，中间无光耦。

③ 模块通常与CPU控制电路集成到一块电路板上面。

④ 模块内部控制电路使用的直流15V电压通常为单路供电。

⑤ 体积更小，智能化程度更高，成本更低，且不易损坏（指模块内部IGBT开关管不易损坏）。

⑥ 模块内部集成电流检测电路或外置模块电流检测电阻，只需外围电路放大信号，即可输送至CPU电流检测引脚。

五、模块测量方法

无论何种类型的模块，使用万用表测量时，内部控制电路工作是否正常不能判断，只能对内部的6个开关管做简单的检测。

从图1-79所示的模块内部IGBT开关管简图可知，万用表显示值实际为IGBT开关管并联6个续流二极管的测量结果，因此应选择二极管挡，且P、N、U、V、W端子之间应符合二极管的特性。

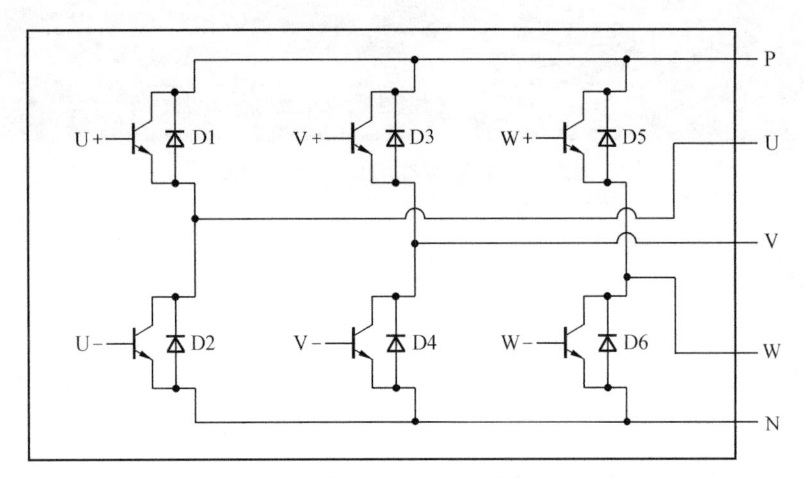

图1-79 模块内部IGBT开关管简图

（1）测量P、N端子

测量过程见图1-80，相当于D1和D2（或D3和D4、D5和D6）串联测量。

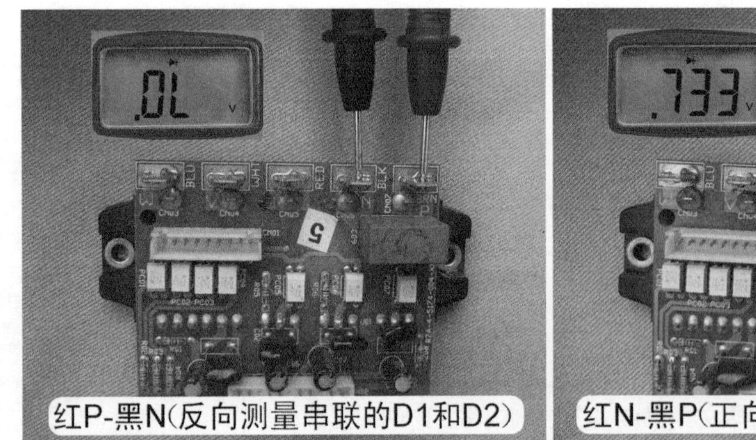

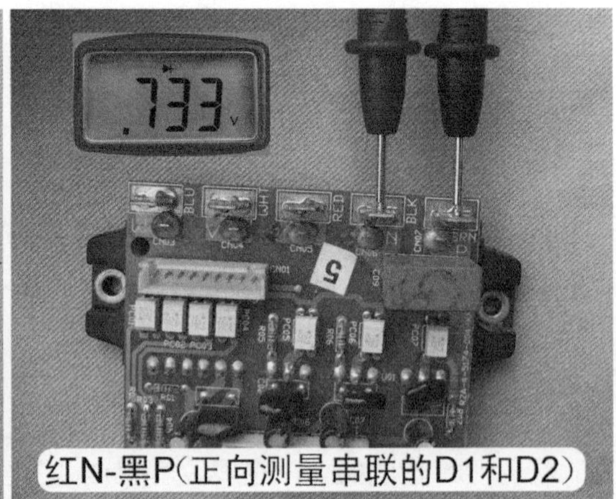

图1-80 测量P、N端子

红表笔接P端、黑表笔接N端，为反向测量，结果为无穷大；红表笔接N端、黑表笔接P端，为正向测量，结果为733mV。

如果正反向测量结果均为无穷大，为模块P、N端子开路；如果正反向测量接近0mV，为模块P、N端子短路。

（2）测量P与U、V、W端子

相当于测量D1、D3、D5。

红表笔接P端，黑表笔接U、V、W端，测量过程见图1-81，相当于反向测量D1、D3、D5，3次结果相同，应均为无穷大。

红表笔接U、V、W端，黑表笔接P端，测量过程见图1-82，相当于正向测量D1、D3、D5，3次结果相同，应均为406mV。

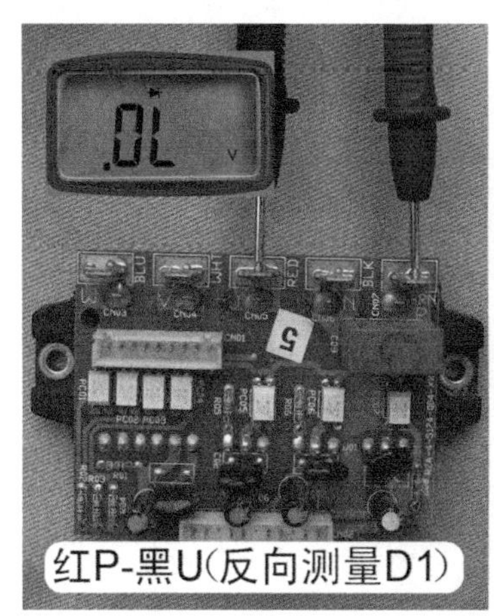

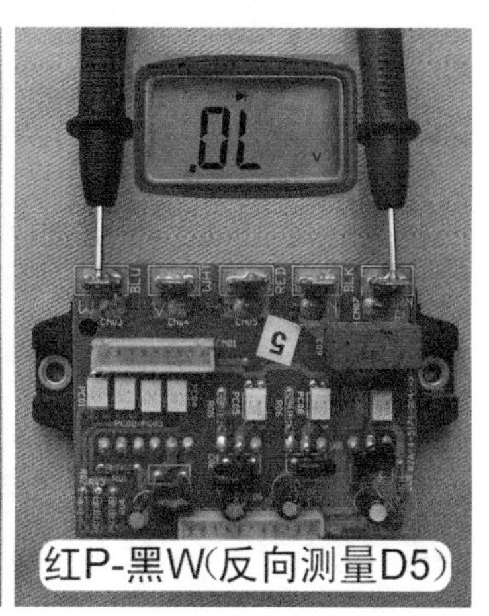

图1-81　反向测量P与U、V、W端子

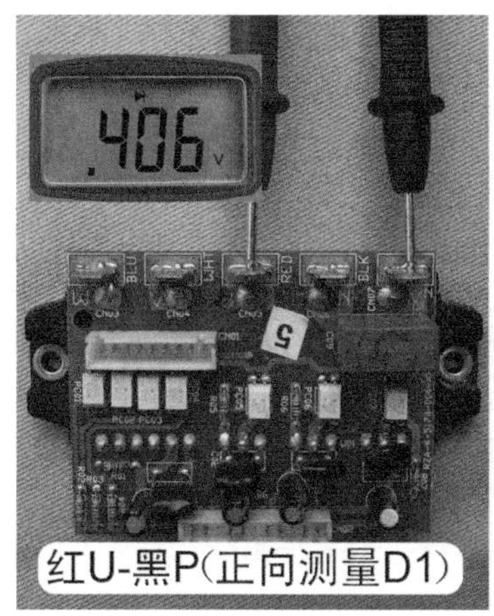

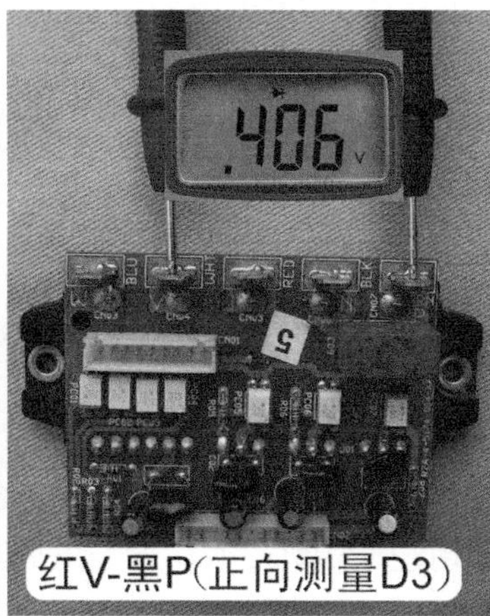

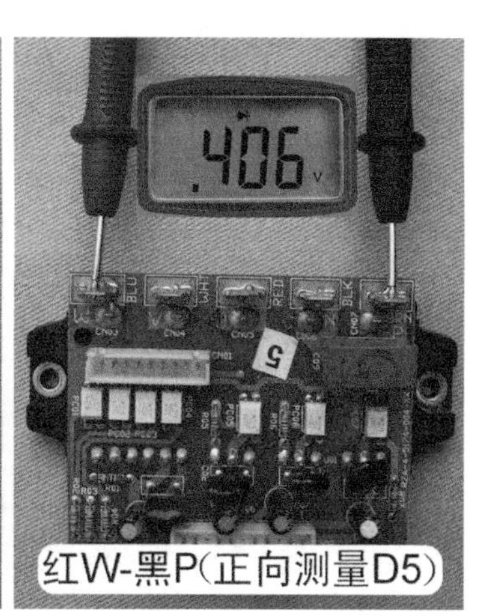

图1-82　正向测量P与U、V、W端子

如果反向测量或正向测量时P与U、V、W端结果接近0mV，则说明模块P与U、P与V、P与W端击穿。实际损坏时有可能是P与U、P与V端正常，只有P与W端击穿。

（3）测量N与U、V、W端子

相当于测量D2、D4、D6。

红表笔接N端，黑表笔接U、V、W端，测量过程见图1-83，相当于正向测量D2、D4、D6，3次结果相同，应均为407mV。

红表笔接U、V、W端，黑表笔接N端，测量过程见图1-84，相当于反向测量D2、D4、D6，3次结果相同，应均为无穷大。

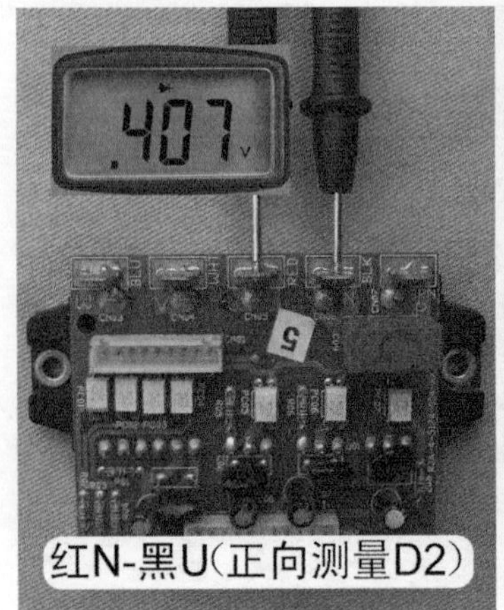

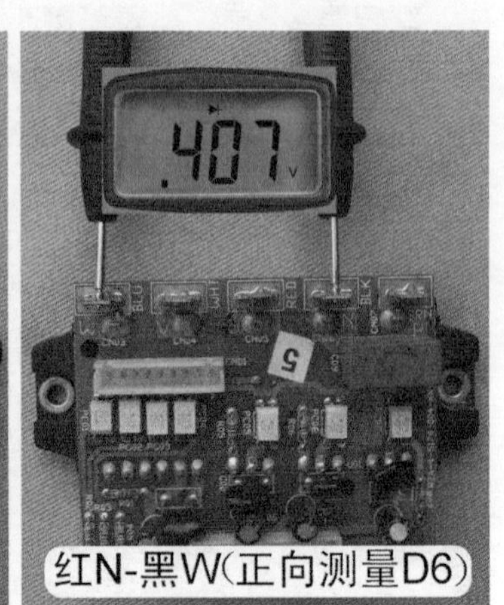

图1-83　正向测量N与U、V、W端子

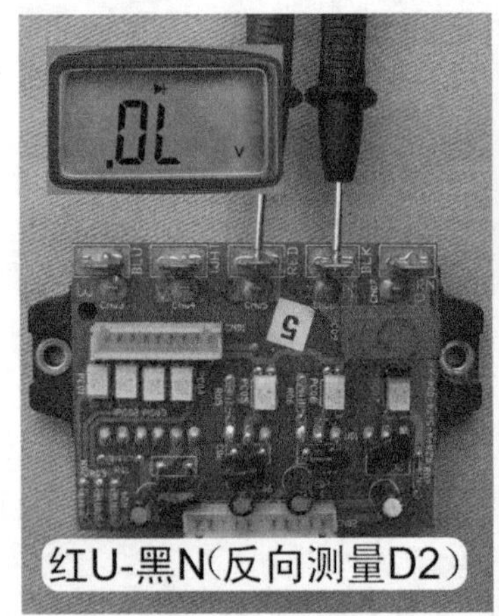

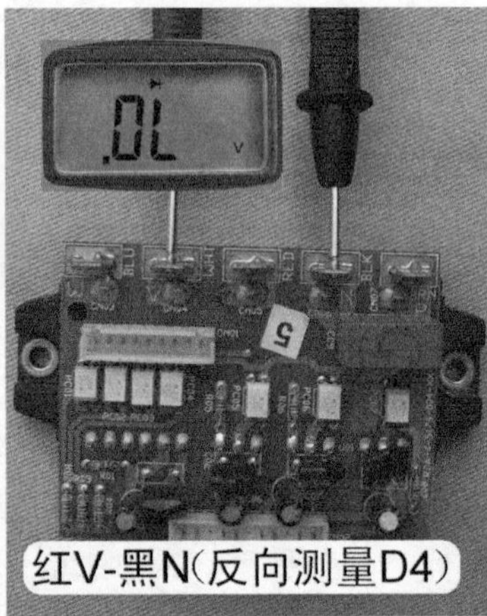

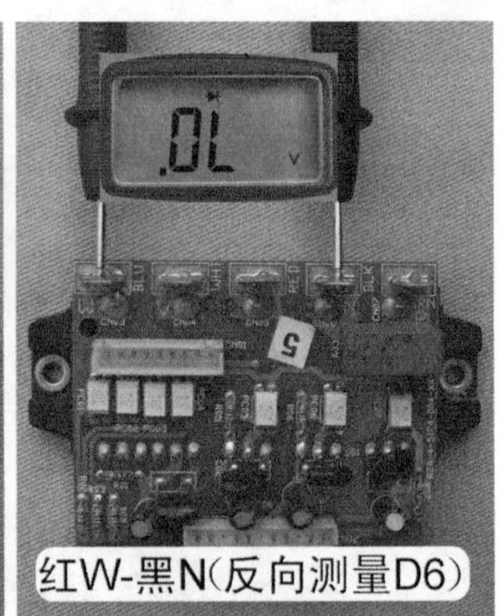

图1-84　反向测量N与U、V、W端子

如果反向测量或正向测量时，N与U、V、W端结果接近0mV，则说明模块N与U、N与V、N与W端击穿。实际损坏时有可能是N与U、N与W端正常，只有N与V端击穿。

（4）测量U、V、W端子

由于模块内部无任何连接，U、V、W端子之间无论正反向测量，见图1-85，结果相同，应均为无穷大。如果结果接近0mV，则说明U与V、U与W、V与W端击穿。实际维修时U、V、W端之间击穿损坏的概率较小。

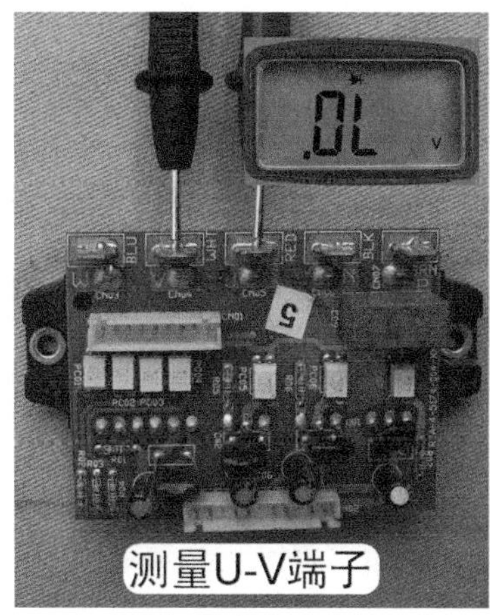

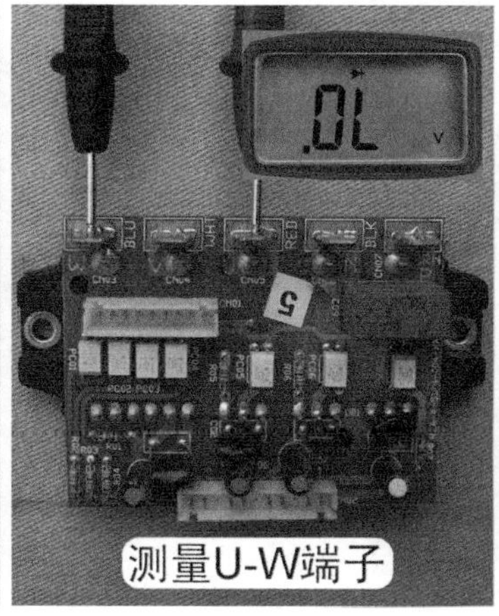

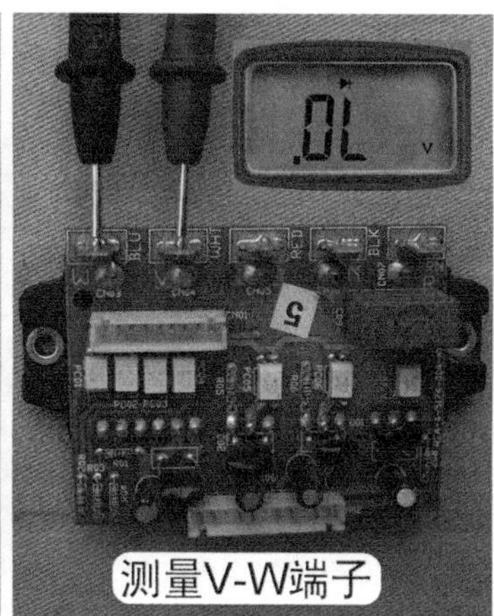

图1-85 测量U、V、W端子

六、测量说明

① 测量时应将模块上的P、N端子滤波电容供电引线，U、V、W端子压缩机线圈引线全部拔下。

② 上述测量方法使用数字万用表。如果使用指针万用表，选择R × 1k挡，测量时红、黑表笔所接端子与上述方法相反，得出的规律才会一致。

③ 不同的模块、不同的万用表正向测量时得出的结果数值会不相同，但一定要符合内部6个续流二极管连接特点所组成的规律。同一模块、同一万用表正向测量P与U、V、W端或N与U、V、W端时，结果数值应相同（如本次测量为406mV）。

④ P、N端子正向测量得出的结果数值应大于P与U、V、W端或N与U、V、W端得出的数值。

⑤ 测量模块时不要死记得出的数值，要掌握规律。

⑥ 模块常见故障为P与N、P与U（或P与V、P与W）、N与U（或N与V、N与W）端子击穿，其中P与N端子击穿的比例最高。

⑦ 纯粹的模块为一体化封装，如内部IGBT开关管损坏，维修时只能更换整个模块板组件。

⑧ 模块与控制基板（电路板）焊接在一起，如模块内部损坏，或电路板上的某个元器件损坏但检查不出来，维修时也只能更换整个模块板组件。

第2章 通信电路

由于通信电路由室内机主板和室外机主板两部分单元电路组成，并且在实际维修中该电路故障率比较高，因此单设一章进行详细说明。

本章共分为3节，分别介绍通信电路的基础知识、海信KFR-26GW/11BP和海信KFR-2601GW/BP通信电路。

第1节 通信电路基础知识

变频空调器一般采用单通道半双工异步串行通信方式，室内机与室外机之间通过以二进制编码形式组成的数据组，进行各种数据信号的传递。

本节以美的变频空调器为例，对数据的编码方法及通信规则进行说明，并介绍通信电路基本器件光耦的作用及检测方法。

一、通信数据结构、编码及通信规则

1. 通信数据结构

室内机（主机）、室外机（副机）间的通信数据均由16字节组成，每一字节由一组8位二进制编码构成，进行通信时，首字节先发送一个代表开始识别码的字节，然后依次发送第1字节至第16字节的数据信息，最后发送一个结束识别码字节，至此完成一次通信。每组通信数据的结构见表2–1。

表2-1 通信数据结构

命令位置	数据内容	备注
第1字节	通信源地址（自己的地址）	室内机地址——0、1、2…255 室外机地址——0、1、2…255
第2字节	通信目标地址（对方的地址）	
第3字节	命令参数	高4位：要求对方接收参数的命令 低4位：向对方传输参数的命令
第4字节	参数内容1	
第5字节	参数内容2	
⋮	⋮	⋮
第15字节	参数内容12	
第16字节	校验和	校验和=［Σ（第1字节＋第2字节＋第3字节+…+第13字节＋第14字节＋第15字节）］＋1

2. 编码规则

① 命令参数。第3字节为命令参数，见图2-1，由“要求对方接收参数”的命令和“向对方传输参数”的命令两部分组成。在8位编码中，高4位是要求对方接收参数的命令，低4位是向对方传输参数的命令，高4位和低4位可以自由组合。

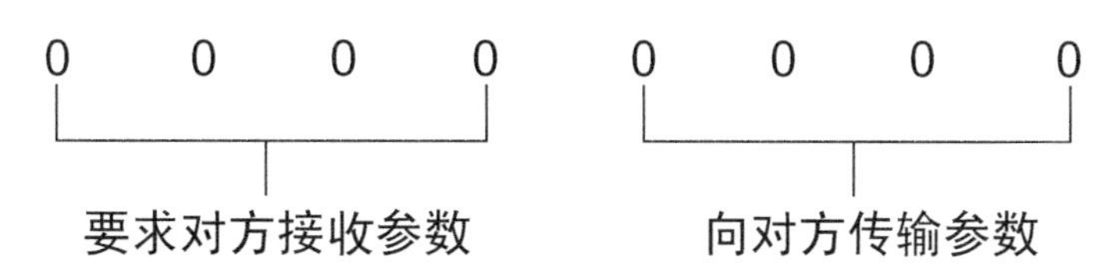

图2-1 命令参数

② 参数内容。第4字节至第15字节表示12项参数内容，每一字节室内机、室外机所表示的内容略有差别。参数内容见表2-2。

表2-2 参数内容

命令位置	室内机向室外机发送内容	室外机向室内机发送内容
第4字节	当前室内机的机型	当前室外机的机型
第5字节	当前室内机的运行模式	当前压缩机的实际运行频率
第6字节	要求压缩机运行的目标频率	当前室外机保护状态1
第7字节	强制室外机输出端口的状态	当前室外机保护状态2
第8字节	当前室内机保护状态1	当前室外机冷凝器的温度值
第9字节	当前室内机保护状态2	当前室外机环境温度值
第10字节	当前室内机的设定温度	当前压缩机的排气温度值
第11字节	当前室内风机转速	当前室外机的运行总电流值
第12字节	当前室内的环境温度值	当前室外机的电压值
第13字节	当前室内机的蒸发器温度值	当前室外机的运行模式

续表

命令位置	室内机向室外机发送内容	室外机向室内机发送内容
第14字节	当前室内机的能级系数	当前室外机的状态
第15字节	当前室内机的状态	预留

3. 通信规则

空调器通电后，由主机（室内机）向副机（室外机）发送信号或由室外机向室内机发送信号，均在收到对方信号并处理完50ms后进行。通信以室内机为主，正常情况室内机发送信号之后等待接收，如500ms仍未接收到反馈信号，则再次发送当前的命令，如果2min内仍未收到室外机的应答（或应答错误），则出错报警，同时发送信号命令给室外机。以室外机为副机，室外机未接收到室内机的信号时，则一直等待，不发送信号。

图2-2所示为通信电路简图，其中，RC1为室内机发送光耦、RC2为室内机接收光耦，PC1为室外机发送光耦、PC2为室外机接收光耦。

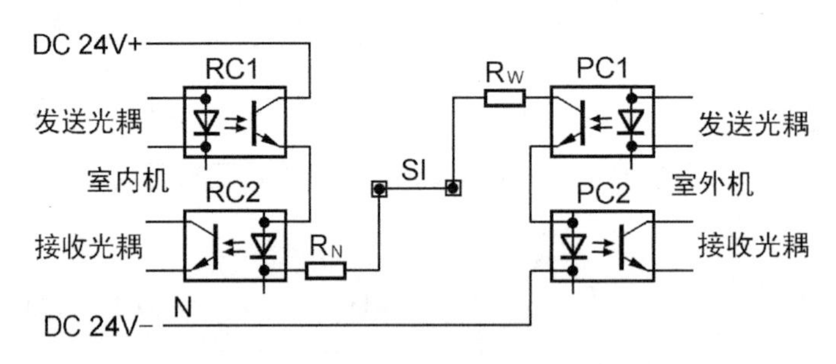

图2-2　通信电路简图

空调器通电后，室内机和室外机主板就会自动进行通信，按照既定的通信规则，用脉冲序列的形式将各自的电路状况发送给对方，收到对方正常的信号后，室内机和室外机电路均处于待机状态。当进行开机操作时，室内机CPU把预置的各项工作参数及开机指令送到RC1的输入端，通过通信回路进行传输；室外机PC2输入端收到开机指令及工作参数内容后，由输出端将序列脉冲信号送给室外机CPU，整机开机，按照预定的参数运行。室外机CPU在接收到信号50ms后输出反馈信号到PC1的输入端，通过通信回路传输到室内机RC2输入端，RC2输出端将室外机传来的各项运行状况参数送至室内机CPU，根据收集到的整机运行状况参数确定下一步对整机的控制。

由于室内机和室外机之间相互传递的通信信息产生于各自的CPU，其信号幅度<5V。而室内机与室外机的距离比较远，如果直接用此信号进行室内机和室外机的信号传输，很难保证信号传输的可靠度。因此，在变频空调器中，通信回路一般都采用单独的电源供电，供电电压多数使用直流24V，通信回路采用光耦传送信号，通信回路与室内机和室外机主板上的电源完全分开，形成独立的回路。

二、常见通信电路专用电源设计形式

通信电路的作用是用于室内机主板CPU和室外机主板CPU交换信息。根据常见通信电路专用电源的设计位置和电压值通信电路可以分为3种。

1. 直流24V、设在室内机主板

直流24V通信电源是目前变频空调器中通信电路最常见的设计形式，见图1-32，设计在室内机主板，一般使用4脚光耦。

2. 直流56V、设在室外机主板

通常见于格力变频空调器，见图2-3，通信电路电源为直流56V，设在室外机主板，一般使用4脚光耦。

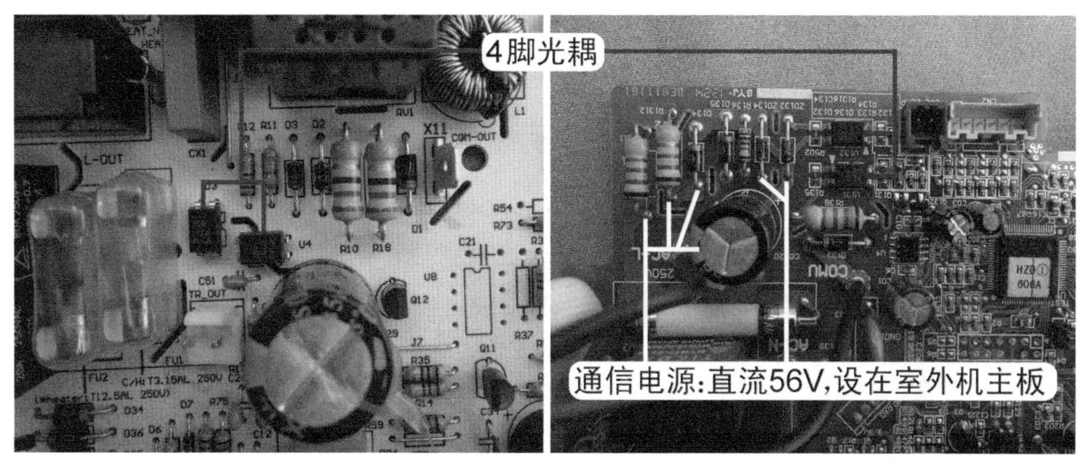

图2-3 直流56V通信电路

3. 直流140V、设在室外机主板

直流140V通信电源通常见于早期的交流变频空调器，见图1-31，在多个品牌（如海信、海尔等）中使用，设在室外机主板，并且较多使用6脚光耦。

三、光耦

1. 作用

光耦实物外形见图2-4，在电路中的英文符号为“IC”（表示集成电路）。光耦是以光为媒介传递信号的光电器件，具有抗干扰性强和单向信号传输等特点，通常用于驱动光耦晶闸管（或晶闸管）及功率模块、通信电路中室内机和室外机的信号传递或开关电源的稳压电路。

图2-4　光耦

光耦的外观为白色或黑色的方形，4个或6个引脚分两侧排列，带有圆点的一侧为初级，另一侧为次级；初级为发光器件，即发光二极管，且圆点所对应的引脚为发光二极管的正极，次级是光电接收器件，即光电三极管（又称光敏三极管）。

4脚光耦初级的①脚为发光二极管正极（A），②脚为负极（K）；次级④脚为光电三极管集电极（C），③脚为发射极（E）。6脚光耦只是次级多了一个⑥脚，即光电三极管的基极（B），初级③脚为空脚。

2. 使用位置

（1）通信电路

通信电路使用4个光耦，室内机主板和室外机主板各2个，分别是室内机发送光耦、室内机接收光耦，室外机发送光耦、室外机接收光耦。

（2）开关电源电路

早期变频空调器的开关电源电路通常为分立元器件，一般不会使用光耦；而目前的开关电源通常使用集成电路作为振荡电路核心器件，稳压电路中则会使用1个光耦。

（3）6路信号电路

早期变频空调器的功率模块通常为光耦驱动，6路驱动信号使用6个光耦，加上保护电路的1个反馈光耦，共使用7个；目前的功率模块通常为CPU直接驱动，则不使用光耦。

（4）过零检测电路

如果室内机主板使用开关电源而非变压器的形式，过零检测电路中使用1个光耦。

（5）瞬时停电检测电路

早期变频空调器的室外机主板瞬时停电检测电路中使用1个光耦，目前的变频空调器主板上则不再设计此部分电路。

3. 万用表测量方法

（1）测量初级

由于初级为发光二极管，测量时使用万用表二极管挡，见图2-5，应符合二极管特性，即正向导通、反向为无穷大；正向测量时红表笔接正极（即对应有圆点的引脚）。

如果正反向测量结果均接近0mV，为击穿损坏；如果正反向测量均为无穷大，则为开路损坏。常见故障为初级发光二极管开路损坏。

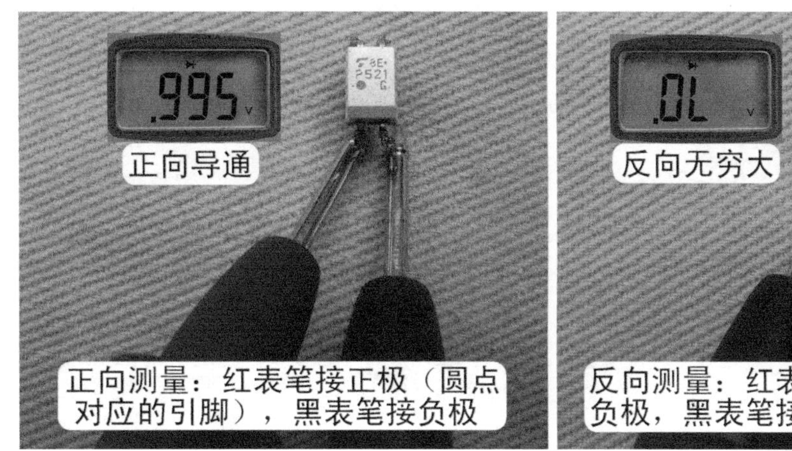

图2-5　测量初级发光二极管

（2）测量次级

在初级发光二极管未供电时，次级光电三极管一直处于开路状态，见图2-6，也就是说无论是正向还是反向测量，结果应均为无穷大。

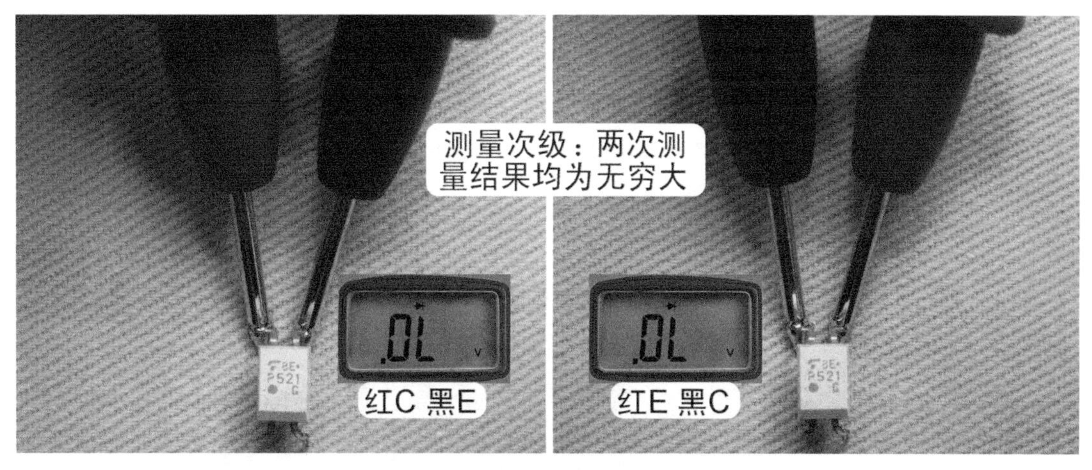

图2-6　测量次级光电三极管

如果测量时结果接近 0mV，则说明次级击穿损坏或漏电，实际维修时此类情况较少出现。

4. 加电测量

使用万用表二极管挡测量，只能粗略检测光耦的初级或次级器件是否损坏，内部光源传送是否正常则不能测量（可以理解为初级发光二极管已得电发光，而次级光电三极管不能导通）。

光源传送是否正常的简单测量方法见图2-7。使用一节电压为直流1.5V的电池，电池正极接光耦初级发光二极管的正极，电池负极接发光二极管的负极，将万用表调至电阻挡，测量次级光电三极管的导通情况，正常值应接近0Ω；如果结果为无穷大，则说明光耦内部光源传送部分出现故障，应更换。

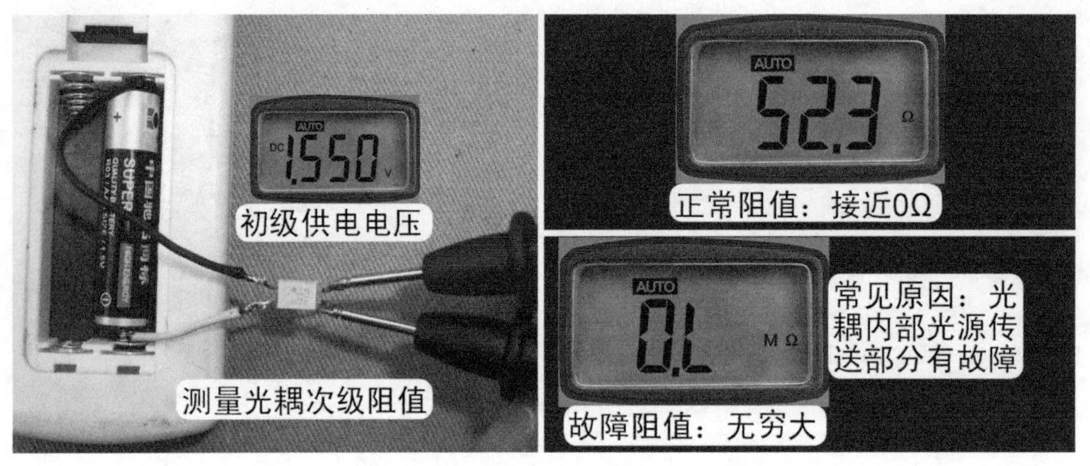

图2-7　加电测量光耦

5. 在线测量通信电路光耦

由于通信电路中光耦的初级和次级均为跳变电压，因此在测量时可以利用这一特性来判断光耦是否损坏。下面使用万用表直流电压挡，以测量海信KFR-26GW/11BP室外机发送光耦为例进行说明。

（1）测量初级电压

见图2-8，黑表笔接负极，红表笔接正极（如果接反，则万用表显示值为负值），正常值为0V↔1.1V的跳变电压。

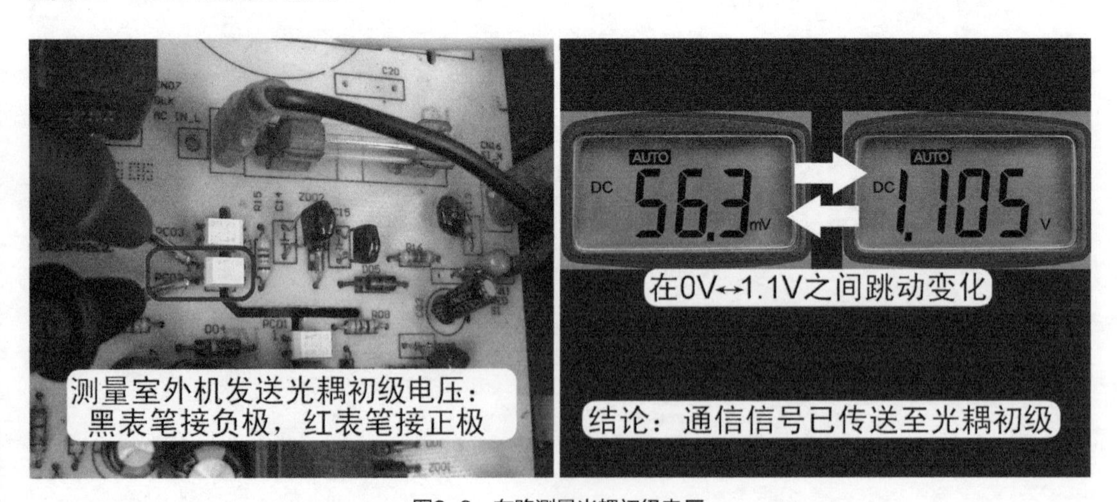

图2-8　在路测量光耦初级电压

（2）测量次级电压

光耦正常时为跳变电压，电压值的跳动范围由被测量光耦的作用决定，有可能为0V↔5V跳变，也有可能是0V↔24V跳变，见图2-9，本例实测为0V↔18V跳变。

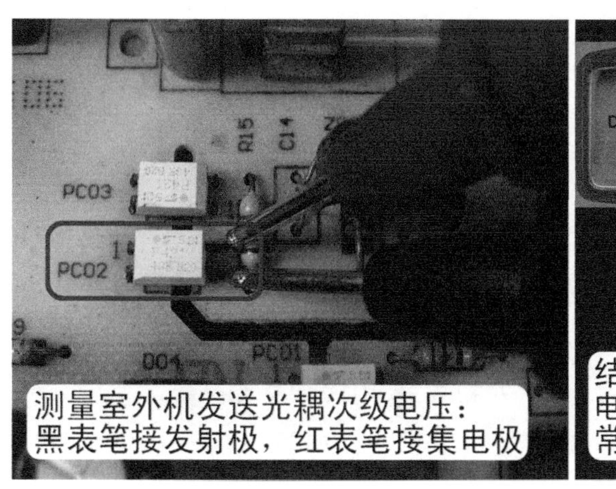
PC03
PC02
PC01
测量室外机发送光耦次级电压：
黑表笔接发射极，红表笔接集电极

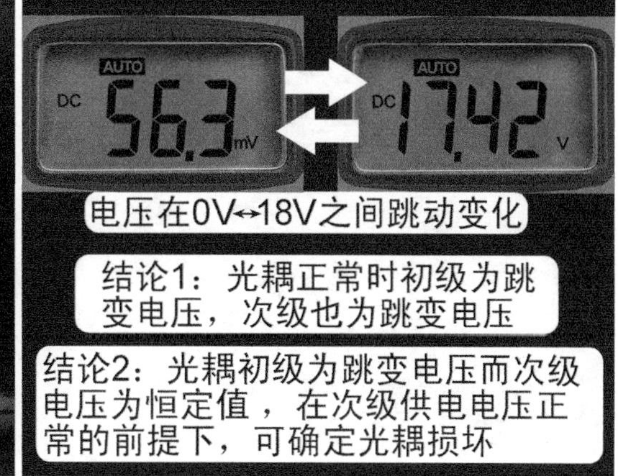
AUTO
DC 56.3 mV
AUTO
DC 17.42 V
电压在0V↔18V之间跳动变化
结论1：光耦正常时初级为跳变电压，次级也为跳变电压
结论2：光耦初级为跳变电压而次级电压为恒定值，在次级供电电压正常的前提下，可确定光耦损坏

图2-9 在路测量光耦次级电压

如果初级为跳变电压而次级恒为一定值，则说明光耦损坏；如果电压为0V，在次级供电电压正常的前提下，可以确定光耦损坏。

第2节 海信KFR-26GW/11BP通信电路

本节以海信KFR-26GW/11BP交流变频空调器为例，介绍目前主板通信电源使用直流24V电压的通信电路，这也是目前最常见的通信电路形式，在所有品牌的变频空调器中均有应用，只是有些品牌的电路做了一些修改，但工作原理完全一样。

一、电路组成

完整的通信电路由室内机主板CPU、室内机通信电路、室内外机连接线、室外机主板CPU、室外机通信电路组成。

1. 主板

见图2-10，室内机主板CPU的作用是产生通信信号，该信号通过通信电路传送至室外机主板CPU，同时接收由室外机主板CPU反馈的通信信号并做处理；室外机主板CPU的作用与室内机主板CPU相同，也是发送和接收通信信号。

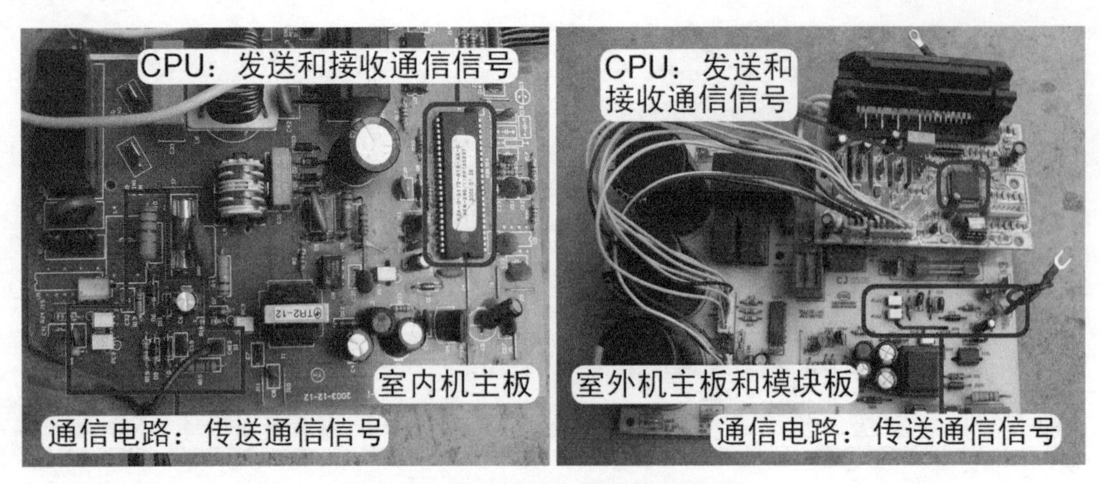

图2-10　KFR-26GW/11BP主板通信电路

2．室内外机连接线

变频空调器的室内机和室外机共有4根连接线，见图2-11，作用分别是：1号L为相线、2号N为零线、3号为地线、4号SI为通信线。

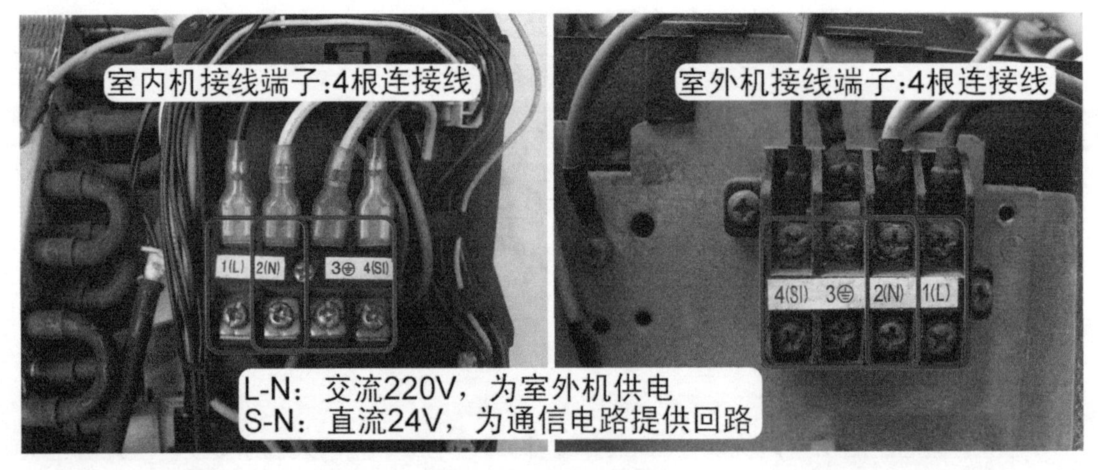

图2-11　室内外机连接线

L与N接交流220V电压，由室内机输出为室外机供电，此时N为零线；S与N为室内机和室外机的通信电路提供回路，SI为通信信号连接线，此时N为通信电路专用电源（直流24V）的负极，因此N有双重作用。在接线时室内机L与N和室外机接线端子应相同，不能接反，否则通信电路不能构成回路，造成通信故障。

二、通信电路工作原理

图2-12所示为海信KFR-26GW/11BP通信电路原理图。从图中可知，室内机CPU㊷脚为发送引脚、㊶脚为接收引脚，PC1为发送光耦、PC2为接收光耦；室外机CPU㉓脚为发送引脚、㉒脚为接收引脚，PC02为发送光耦、PC03为接收光耦。

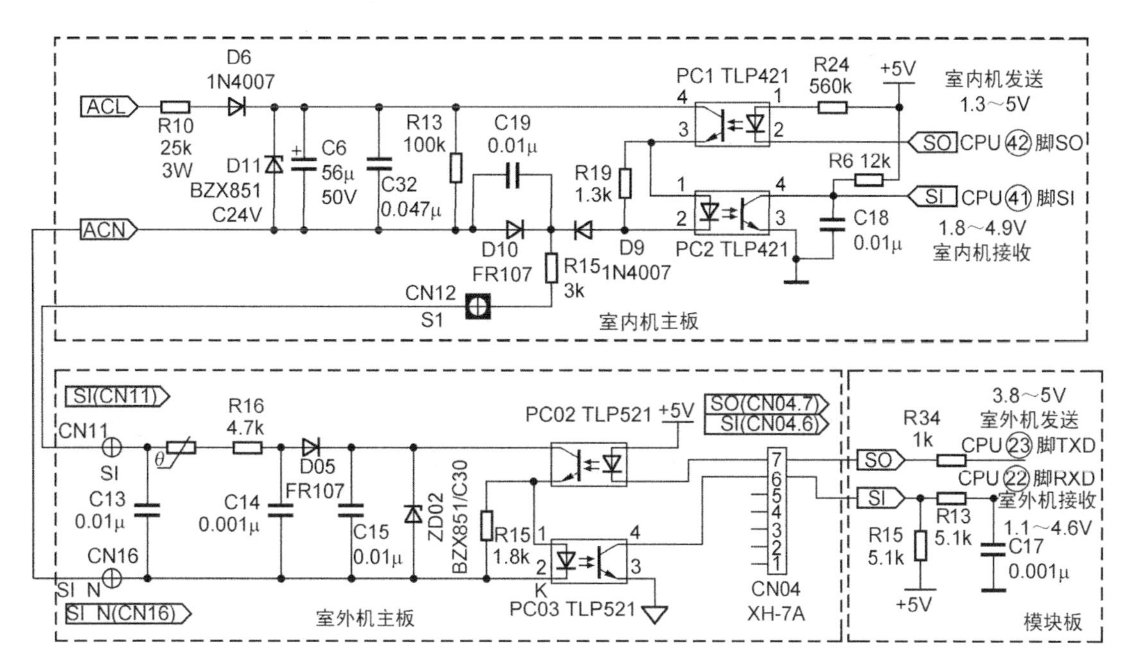

图2-12　KFR-26GW/11BP通信电路原理图

1．直流24V电压形成电路

通信电路电源使用专用的直流24V电压，见图2-13，设在室内机主板，电源电压经相线L由电阻R10降压、D6整流、C6滤波，在稳压管D11（稳压值24V）两端形成直流24V电压，为通信电路供电，N为直流24V电压的负极。

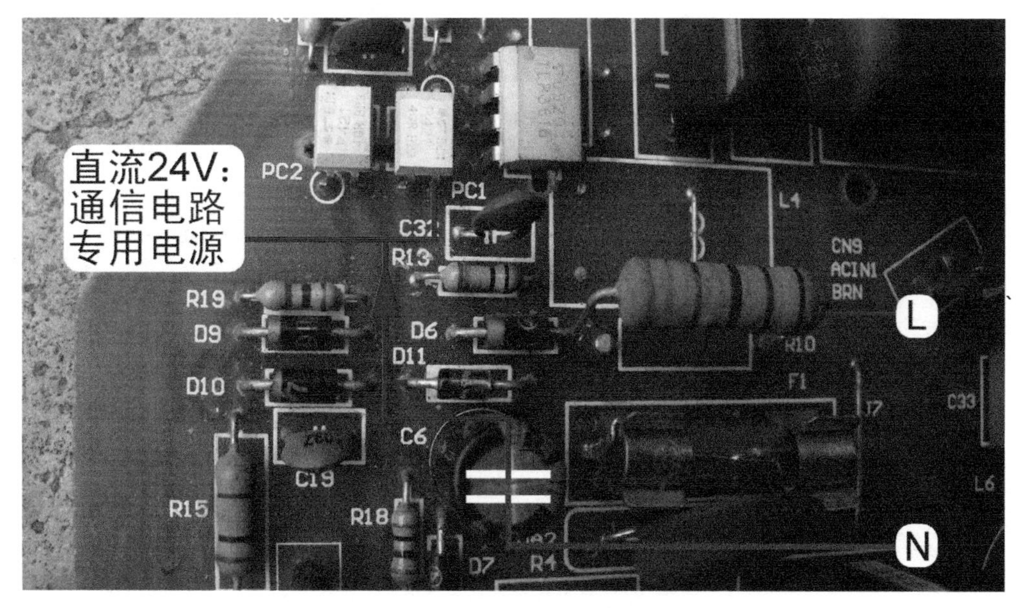

图2-13　直流24V电压形成电路

2. 室内机CPU发送信号、室外机CPU接收信号流程

信号流程见图2-14。

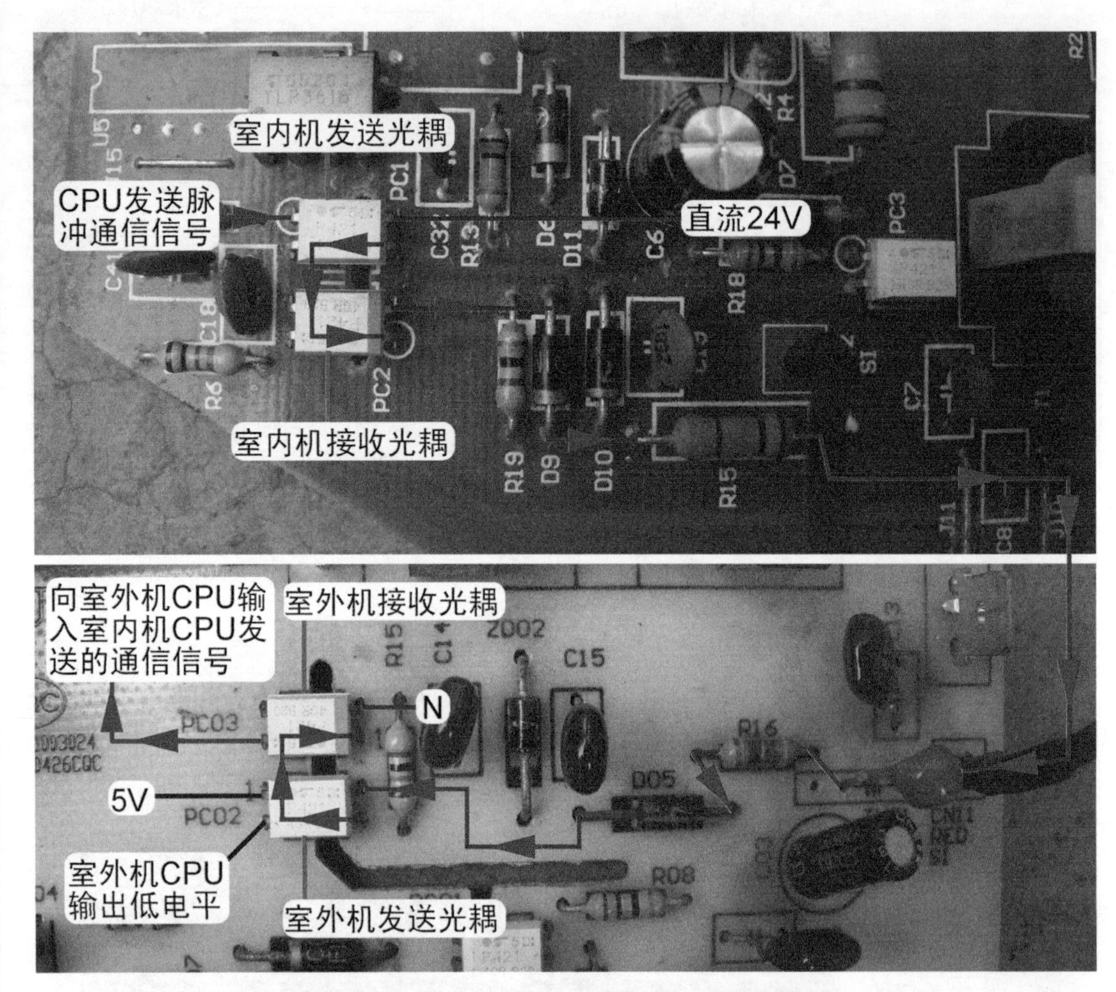

图2-14 室内机CPU发送信号、室外机CPU接收信号流程

通信电路处于室内机CPU发送信号、室外机CPU接收信号状态时，首先室外机CPU㉓脚为低电平，发送光耦PC02初级发光二极管两端的电压约为1.1V，使得次级光电三极管一直处于导通状态，为室内机CPU发送信号提供先决条件。

若室内机CPU㊷脚为低电平信号，发送光耦PC1初级发光二极管得到电压，使得次级光电三极管导通，整个通信回路闭合。信号流程如下：直流24V电压正极→PC1的④脚→PC1的③脚→PC2的①脚→PC2的②脚→D9→R15→室内外机通信引线SI→PTC电阻TH01→R16→D05→PC02的④脚→PC02的③脚→PC03的①脚→PC03的②脚→N构成回路，室外机接收光耦PC03初级在通信信号的驱动下得电，次级光电三极管导通，室外机CPU㉒脚经电阻R13、PC03次级接地，电压为低电平。

若室内机CPU㊷脚为高电平信号，PC1初级无电压，使得次级光电三极管截止，通信回路断开，室外机接收光耦PC03初级无驱动信号，使得次级光电三极管截止，5V电压经电阻R15、R13为CPU㉒脚供电，电压为高电平。

由此可以看出，室外机接收光耦PC03所输出至CPU㉒脚的脉冲信号，就是室内机CPU㊷脚经发送光耦PC1输出的驱动脉冲。根据以上原理，实现了由室内机发送信号、室外机接收信号的过程。

一旦室外机出现异常状况，在相应的字节中就会出现与故障内容相对应的编码内容，通过通信电路传至室内机CPU，室内机CPU针对故障内容立即发出相应的控制指令，整机电路就会出现相应的保护动作。同样，当室内机电路检测到异常时，室内机CPU也会及时发出相对应的控制指令至室外机CPU，以采取相应的保护措施。

3. 室外机CPU发送信号、室内机CPU接收信号流程

信号流程见图2-15。

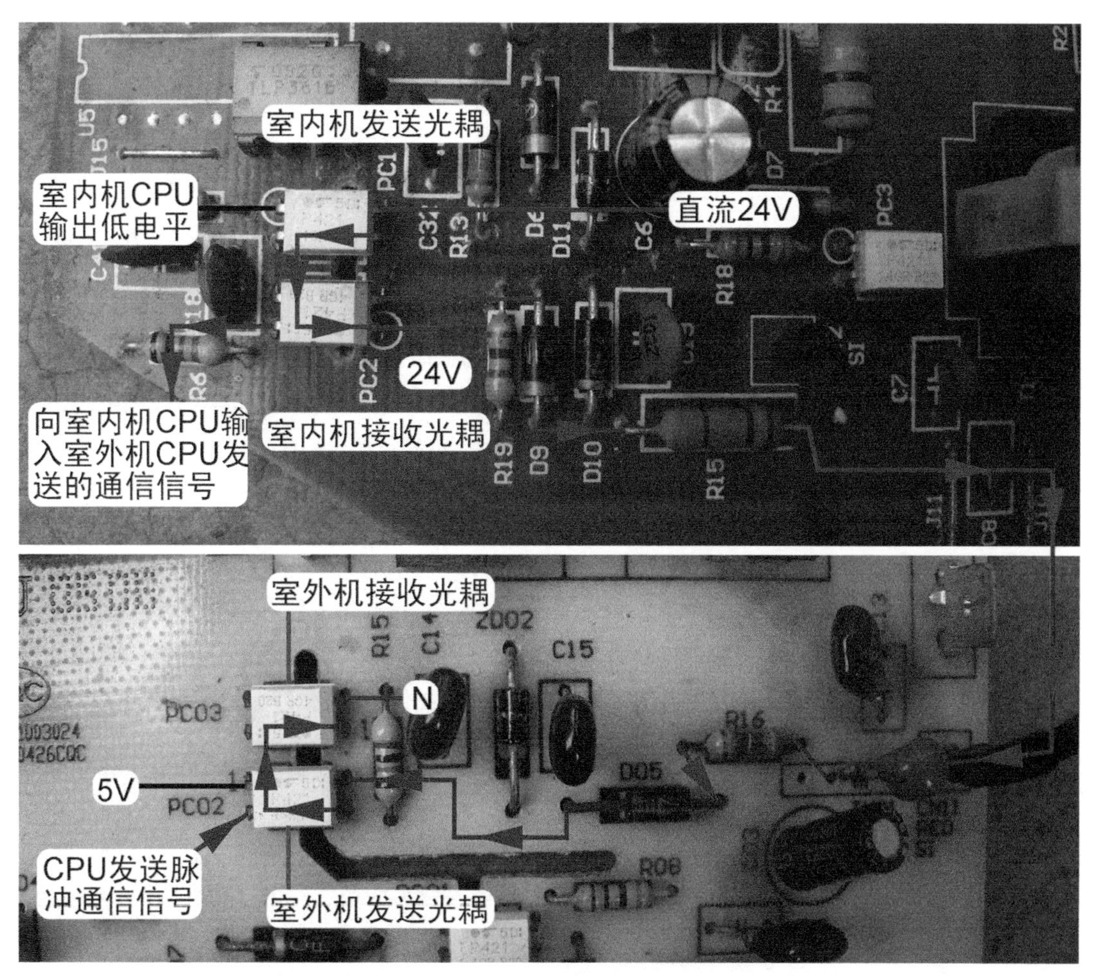

图2-15 室外机CPU发送信号、室内机CPU接收信号流程

通信电路处于室外机CPU发送信号、室内机CPU接收信号状态时，首先室内机CPU㊷脚为低电平，使PC1次级光电三极管一直处于导通状态，室内机接收光耦PC2的①脚恒为直流24V，为室外机CPU发送信号提供先决条件。

若室外机CPU发送的脉冲通信信号为低电平，发送光耦PC02初级发光二极管得到电压，

使得次级光电三极管导通，通信回路闭合，室内机接收光耦PC2初级也得到驱动电压，次级光电三极管导通，室内机CPU㊶脚经PC2次级接地，电压为低电平。

当室外机CPU发送的脉冲通信信号为高电平时，PC02初级两端的电压为0V，次级光电三极管截止，通信回路断开，室内机接收光耦PC2初级无驱动电压，次级截止，5V电压经电阻R6为CPU㊶脚供电，电压为高电平。

由此可见，室内机CPU㊶脚即通信信号接收引脚电压的变化，由室外机CPU㉓脚即通信信号发送引脚的电压决定。根据以上原理，实现了室外机CPU发送信号、室内机CPU接收信号的过程。

三、通信电压跳变范围

室内机和室外机CPU输出的通信信号均为脉冲电压，通常在0～5V之间变化。光耦初级发光二极管的电压也是时有时无，有电压时次级光电三极管导通，无电压时次级光电三极管截止。通信回路由于光耦次级光电三极管的导通与截止，工作时也是时而闭合时而断开，因而通信回路工作电压为跳动变化的电压。

测量通信电路电压时，使用万用表直流电压挡，黑表笔接N端子、红表笔接SI端子。根据图2-2所示的通信电路简图，可得出以下结果。

① 室内机发送光耦RC1次级光电三极管截止、室外机发送光耦PC1次级光电三极管导通，直流24V电压供电断开，此时N与SI端子电压为直流0V。

② RC1次级导通、PC1次级导通，此时相当于直流24V电压对串联的R_N和R_W电阻进行分压。在KFR-26GW/11BP的通信电路中，$R_N = R_{15} = 3k\Omega$，$R_W = R_{16} = 4.7k\Omega$，此时测量N与SI端子的电压相当于测量$R_W$两端的电压，根据分压公式$R_W/(R_N + R_W) \times 24V$可计算得出，约等于15V。

③ RC1次级导通、PC1次级截止，此时N与SI端子电压为直流24V。

根据以上结果得出的结论是：测量通信回路电压即N与SI端子，理论的通信电压跳度范围为0V↔15V↔24V，但是实际测量时，由于光耦次级光电三极管导通与截止的转换频率非常快，见图2-16，万用表显示值通常在0V↔22V之间跳动变化。

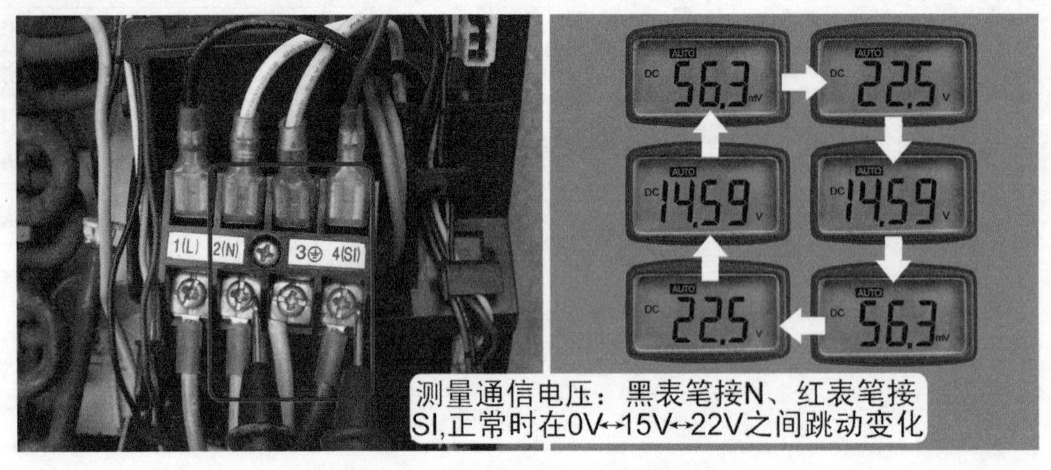

图2-16　测量通信电路N与SI端子电压

第3节 海信KFR-2601GW/BP通信电路

本节以海信KFR-2601GW/BP交流变频空调器为例，介绍早期主板通信电源使用直流140V电压的通信电路。虽然目前空调器主板上的这种电路已经很少使用，但由于使用这种电路的空调器已大量进入维修期，因此本节作一下简单的说明。

一、电路组成

海信KFR-2601GW/BP的结构和海信KFR-26GW/11BP基本相同，由室内机主板CPU、室内机通信电路、室内外机连接线、室外机主板CPU、室外机通信电路组成。

1. 主板

室内机主板CPU和室外机主板CPU的作用相同，见图2-17，即发送通信信号，信号通过通信电路传送至对方，并接收对方反馈的通信信号。

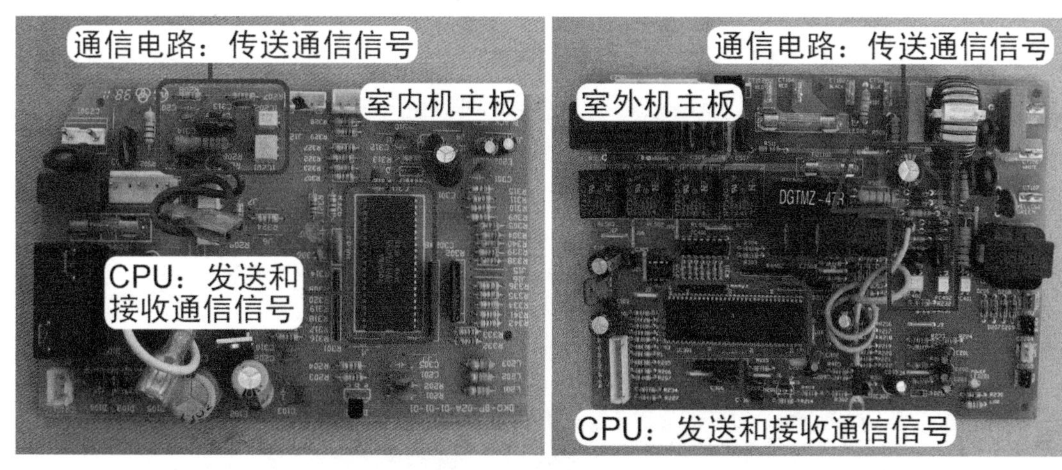

图2-17 海信KFR-2601GW/BP主板通信电路

2. 室内外机连接线

室内机和室外机连接线同样有4根，见图2-11，作用分别是1号L为相线、2号N为零线、3号为地线、4号SI为通信线。

其中L与N接交流220V电压，由室内机输出为室外机供电，此时N为零线；SI与N为室内机和室外机的通信电路提供回路，SI为通信信号连接线，此时N为通信电路的专用电源（直流140V）的负极。

二、通信电路工作原理

图2-18所示为海信KFR-2601GW/BP通信电路原理图。从图中可知，室内机CPU㉒脚为发送引脚、㉗脚为接收引脚，IC201为发送光耦、IC202为接收光耦；室外机CPU㊾脚为发送引脚、㉖脚为接收引脚，PC400为发送光耦、PC402为接收光耦。

1. 直流140V电压形成电路

通信电路电源使用专用的直流140V电压，见图2-19，电路设在室外机主板上。电源电压经相线L由电阻R502降压、D503整流，在滤波电容C503两端形成直流140V电压，为通信电路供电。

此机直流140V电压形成电路与第2节中的直流24V电压形成电路相比，没有设计稳压管，因此直流140V电压随输入的交流220V电压变化而变化。

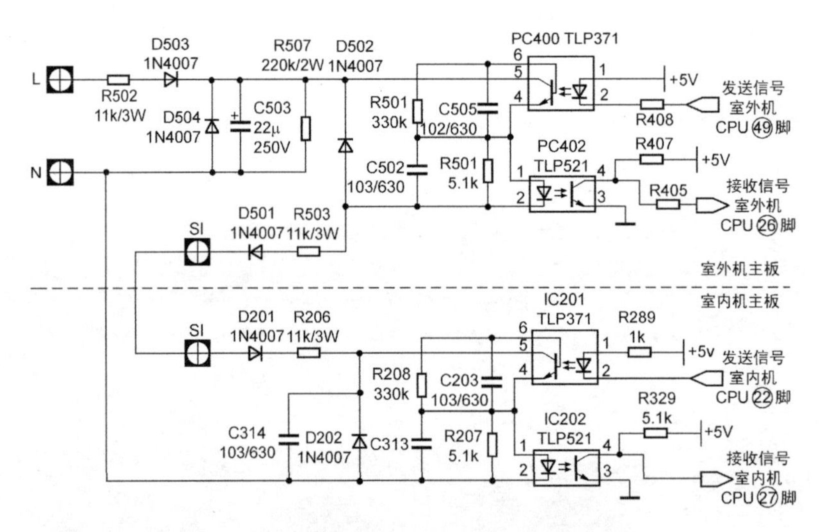

图2-18 海信KFR-2601GW/BP通信电路原理图

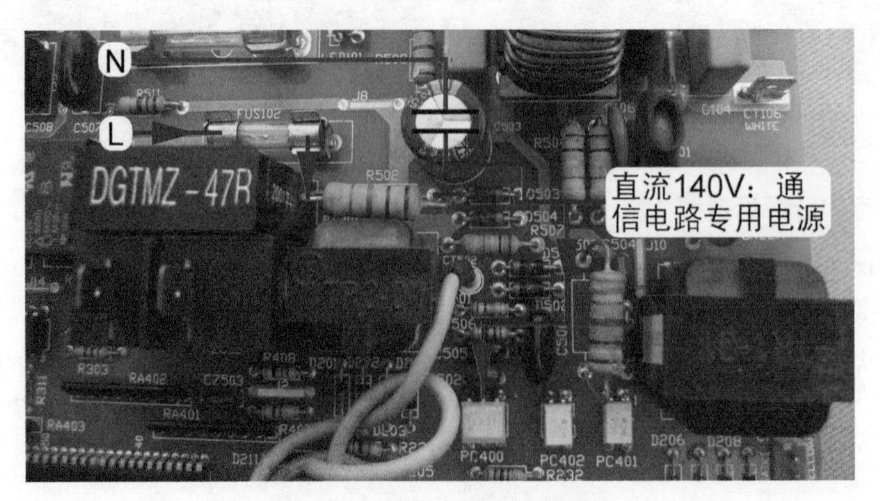

图2-19 直流140V电压形成电路

2. 室外机CPU发送信号、室内机CPU接收信号流程

信号流程见图2-20。

通信电路处于室外机CPU发送信号、室内机CPU接收信号状态时，首先室内机CPU㉒脚为低电平，发送光耦IC201初级发光二极管两端电压约1.1V，次级光电三极管⑤-④脚导通，为室外机CPU发送信号提供先决条件。

若室外机CPU㊾脚发送的脉冲通信信号为低电平，发送光耦PC400初级发光二极管得电发光，次级光电三极管⑤-④引脚导通，通信回路闭合，直流140V电压→PC400的⑤脚→PC400的④脚→PC402的①脚→PC402的②脚→电阻R503→二极管D501→室内外机通信引线SI→二极管D201→电阻R206→IC201的⑤脚→IC201的④脚→IC202的①脚→IC202的②脚→N构成回路，室内机接收光耦IC202初级发光二极管在通信信号的驱动下得电发光，次级光电三极管导通，室内机CPU㉗脚经 IC202 次级接地，电压为低电平。

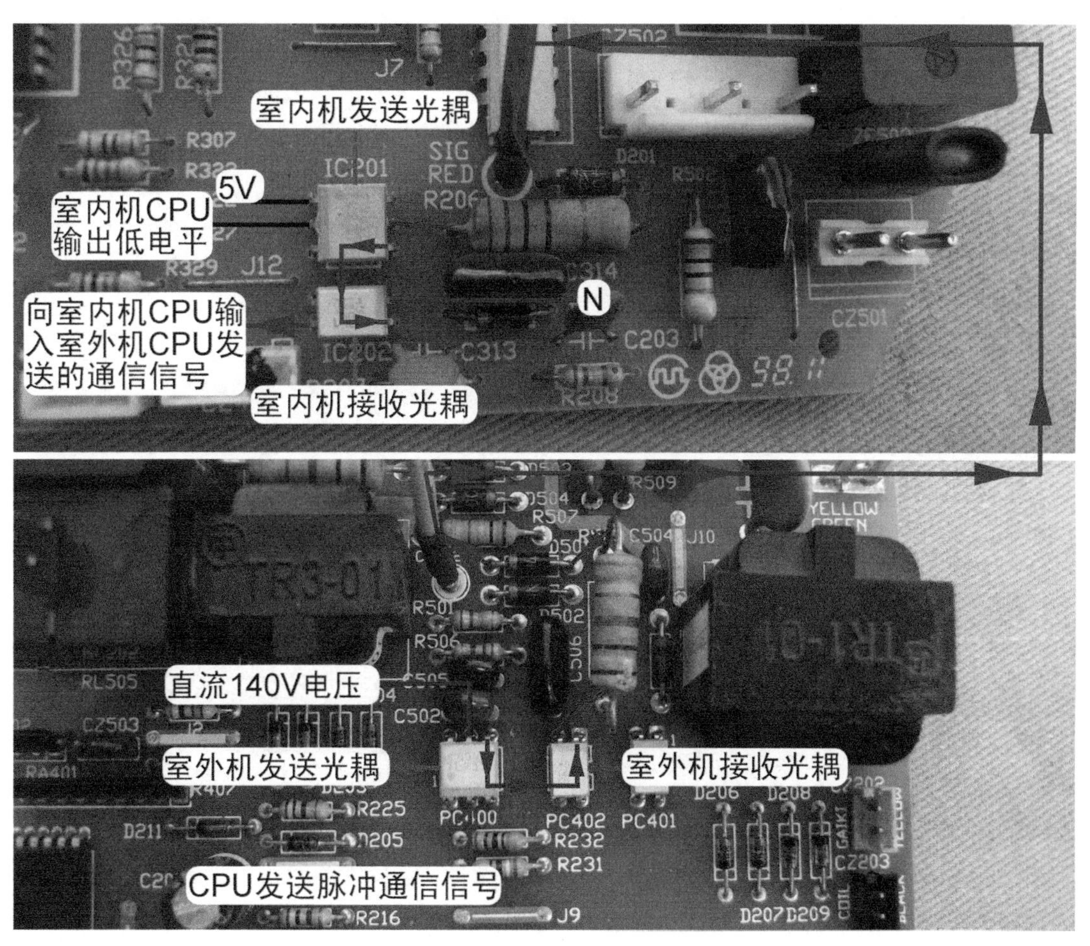

图2-20 室外机CPU发送信号、室内机CPU接收信号流程

若室外机CPU㊾脚发送的脉冲通信信号为高电平，发送光耦PC400初级两端电压为0V，次级光电三极管⑤-④脚断开，通信回路断开，室内机接收光耦IC202初级由于无驱动信号，光电三极管断开，5V经电阻R329为CPU㉗脚供电，电压为高电平。

由此可以看出，室内机CPU接收信号（㉗脚）电压的变化，由室外机CPU发送信号（㊾脚）通过通信电路决定。根据以上原理，实现了室外机CPU发送信号、室内机CPU接收信号的过程。

PC400、IC201为6脚光耦，相对于4脚光耦，次级光电三极管多了一个基极⑥脚。以室内机电路为例，在电路中该脚经过下拉电阻R208及其旁路电容C203连接到光电三极管发射极④脚，使得光电三极管在没有信号脉冲时能够更可靠地截止，保证输出的信号脉冲更干净。

3. 室内机CPU发送信号、室外机CPU接收信号流程

信号流程见图2-21。

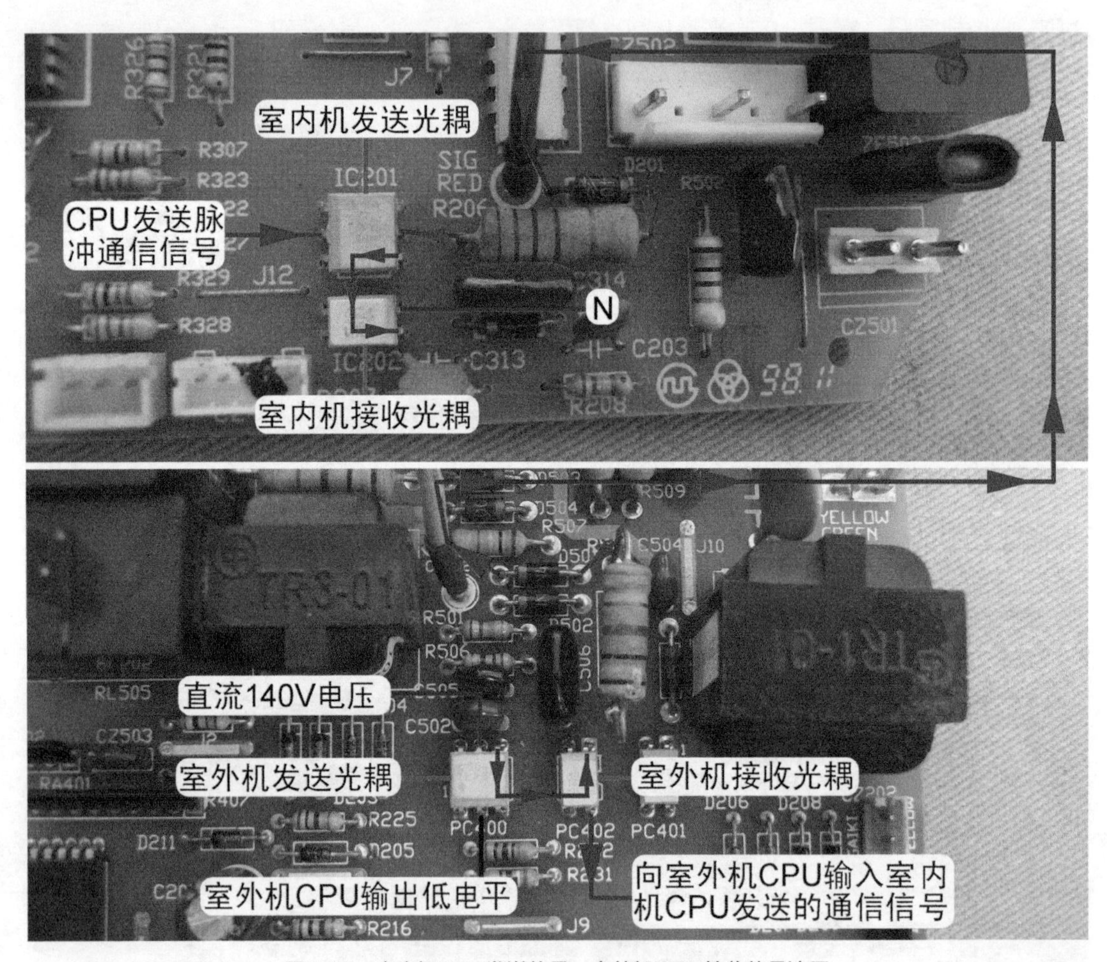

图2-21 室内机CPU发送信号、室外机CPU接收信号流程

通信电路处于室内机CPU发送信号、室外机CPU接收信号状态时，首先室外机CPU发送信号（㊾脚）为低电平，发送光耦PC400初级发光二极管电压约1.1V，次级光电三极管⑤-④脚导通，室外机接收光耦PC402①脚为直流 140V，为室内机CPU发送信号提供先决条件。

若室内机CPU㉒脚发送的脉冲通信信号为低电平，发送光耦IC201初级得电，次级光电三极管⑤-④脚导通，通信回路闭合，使得室外机接收光耦PC402次级光电三极管导通，室外

机CPU㉖脚经PC402次级接地，电压为低电平0V。

若室内机CPU㉒脚发送的脉冲通信信号为高电平，发送光耦IC201初级发光二极管两端电压为0V，次级光电三极管⑤-④引脚截止，通信回路也随之断开，使得室外机接收光耦PC402初级没有驱动电压，次级光电三极管截止，5V电压经电阻R407为室外机CPU㉖脚供电，电压为高电平5V。

由此可见，室外机CPU接收信号（㉖脚）电压的变化，由室内机CPU发送信号（㉒脚）通过通信电路决定。根据以上原理，实现了室内机发送信号、室外机接收信号的过程。

三、通信电压跳变范围

室内机和室外机CPU输出的通信信号均为脉冲电压，通信回路光耦次级光电三极管的状态时而导通时而截止，因而通信电路为跳动变化的电压。

本机通信电路工作电压为直流140V，室内机分压电阻R206和室外机分压电阻R503阻值相同，均为11kΩ，在通信回路闭合时，N与SI端电压约为70V。

空调器正常运行时，在室内机或室外机的接线端子上测量N与SI端电压，在直流0V↔70V↔140V的范围内循环跳动变化。

第3章 海信KFR-2601GW/BP室内机电控系统

本章以海信KFR-2601GW/BP室内机电控系统为基础，介绍变频空调器室内机电控系统的单元电路，分析其工作原理、关键元器件和常见故障等相关知识。

说明：海信KFR-2601GW/BP为早期变频空调器，选用该机作为本书单元电路的原型机，主要原因如下。

① 室内机主板和室外机主板为常规设计，图片标注信号流程比较容易，且简单易懂；而目前的空调器通常使用贴片元器件，标注信号流程时显示的元器件比较小，不容易查看。

② 早期和目前的变频空调器的单元电路作用基本相似。

③ 早期变频空调器已经进入维修期，维修时可以作为参考资料。

第1节 室内机电控系统基础知识

本节介绍室内机电控系统硬件组成、框图、电路原理图、实物外形和单元电路中的主要电子元器件，并将插座、主板外围元器件、主板电子元器件标上代号，使得电路原理图与实物外形一一对应，使理论和实际结合在一起。

一、硬件组成

图3-1所示为室内机电控系统电气接线图，图3-2所示为室内机电控系统的实物外形和作用说明（不含端子板）。

从图3-2中可以看出，室内机电控系统由主板（控制基板）、变压器、室内环温（内环温度）传感器、室内管温（热交温度）传感器、显示板组件（开关组件）、PG电机（风扇电机）、步进电机（风门电机）和端子板组成。

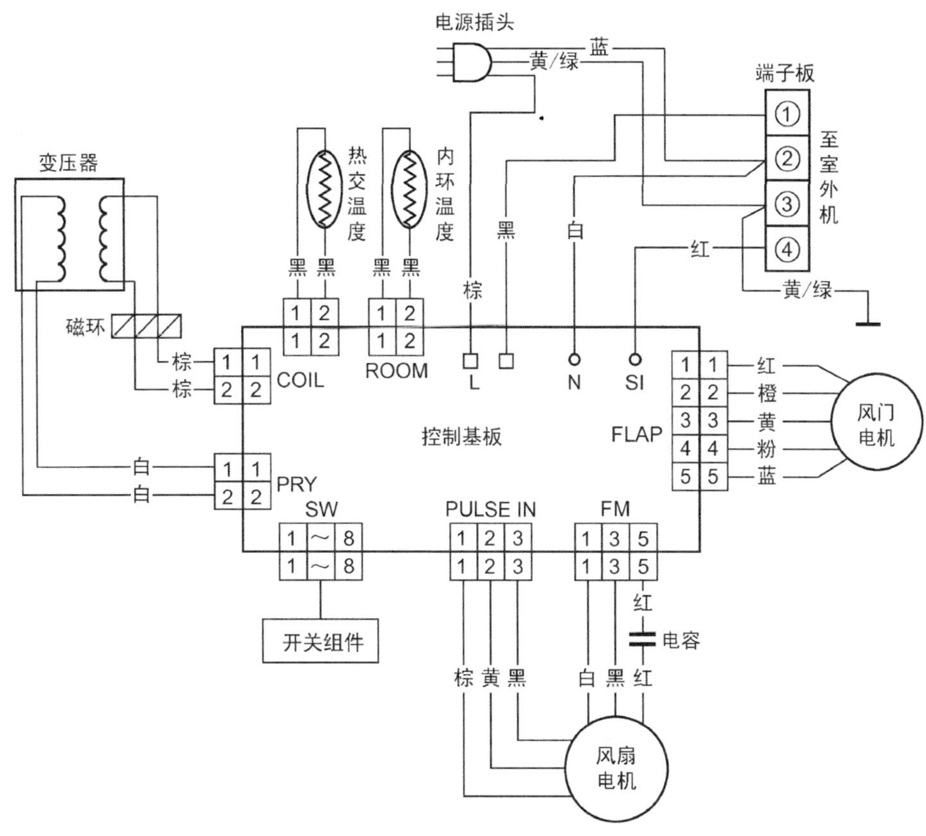

图3-1 室内机电控系统电气接线图

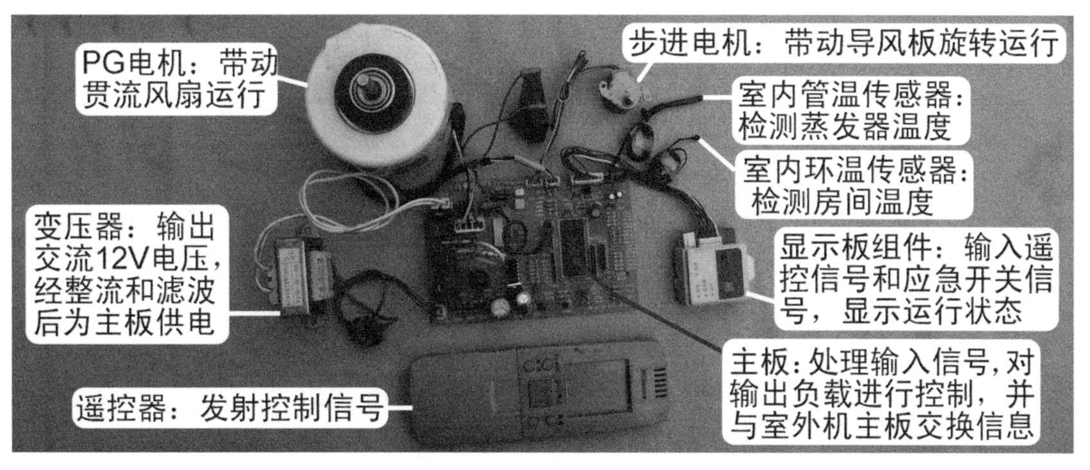

图3-2 室内机电控系统实物外形和作用说明

二、电控系统框图

图3-3所示为室内机电控系统框图，图3-4所示为室内机主板电路原理图。这里在画图时，将电路原理图与元器件实物图上的标号统一，并一一对应，使得读图更方便。

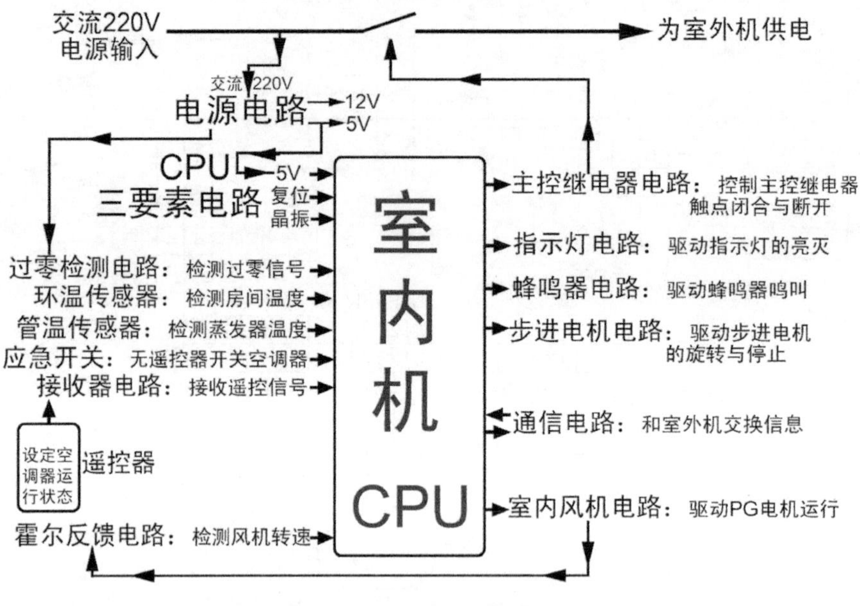

图3-3　室内机电控系统框图

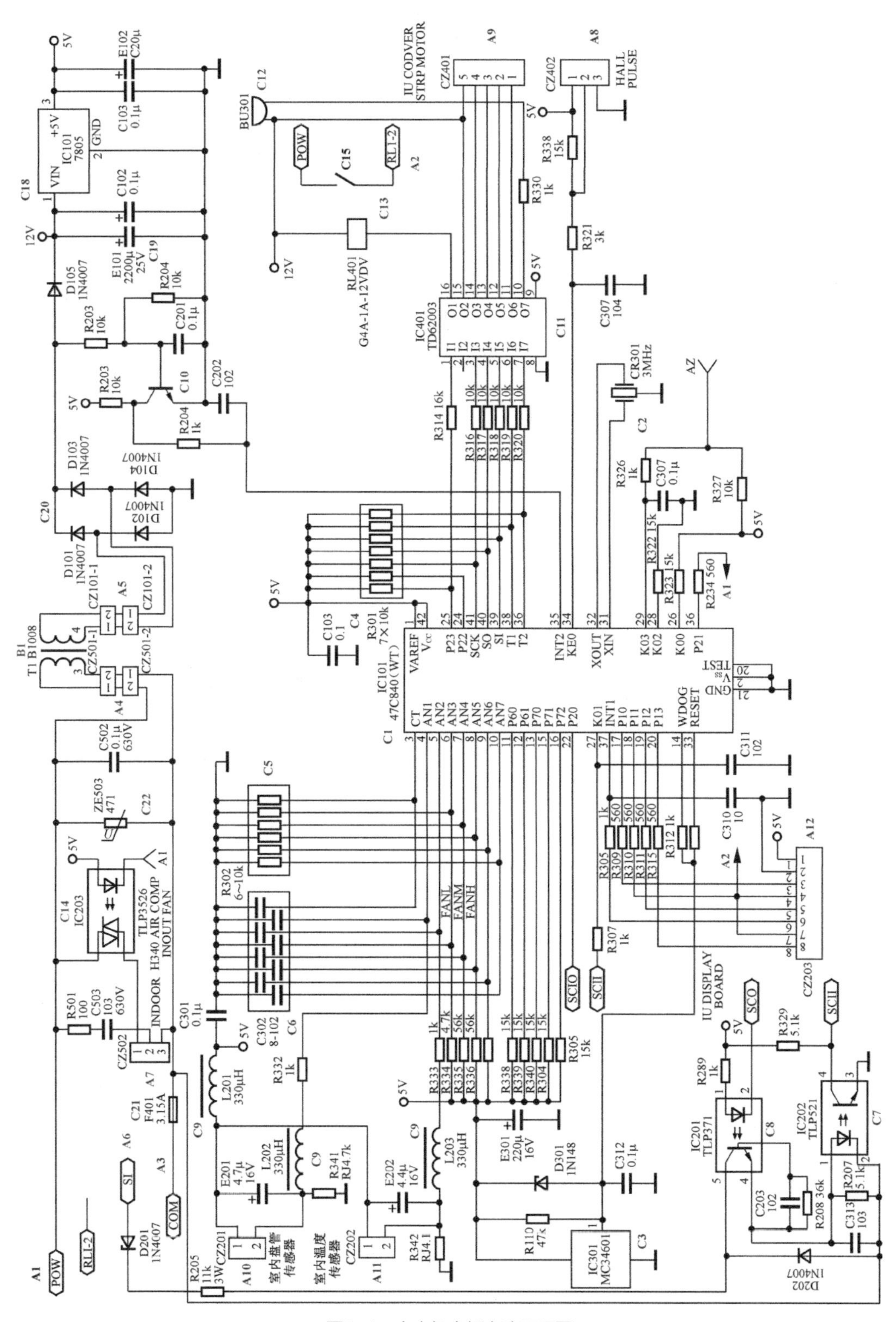

图3-4 室内机主板电路原理图

三、主板插座和外围元器件

表3-1所示为室内机主板插座和外围元器件明细，图3-5所示为插座和外围元器件实物外形。

■ 表3-1　室内机主板插座和外围元器件明细

标　号	插座/元器件	标　号	插座/元器件	标　号	插座/元器件
A1	电源L端输入	A7	PG电机供电插座	B1	变压器
A2	为室外机供电	A8	霍尔反馈插座	B2	步进电机
A3	电源N端输入	A9	步进电机插座	B3	管温传感器
A4	变压器一次侧插座	A10	管温传感器插座	B4	环温传感器
A5	变压器二次侧插座	A11	环温传感器插座	B5	显示板组件
A6	通信线	A12	显示板组件插座		

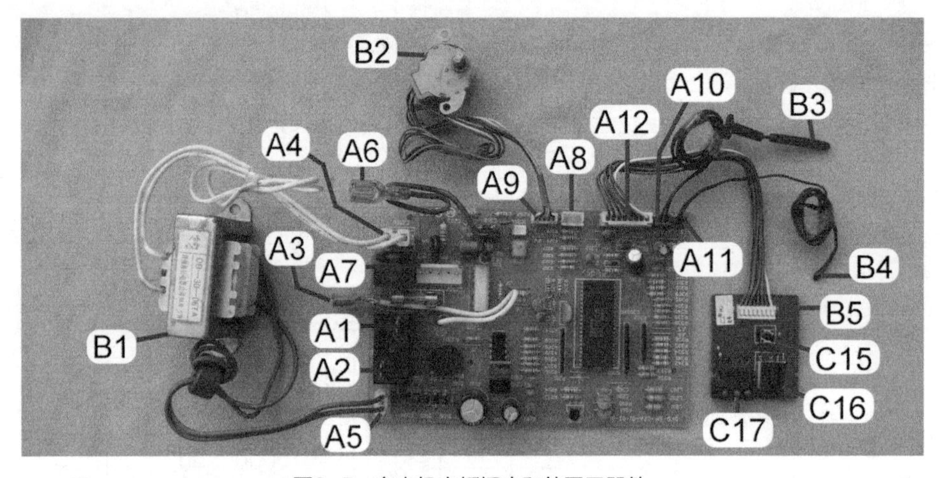

图3-5　室内机主板插座和外围元器件

主板有供电才能工作，为主板供电的插头有电源L端和电源N端两个端子；室内机主板外围的元器件有PG电机、步进电机、显示板组件、环温和管温传感器、变压器，相对应主板有PG电机供电插座、霍尔反馈插座、步进电机插座、环温和管温传感器插座、变压器一次侧和二次侧插座；由于室内机主板还为室外机供电和交换信息，因此还设有室外机供电端子和通信线。

外围元器件明细说明如下。

① 插座引线的代号以“A”开头，外围元器件以“B”开头，主板和显示板组件上的电子元器件以“C”开头。

② 大多数品牌的交流或直流变频空调器室内机主板插座功能基本相同，只是单元电路或形状设计不同。如果主板直流12V和5V供电由开关电源提供，则主板不再设计变压器一次侧和二次侧插座。

四、单元电路中的主要电子元器件

单元电路中的主要电子元器件明细见表3-2，图3-6所示为主要元器件实物外形。室内机主板单元电路的作用如下。

表3-2 单元电路中的主要电子元器件明细

标 号	元 器 件	标 号	元 器 件	标 号	元 器 件
C1	CPU	C9	电感	C17	发光二极管（见图3-5）
C2	晶振	C10	过零检测三极管	C18	7805稳压块
C3	复位集成电路	C11	反相驱动器	C19	主滤波电容
C4	排阻1	C12	蜂鸣器	C20	整流二极管
C5	排阻2	C13	主控继电器	C21	保险管
C6	排容	C14	光耦晶闸管	C22	压敏电阻
C7	接收光耦	C15	应急开关（见图3-5）		
C8	发送光耦	C16	接收器（见图3-5）		

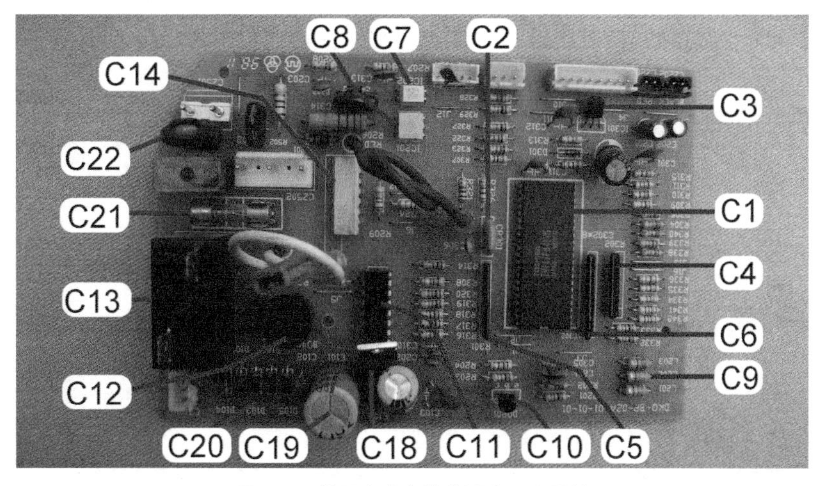

图3-6 单元电路中的主要电子元器件

1. 电源电路

该电路的作用是向主板提供直流12V和5V电压。由保险管（C21）、压敏电阻（C22）、变压器（B1）、整流二极管（C20）、主滤波电容（C19）、7805（C18）等元器件组成。

2. CPU和其三要素电路

CPU（C1）是室外机电控系统的控制中心，处理输入电路的信号，对负载进行控制；三要素电路是CPU正常工作的前提，由晶振（C2）、复位集成电路（C3）等元器件组成。为了简化电路板设计，CPU控制电路使用了排阻（两个，代号为C4、C5）和排容（C6）。

说明：排阻和排容多见于早期空调器的主板，目前的主板很少使用。

3. 通信电路

该电路的作用是和室外机CPU交换信息，主要元器件为接收光耦（C7）和发送光耦（C8）。

4. 应急开关电路

该电路的作用是在无遥控器时可以开启或关闭空调器，主要元器件为应急开关（C15）。

5. 接收器电路

该电路的作用是接收遥控器发射的信号，主要元器件为接收器（C16）。

6. 传感器电路

该电路的作用是向CPU提供温度信号。室内环温传感器（B4）提供房间温度信号，室内管温传感器（B3）提供蒸发器温度信号，供电电路中使用了电感（C9）。

7. 过零检测电路

该电路的作用是向CPU提供交流电源的零点信号，主要元器件为三极管（C10）。

8. 霍尔反馈电路

该电路的作用是向CPU提供转速信号，PG电机输出的信号直接送至CPU引脚。

9. 指示灯电路

该电路的作用是显示空调器的运行状态，主要元器件为4个发光二极管（C17）。

10. 蜂鸣器电路

该电路的作用是提示已接收到遥控信号，主要元器件为反相驱动器（C11）和蜂鸣器（C12）。

11. 步进电机电路

该电路的作用是驱动步进电机运行，从而带动导风板上下旋转运行，主要元器件为反相驱动器（C11）和步进电机（B2）。

12. 主控继电器电路

该电路的作用是向室外机提供电源，主要元器件为反相驱动器（C11）和主控继电器（C13）。

13. PG电机驱动电路

该电路的作用是驱动PG电机运行，主要元器件为光耦晶闸管（C14）和PG电机。

第2节 室内机电源电路和CPU三要素电路

电源电路和CPU三要素电路是主板正常工作的前提，并且电源电路在实际维修中故障率较高。

一、电源电路

1. 作用

电源电路简图见图3-7，作用是将交流220V电压降压、整流、稳压成为直流12V和5V为主板供电。本机使用变压器降压型的电源电路。

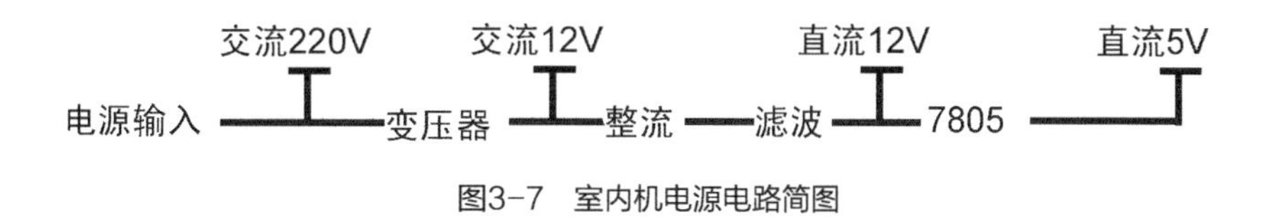

图3-7 室内机电源电路简图

2. 工作原理

图3-8所示为电源电路原理图，图3-9所示为实物图。

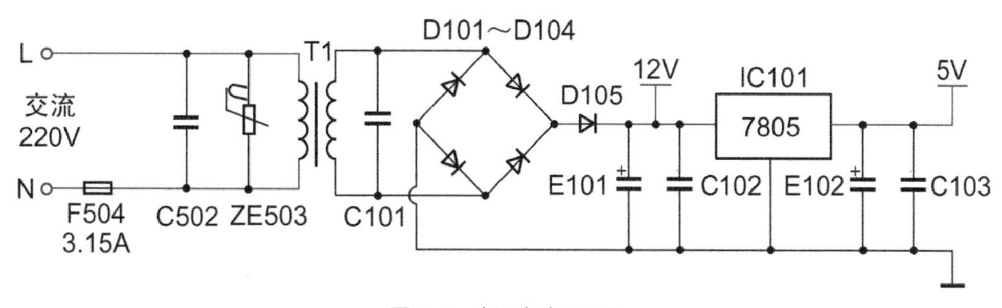

图3-8 电源电路原理图

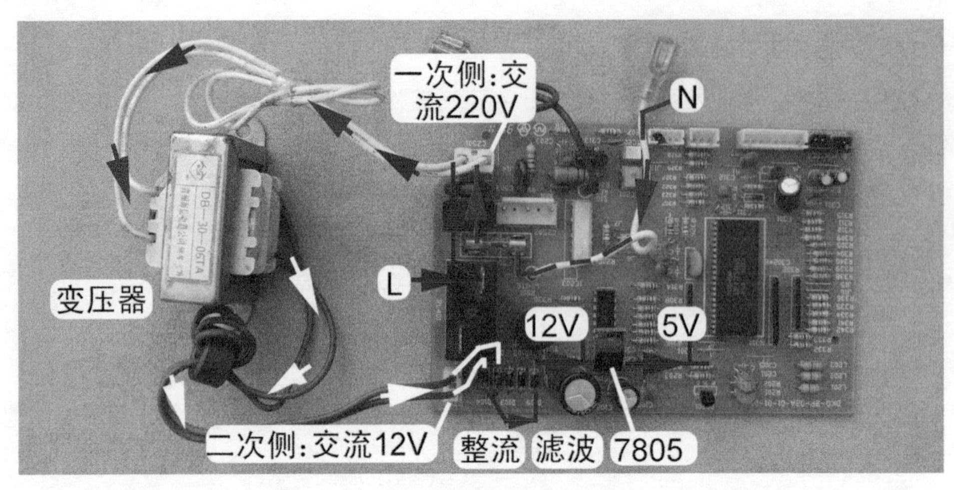

图3-9　电源电路实物图

电容C502为高频旁路电容，用以旁路电源引入的高频干扰信号。F504（保险管）、ZE503（压敏电阻）组成过电压保护电路，输入电压正常时，对电路没有影响；而当输入电压过高时，ZE503迅速击穿，将前端F504保险管熔断，从而保护主板后级电路免受损坏。

T1（变压器）、D101～D104（整流二极管）、E101（滤波电容）、C102（瓷片电容）组成降压、整流、滤波电路，电源输入交流220V在L端经主控继电器触点直接送到变压器一次侧插座，在N端经保险管送到变压器一次侧插座，变压器T1将交流220V降低至交流12.5V从二次侧输出，送至由D101～D104组成的桥式整流电路，变为脉动直流电（其中含有交流成分），经E101滤波，滤除其中的交流成分，成为纯净的约12V的直流电压，为反相驱动器、继电器线圈等12V负载供电。

IC101（7805）、E102、C103组成5V电压产生电路。IC101为三端稳压块，输入端为直流12V，经IC101内部电路稳压，输出端输出稳定的5V电压，为CPU、接收器等5V负载供电。

说明：本机未设计7812三端稳压块，因此直流12V电压实测为直流11～16V，随输入的交流220V电压变化而变化。

3. 电源电路负载

（1）直流12V

直流12V负载见图3-10（a），主要有5条支路：①供5V电压形成电路7805稳压块的输入端；②供2003反相驱动器；③供蜂鸣器；④供主控继电器；⑤供步进电机。

（2）直流5V

直流5V负载见图3-10（b），主要有7条支路：①供CPU；②供复位电路；③供霍尔反馈插座；④供传感器电路；⑤供显示板组件上的指示灯和接收器；⑥供光耦晶闸管；⑦供通信电路光耦和其他弱电信号处理电路。

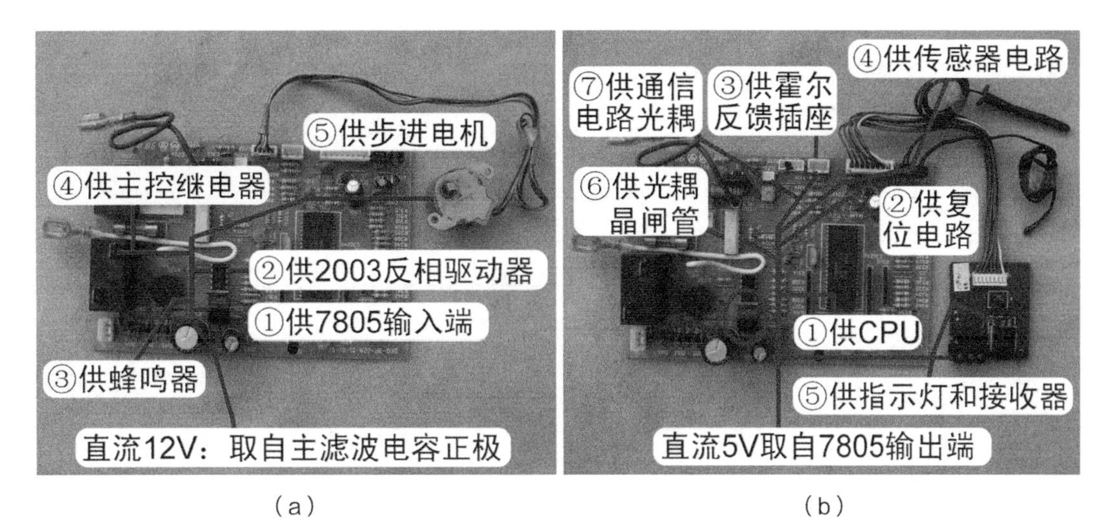

（a）　　（b）

图3-10　电源电路直流12V和5V负载

二、CPU和其三要素电路

1. CPU简介

CPU是一个大规模的集成电路，是电控系统的控制中心，其内部写入了运行程序。室内机CPU的作用是接收用户的操作指令，结合室内环温、管温传感器等输入部分电路的信号进行运算和比较，确定运行模式（如制冷、制热、除湿和送风），通过通信电路传送至室外机主板CPU，间接控制压缩机、室外风机和四通阀线圈等部件，使空调器按用户的意愿工作。

CPU是主板上体积最大、引脚最多的器件。现在主板CPU的引脚功能都是空调器厂家结合软件来确定的，也就是说同一型号的CPU在不同空调器厂家主板上引脚的作用是不一样的。海信KFR-2601GW/BP室内机CPU型号为东芝TMP47P840VN，主板代号IC302，共有42个引脚，图3-11所示为其安装位置和实物外形，表3-3所示为主要引脚功能。

图3-11　TMP47P840VN安装位置和实物外形

表3-3　TMP47P840VN主要引脚功能

引　脚	功　能	说　明
㊷	电源	CPU三要素电路
㉑	地	
㉛、㉜	晶振	
㉝	复位	
㉗	通信信号接收	通信电路
㉒	通信信号发送	
④	室内管温输入	输入部分电路
⑤	室内环温输入	
㉙	应急开关输入	
㊲	遥控信号输入	
㉟	过零信号输入	
㉞	霍尔反馈输入	
指示灯：⑰（电源）、⑱（定时）、⑲（运行）、⑳（高效）		输出部分电路
㊳～㊶	步进电机	
㊱	蜂鸣器	
㉓	PG电机	
㉕	主控继电器	

2. CPU三要素电路工作原理

图3-12所示为CPU三要素电路原理图，图3-13所示为实物图。电源、复位、时钟振荡电路称为CPU三要素电路，是CPU正常工作的前提，缺一不可，否则会死机，引起空调器上电后室内机主板无反应的故障。

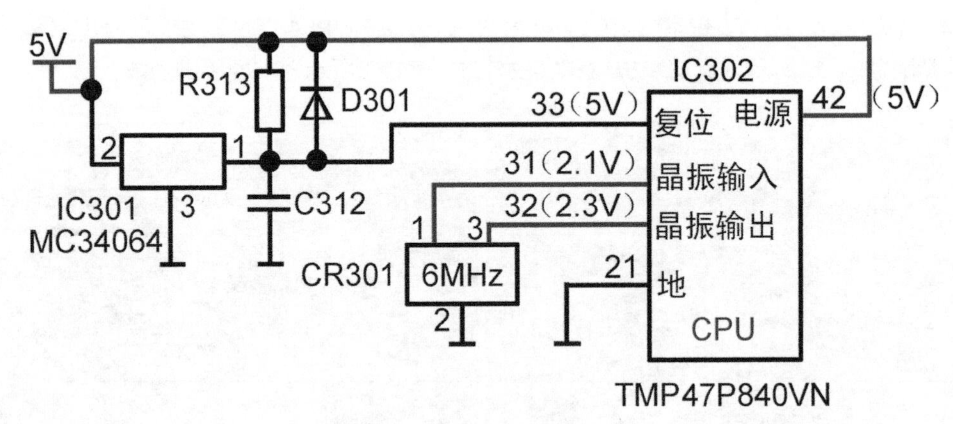

图3-12　CPU三要素电路原理图

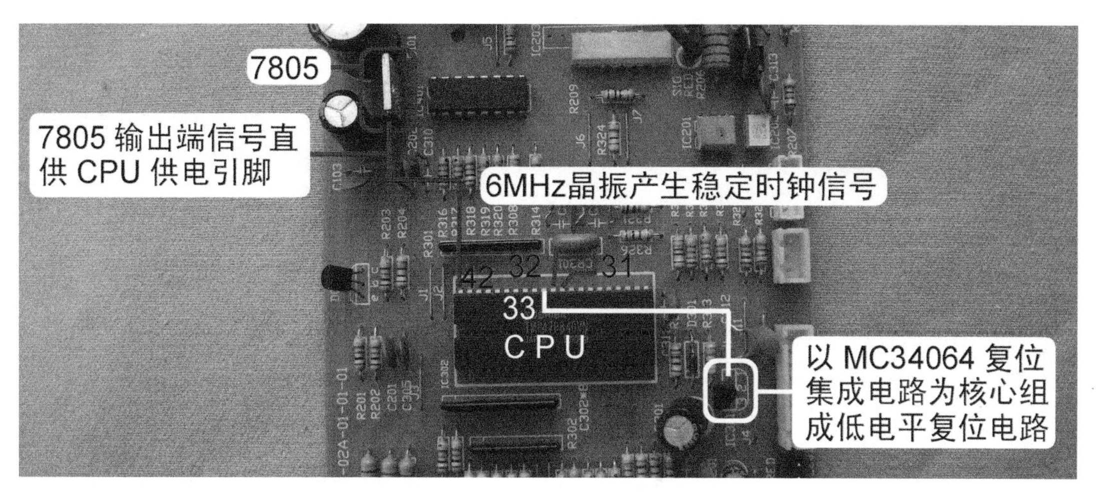

图3-13 CPU三要素电路实物图

（1）电源电路

CPU㊷脚是电源供电引脚，由7805的③脚输出端直接供电。

CPU㉑脚为接地引脚，和7805的②脚相连。

（2）复位电路

复位电路使内部程序处于初始状态。CPU的㉝脚为复位引脚，外围元器件IC301（MC34064）、R313、C312、D301组成低电平复位电路。

开机瞬间，直流5V电压在滤波电容的作用下逐渐升高，当电压低于4.6V时，IC301的①脚为低电平信号，加至CPU的㉝脚，使CPU内部电路清零复位；当电压高于4.6V时，IC301的①脚信号变为高电平，加至CPU㉝脚，使其内部电路复位结束，开始工作。

（3）时钟振荡电路

时钟振荡电路提供时钟频率。CPU㉛、㉜为时钟引脚，内部的振荡器电路与外接的晶振CR301组成时钟振荡电路，提供稳定的6MHz时钟信号，使CPU能够连续执行指令。

第3节 室内机输入部分电路

本节以单元电路的形式介绍海信KFR-2601GW/BP室内机主板输入部分电路，分析其工作原理、关键元器件的检测方法和常见故障。

说明：过零检测电路和霍尔反馈电路属于输入部分电路，本应在本节介绍，但其主要功能是用于PG电机运行，因此将其内容设在本章的第5节。

一、应急开关电路

图3-14所示为应急开关电路原理图，图3-15所示为实物图。该电路的作用是在无遥控器时可以开启或关闭空调器。

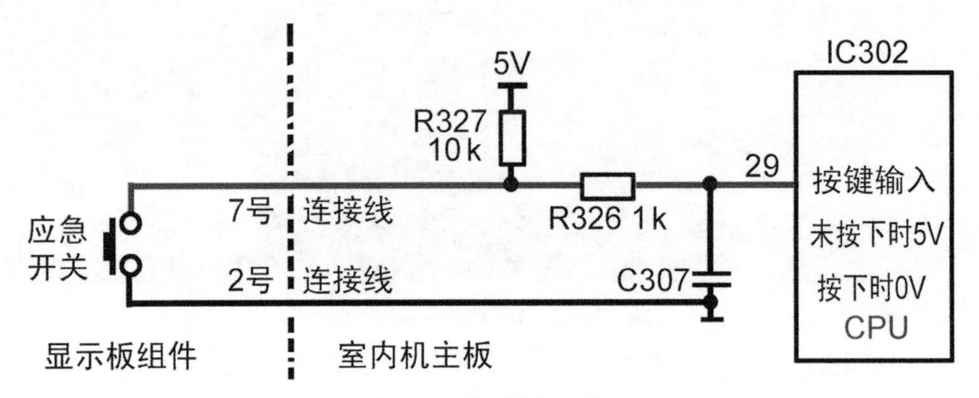

图3-14 应急开关电路原理图

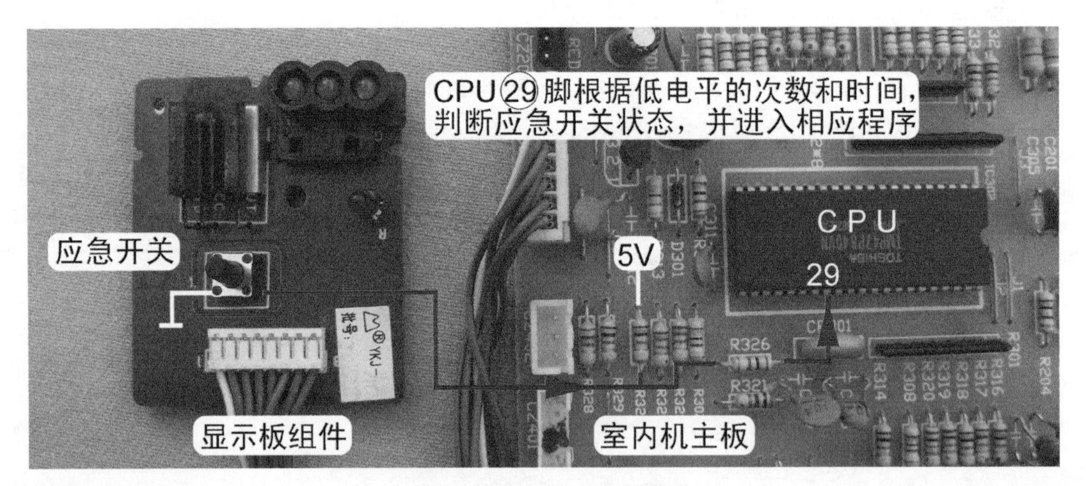

图3-15 应急开关电路实物图

1. 工作原理

CPU㉙脚为应急开关信号输入引脚，正常即应急开关未按下时为高电平直流5V；若在无遥控器时想开启或关闭空调器，按下应急开关的按键，CPU㉙脚为低电平0V，CPU根据低电平时间的长短进入各种控制程序。

2. 控制程序

① 按一次应急开关为开机，工作于自动模式；再按一次则关机。

② 待机状态下按下应急开关超过5s，如室内机CPU存储有故障代码则优先显示；如未存储故障代码，蜂鸣器响3声，进入强制制冷状态，运行时不考虑室内环境温度。

③ 应急运行时，如接收到遥控信号，则按遥控信号控制运行。

3. 常见故障

本电路的特有故障为待机状态自动开启或关闭空调器，通常是由于应急开关内部触点漏电引起，判断故障原因时可直接取下应急开关试机。应急开关电路常见故障见表3-4。

表3-4　应急开关电路常见故障

故障内容	常见原因	检修方法	处理措施
按下应急开关不起作用	应急开关内部触点损坏	按下开关时万用表电阻挡测量为无穷大	更换应急开关
空调器不定时自动开关机	应急开关内部触点漏电	测量开关触点有漏电阻值	

二、遥控信号接收电路

1. 工作原理

图3-16所示为遥控信号接收电路原理图，图3-17所示为实物图。该电路的作用是处理遥控器发送的信号并送至CPU相关引脚。

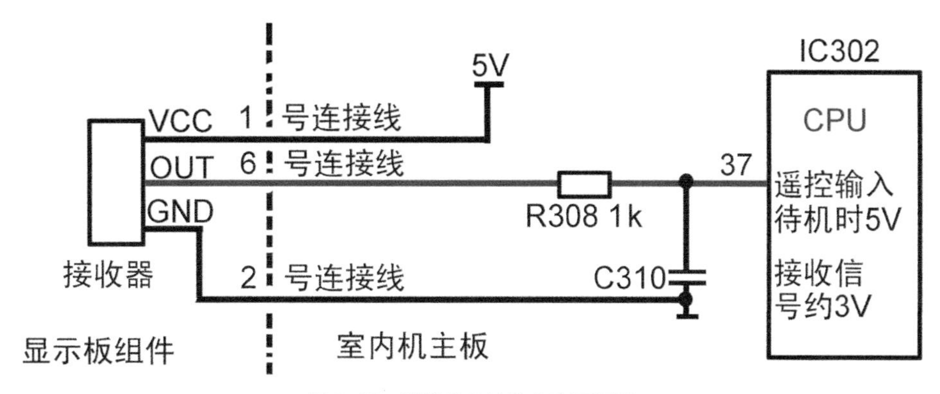

图3-16　遥控信号接收电路原理图

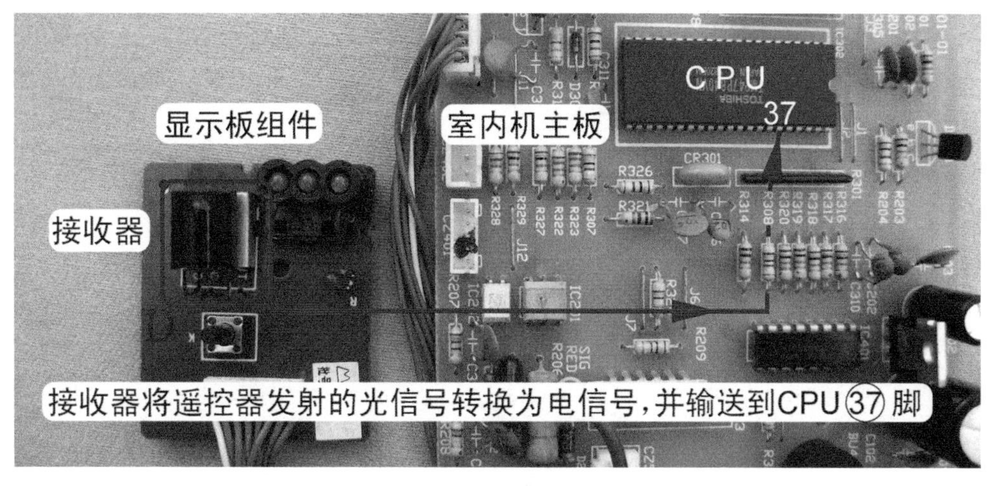

图3-17　遥控信号接收电路实物图

遥控器将经过编码的调制信号以38kHz载波频率发送至接收器，接收器将光信号转换为电信号，并进行放大、滤波和整形，经R308送至CPU㊲脚，经CPU内部电路解码后得出遥控器的按键信息，从而对电路进行控制；CPU每接收到遥控信号后会控制蜂鸣器响一声给予提示。

2. 关键元器件

本电路的关键元器件为接收器，工作电压为直流5V，外观为黑色，部分型号表面有铁皮包裹，通常和发光二极管一起设计在显示板组件上。其常见型号是0038、1838。图3-18所示为接收器的实物外形和引脚功能。

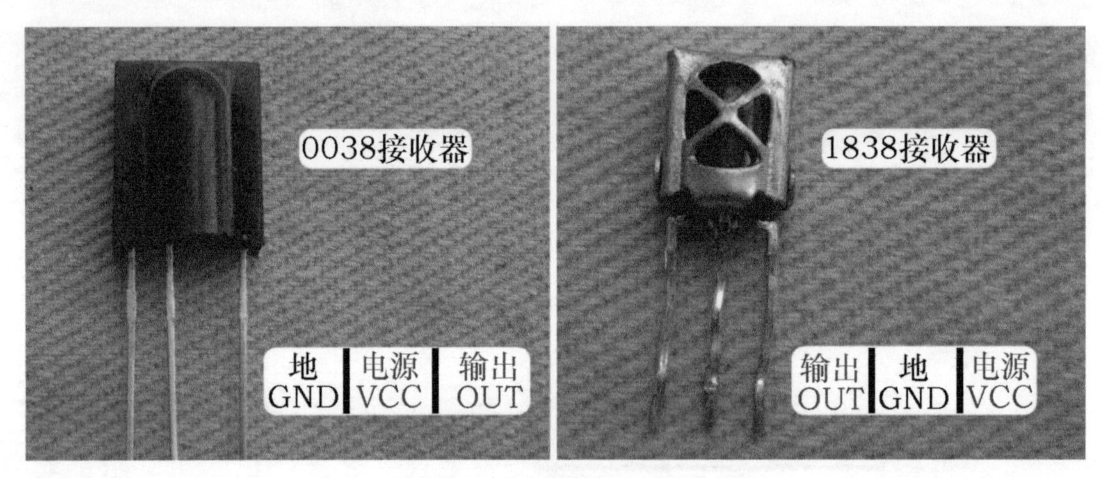

图3-18　0038和1838接收器

3. 检测接收器

不接收遥控信号在实际维修中属于常见故障，通常为遥控器损坏或接收器损坏。判断遥控器是否发射信号，可用手机的摄像功能，方法见本章第6节的图3-50。

判断接收器是否损坏，使用万用表直流电压挡，见图3-19，黑表笔接接收器接地引脚（GND），红表笔接输出端（OUT），在无信号输入时电压应稳定为5V，如果电压一直在2V↔4V跳变，为接收器漏电损坏，故障表现为有时接收信号、有时不能接收信号；按压按键遥控器发射信号时，输出端电压应下降至3V左右，然后再上升至直流5V，如果电压一直不下降并保持不变，为接收器不接收遥控信号故障。

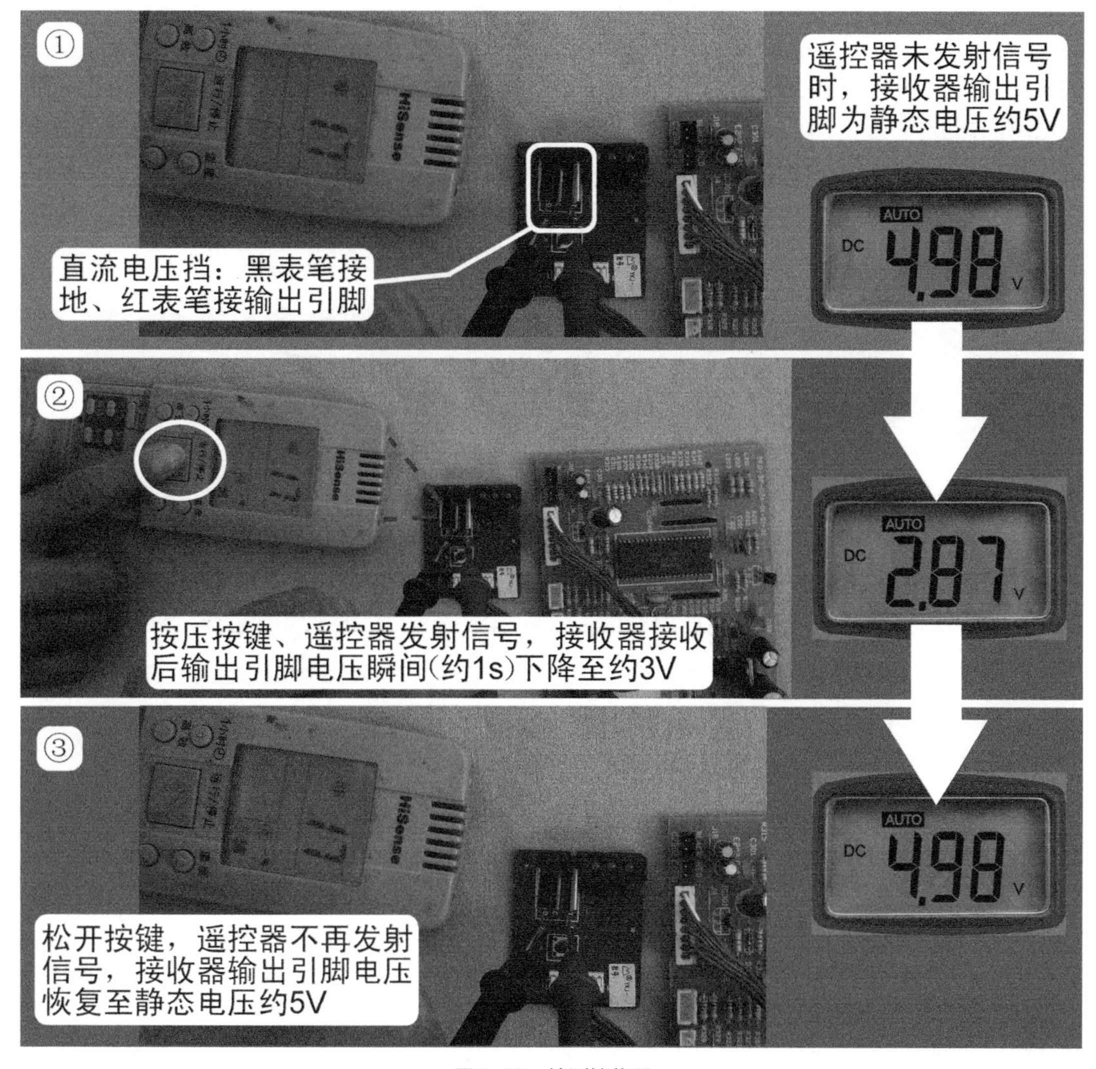
①
遥控器未发射信号时，接收器输出引脚为静态电压约5V
直流电压挡：黑表笔接地、红表笔接输出引脚
AUTO
DC 4.98 V
②
按压按键、遥控器发射信号，接收器接收后输出引脚电压瞬间(约1s)下降至约3V
AUTO
DC 2.87 V
③
松开按键，遥控器不再发射信号，接收器输出引脚电压恢复至静态电压约5V
AUTO
DC 4.98 V

图3-19 检测接收器

4．常见故障

遥控信号接收电路常见故障见表3-5。

表3-5 遥控信号接收电路常见故障

故障内容	常见原因	检修方法	处理措施
不接收遥控信号	接收器损坏	万用表直流电压挡测量输出端电压，动态时电压一直保持不变	更换接收器
接收信号不灵敏	接收器漏电	万用表直流电压挡测量输出端电压，静态时一直跳动变化	

三、传感器电路

传感器电路向室内机CPU提供室内房间温度和室内蒸发器温度信号。

1. 传感器特性

传感器为负温度系数（NTC）的热敏电阻，阻值随着温度上升而下降。以规格为25℃/5kΩ的传感器为例，测量温度变化时的阻值变化情况：阻值应符合负温度系数热敏电阻变化的特点，如温度变化时阻值不作相应变化，则传感器有故障。

图3-20（a）所示为传感器降温时测量阻值的结果，图3-20（b）所示为常温状态下测量传感器阻值的结果，图3-20（c）所示为加热传感器测量阻值的结果。

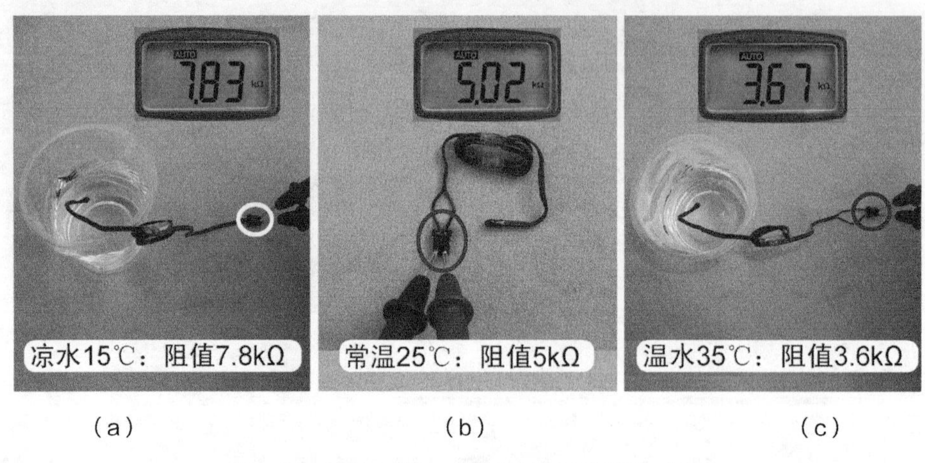

图3-20　降温、常温、加热3种状态下测量传感器

2. 组成与作用

（1）室内环温传感器电路

图3-21所示为环温传感器安装位置和实物外形。

① 室内环温传感器在电路中的英文符号为“ROOM”，作用是检测室内房间温度，由室内环温传感器（25℃/5kΩ）和分压电阻R342（4.7kΩ精密电阻、1%误差）等元器件组成。

② 制冷模式，控制室外机停机；制热模式，控制室内机和室外机停机。

③ 和遥控器的设定温度（或应急开关设定温度）组合，决定压缩机的运行频率，基本原则为温差大运行频率高，温差小运行频率低。

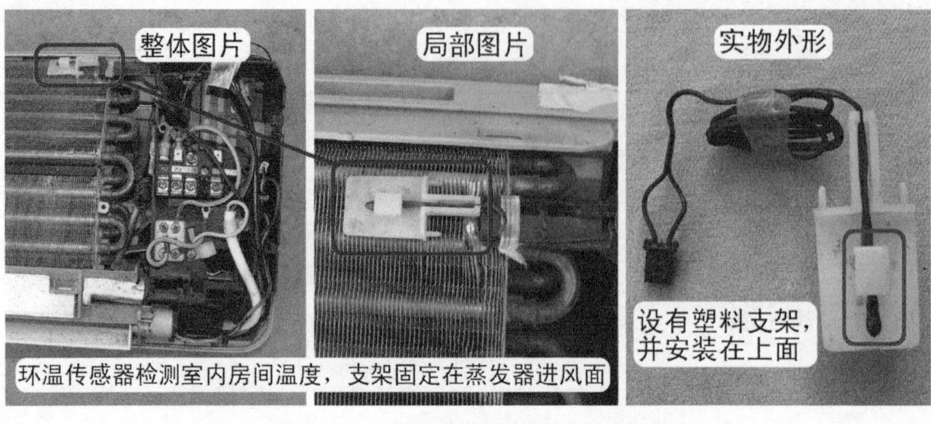

图3-21　环温传感器安装位置和实物外形

（2）室内管温传感器电路

图3-22所示为管温传感器安装位置和实物外形。

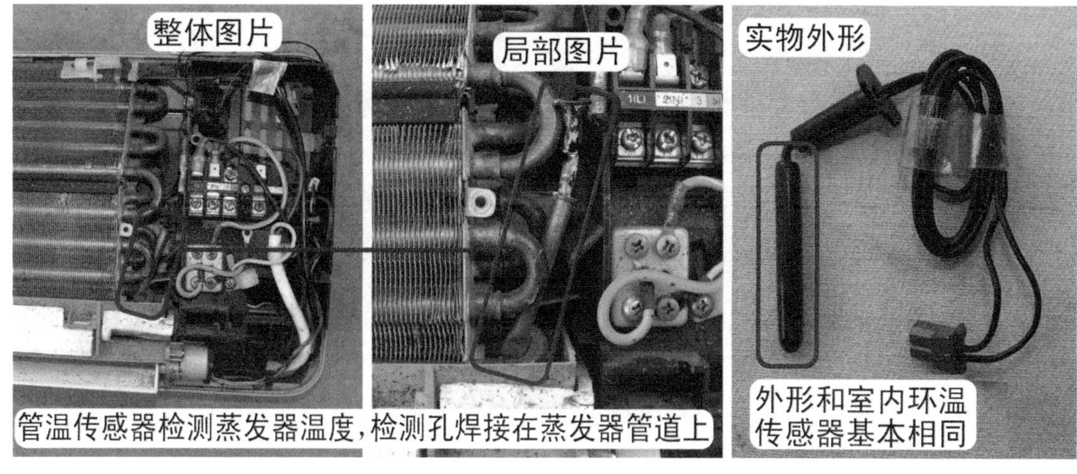

图3-22　管温传感器安装位置和实物外形

① 室内管温传感器在电路中的英文符号是“COIL”，作用是检测蒸发器温度，由室内管温传感器（25℃/5kΩ）和分压电阻R341（4.7kΩ精密电阻、1%误差）等元器件组成。

② 制冷模式下防冻结保护，控制压缩机运行频率。室内管温高于9℃频率不受约束，低于7℃时禁升频，低于3℃时降频，低于-1℃时压缩机停机。

③ 制热模式下防冷风保护，控制室内风机转速。室内管温低于23℃室内风机停机，高于28℃低风，高于32℃中风，高于38℃时按设定风速运行。

④ 制热模式下防过载保护，控制压缩机运行频率。室内管温低于48℃，频率不受约束；高于63℃时，压缩机降频；高于78℃时，控制压缩机停机。

3. 工作原理

图3-23所示为传感器电路原理图，图3-24所示为实物图。

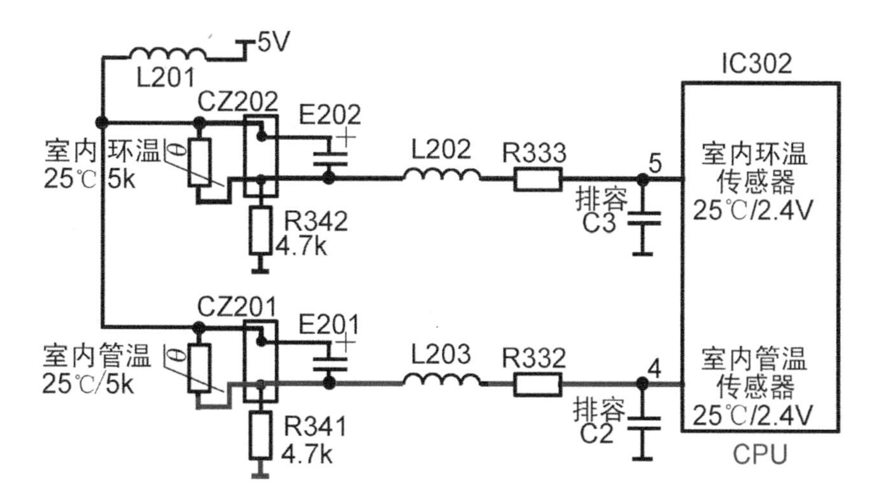

图3-23　传感器电路原理图

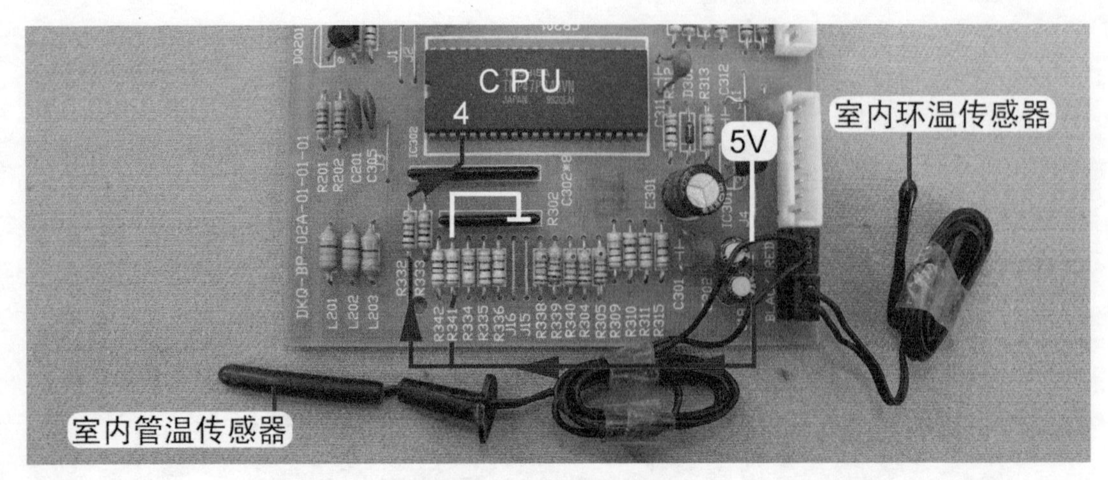

图3-24　传感器电路实物图

室内机CPU的⑤脚检测室内环温传感器温度，④脚检测室内管温传感器温度，两路传感器工作原理相同，均为传感器与偏置电阻组成分压电路。传感器为负温度系数的热敏电阻，以室内管温传感器电路为例，如蒸发器温度由于某种原因升高，室内管温传感器温度也相应升高，其阻值变小，根据分压电路原理，分压电阻R341分得的电压也相应升高，输送到CPU④脚的电压升高，CPU根据电压值计算得出蒸发器的实际温度，并与内置的数据相比较，对电路进行控制。假如制热模式下，计算得出的温度高于78℃，则控制压缩机停机，并显示故障代码。

环温与管温传感器型号相同，均为25℃/5kΩ，分压电阻的阻值也相同，因此在刚上电未开机时，环温和管温传感器检测的温度基本相同，CPU的④脚和⑤脚电压也基本相等，传感器插座分压点针脚电压也基本相同，房间温度在25℃时电压约为2.4V。

CPU判断传感器开路或短路的依据：检测引脚的电压高于4.5V或低于0.5V。在实际检修中，管温传感器由于检测温度跨度特别大，损坏的可能性远大于环温传感器，许多保护动作都是由它引起的，所以在检修电路故障时，应首先测量管温传感器阻值是否正常。

4. 传感器温度与CPU电压对应关系

海信空调器室内环温传感器与室内管温传感器的型号通常为25℃/5kΩ，分压电阻阻值为4.7kΩ或5.1kΩ，制冷和制热模式常见温度与CPU电压的对应关系见表3-6。

表3-6　温度值与CPU电压对应关系

温度（℃）	-5	0	5	20	25	35	50	70	80
阻值（kΩ）	18.8	15	12	6.4	5	3.6	2.1	1.1	0.8
CPU电压（V）	1	1.2	1.4	2.1	2.4	2.8	3.4	4	4.2

室内环温传感器测量温度范围，制冷模式在15～35℃之间，制热模式在0～30℃之间（包括未开机时）。

室内管温传感器测量温度范围，制冷模式在-5～30℃之间，制热模式在0～80℃之间（包括除霜模式）。

5. 传感器判断方法

无论是环温传感器还是管温传感器，都是以25℃时的阻值为依据设定型号，常见有25℃/5kΩ、25℃/10kΩ、25℃/15kΩ。检测传感器是否正常时首先判断传感器型号，再用万用表电阻挡测量阻值是否正常。

（1）查找分压电阻

由于不同厂家使用的传感器型号不同，实际维修时可以从分压电阻的阻值来判断（分压电阻阻值与传感器25℃时的阻值一般相同或接近）。图3-25所示为从主板上查找传感器分压电阻的方法。

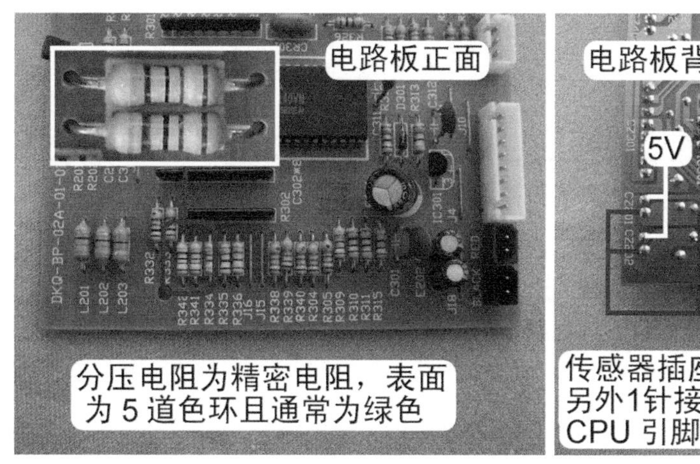

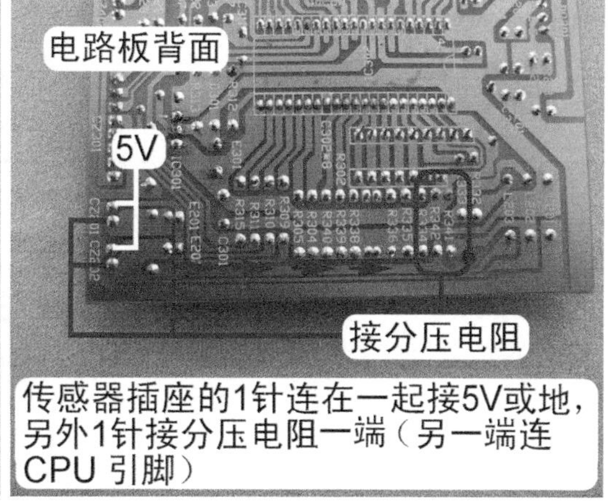

图3-25 查找传感器分压电阻

（2）根据分压电阻阻值判断传感器型号

测量分压电阻阻值，如阻值为4.7kΩ或5.1kΩ，则传感器型号为25℃/5kΩ（常见于海信等大多数品牌）；如阻值为8.8kΩ或10kΩ，则传感器型号为25℃/10kΩ（常见于美的等品牌）；如阻值为15kΩ，则传感器型号为25℃/15kΩ（常见于科龙等品牌）。

（3）测量传感器阻值

测量结果应与所测量传感器型号在25℃时的阻值接近，如结果接近无穷大或接近0Ω，则传感器出现开路或短路故障。

注意：如环境温度低于25℃，测量结果会大于标称阻值；反之如环境温度高于25℃，则测量结果会小于标称阻值。测量管温传感器时，如空调器已经制冷（或制热）一段时间，应将管温传感器从蒸发器检测孔抽出并等待几分钟，使表面温度接近环境温度再测量，防止蒸发器表面温度影响检测结果而造成误判。

6. 常见故障

传感器电路常见故障见表3-7。

■ 表3-7　　传感器电路常见故障

故障内容	常见原因	检修方法	处理措施
开机后空调器不启动，报“环温传感器故障”	环温传感器开路或短路	万用表电阻挡测量，阻值接近无穷大或接近0Ω	更换环温传感器
开机后室外机不运行	环温传感器阻值变值	万用表电阻挡测量，阻值变大或变小	
开机后空调器不启动，报“管温传感器故障”	管温传感器开路或短路	万用表电阻挡测量，阻值接近无穷大或接近0Ω	更换管温传感器
制冷运行一段时间后进入“防冻结保护”	管温传感器阻值变大	万用表电阻挡测量，阻值变大	
制热开机室内风机始终不工作			
制冷开机室内风机运行，室外机不工作	管温传感器阻值变小	万用表电阻挡测量，阻值变小	
制热运行一段时间后进入“防过载保护”			

第4节 室内机输出部分电路

CPU将输入电路的信号处理后驱动指示灯、蜂鸣器、步进电机和主控继电器等负载，使空调器按用户意愿正常工作。

一、指示灯电路

图3-26所示为指示灯电路原理图，图3-27所示为实物图，表3-8所示为CPU引脚电压与高效指示灯状态对应关系。

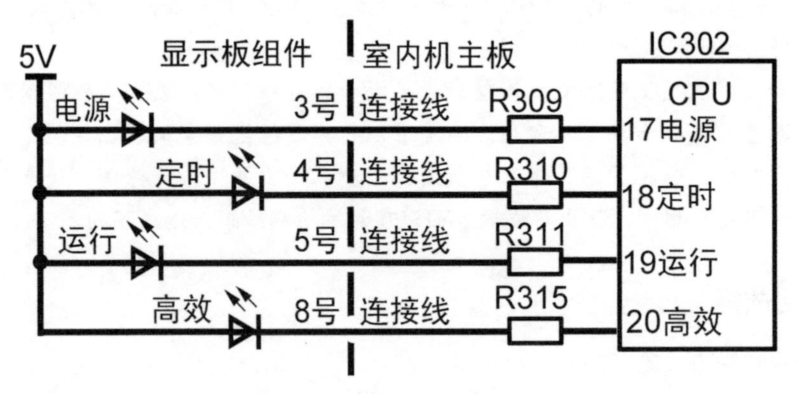

图3-26　指示灯电路原理图

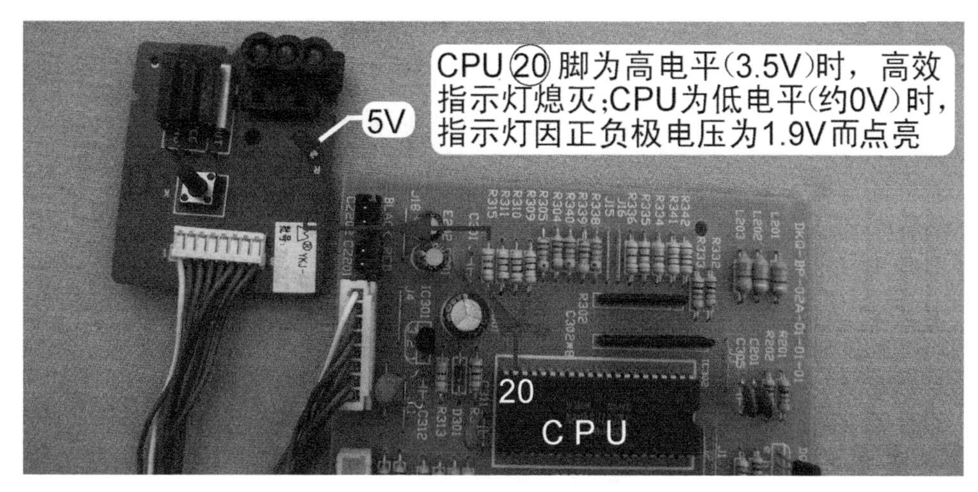

图3-27 指示灯电路实物图

表3-8 高效指示灯状态与CPU引脚电压对应关系

CPU⑳脚	8号连接线	指示灯正负极（红正、黑负）	高效指示灯状态
3.5V	3.5V	−0.8V	熄灭
0V	3.1V	1.9V	点亮

1. 工作原理

指示灯电路的作用是指示空调器的工作状态，或者出现故障时以指示灯的亮、灭、闪的组合显示代码。CPU⑰、⑱、⑲、⑳脚分别是电源、定时、运行、高效指示灯控制引脚。

上述4个指示灯电路工作原理相同，以高效指示灯为例，如CPU⑳脚输出低电平，经R315送至高效指示灯的负极，高效指示灯因正负极两端有1.9V的电压而点亮；如⑳脚输出高电平，高效指示灯因正负极两端没有电压而熄灭。

2. 电路相关知识

发光二极管的测量方法同普通二极管，使用万用表二极管挡，应符合正向导通、反向截止的特性。在实际检修中指示灯电路的故障率较低。

3. 常见故障

指示灯电路常见故障见表3-9。

表3-9 指示灯电路常见故障

故障内容	常见原因	检修方法	处理措施
指示灯不亮	发光二极管损坏	万用表二极管挡正向和反向测量发光二极管，结果均为无穷大	更换发光二极管
	限流电阻开路	万用表电阻挡测量电阻阻值，结果为无穷大	更换限流电阻
	显示板组件与主板接触不良	万用表直流电压挡测量CPU为低电平，但发光二极管负极为高电平	紧固插座

二、蜂鸣器电路

图3-28所示为蜂鸣器电路原理图，图3-29所示为实物图。

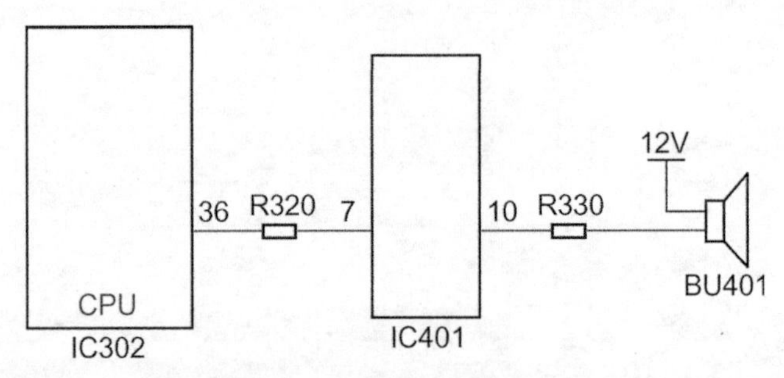

图3-28　蜂鸣器电路原理图

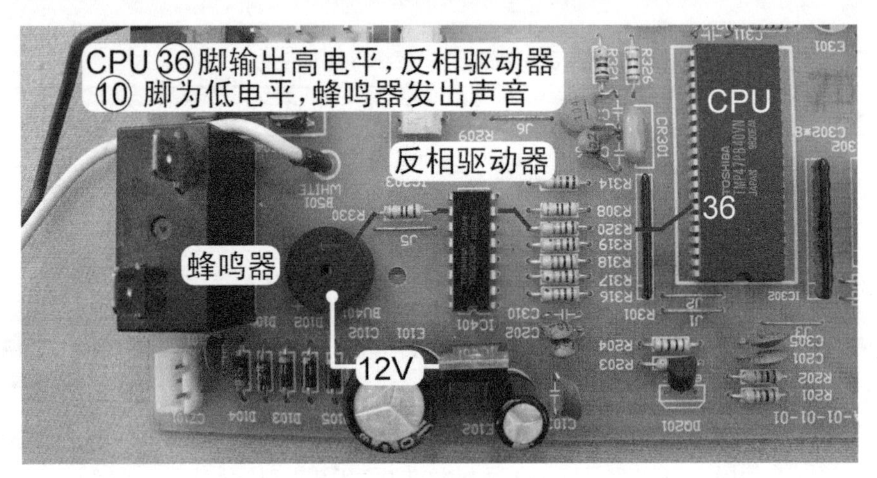

图3-29　蜂鸣器电路实物图

1. 工作原理

本电路的作用为提示（响一声）CPU接收到遥控信号且已处理。CPU㊱脚是蜂鸣器控制引脚，正常时为低电平；当接收到遥控信号时引脚变为高电平，反相驱动器IC401的输入端⑦脚也为高电平，输出端⑩脚则为低电平，蜂鸣器发出预先录制的音乐。

说明：由于CPU输出高电平的时间很短，使用万用表很难测出。

2. 关键元器件

（1）蜂鸣器

蜂鸣器在电路中的英文符号为“BU”或“BZ”；其供电电压为直流12V；外观为黑色的圆柱形，引脚位于下方，中间带有较小的圆孔。

（2）反相驱动器

① 基本知识。反相驱动器的常用型号为2003，图3-30所示为其实物外形和内部等效电路

图；其供电电压为直流12V；外观为黑色的长方形，体积与引脚个数均仅次于CPU，在电路中的英文符号为“IC”（代表集成电路），其中的一侧引脚直接或通过电阻与CPU相连。

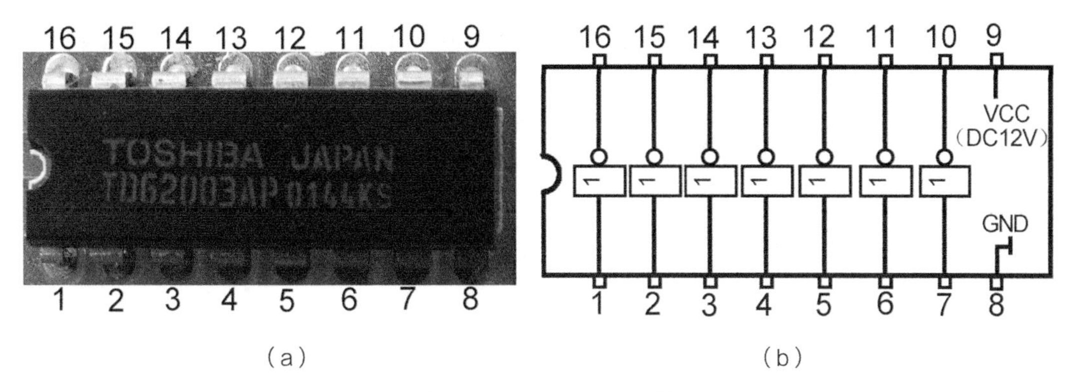

图3-30　反相驱动器实物外形和内部等效电路图

② 工作原理。输入端（①～⑦脚）接收CPU信号，将信号反相放大后由输出端（⑩～⑯脚）驱动负载（如继电器线圈、步进电机绕组、蜂鸣器）。所谓“反相”就是输入端某个引脚为高电平（5V），对应输出端引脚接地，为低电平（约0.8V），直流12V电压经负载和反相驱动器引脚（接地）形成回路，负载才能工作（继电器触点吸合，步进电机运行，蜂鸣器发声）。

③ 电路设计特点。见图3-31，早期空调器主板的CPU与反相驱动器输入端引脚之间一般均设有限流电阻，输入端电压约为直流2V；目前的主板通常不再设计限流电阻，由CPU输出引脚直接连接反相驱动器的输入引脚，电压为直流5V。

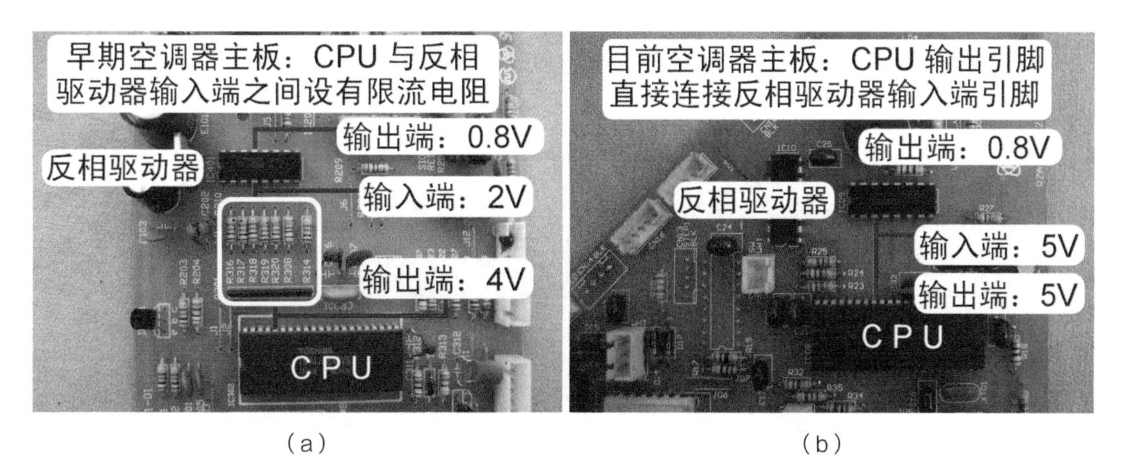

图3-31　反相驱动器输入电路设计特点

3．常见故障

蜂鸣器电路的常见故障见表3-10。

表3-10　　蜂鸣器电路常见故障

故障内容	常见原因	检修方法	处理措施
蜂鸣器不响	蜂鸣器损坏	试代换	更换蜂鸣器
	反相驱动器损坏	经检测，输入端为高电平，输出端也为高电平	更换反相驱动器

三、步进电机驱动电路

图3-32所示为步进电机驱动电路原理图，图3-33所示为实物图，表3-11所示为CPU引脚电压与步进电机状态对应关系。

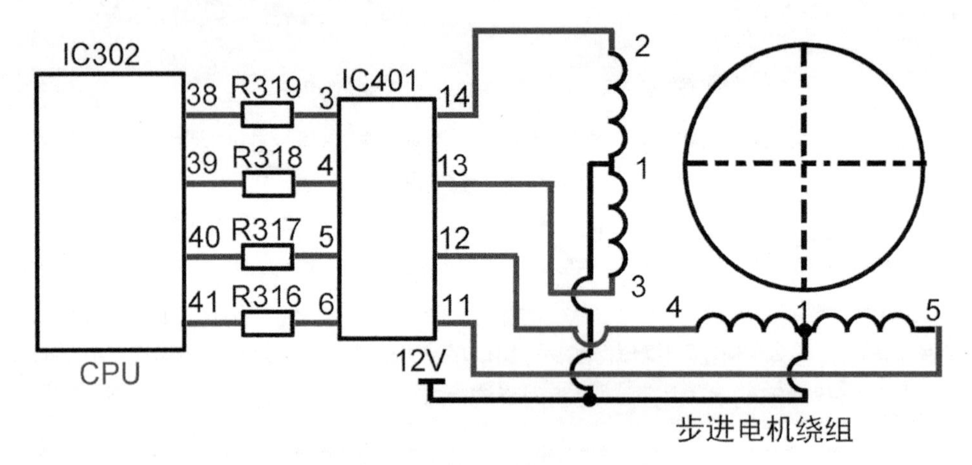

图3-32　步进电机驱动电路原理图

图3-33　步进电机驱动电路实物图

表3-11　　步进电机状态与电压对应关系

CPU㊳~㊶脚	反相驱动器③~⑥脚	反相驱动器⑪~⑭脚	步进电机状态
0V	0V	12V	停止
1.3V	0.7V	8.5V	运行

1. 工作原理

需要控制步进电机运行时，CPU㊳、㊴、㊵、㊶脚输出驱动信号，经限流电阻加至反相驱动器IC401的输入端③、④、⑤、⑥脚，IC401将信号放大后在⑭、⑬、⑫、⑪ 脚反相输出，驱动步进电机绕组，电机转动，带动导风板上下摆动，使房间内的送风均匀，并到达用户需要的地方；需要控制步进电机停止转动时，CPU㊳、㊴、㊵、㊶脚输出低电平0V，绕组无驱动电压，使得步进电机停止运行。

驱动步进电机运行时，CPU的4个引脚按顺序输出高电平，实测电压在1.3V左右变化；同理，反相驱动器输入端电压在0.7V左右变化，输出端电压在8.5V左右变化。

2. 步进电机安装位置和内部结构

见图3-34，室内机导风板由步进电机驱动。制冷时吹出气体潮湿，于是自然下沉，使用时应将导风板角度设置为水平，应避免直吹人体；制热时吹出气体干燥，于是自然向上漂移，使用时将导风板角度设置为向下，这样可以使房间内的送风合理且均匀。

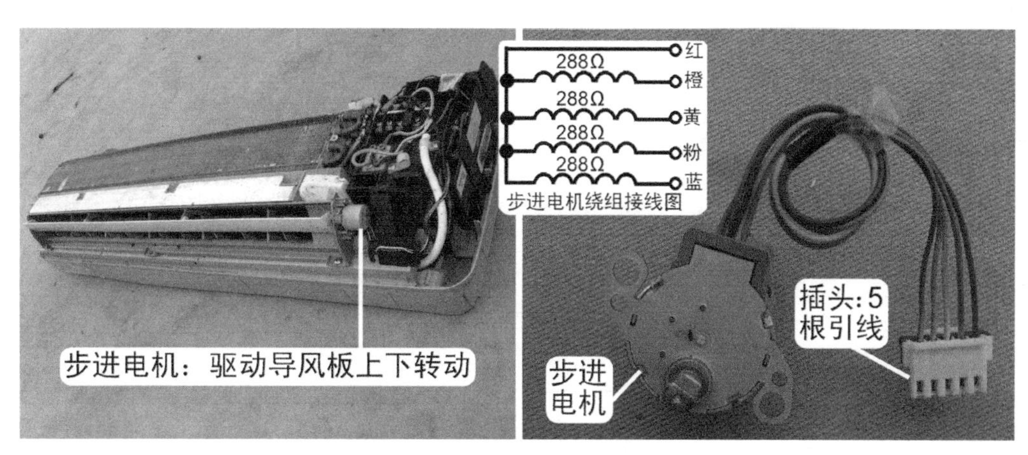

图3-34 步进电机安装位置和实物外形

见图3-35，步进电机由外壳（含绕组）、转子、变速齿轮、输出接头、连接引线、插头等组成。

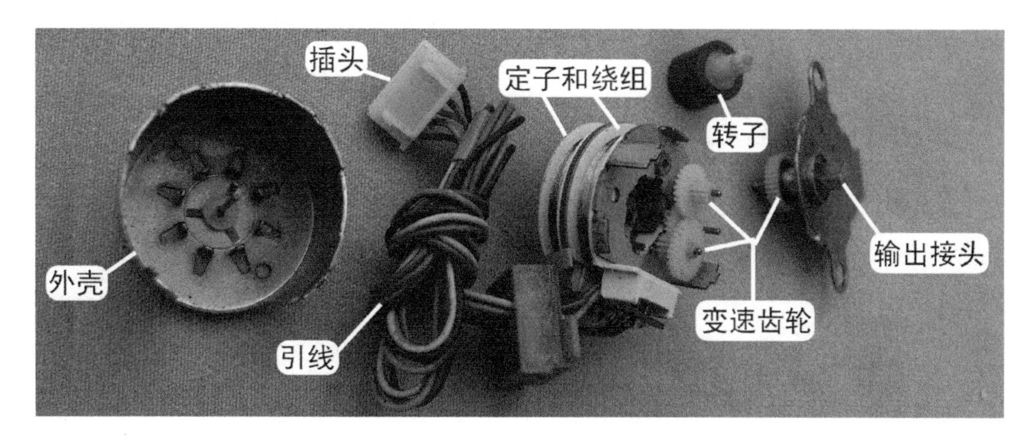

图3-35 步进电机内部结构

3. 步进电机测量方法

英文“FLAP”是步进电机在主板上的插座代号，绕组工作电压为直流12V。使用万用表电阻挡测量5根引线之间的阻值，结果见表3-12。

说明：在实际电路中，1号线接直流12V电压，2、3、4、5号线接反相驱动器；不同厂家的步进电机测量的阻值可能不相同，但只要符合规律即可。

■ 表3-12　测量步进电机引线之间阻值

实物图形	等效电路图	测量结果	分析	故障
		1与2、1与3、1与4、1与5的阻值相等，为288Ω 2与3、2与4、2与5、3与4、3与5、4与5的阻值相等，为576Ω	1号线为公共端，2、3、4、5号线为绕组端	如测量引线之间阻值为无穷大，为绕组开路故障，需要更换步进电机

4. 常见故障

步进电机驱动电路的常见故障见表3-13。

■ 表3-13　步进电机驱动电路常见故障

故障内容	常见原因	检修方法	处理措施
步进电机不能运转	反相驱动器损坏	经检测，输入端为高电平，输出端仍然为高电平	更换反相驱动器
	内部齿轮损坏（打滑）	用手扳动导风板时凭手感	更换步进电机
	步进电机损坏	万用表电阻挡测量步进电机绕组，阻值为无穷大	
运行时有“哒哒”的杂音	内部齿轮间隙不严	根据运行声音判断	

四、主控继电器驱动电路

图3-36所示为主控继电器驱动电路原理图，图3-37所示为继电器触点吸合过程，图3-38所示为继电器触点断开过程，表3-14所示为CPU引脚电压与继电器触点状态的对应关系。

1. 工作原理

主控继电器为室外机供电，CPU㉕脚为控制引脚。当CPU处理输入的信号，需要为室外机供电时，㉕脚为高电平3.5V，该电压信号经限流电阻R314送至反相驱动器IC401的输入端

①脚，电压约为2V高电平，内部电路翻转，输出端引脚接地，其对应输出端⑯脚为低电平0.8V，继电器RL401线圈得到直流11.2V供电，产生电磁力使触点3-4闭合，电源电压由L端经主控继电器3-4触点到接线端子，与N端组合为交流220V电压，为室外机供电。

当CPU处理输入的信号，需要断开室外机供电时，㉕脚为低电平0V，IC401输入端①脚也为低电平0V，内部电路不能翻转，对应输出端⑯脚为高电平12V，继电器RL401线圈电压为直流0V，触点3-4断开，停止室外机的供电。

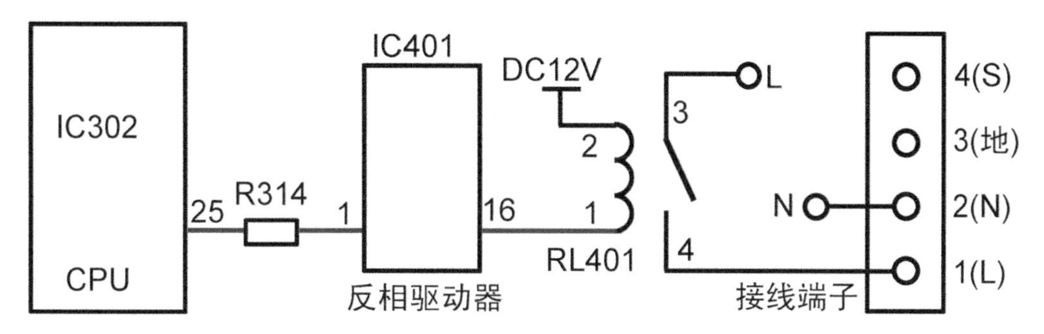

图3-36　主控继电器驱动电路原理图

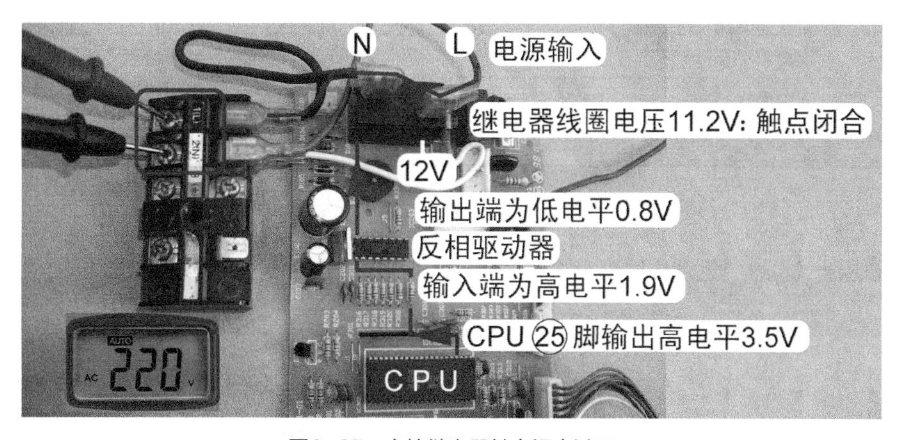

图3-37　主控继电器触点闭合过程

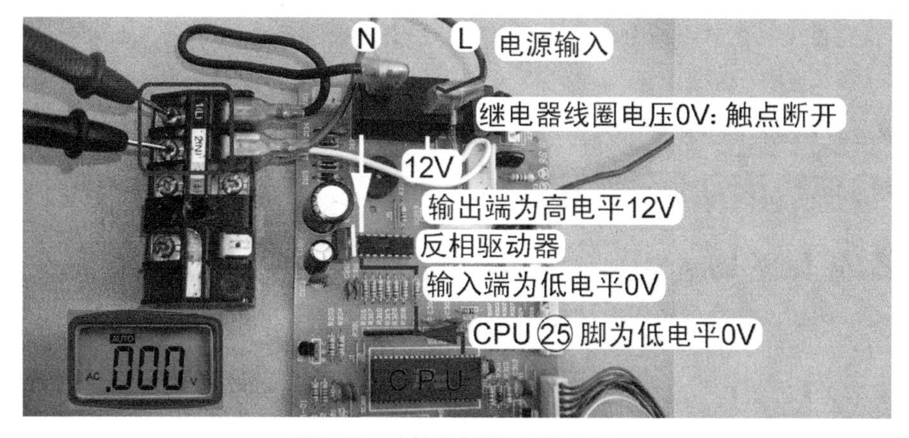

图3-38　主控继电器触点断开过程

■ 表3-14　CPU引脚电压与继电器触点状态对应关系

CPU㉕脚	反相驱动器①脚	反相驱动器⑯脚	继电器线圈两端	继电器触点状态
3.5V	1.9V	0.8V	11.2V	闭合
0V	0V	12V	0V	断开

2. 电路相关知识

为室外机供电时，接线端子N为公共端，供电电压由电源插头的N端直接供给室外机；电源L端供电需要经过室内机主板主控继电器触点。由于电源插头L端直接连接主控继电器，并没有经过室内机主板的保险管，因此室外机强电出现短路故障时，不会烧坏室内机保险管，表现为空气开关跳闸或烧坏室内机保险管。

3. 常见故障

主控继电器驱动电路常见故障见表3-15。

■ 表3-15　主控继电器驱动电路常见故障

故障内容	常见原因	检修方法	处理措施
室外机没有交流220V电源	反相驱动器损坏	输入端为高电平，输出端也为高电平	更换反相驱动器
	继电器线圈损坏	万用表电阻挡测量继电器线圈，阻值为无穷大	更换主控继电器
	继电器触点损坏	继电器线圈为12V供电时，万用表测量触点阻值为无穷大	

第5节 室内风机电路

本节详细介绍室内风机（PG电机）的启动原理、控制电路、引线检测方法和常见故障等基础知识。

说明：室内风机电路由两个输入部分电路和一个输出部分电路组成，由于知识点较多，因此单设一节进行说明。

一、PG电机启动原理和特点

见图3-39（a），PG电机安装在室内机右侧部分，作用是驱动贯流风扇，在制冷时将蒸发器产生的冷量带出吹向房间内，从而降低房间温度。

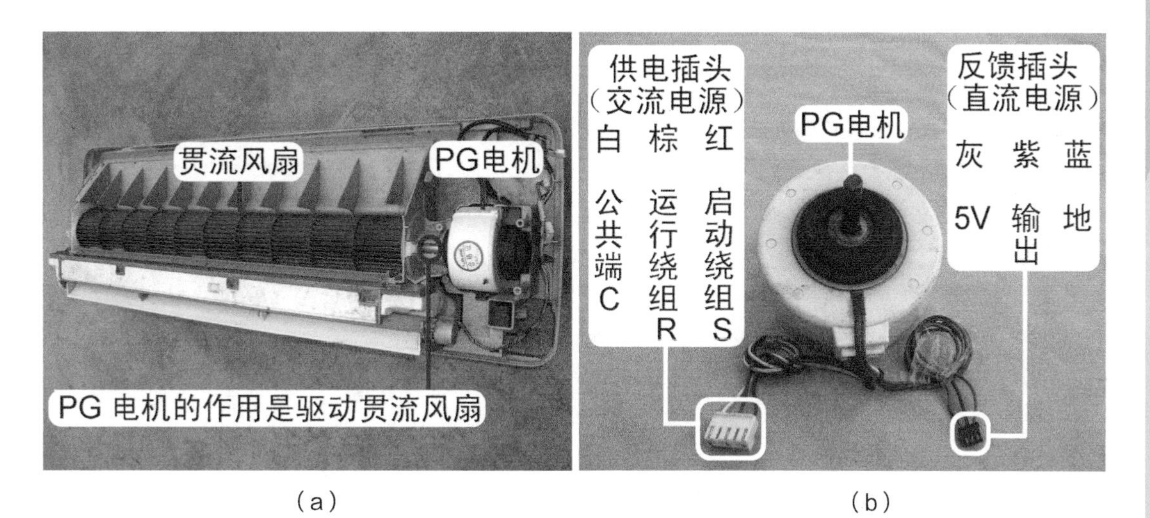

（a） （b）

图3-39 PG电机的安装位置和插头作用

1. 启动原理

PG电机使用电容感应式电机，内部含有启动和运行两个绕组。PG电机工作时通入单相交流电源，由于电容的作用，启动绕组比运行绕组电流超前90°，在定子与转子之间产生旋转磁场，电机便转动起来，带动贯流风扇吸入房间内的空气至室内机，经蒸发器降低温度后以一定的风速和流量吹出，来降低房间温度。

PG电机的内部结构见图3-40，由定子（含引线和线圈供电插头）、转子（含磁环和上下轴承）、霍尔电路板（含引线和霍尔反馈插头）、上盖和下盖、上部和下部的减震胶圈组成。

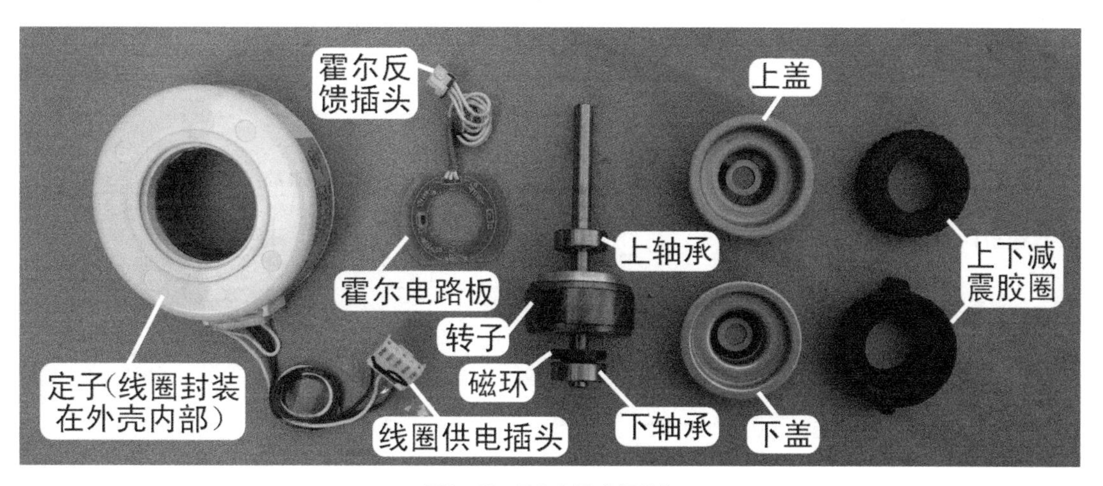

图3-40 PG电机内部结构

2. 特点

① 插头：共有2个插头，见图3-39（b），大插头为线圈供电，有3根引线；小插头为霍尔反馈，同样为3根引线。

② 供电电压：通常为交流90～170V。

③ 转速控制：通过改变供电电压的高低来改变转速。

④ 控制电路：为使控制转速准确，PG电机内含霍尔元件，并且主板增加霍尔反馈电路和过零检测电路。

⑤ 转速反馈：PG电机内含霍尔元件，向主板CPU反馈代表实际转速的霍尔信号，CPU通过调节光耦晶闸管的导通角，使PG电机转速与目标转速相同。

二、控制原理

图3-41所示为室内风机驱动电路原理图。室内风机电路用于驱动PG电机运行，由过零检测电路、PG电机驱动电路和霍尔反馈电路3个单元电路组成。用户输入的控制指令经主板CPU处理，需要控制室内风机运行时，首先检查过零检测电路输入的过零信号，以便在电源零点附近驱动光耦晶闸管的导通角，使PG电机运行。电机运行之后输出代表转速的霍尔信号经电路反馈至CPU的相关引脚，CPU计算实际转速并与程序设定的转速相比较，如有误差则改变光耦晶闸管的导通角，改变PG电机的工作电压，从而改变转速，使之与目标转速相同。

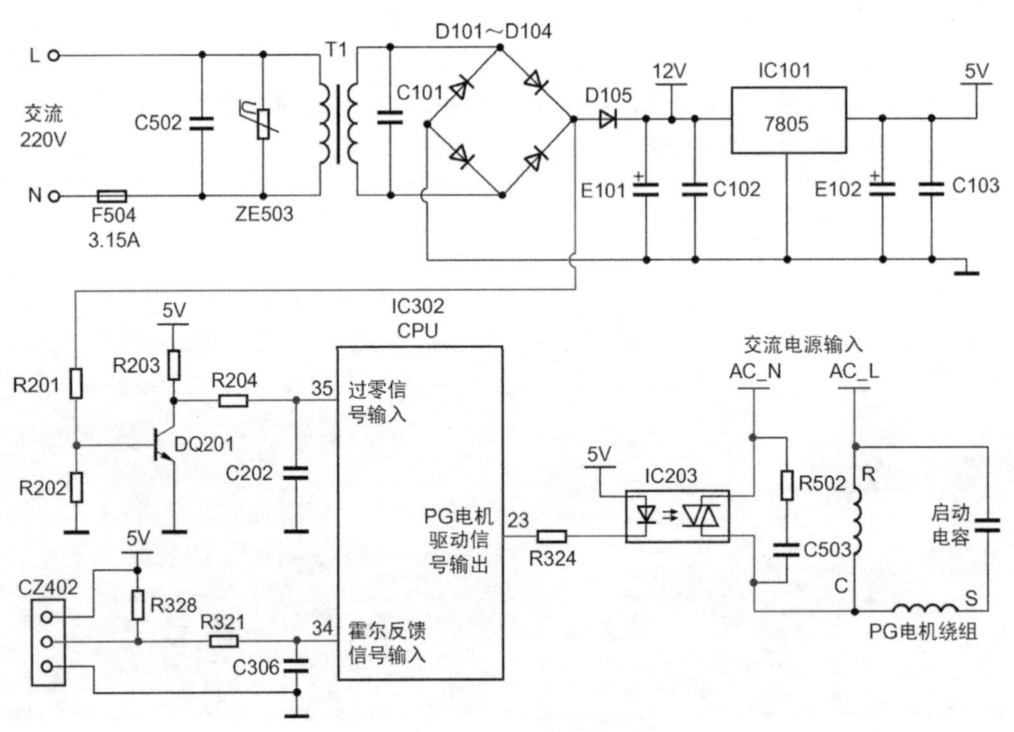

图3-41 室内风机驱动电路原理图

三、过零检测电路

过零检测电路实物图见图3-42，作用是为CPU提供一个标准，标准的起点为零点，是CPU控制光耦晶闸管导通角大小的依据。PG电机高速、中速、低速、超低速运行时都对应一个导通角，导通角的导通时间是从零点开始计算的，导通时间不同，导通角的大小也就不同，供电电压改变，PG电机转速也随之改变。同时过零信号还作为CPU检测输入电源是否正常的参考信号。

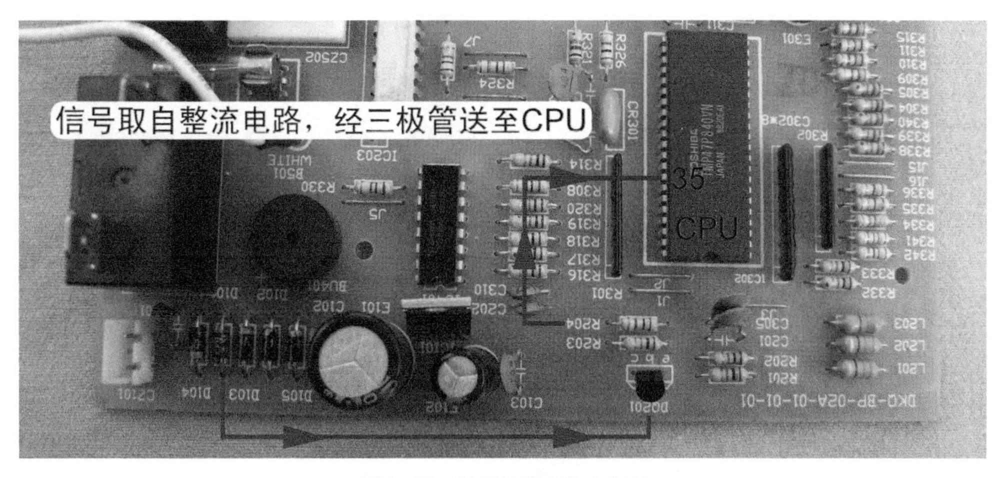

图3-42　过零检测电路实物图

1. 工作原理

过零检测电路由电阻R201～R204、电容C202、三极管DQ201、CPU㉟脚组成。

变压器二次侧交流12.5V电压经D101～D104桥式整流后，输出脉动直流电，其中一路经R201、R202分压，提供给DQ201基极。

电压波形位于正半周时，基极电压大于0.7V，使DQ201导通，CPU㉟脚为低电平；电压波形位于负半周时，基极电压为0V，使DQ201截止，CPU㉟脚为高电平。

三极管反复导通、截止，在CPU㉟脚形成100Hz脉冲波形，经CPU内部处理，检测电压的零点。

过零检测电路正常时，无论是处于待机还是运行状态，三极管的基极电压都为0.7V，集电极电压为0.3V，CPU㉟脚电压为0.3V。

2. 常见故障

（1）无过零信号输入

假如电阻R201开路，DQ201基极电压为0V，三极管截止，CPU㉟脚电压为5V，CPU处理后停止驱动光耦晶闸管，PG电机因无供电而停止运行；只有过零信号恢复正常，PG电机才能运行。

（2）过零信号输入不正常

整流桥D101～D104中的任意一个二极管短路，都会使得输入CPU㉟脚的过零信号不正常，CPU不能在零点附近驱动光耦晶闸管的导通角，即使PG电机插座的交流电压在100～180V之间，PG电机也不能正常运行，表现为电机抖动，转速极慢，电流过大，为1.5A（正常值为0.2A），电机表面很热，容易烧坏绕组。同时变压器一次电流也变大，温度上升很快，同样容易因过热而烧坏绕组。

四、PG电机驱动电路

PG电机驱动电路实物图见图3-43，表3-16所示为CPU引脚电压与PG电机状态的对应关系。

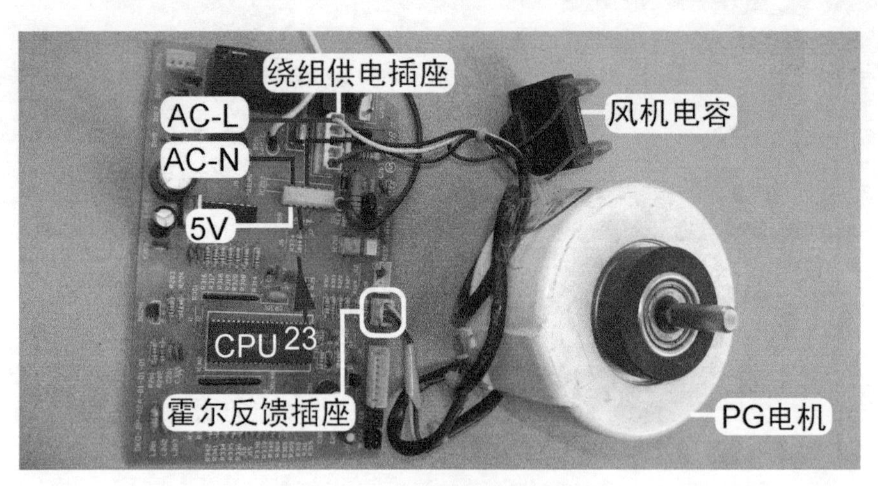

图3-43　PG电机驱动电路实物图

表3-16　PG电机状态与电压对应关系

状态＼电压	CPU㉓脚电压（V）	IC203初级负极电压（V）	PG电机插座电压（V）
待机（电机未运行）	直流4.8	直流4.4	交流0
低速	直流4.2	直流4.6	交流140
中速	直流4.15	直流4.55	交流155
高速	直流4.1	直流4.5	交流170

光耦晶闸管调速的原理是：CPU输出驱动信号改变光耦晶闸管的导通角，改变PG电机绕组的交流电压波形，从而改变交流电压的有效值，达到调速的目的。

1. 工作原理

PG电机驱动电路由CPU㉓脚、电阻R324/R502、电容C503、光耦晶闸管IC203、启动电容、PG电机绕组组成。

CPU㉓脚输出驱动信号，经R324送至IC203初级发光二极管的负极，次级晶闸管导通，PG电机开始运行。

CPU通过霍尔反馈电路计算出实际转速值，并与内置数据相比较，如有误差通过改变

CPU㉓脚输出信号改变光耦晶闸管的导通角，从而改变风机供电电压，使实际转速与目标转速相同。为了控制光耦晶闸管在零点附近导通，主板设有过零检测电路，向CPU提供参考依据。

CPU㉓脚输出的是波形信号，在改变风机转速时只是改变波形，电压并未改变，但光耦晶闸管的导通角已经改变，PG电机插座电压改变，转速也随之变化。

2. 关键元器件

PG电机驱动电路的关键元器件为光耦晶闸管IC203，它在电路中的英文符号为“IC”（代表为集成电路）。其特点是将光耦和双向晶闸管集成为一体，直接驱动PG电机；常用型号为TLP3616、TLP3526等；外观通常为白色或黑色的长方形（部分型号为黑色的方形扁状且为垂直安装），其中的一个引脚与风机插座相连；初级工作电压一般为直流5V，早期一部分型号为直流12V。

光耦晶闸管的测量方法和光耦相同，详细内容参见第2章第1节的内容。

3. 检修技巧

① 测量室内风机工作电压时，要将PG电机绕组供电插头插在主板插座上，这时为真实电压；否则光耦晶闸管无论是否导通，测量的电压均为交流220V。

② 检修电机不运行故障时，应首先测量绕组供电插头电压，看故障是由控制电路引起还是由电机绕组故障引起，如供电正常则检查电机。

③ 检修电机转速慢故障时，为判断是绕组短路还是启动电容容量小故障，可用万用表电流挡测量运行电流，如电流小于额定值，则为启动电容容量减小故障；如电流超过额定值很多，则为绕组短路。

④ 风机损坏需要更换时，如无原型号电机更换，在购买配用电机时需要注意：功率、转轴（固定风扇方式）、电机轴的长短、运行方向（正转还是反转）和电机固定方式均应相同。还应注意的是，电容应使用配用电机所标配的容量。

⑤ 室内风机损坏时，如无原型号电机更换，改为配用电机，霍尔反馈插头V_{CC}供电（5V或12V）线与地线一定要与主板相对应。

4. 常见故障

PG电机驱动电路常见故障见表3-17。

表3-17 PG电机驱动电路常见故障

故障内容	常见原因	检修方法	处理措施
通上电源后PG电机立即以高风运行	光耦晶闸管次级击穿	初级无供电，万用表电阻挡测量次级电阻接近0Ω	更换光耦晶闸管
开机后PG电机不运行	光耦晶闸管初级开路	万用表二极管挡正向和反向测量初级侧，结果均为无穷大	
	光耦晶闸管内部损坏	初级为1.5V供电时，次级电阻为无穷大	

续表

故障内容	常见原因	检修方法	处理措施
开机后PG电机不运行	绕组开路	万用表电阻挡测量绕组阻值为无穷大	更换PG电机
风机转速慢（或运行时烧保险管）	绕组短路	万用表电阻挡测量阻值偏小，运行电流超过额定电流值许多	
风机运行时有异响	内部轴承缺油	耳听判断	
风机运行时转速正常，约30s后报“霍尔反馈”的故障代码	电机内部霍尔反馈电路损坏	待机状态下用手转动贯流风扇时，万用表直流电压挡测量霍尔反馈输出端电压一直无变化（为5V或0V）	
风机转速慢（或不启动）	启动电容容量变小	代换法、充电检查法、专用万用表测量法	更换启动电容

五、霍尔反馈电路

1. 霍尔元件

霍尔元件实物外形见图3-44（a）。它是一种基于霍尔效应的磁传感器，用它可以检测磁场及其变化，可在各种与磁场有关的场合中使用。

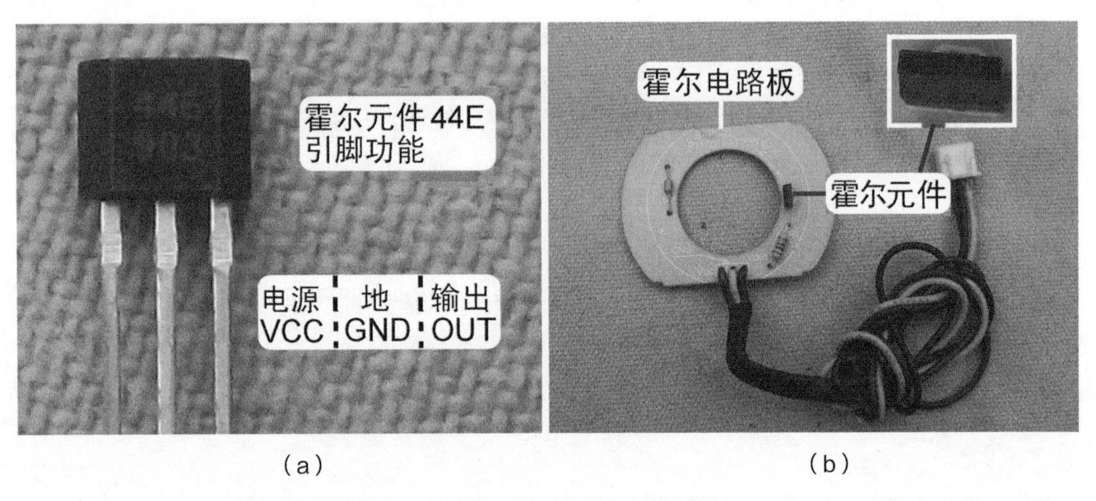

（a） （b）

图3-44 霍尔元件实物外形和霍尔电路板

应用在PG电机电路中时，霍尔元件安装在电路板上，见图3-44（b）。电机的转子上面安装有磁环[见图3-45（a）]，在空间位置上霍尔元件与磁环相对应[见图3-45（b）]，转子旋转时带动磁环转动，霍尔元件将磁感应信号转化为高电平或低电平的脉冲电压由输出脚输出，至主板CPU，CPU根据脉冲电压计算出电机的实际转速。

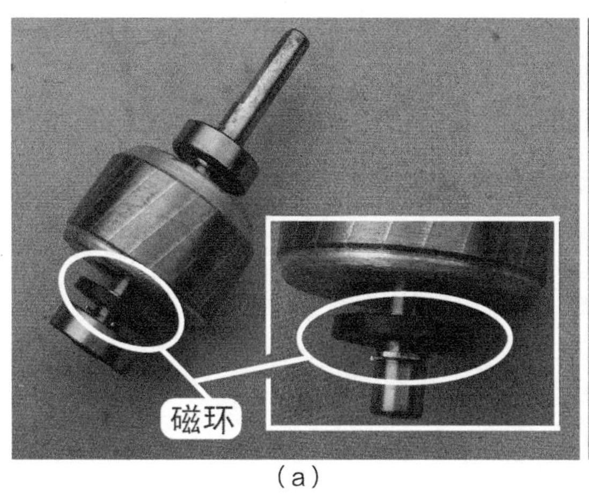

（a）

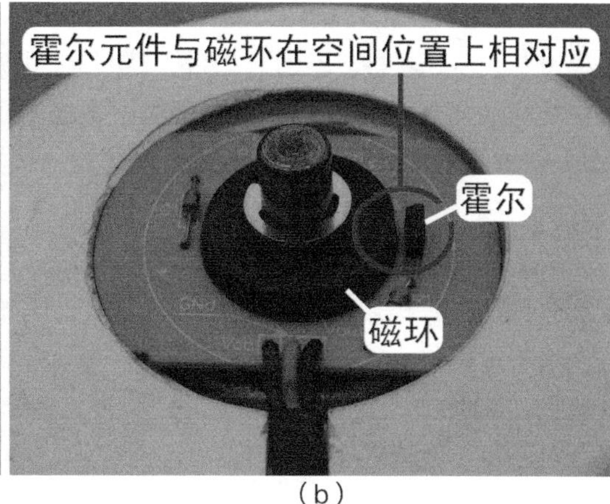

（b）

图3-45　霍尔元件和磁环

PG电机旋转一圈，内部霍尔元件会输出一个脉冲电压信号或几个脉冲电压信号（厂家不同，脉冲电压信号数量不同），CPU根据脉冲信号数量计算出实际转速。

2. 工作原理

霍尔反馈电路实物图见图3-46，作用是向CPU提供代表PG电机实际转速的霍尔信号，由PG电机内部霍尔元件、电阻R328/R321、电容C306、CPU的㉞脚组成。

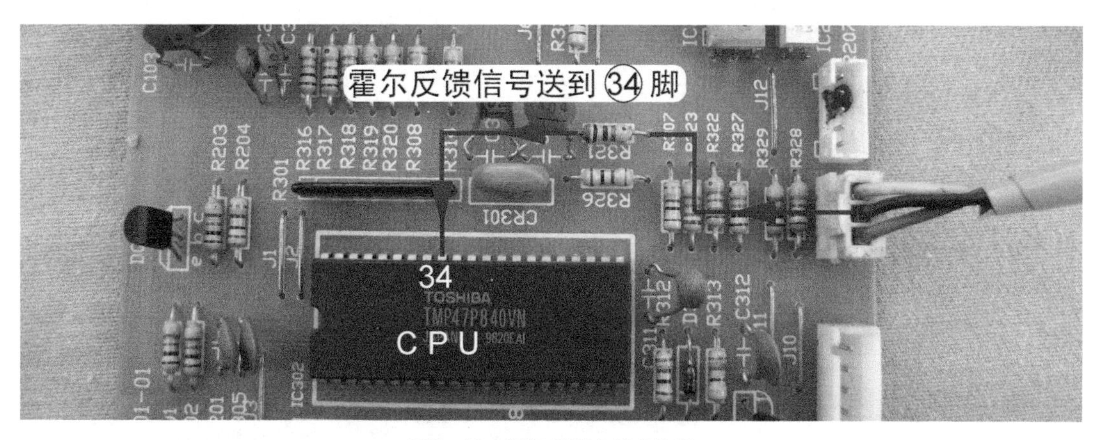

图3-46　霍尔反馈电路实物图

PG电机内部设有霍尔元件，旋转时输出端输出脉冲电压信号，通过CZ402插座、电阻R321提供给CPU㉞脚，CPU内部电路计算出实际转速，与目标转速相比较，如有误差通过改变光耦晶闸管导通角，从而改变PG电机工作电压，使实际转速与目标转速相同。

PG电机停止运行时，根据内部霍尔元件位置不同，霍尔反馈插座的信号针脚电压即CPU㉞脚电压为5V或0V；PG电机运行时，不论高速还是低速，电压恒为2.5V，即供电电压5V的一半。

3. 常见故障

CPU判断PG电机停转（无霍尔信号）、堵转或转速低（霍尔信号数量少）时，则会改变光耦晶闸管导通角，增大PG电机供电电压；如果30s内霍尔信号仍然不正常，则停止驱动光耦晶闸管，PG电机停止运行，并报“霍尔信号异常”的故障代码。

光耦晶闸管初级发光二极管开路或内部光源损坏、启动电容无容量、PG电机绕组开路、PG电机绕组供电插座或霍尔反馈插座接触不良，均会使CPU检测不到霍尔信号，则会报相同的故障代码。

如果驱动电路正常，PG电机能正常运行，但由于某种原因CPU检测不到霍尔信号，故障现象表现为：开机后PG电机运行，转速逐渐升高，1min左右停止运行。

4. 霍尔元件检查方法

空调器报“霍尔信号异常”故障代码，在PG电机可以启动运行的前提下，为判断故障是PG电机内部霍尔元件损坏还是室内机主板损坏，应测量霍尔电压是否正常，方法如下。

空调器通上电源但不开机，使用万用表直流电压挡，见图3-47和图3-48，黑表笔接地，红表笔接霍尔反馈插座信号针脚，用手慢慢转动贯流风扇的同时观察电压变化情况。如果为5V ↔ 0V跳动变化的电压，说明PG电机内部霍尔元件正常，应更换室内机主板试机；如果电压一直为5V、0V或其他固定值，则为PG电机内部霍尔元件损坏，需要更换PG电机。

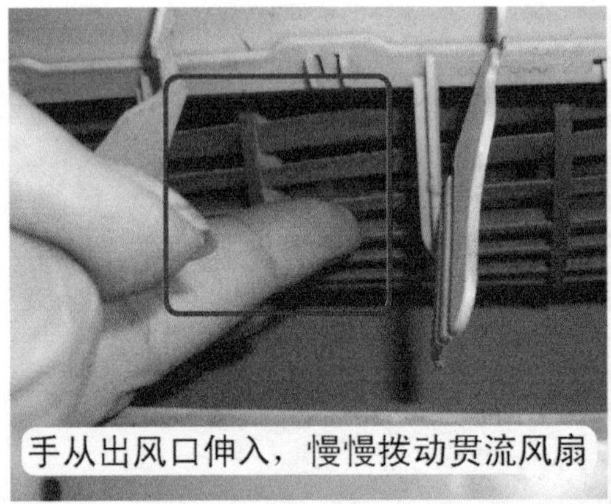

图3-47　拨动贯流风扇

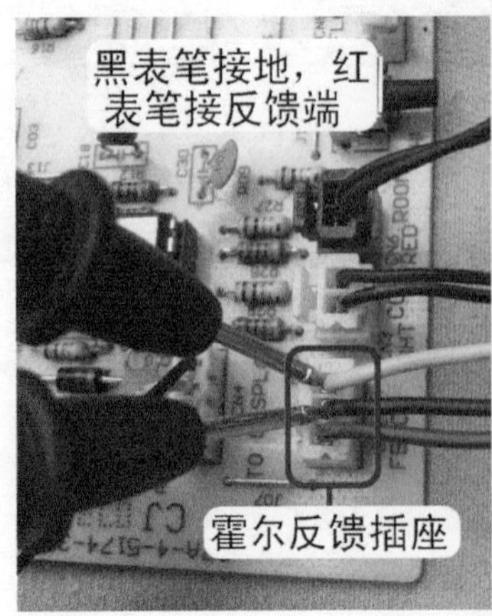

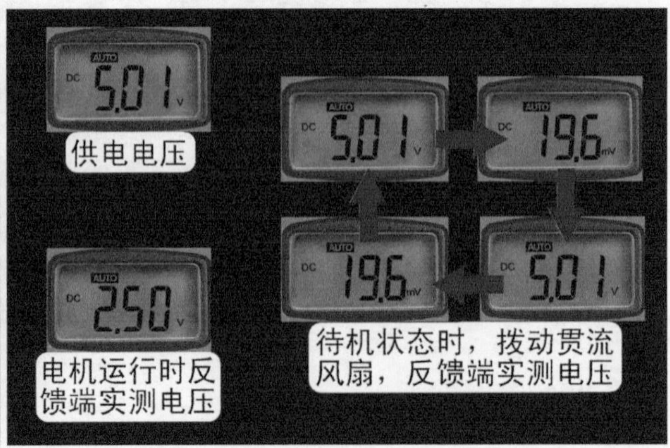

图3-48　测量霍尔反馈电压

第6节 遥控器电路

本节主要介绍遥控器发射电路的工作原理、使用手机检测遥控器方法、检修技巧和常见故障等基础知识。

1. 发射电路工作原理

遥控器由外壳、主板、显示屏、按键和电池组成。主板上的红外信号发射电路最容易损坏出现故障，本节只详细介绍此部分电路，电路原理图和实物图见图3-49。

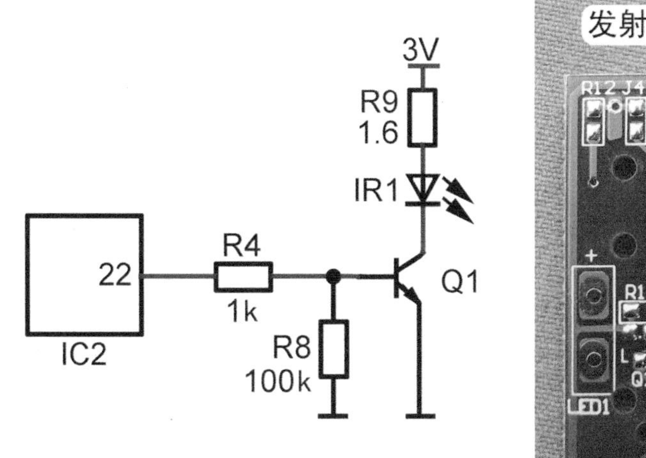

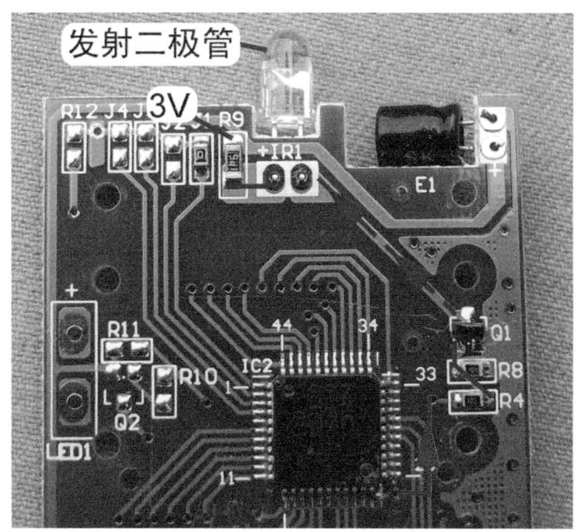

图3-49　红外信号发射电路原理图和实物图

遥控器CPU接收到按键信号，进行编码，并将调制信号以38kHz为载波频率，由㉒脚输出，经电阻R4到Q1基极进行放大，Q1发射极和集电极导通，红外发射二极管IR1将信号发出，室内机接收器电路接收信号，并将其传送至主板CPU，分析出按键信息对整机电路进行控制，使空调器按用户意愿工作。

2. 遥控器检测方法

开启手机摄像功能，见图3-50，用遥控器发射二极管对准手机摄像头，按压按键的同时观察手机屏幕。如果发射二极管发出白光，说明遥控器正常；如一直无白光发出，则可判定遥控器有故障。

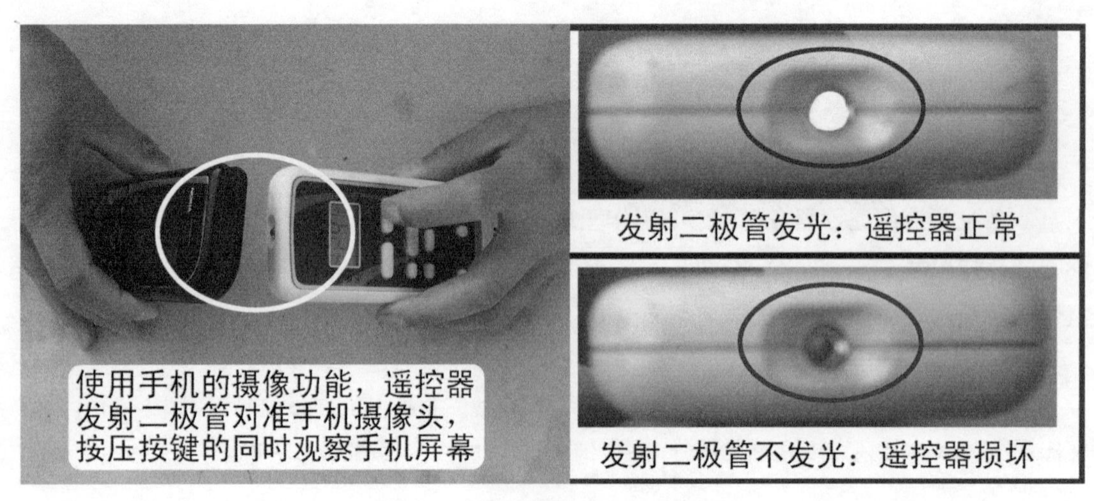

图3-50　使用手机摄像功能检测遥控器

3. 常见故障

该电路最容易损坏的器件为红外发射二极管，测量方法同普通二极管，应符合正向导通、反向截止的特性；如正反向电阻均为无穷大或正反向均导通，则说明已损坏。

遥控器常见故障见表3-18。

■ 表3-18　遥控器常见故障

故障内容	常见原因	检修方法	处理措施
遥控器无显示	更换电池后主板CPU没有复位	试按压“复位”按键或直接短路电池仓正负极弹簧	按压“复位”按键或直接短路电池仓正负极弹簧
	电池无电或电压低	万用表直流电压挡测量电池电压，不能低于1.4V	更换电池
不发射遥控信号	发射二极管开路	万用表二极管挡测量，不符合二极管特性	更换发射二极管
按键不灵敏	按键区域有脏物	打开遥控器外壳观察	清洗主板按键区域

海信KFR-2601GW/BP室外机电控系统

本章以海信KFR-2601GW/BP室外机电控系统为基础，介绍变频空调器室外机电控系统的单元电路，包括分析其工作原理、关键元器件、常见故障等相关知识。

第1节 室外机电控系统基础知识

本节介绍室外机电控系统的硬件组成、框图、电路原理图、实物外形、单元电路中的主要电子元器件，并将插座、主板外围元器件、主板电子元器件标上代号，使电路原理图、实物外形一一对应，将理论和实际结合在一起。

一、硬件组成

图4-1所示为室外机电控系统电气接线图，图4-2所示为室外机电控系统实物图和作用说明（不含压缩机、室外风机、端子排）。

从图4-2可以看出，室外机电控系统由主板（室外机控制板）、硅桥、滤波电感、普通电容、滤波电容（电解电容）、模块（功率模块组件）、压缩机、压缩机顶盖温度开关（压缩机过热保护器）、室外风机（风扇电机）、四通阀线圈、室外环温传感器（外环温度）、室外管温传感器（热交温度）、压缩机排气温度传感器（压缩机排气温度）、端子排组成。

说明：本机开关电源与模块集成在一块电路板上，因此才能为室外机主板供电，其他型号的模块是否供电，由其电路板上电路决定。

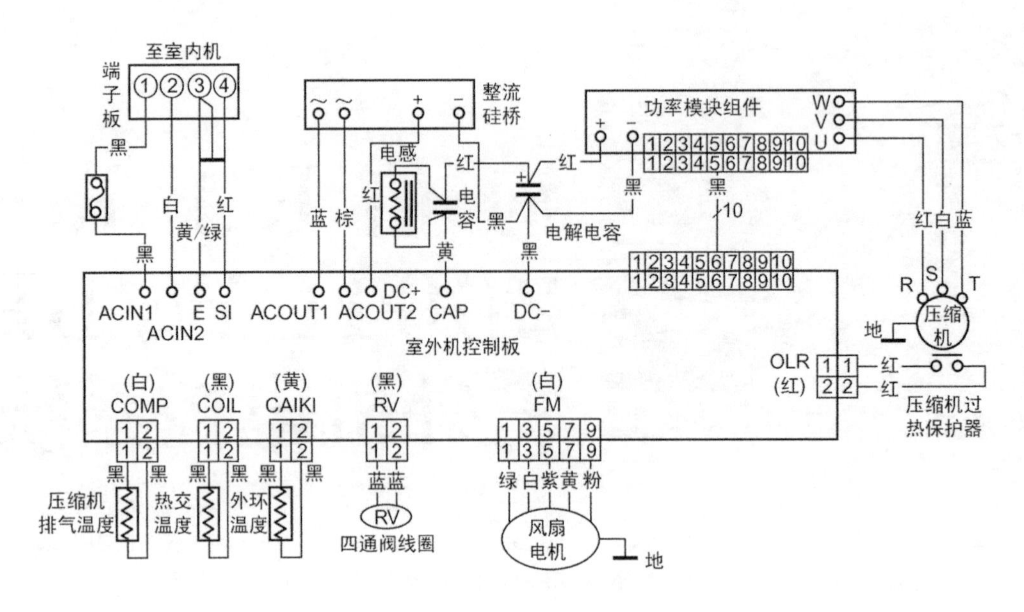

图4-1　室外机电控系统电气接线图

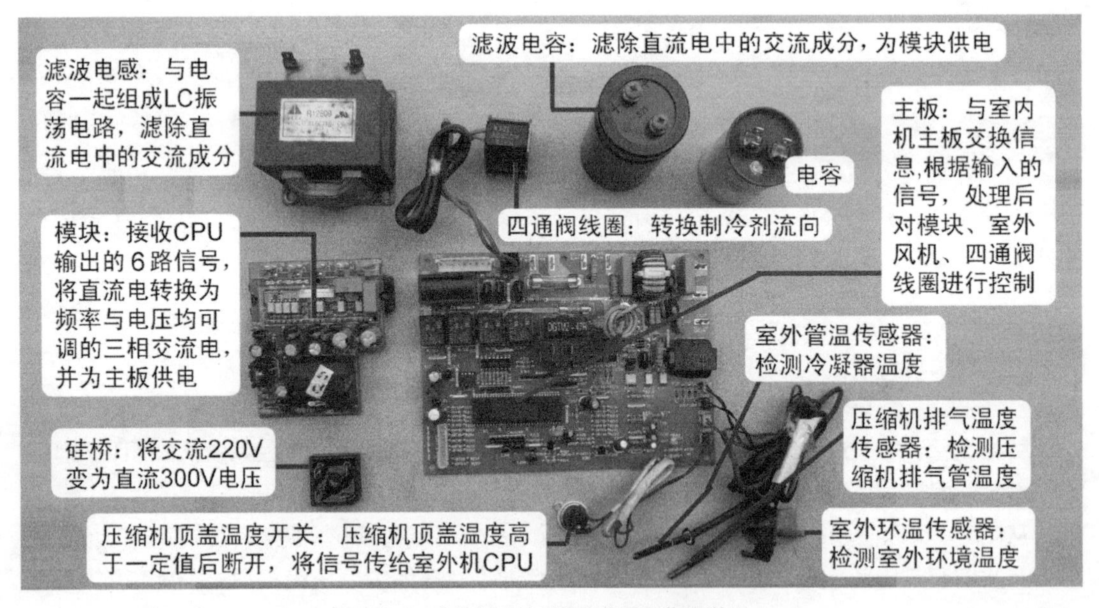

图4-2　室外机电控系统实物图和作用说明

二、电控系统框图

图4-3所示为室外机电控系统框图，图4-4所示为室外机主板电路原理图，图4-5所示为模块板电路原理图。

这里在画图时，将电路原理图与元器件实物图上的标号统一，并一一对应，以使读图更方便。

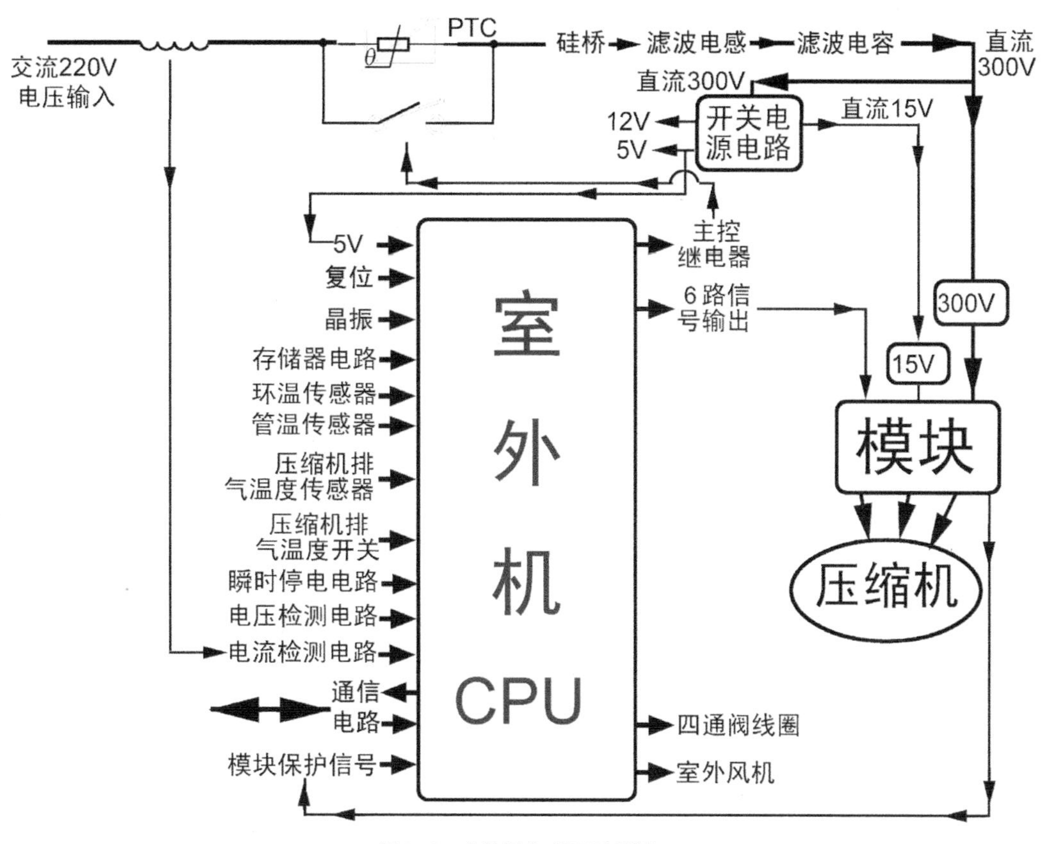

图4-3 室外机电 控系统框图

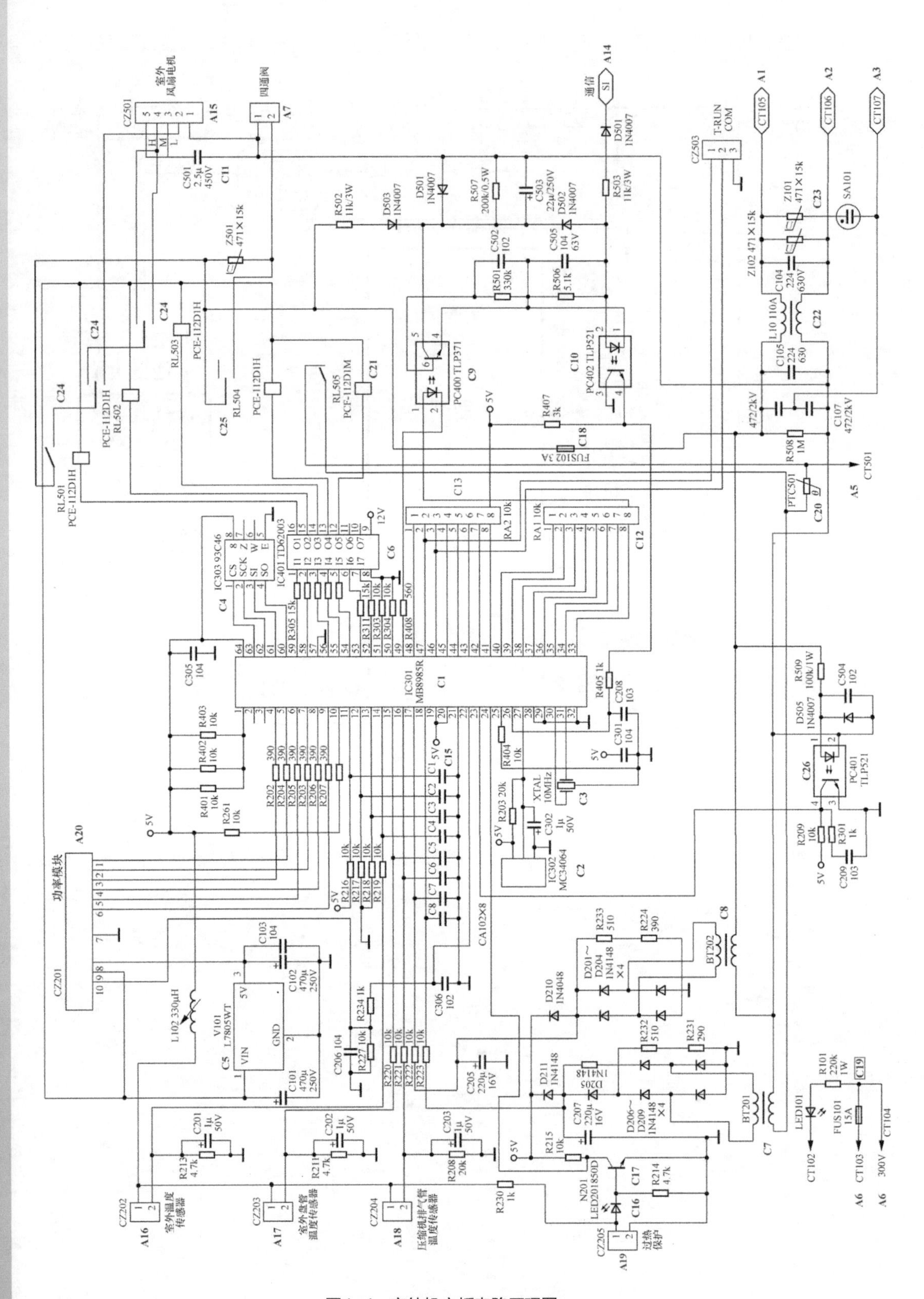

图4-4　室外机主板电路原理图

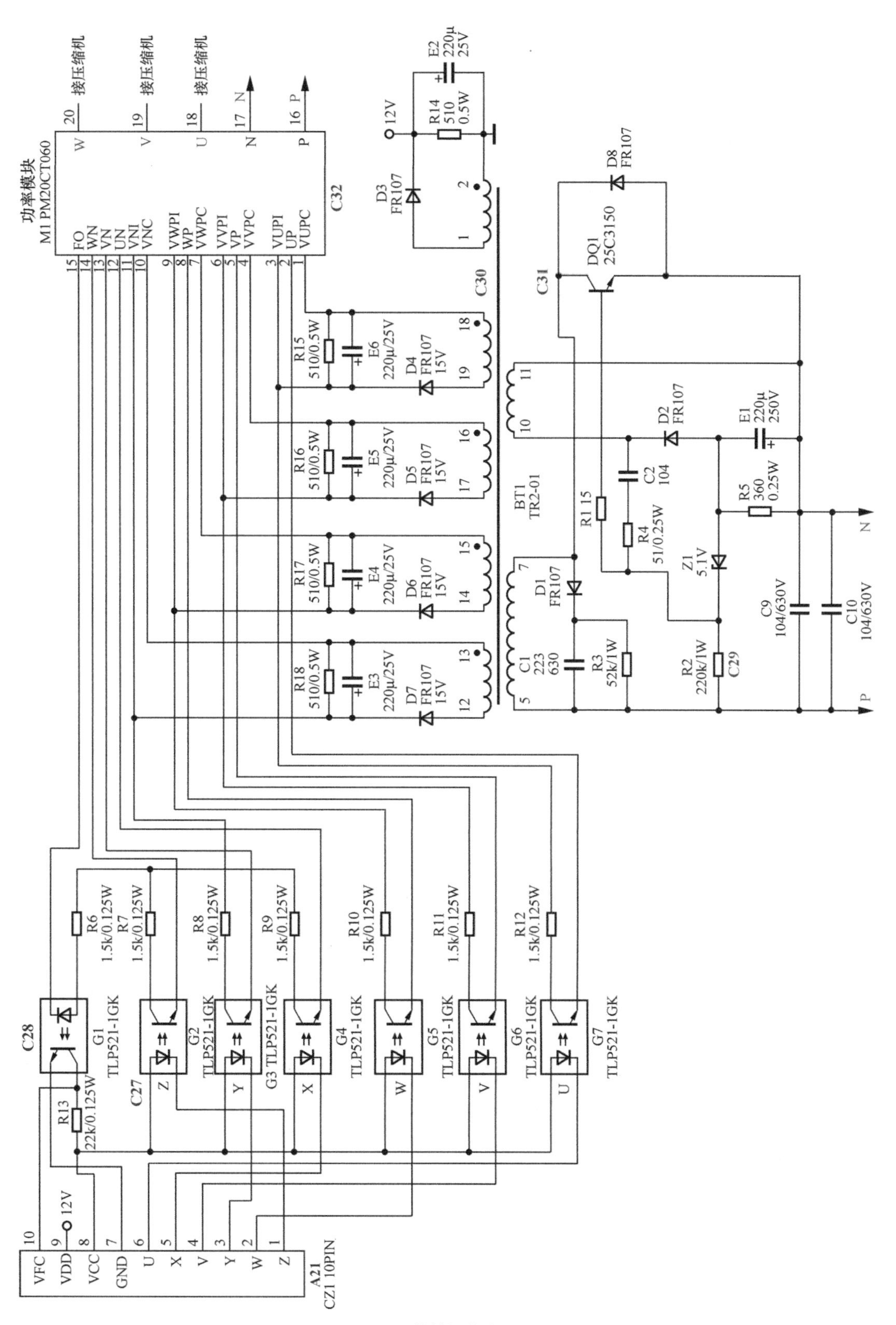

图4-5 模块板电路原理图

三、主板、模块板插座和外围元器件

表4-1所示为室外机主板、模块板插座和外围元器件明细，图4-6所示为室外机主板插座和外围元器件，图4-7所示为室外机模块板插座和主要电子元器件。

表4-1 室外机主板、模块板插座和外围元器件明细

标　号	插座/元器件	标　号	插座/元器件	标　号	插座/元器件
A1	电源L输入	A12	滤波电容正极	B2	室外管温传感器
A2	电源N输入	A13	滤波电容负极	B3	压缩机排气温度传感器
A3	地线	A14	通信线	B4	压缩机顶盖温度开关
A4	L端连至硅桥	A15	室外风机插座	B5	四通阀线圈
A5	N端连至硅桥	A16	室外环温传感器插座	B6	硅桥
A6	直流300V输入和输出端子	A17	室外管温传感器插座	B7	滤波电感
A7	四通阀线圈插座	A18	压缩机排气温度传感器插座	B8	滤波电容
A8	连接模块P端	A19	压缩机顶盖温度开关插座	P、N	直流300V电压输入
A9	连接模块N端	A20	连接模块插座（6路信号插座）	U、V、W	驱动输出，连接压缩机线圈引线
A10	硅桥负极连至滤波电感	A21	连接室外机主板插座		
A11	滤波电感输入和输出	B1	室外环温传感器		

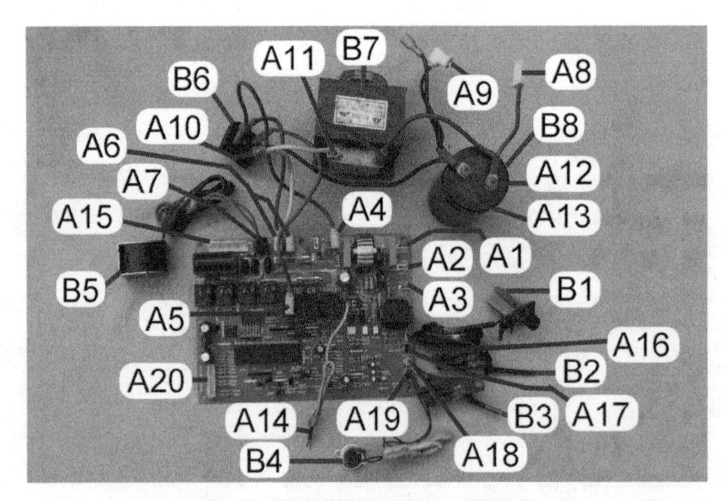

图4-6　室外机主板插座和外围元器件

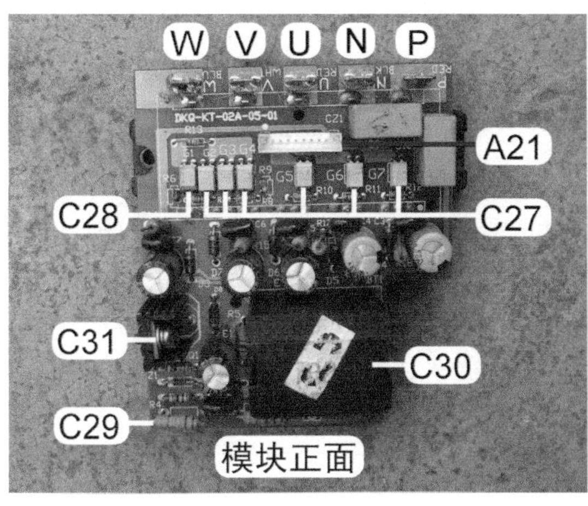

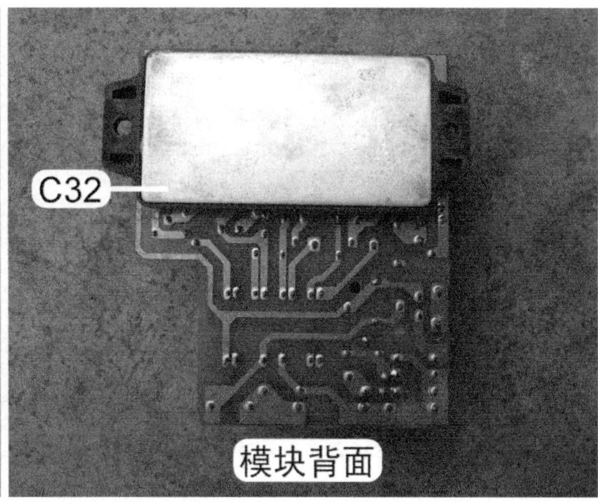

图4-7 室外机模块板插座和主要电子元器件

室外机主板有供电才能工作，为其供电的有电源L输入、电源N输入、地线3个端子；外围负载有室外风机、四通阀线圈、模块、室外环温传感器、室外管温传感器、压缩机排气温度传感器、压缩机顶盖温度开关等，相对应的有室外风机插座、四通阀线圈插座、6路信号插座、室外环温传感器插座、室外管温传感器插座、压缩机排气温度传感器插座和压缩机顶盖温度开关插座；为了和室内机主板交换信息，设有通信线；同时还要输出交流电为硅桥供电，相应设有两个端子。由于主板还设有直流300V指示灯，因此还设有直流300V的正极和负极输入端子。

模块板的主要端子有：和室外机主板连接的插座，直流300V电压输入（P和N）端子，压缩机引线（U、V、W）端子。

说明：

① 插座引线的代号以“A”开头，外围元器件以“B”开头，主板和模块板上的电子元器件以“C”开头。

② 室外机主板设计的插座，由模块和主板功能的类型决定。如为直接驱动型的模块，室外机CPU与模块设计在同一块主板上，则不会再设计与模块连接的6路信号插座。也就是说，室外机主板的插座没有固定规律，插座的设计由机型决定。

四、单元电路中的主要电子元器件

单元电路中的主要电子元器件明细见表4-2，图4-8所示为室外机主板主要电子元器件。室外机主板、模块板单元电路的作用如下。

表4-2 室外机主板、模块板单元电路中的主要电子元器件明细

标 号	元 器 件	标 号	元 器 件	标 号	元 器 件
C1	CPU	C12	排阻1	C23	压敏电阻
C2	复位集成电路	C13	排阻2	C24	室外风机继电器
C3	晶振	C14	排阻3	C25	四通阀线圈继电器

续表

标　号	元 器 件	标　号	元 器 件	标　号	元 器 件
C4	存储器	C15	排容	C26	瞬时停电检测光耦
C5	7805稳压块	C16	发光二极管	C27	6路信号驱动光耦
C6	2003反相驱动器	C17	三极管	C28	模块保护信号光耦
C7	电压检测变压器	C18	3.15A保险管	C29	启动电阻
C8	电流检测变压器	C19	20A保险管	C30	开关变压器
C9	发送光耦	C20	PTC电阻	C31	开关管
C10	接收光耦	C21	主控继电器	C32	模块
C11	风机电容	C22	交流滤波电感		

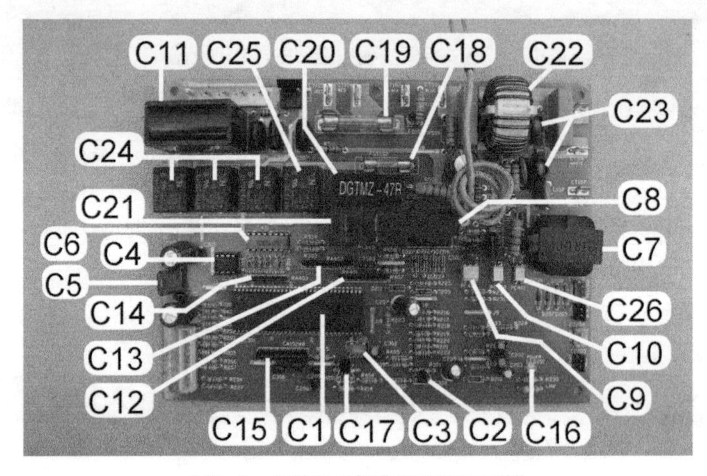

图4-8　室外机主板主要电子元器件

1. 直流300V电压形成电路

将交流220V电压变为纯净的直流300V电压。由PTC电阻（C20）、主控继电器（C21）、硅桥（B6）、滤波电感（B7）、滤波电容（B8）、20A保险管（C19）等元器件组成。

2. 交流220V输入电压电路

该电路的作用是过滤电网带来的干扰，以及在输入电压过高时保护后级电路。其由交流滤波电感（C22）、压敏电阻（C23）、3.15A保险管（C18）等元器件组成。

3. 开关电源电路

将直流300V电压转换成直流15V、直流12V、直流5V电压，其中直流15V为模块内部控制电路供电，直流12V为继电器和反相驱动器供电，直流5V为CPU等负载供电。开关电源电路设计在模块板上面，由启动电阻（C29）、开关变压器（C30）、开关管（C31）等组成；直流5V电压形成电路设计在室外机主板，主要元器件为7805稳压块（C5）。

4. CPU和其三要素电路

CPU（C1）是室外机电控系统的控制中心，处理输入电路的信号，对负载进行控制；三要素电路是CPU正常工作的前提，由复位集成电路（C2）、晶振（C3）等元器件组成。CPU控制电路为了简化电路板设计，使用了排阻（3个，代号为C12、C13、C14）和排容（C15）。

5. 存储器电路

该电路的作用是存储相关参数，供CPU运行时调取使用。其主要元器件为存储器（C4）。

6. 传感器电路

该电路的作用是为CPU提供温度信号。环温传感器（B1）检测室外环境温度，管温传感器（B2）检测冷凝器温度，压缩机排气温度传感器（B3）检测压缩机排气管温度，压缩机顶盖温度开关（B4）检测压缩机顶部温度是否过高。指示灯电路由发光二极管（C16）和三极管（C17）组成，如压缩机壳体温度过高则发光指示。

7. 瞬时停电检测电路

该电路的作用是向CPU提供输入市电电压是否接触不良的信号，主要元器件为检测光耦（C26）。

8. 电压检测电路

该电路的作用是向CPU提供输入市电电压的参考信号，主要元器件为电压检测变压器（C7）。

9. 电流检测电路

该电路的作用是提供室外机运行电流信号，主要元器件为电流检测变压器（C8）。

10. 通信电路

该电路的作用是与室内机主板交换信息，主要元器件为发送光耦（C9）和接收光耦（C10）。

11. 主控继电器电路

待滤波电容充电完成后主控继电器触点闭合，短路PTC电阻。驱动主控继电器线圈的元器件为2003反相驱动器（C6）。

12. 室外风机电路

该电路的作用是控制室外风机运行，主要由风机电容（C11）、继电器（C24）和室外风机等元器件组成。

13. 四通阀线圈电路

该电路的作用是控制四通阀线圈的供电与失电，主要由四通阀线圈（B5）和继电器（C25）等元器件组成。

14. 6路信号驱动电路

6路信号控制模块内部6个IGBT开关管的导通与截止，使模块产生频率与电压均可调的模拟三相交流电，6路信号由室外机CPU输出。该电路主要由6路信号驱动光耦（C27）和模块（C32）等元器件组成。

15. 模块保护信号电路

模块保护信号由模块输出，送至室外机CPU，该电路主要由光耦（C28）组成。

第2节 室外机电源电路和CPU三要素电路

本节介绍室外机电控系统的交流输入电路、直流300V电压形成电路、CPU三要素电路的工作原理，并详细介绍电源电路的工作原理、作用、检修方法和常见故障等基础知识。

一、交流输入电路

图4-9所示为交流输入电路和直流300V电压形成电路的原理图，图4-10所示为交流输入电路实物图。

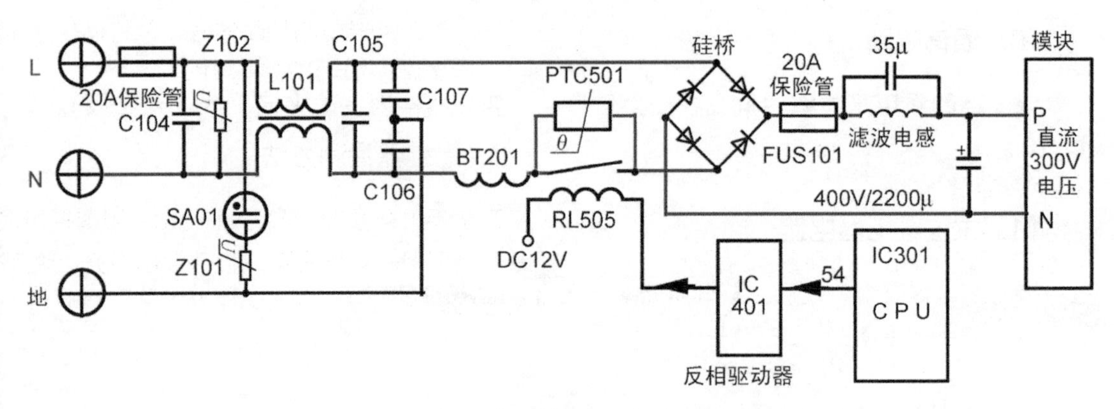

图4-9 交流输入电路和直流300V电压形成电路原理图

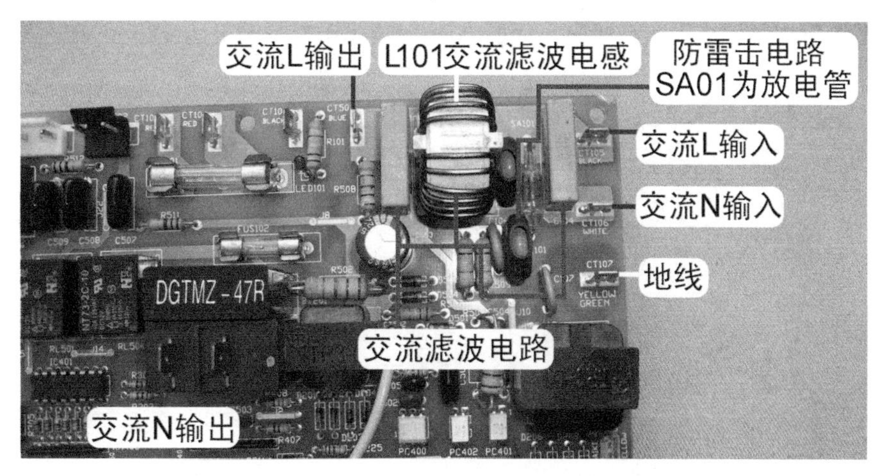

图4-10　交流输入电路实物图

压敏电阻Z102为过电压保护元件，当输入的电网电压过高时击穿，使前端20A保险管熔断进行保护；SA01、Z101组成防雷击保护电路，SA01为放电管；C104、L101、C107、C106、C105组成交流滤波电路，具有双向作用，既能吸收电网中的谐波，防止对电控系统的干扰，又能防止电控系统的谐波进入电网。

常见故障为L101交流滤波电感焊点开路，交流220V电压不能输送至后级，造成室外机上电无反应故障，室内机主板报出“通信故障”的故障代码。

二、直流300V电压形成电路

直流300V电压为开关电源和模块供电，而模块的输出电压为压缩机供电，因而直流300V电压间接为压缩机供电，所以直流300V电压形成电路工作在大电流状态，电路原理图见图4-9。

该电路的主要元器件为硅桥和滤波电容，硅桥将交流220V电压整流后变为脉动直流300V电压，而滤波电容将脉动直流300V电压经滤波后变为平滑的直流300V电压为模块供电。滤波电容的容量通常很大（本机容量为2 200μF），上电时如果直接为其充电，初始充电电流会很大，容易造成空调器插头与插座间打火，甚至引起整流硅桥或20A供电保险管损坏，因此变频空调器室外机电控系统设有延时防瞬间大电流充电电路，本机由PTC电阻PTC501、主控继电器RL505组成。

直流300V电压形成电路工作时分为两部分，第一部分为初始充电电路，第二部分为正常工作电路。

1. 初始充电

初始充电时工作流程见图4-11。

室内机主板主控继电器触点吸合为室外机供电时，交流220V电压经L端由L101交流滤波电感直接送至硅桥交流输入端，经N端由电流检测变压器一次绕组送至延时防瞬间大电流充电电路，由于主控继电器触点为断开状态，因此电压由N端经PTC电阻送至硅桥交流输入端。

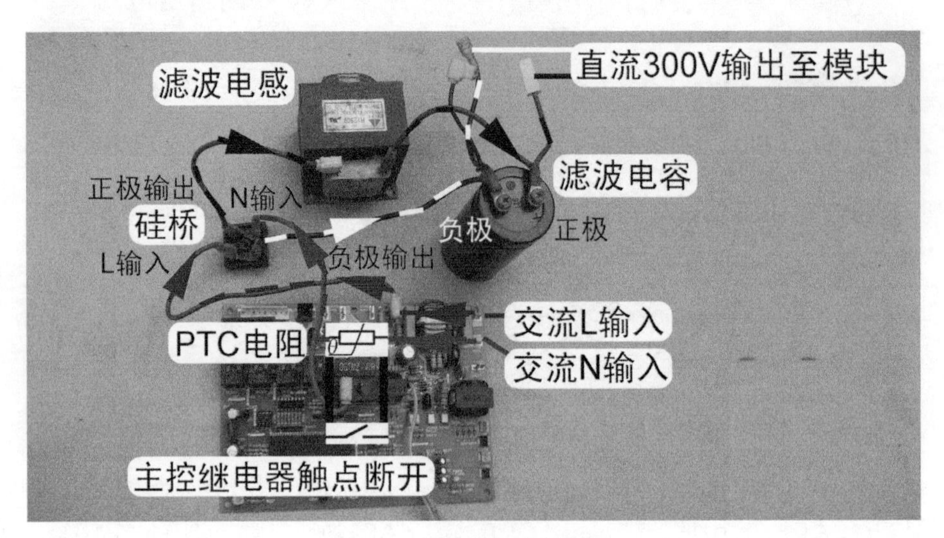

图4-11　初始充电时工作流程

PTC电阻为正温度系数的热敏电阻，阻值随温度上升而上升，刚上电时充电电流使PTC电阻温度迅速升高，阻值也随之增加，限制了滤波电容的充电电流，两端电压逐步上升至直流300V，防止了由于充电电流过大而损坏空调器的情况。

说明：实际应用中硅桥正极电压经20A保险管送至滤波电感，且滤波电感并联一个35μF电容（组成LC振荡电路）。在实物图中为使连接引线的走向简单易懂，将硅桥正极直接接至滤波电感，且将电容省略。

2. 正常运行

正常运行时工作流程见图4-12。

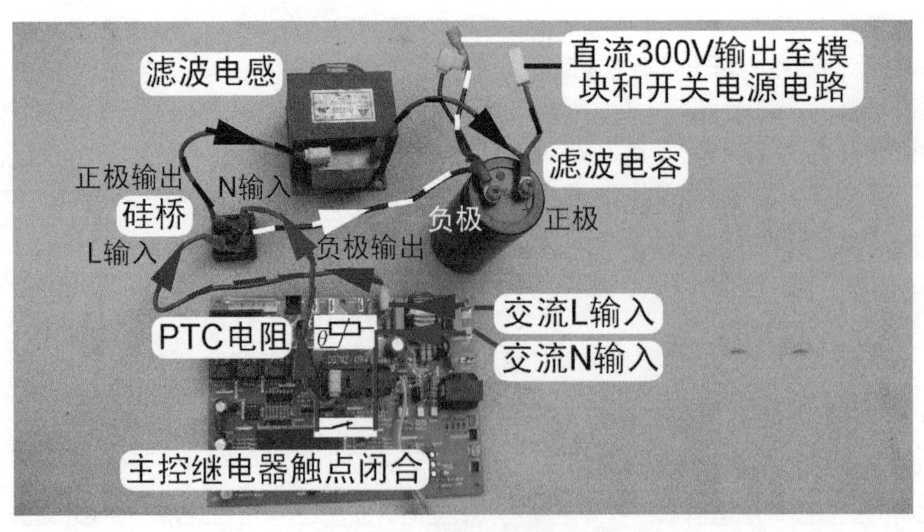

图4-12　正常运行时工作流程

滤波电容两端的直流300V电压一路送到模块的P、N端子，一路送到开关电源电路，开关电源开始工作，输出支路中的其中一路输出直流12V电压，经7805稳压块后变为稳定的直流5V，为室外机CPU供电，在三要素电路的作用下CPU开始工作，当检测到室内机主板发送的通信信号后，CPU㊿脚输出高电平5V电压，经反相驱动器放大，驱动主控继电器RL505线圈，线圈得电使得触点闭合，电压由N端经触点直接送至硅桥的交流输入端，PTC电阻退出充电电路，空调器开始正常工作。

3. 主控继电器触点吸合时间

CPU控制主控继电器触点吸合时，需要接收到室内机主板发送的通信信号，也就是说如果通信电路出现故障，室外机主控继电器触点一直处于断开状态，室外机供电由PTC电阻支路提供。如果电路一切正常，室内机主板主控继电器触点吸合，室外机电控系统得到供电，室外机CPU延时5s才能控制主控继电器触点吸合。

这5s内室外机电控系统所做的工作有：第1步，为滤波电容充电至正常电压；第2步，开关电源开始工作并向室外机主板输出直流12V电压，12V电压经7805稳压块输出5V电压，CPU复位开始工作；第3步，室外机CPU检测室内机主板发送的通信信号，如果正常，CPU㊿脚才会输出高电平5V电压，控制主控继电器触点吸合，如果检测时没有通信信号或者不正常，CPU㊿脚一直为低电平，主控继电器触点一直处于断开状态，控制主控继电器触点吸合时不检测室外机3个温度传感器输入的信号和压缩机顶盖温度开关的信号，上述4个温度信号即使开路或短路，室外机主控继电器触点也会吸合。

说明：目前的变频空调器室外机电控系统（如海信KFR-26GW/11BP），室外机从得电到主控继电器触点吸合需要4s的时间，并且不检测通信信号和室外机的4个温度信号。

4. 常见故障

直流300V电压形成电路工作在大电流状态，因此故障率较高，常见故障和测量方法参见本书第1章第5节“特殊电气元器件”中的部分内容。

三、电源电路

1. 作用

室外机的电源电路基本上全部使用开关电源电路，只有早期的极少数机型使用变压器降压电路，本机即采用开关电源电路。开关电源电路实际上也是一个电压转换电路，将直流300V电压转换为直流15V、直流12V和直流5V为室外机主板和模块供电。图4-13所示为室外机开关电源电路简图与作用说明。

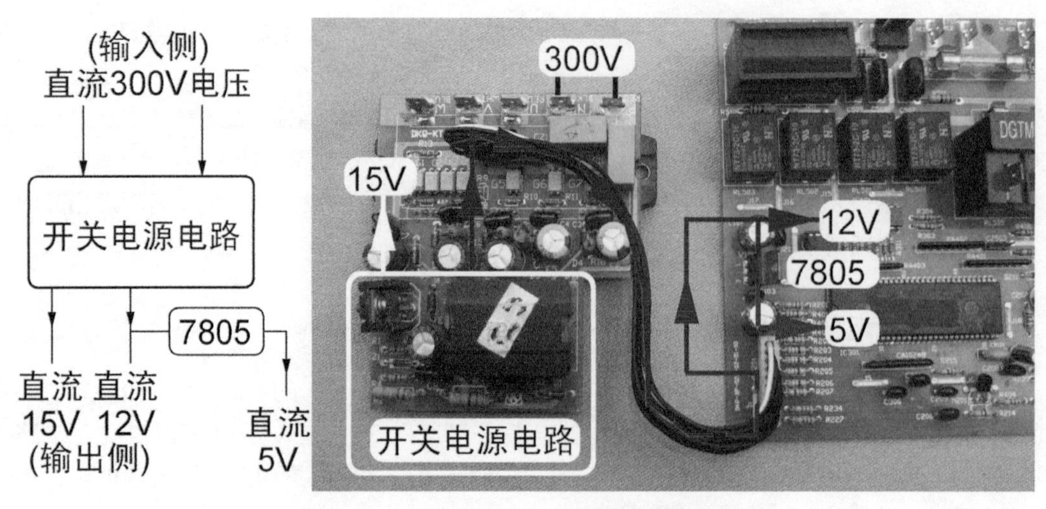

图4-13 室外机开关电源电路简图与作用说明

2. 工作原理

开关电源电路原理图见图4-5，实物图见图4-14。

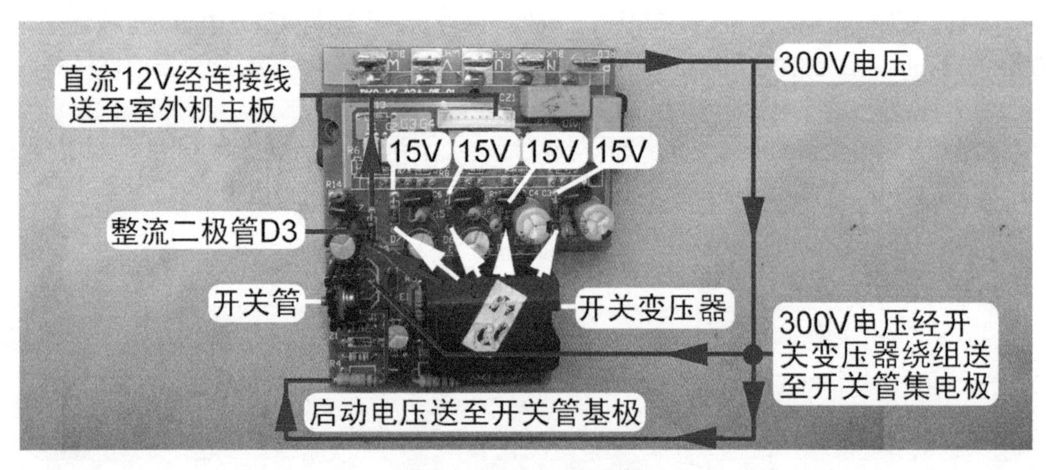

图4-14 开关电源实物图

由于开关管工作在“开”和“关”两种状态，因此而得名为开关电源。本机电路主要由开关管DQ1、开关变压器BT1组成并联型开关电源电路，设计在模块板组件上面，工作时为自激振荡状态。开关管在电路中起着开关和振荡的双重作用，在导通期间开关变压器存储能量，在截止期间开关变压器输送能量，从而起到电压转换的作用；由于负载位于开关变压器的二次侧且工作在反激状态，因此开关电源还具有输入和输出相互隔离的特点。

直流300V电压的其中一路通过开关变压器BT1的一次侧供电绕组（5–7绕组）为开关管DQ1的集电极供电；一路经启动电阻R2、R1送至DQ1的基极，为其提供启动电流。DQ1集电极电流I_C在5–7绕组上线性增长，在10–11绕组中感应出使DQ1基极为正、发射极为负的正反馈电压，使DQ1很快饱和，开关变压器开始存储能量。与此同时，正反馈电压给E1充电，随着E1充电电压的增高，DQ1基极电压逐渐变低，致使其退出饱和区，I_C开始减小，在10–11绕组中感应出使DQ1基极为负、发射极为正的负反馈电压，使DQ1迅速截止，BT1通过二次绕组开始输出能量。在DQ1截止时，10–11绕组中没有感应电压，直流300V电压又经R2、Z1给E1反向充电，逐渐提高DQ1基极电压，使其重新导通，再次翻转达到饱和导通状态，形成自激振荡。

由于开关变压器BT1为感性元件，在开关管DQ1截止瞬间，BT1的5–7绕组会在开关管集电极上产生较高的脉冲电压，其尖峰值较大，容易导致开关管过电压损坏，因此电容C1、二极管D1、电阻R3组成浪涌电压吸收电路，并联在BT1的5–7绕组，可将开关管截止瞬间产生的尖峰脉冲有效吸收，避免开关管过电压损坏。

开关电源工作后，开关变压器二次绕组输出的电压经整流、滤波形成多种直流电压，14–15绕组的电压经D6整流、E4滤波形成直流15V电压，17–16绕组的电压经D5整流、E5滤波形成直流15V电压，19–18绕组的电压经D4整流、E6滤波形成直流15V电压，12–13绕组的电压经D7整流、E3滤波形成直流15V电压，这4路直流15V电压为模块内部控制电路提供电源。

1–2绕组的电压经D3整流、E2滤波形成直流12V电压，由模块和室外机主板连接线中的2号和4号线输送至室外机主板，为继电器和反相驱动器供电，其中的一个支路为7805稳压块①脚的输入端供电，其③脚输出端输出稳定的5V电压，为CPU和弱电信号处理电路供电。

3. 开关电源负载

（1）直流15V

模块内部控制电路的工作电压为直流15V，开关电源输出的直流15V电压主要供给模块。模块15V供电分为两种类型：早期的模块通常需要4路直流15V电压，见图4–15；目前的模块通常为1路（也就是单电源直流15V）。

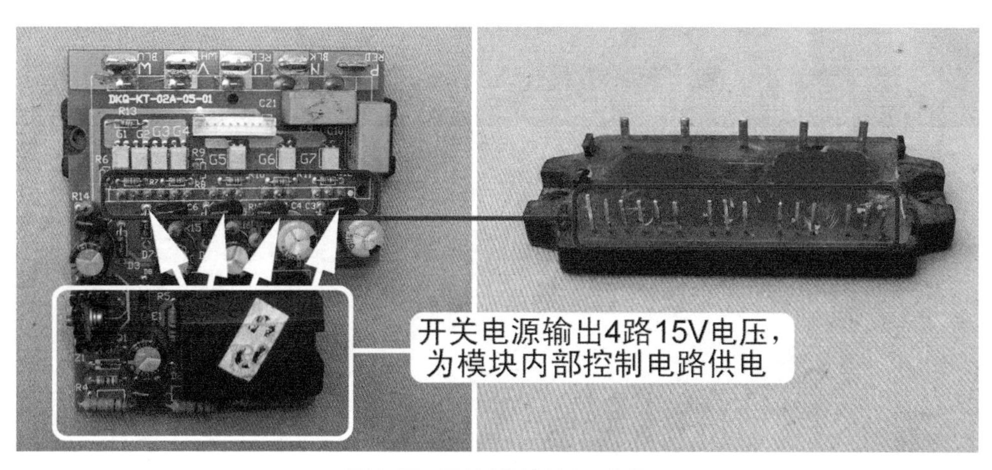
DKQ-KT-02A-05-01
开关电源输出4路15V电压，
为模块内部控制电路供电

图4–15 开关电源直流15V负载

（2）直流12V

直流12V负载见图4–16中红线箭头，主要供给室外机主板上的继电器、反相驱动器等器件，5V电压形成电路7805稳压块的①脚输入端电压也取自直流12V。

（3）直流5V

直流5V负载见图4–16中蓝线箭头，主要供给CPU、复位电路、存储器电路、传感器电路、通信电路、电压检测电路、电流检测电路等弱电信号处理电路。

图4-16　开关电源直流12V和5V负载

4. 关键元器件

本机开关电源电路为分立元器件的形式，以开关管为自激振荡电路的核心，开关变压器为储存能量的元件。

目前空调器的开关电源电路则为集成电路形式，以集成电路为自激振荡电路的核心，在以后的章节会介绍其工作原理。

（1）开关管

本电路使用的开关管型号为2SC3150，见图4-17，属中功率NPN型三极管，主要参数如下：最高工作电压900V，最大电流3A，最高工作频率15MHz，最大功率40W。

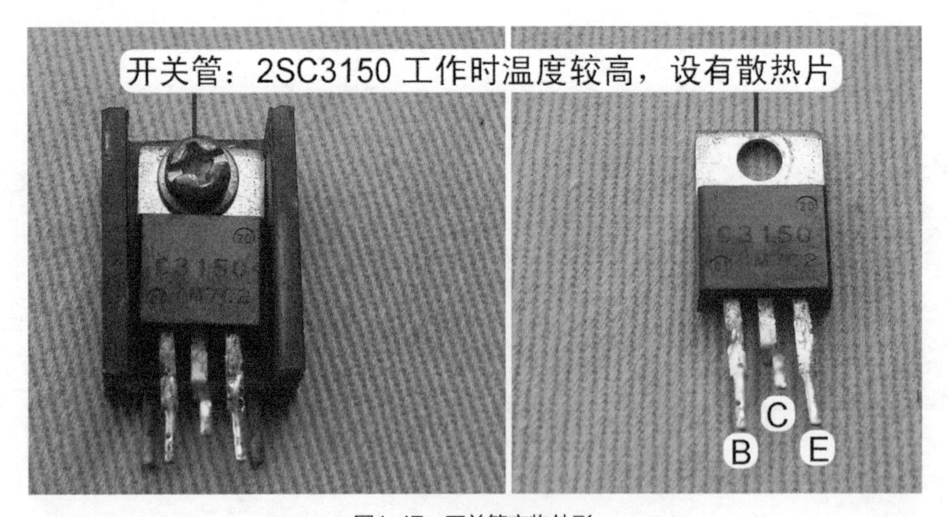

图4-17　开关管实物外形

由于开关管为NPN型的三极管，测量时使用万用表二极管挡，见图4-18。红表笔接基极、黑表笔接集电极和发射极时为正向测量，如果测量结果接近为0mV或为无穷大，则说明开关管短路或开路损坏；调换表笔后测量结果应均为无穷大，如果仍有阻值或接近0mV，则说明开关管有漏电阻值或短路损坏。

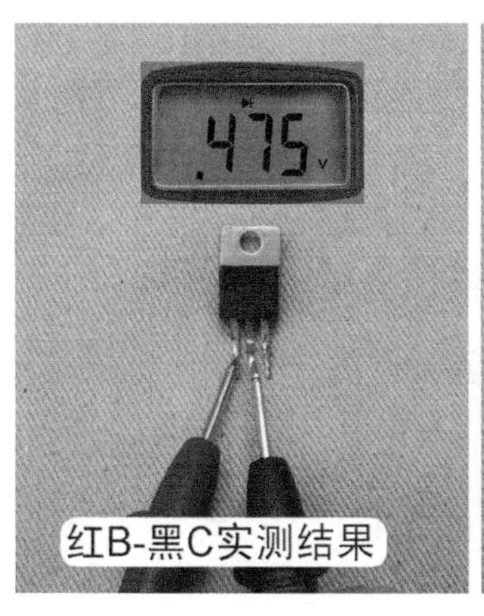

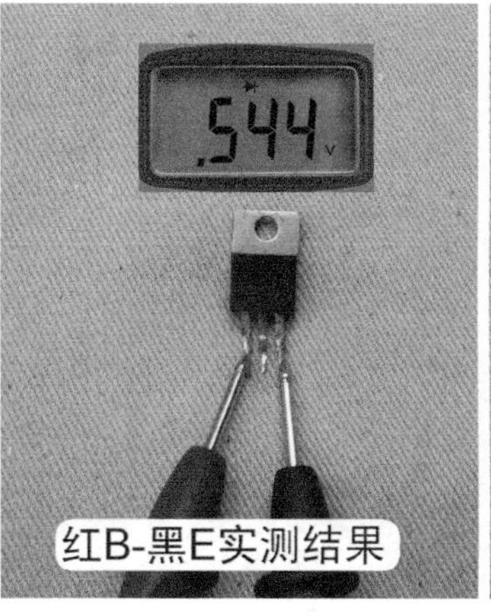

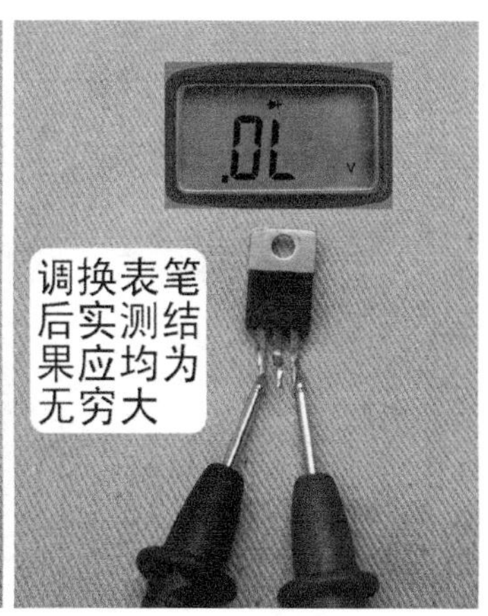

图4-18 测量开关管

（2）开关变压器

开关变压器实际上也是变压器，将多个线圈匝数、线径不同的绕组按规律绕制在一个磁芯上面，并用环氧树脂或其他形式封装（以防漏磁影响电路工作），便构成了开关变压器，绕组的引脚在下方引出。

见图4-19，早期的空调器开关变压器的体积较大，而目前的空调器开关变压器的体积则相对较小。

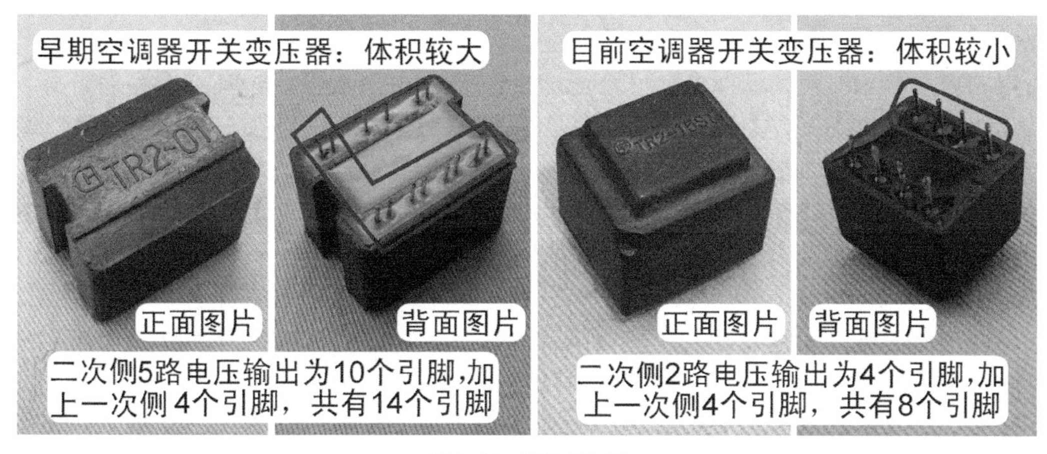

图4-19 开关变压器

开关电源输出电压的支路不同，开关变压器绕组的引脚也不同。如本机开关变压器二次侧有5路电压输出，绕组5路 × 2有10个引脚，加上一次侧的反馈绕组和开关管集电极供电绕组的4个引脚，共有14个引脚；目前的空调器（如海信KFR-26GW/11BP）室外机模块供电通常为单路直流15V，开关变压器二次侧共有2路电压输出，绕组有4个引脚，加上一次侧的反馈绕组和供电绕组的4个引脚，共有8个引脚；也就是说，开关变压器的引脚由电路设计决定，不同型号的开关变压器外观和引脚也不相同。

开关变压器的绕组由线圈绕制而成，因此使用万用表电阻挡测量绕组的两个引脚。由于绕组的作用不同，绕圈的匝数和线径也不相同，所以测量得出的阻值也不相同，阻值通常在1～10Ω。

实测本机开关变压器数据如下：见图4–20，开关管集电极供电绕组5–7为4.1Ω；一次侧反馈绕组为0.3Ω，二次侧12V供电绕组1–2为0.5Ω，二次侧4路15V供电绕组14–15、17–16、19–18、12–13阻值相等，均为0.8Ω。

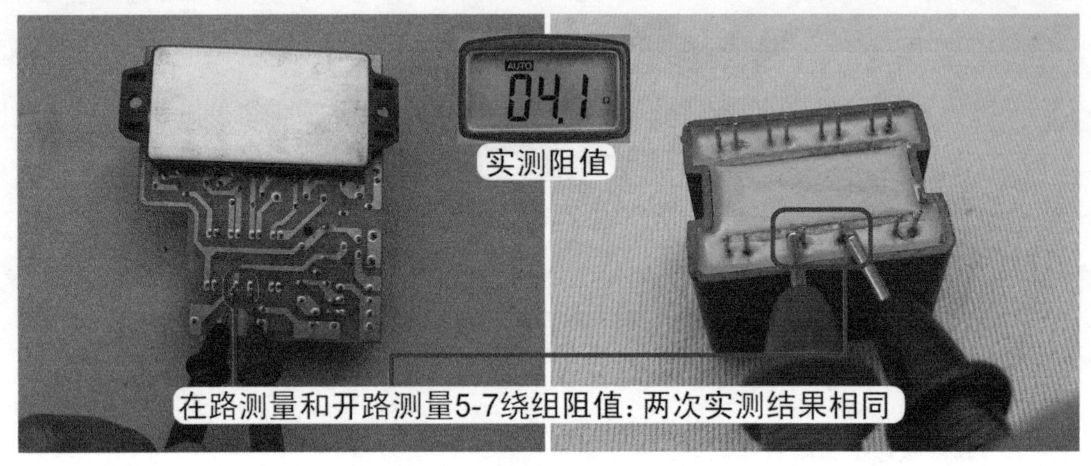
04.1
实测阻值
在路测量和开路测量5-7绕组阻值：两次实测结果相同

图4–20　测量开关变压器绕组阻值

由于开关变压器很少出现故障，即使绕组发生短路故障，单纯根据测量的阻值结果，也不能确定其是否损坏，因此在实际测量时只要在路测量绕组的引脚相通就可以了，不用将开关变压器拆下测量，也不必死记阻值测量结果。

（3）整流二极管

开关电源的工作频率约在20kHz，因此开关变压器二次侧整流二极管反向恢复时间要快。本机使用型号为FR107，其反向恢复时间为500ns（纳秒）；而普通交流变压器（工作频率为50Hz）的二次侧整流二极管通常使用1N4007，反向恢复时间为30μs（微秒，1μs =1000ns）。这两种型号的整流二极管反向峰值电压均为1 000V、正向电流均为1A，但损坏后1N4007不能代换FR107，而FR107可以代换1N4007，最主要的原因就是反向恢复时间不同。FR107又称为快恢复整流二极管。

如果使用1N4007代换FR107，不仅会降低开关电源的效率，还会因1N4007反向恢复时间太长而严重发热导致损坏，增大开关电源出现故障的概率。

FR107的外观和1N4007相同，见图4–21，带有白色圆圈标记的一端为负极。测量时使用万用表二极管挡，红表笔接正极、黑表接负极时为正向测量，有导通数值；调换表笔测量引脚为反向测量，结果应为无穷大。如正反向测量结果均接近0mV或为无穷大，则说明二极管出现短路或开路故障。

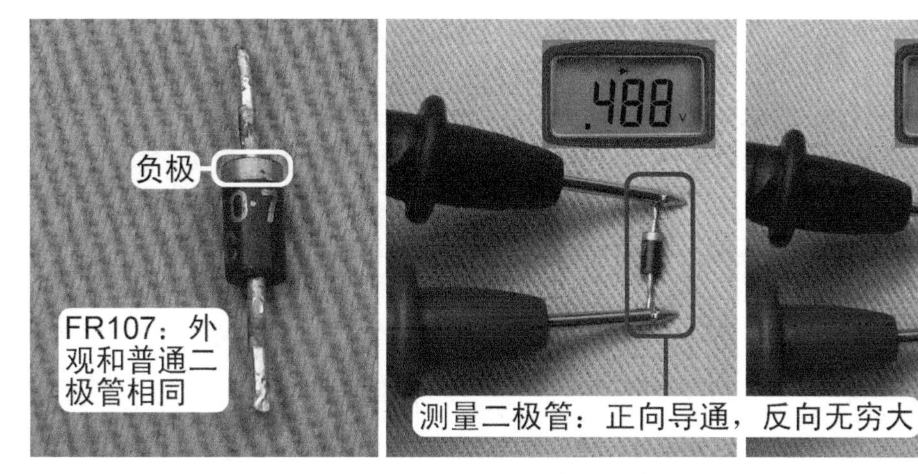

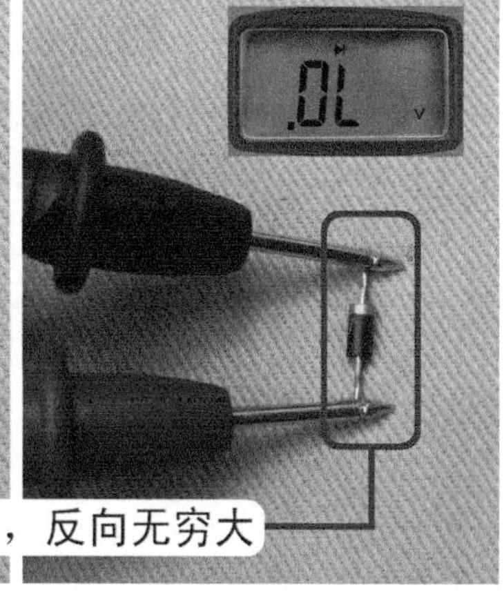

图4-21 整流二极管

5. 常见故障

检修开关电源电路时，在输入侧直流300V电压正常的前提下，如输出侧的支路电压均为0V，为开关电源没有工作，检查初级振荡电路；如输出侧的支路电压一部分正常，一部分为0V或低于正常值较多，为相应支路出现故障，检查相应支路的次级整流电路。

开关电源在实际维修中出现故障的概率较高，以本节的分立元器件型开关电源为例，常见故障如下（故障元器件的安装位置见图4-14）。

（1）启动电阻开路

启动电阻在本机电路原理图上代号为R2，规格为200kΩ/1W，发生开路的故障率较高，导致开关电源不能起振工作，次级输出电压为0V，因而室外机CPU不能工作，室内机主板CPU因检测不到室外机CPU反馈的通信信号，报出“通信故障”的故障代码。如将其改为两个100kΩ/1W的电阻串联，则会降低故障发生的概率。

（2）开关管短路

在本机电路原理图上代号为DQ1，型号为2SC3150，出现的故障通常为集电极与发射极短路。由于和模块P、N端子并联，其短路后相当于模块P、N端短路，在室外机上电为滤波电容充电时，PTC电阻温度迅速升高，阻值变为无穷大，室外机同样没有电源，因而室内机主板CPU报出“通信故障”的故障代码。

（3）整流二极管短路

在本机电路原理图上代号为D3、D4、D5、D6、D7，型号为FR107。假如D3正负极短路，开关变压器1-2绕组也处于短路状态，开关管负载变大，表面温度迅速增高，容易导致过热损坏，同时其他支路的输出电压也降低一半，室外机主板没有工作电源，室内机主板CPU同样报出“通信故障”的故障代码。

6. 开关电源故障简单检修方法

如果对开关电源电路的工作原理不是很熟悉，可以将其看作一个“模块”。检修时只要输入侧的直流300V电压正常，而输出侧的直流电压为0V或低于正常值，便可以判断开关电源电路出现故障，直接更换相应的电路板即可。如果已经检查出开关电源的故障元器件，但购买不到型号相同的配件或替代配件，也只能更换相应的电路板。

开关电源电路通常设计在室外机主板上，因此需要更换室外机主板；早期一部分机型设计在模块板（如本节机型）上，损坏后则需要更换模块板。

例如海信变频空调器，工作原理和元器件型号相同的开关电源电路，假设开关管2SC3150损坏，因无配件需要更换电路板时，KFR-2601GW/BP更换的是模块板，见图4-22（a）；KFR-4001GW/BP更换的是室外机主板，见图4-22（b）。

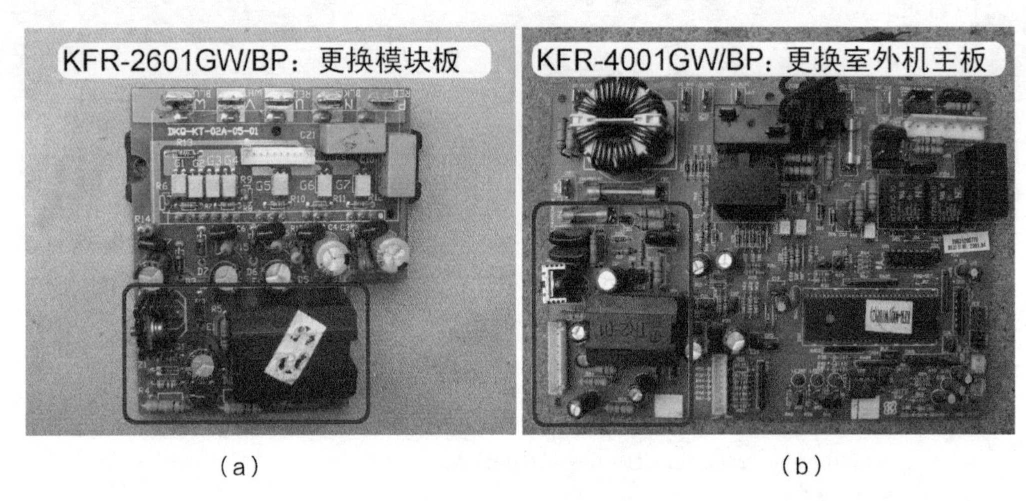

（a）　　（b）

图4-22　开关电源设计位置

7. 使用电源模块维修开关电源

当开关电源电路损坏后，如果检查不出故障元器件或查出故障元器件但购买不到相同型号和替代的配件，或由于机型太老等原因导致没有相同型号的电路板更换时，可以使用修复彩色电视机开关电源电路时常用的电源模块。

8. 停止供电后开关电源工作时间

室外机外壳上的电气原理图中通常会提示：停止供电后室外机内仍有高压，需要间隔2min后才能检修。这里所说的高压就是指滤波电容存储的直流300V电压，间隔2min指开关电源电路为其提供放电回路，将直流300V电压下降到安全电压范围以内所需要的时间。

实践测试说明，早期的分立元器件型开关电源电路（以海信KFR-2601GW/BP为例）和目前的集成电路型开关电源电路（以海信KFR-26GW/11BP为例），在电路正常工作的前提下，两者泄放电压（由直流300V下降至20V）所需要的时间不同，见图4-23，分立元器件型开关电源约35s，集成电路型开关电源约60s。

分立元器件型开关电源电路，滤波电容容量为2 500μF，从直流300V下降到直流70V左右（此时开关电源不再工作）需要25s，下降到直流20V需要35s，下降到5V需要95s；集成电路型开关电源电路，滤波电容容量为1 500μF，从直流300V下降到直流57V左右（此时开关电源不再工作）需要45s，下降到20V需要60s。

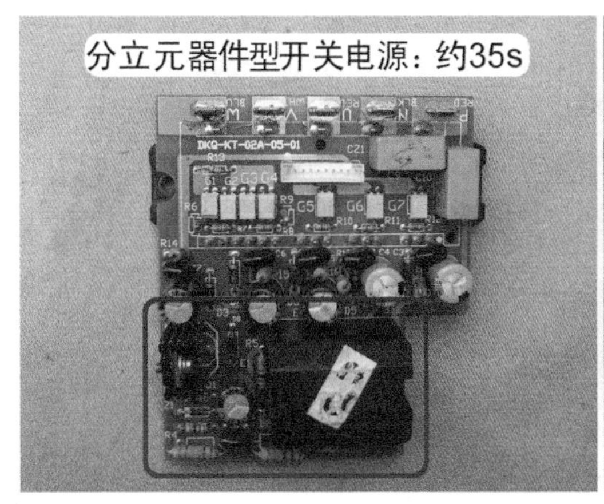

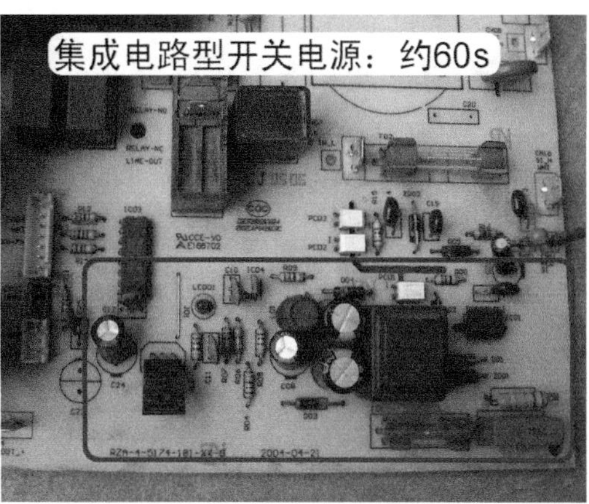

图4-23　滤波电容通过开关电源电路放电时间

从以上数据可以看出，使用分立元器件型开关电源电路的空调器在室外机停止供电35s后就可以开始检修，而使用集成电路型开关电源电路的空调器则需要等待60s左右。当然，在实际检修中，滤波电容的电压是否降到安全范围以内，最好以万用表测量为准，以防电击伤人的事故发生。

上述的测试也从侧面说明分立元器件型开关电源消耗功率大，而集成电路型开关电源消耗功率小。

9. 滤波电容人为放电方法

关断室外机的交流供电以后，滤波电容的直流300V电压，在开关电源电路正常工作时，只需60s左右就基本上释放完毕。但如果启动电阻开路、开关管基极与发射极（或集电极）开路、开关电源3.15A供电保险管开路等原因致使开关电源不工作，引起直流300V电压无放电回路时，滤波电容上的电压能保持很长时间而不下降。在此种情况下，检修室外机电控系统前，需要将直流300V电压人为释放。

选用容量为2 500μF的滤波电容，以常用的3种方法试验放电时间，结果如下。

（1）PTC电阻[见图4-24（a）]

在PTC电阻两端焊上引线，并联在滤波电容两端以释放电压。PTC电阻静态阻值约50Ω，3s左右即可将直流300V电压下降至0V以下，但在并联时会出现打火的现象。

（2）变压器一次绕组[见图4-24（b）]

将变压器一次绕组的引线并联在滤波电容两端以释放电压。阻值约300Ω的一次绕组，2s即可将直流300V电压降至20V以下，5s可降至0V以下。

（3）电烙铁[见图4-24（c）]

将电烙铁插头直接并联在滤波电容两端以释放电压。功率30W的电烙铁线圈阻值约1.6kΩ，10s可将直流300V电压下降至20V以下，25s可降至0V以下。

说明：在实际操作时，如果滤波电容焊在室外机主板上面，可以将引线或插头并联在模块的P、N端子，也相当于并联在滤波电容两端。

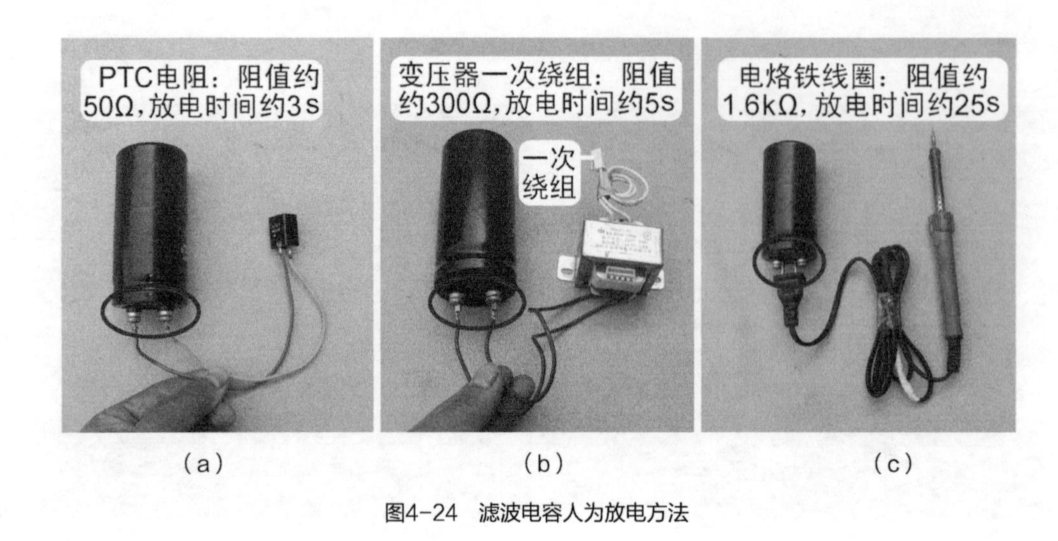

(a)　　(b)　　(c)

图4-24　滤波电容人为放电方法

四、CPU和其三要素电路

1. CPU的作用和引脚功能

（1）CPU的作用

CPU是一个大规模的集成电路，是整个电控系统的控制中心，内部写入了运行程序（或工作时调取存储器中的程序）。室外机CPU工作时与室内机CPU交换信息，并结合温度、电压、电流等输入部分的信号，处理后输出6路信号驱动模块控制压缩机运行，输出电压驱动继电器对室外风机和四通阀线圈进行控制。

（2）引脚功能

CPU是主板上体积最大、引脚最多的元器件。现在主板CPU的引脚功能都是空调器厂家结合软件来确定的，也就是说同一型号的CPU在不同空调器厂家主板上引脚的作用是不一样的。海信空调器KFR-2601GW/BP室外机CPU型号为MB89855R，主板代号IC301，共有64个引脚，图4-25所示为其实物外形，表4-3所示为该CPU的主要引脚功能。

图4-25　MB89855R实物外形

■ 表4-3 MB89855R主要引脚功能

引　脚	功　能	说　明
㊽64	电源	CPU三要素电路
㉜	地	
㉚、㉛	晶振	
㉗	复位	
60、61、62、63	存储器与CPU交换数据引脚	存储器电路
㉖	接收信号	通信电路
㊾	发送信号	
⑭	室外环温传感器输入	输入部分电路
⑮	室外管温传感器输入	
⑯	压缩机排气温度传感器输入	
㉔	压缩机顶盖温度开关	
⑰	过/欠电压检测	
㉓	市电电压有无检测	
⑱	电流检测	
㊻、㊼	应急检测端子	
㉒	模块保护信号输入	
④、⑤、⑥、⑦、⑧、⑨	模块6路信号输出	输出部分电路
54	主控继电器	
55	四通阀线圈	
56、58、59	室外风机	

2. CPU三要素电路工作原理

图4-26所示为CPU三要素电路原理图，图4-27所示为实物图。电源、复位、时钟振荡电路称为CPU三要素电路，是CPU正常工作的前提，缺一不可，否则会死机，引起空调器上电后室外机主板无反应的故障。

（1）电源电路

CPU64脚是电源供电引脚，电压由7805的③脚输出端直接供给。

CPU㉜脚为接地引脚，和7805的②脚相连。

（2）复位电路

复位电路使内部程序处于初始状态。CPU的㉗脚为复位引脚，外围元器件IC302（MC34064）、R302、C302组成低电平复位电路。

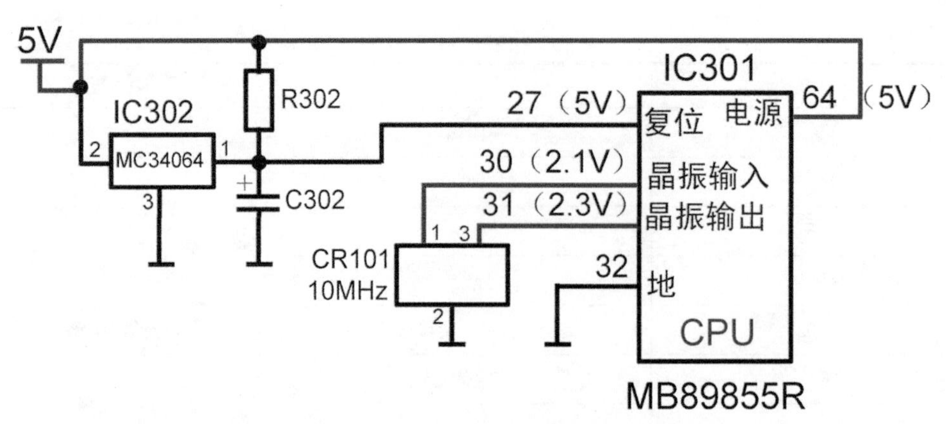

图4-26　CPU三要素电路原理图

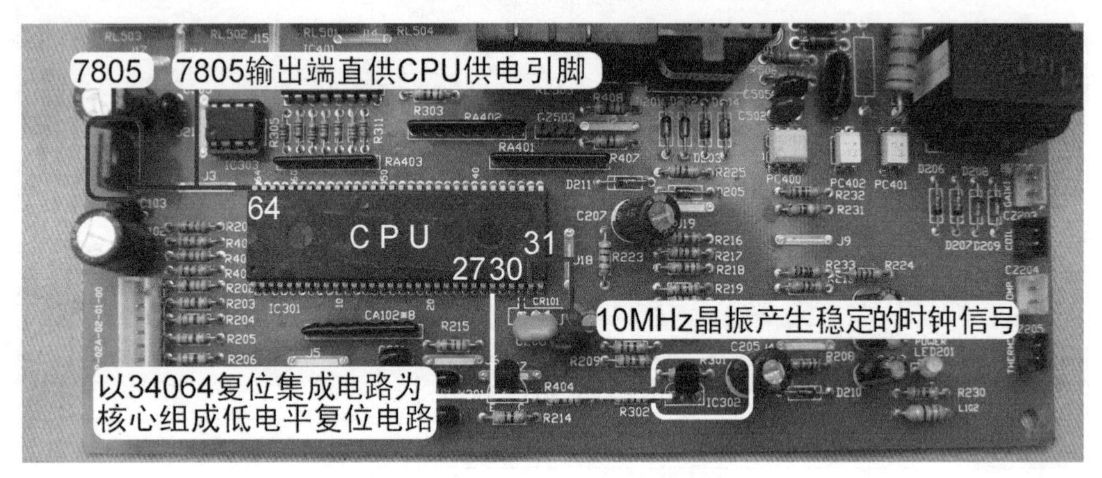

图4-27　CPU三要素电路实物图

开机瞬间，直流5V电压在滤波电容的作用下逐渐升高，当电压低于4.6V时，IC302的①脚电压为低电平，加至CPU㉗脚，使CPU内部电路清零复位；当电压高于4.6V时，IC302的①脚电压变为高电平，加至CPU㉗脚，使其内部电路复位结束，开始工作。电容C302用于调节复位延时时间。

（3）时钟振荡电路

时钟振荡电路提供时钟频率。CPU的㉚脚、㉛脚为时钟引脚，内部的振荡器电路与外接的晶振CR101组成时钟振荡电路，提供稳定的10MHz时钟信号，使CPU能够连续执行指令。

3. 常见故障

CPU三要素电路常见故障见表4-4。

■ 表4-4　　CPU三要素电路常见故障

故障内容	常见原因	检修方法	处理措施
上电无反应	复位电路元器件损坏	MC34064的①脚一直为低电平	更换MC34064
	晶振电路损坏	晶振引脚电压为0V	更换晶振

第3节 室外机输入部分电路

输入部分电路的作用是向室外机CPU提供数据、温度、电压和电流等信号，是CPU控制输出部分电路的依据。

一、存储器电路

图4-28所示为存储器电路原理图，图4-29所示为实物图，作用是向CPU提供工作时所需要的数据。存储器内部存储压缩机*U*/*f*值、电流保护值和电压保护值等数据，CPU工作时调取存储器的数据对室外机电路进行控制。

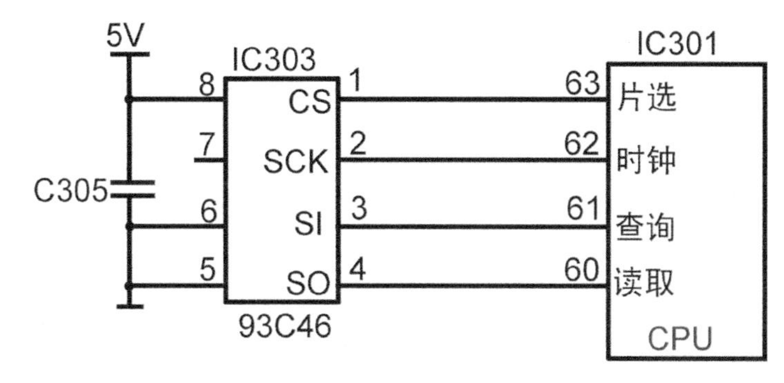

图4-28 存储器电路原理图

图4-29 存储器电路实物图

1. 工作原理

CPU需要读写数据时，CPU㊸脚片选IC303的①脚，CPU㊷脚向IC303的②脚发送时钟信号，

CPU㉑脚将需要查询数据的指令输入到IC303的③脚，CPU⑳脚读取IC303④脚反馈的数据。

2. 电路相关知识

① 存储器在主板上的英文符号为“IC”（表示集成电路），常用的型号有93C××系列和24C××系列；其外观为黑色，位于CPU附近，通常为8个引脚双列设置。

② 存储器硬件一般不会损坏，常见故障为内部数据失效或CPU无法读取数据，出现如能开机但不制冷、风机转速不能调节等故障，CPU会报出“存储器损坏”的故障代码。在实际检修中，单独使用万用表检修存储器电路比较困难，一般使用代换法。

3. 存储器故障检查方法

如空调器出现室外风机运行、压缩机不运行故障，可将室外机主板上的压缩机顶盖温度开关的插头拔下，等待5s左右再插上，如压缩机开始运行，则为存储器故障。此方法适用于海信早期的交流变频空调器，特点是室外机CPU型号为MB89855系列，模块为光耦驱动，具体型号有KFR-26GW/BP、KFR-2601GW/BP、KFR-28GW/BP、KFR-2801GW/BP、KFR-2701GW/BP、KFR-3501GW/BP、KFR-50LW/BP、KFR-5001LW/BP和KFR-60LW/BP。

二、传感器电路

传感器电路向室外机CPU提供室外环境温度、室外冷凝器温度和压缩机排气管温度3种温度信号。

1. 组成与作用

（1）室外环温传感器电路

图4-30所示为室外环温传感器安装位置和实物外形。

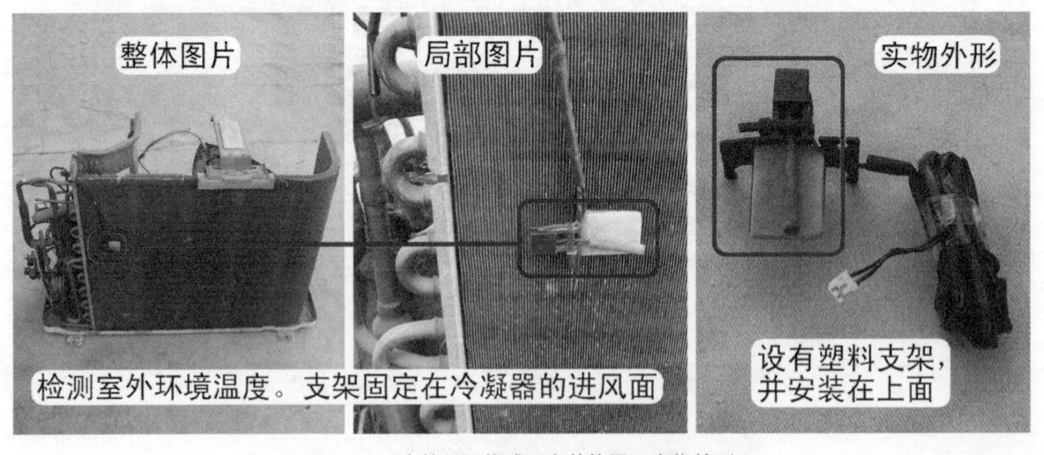

图4-30　室外环温传感器安装位置和实物外形

① 该电路的作用是检测室外环境温度，由室外环温传感器（25℃/5kΩ）和分压电阻R213（4.7kΩ精密电阻、1%误差）等元器件组成。

② 在制冷和制热模式，决定室外风机转速。

③ 在制热模式，与室外管温传感器温度组成进入除霜的条件。

（2）室外管温传感器电路

图4-31所示为室外管温传感器安装位置和实物外形。

图4-31　室外管温传感器安装位置和实物外形

① 该电路的作用是检测室外冷凝器温度，由室外管温传感器（25℃/5kΩ）和分压电阻R211（4.7kΩ精密电阻、1%误差）等元器件组成。

② 在制冷模式，判定冷凝器过载。室外管温≥70℃，压缩机停机；当室外管温≤50℃时，3min后自动开机。

③ 在制热模式，与室外环温传感器温度组成进入除霜的条件。空调器运行一段时间（约40min），室外环温＞3℃时，室外管温≤-3℃，且持续5min；或室外环温＜3℃时，室外环温与室外管温之差≥7℃，且持续5min。

④ 在制热模式，判断退出除霜的条件。当室外管温＞12℃时或压缩机运行超过8min。

（3）压缩机排气温度传感器电路

图4-32所示为压缩机排气温度传感器安装位置和实物外形。

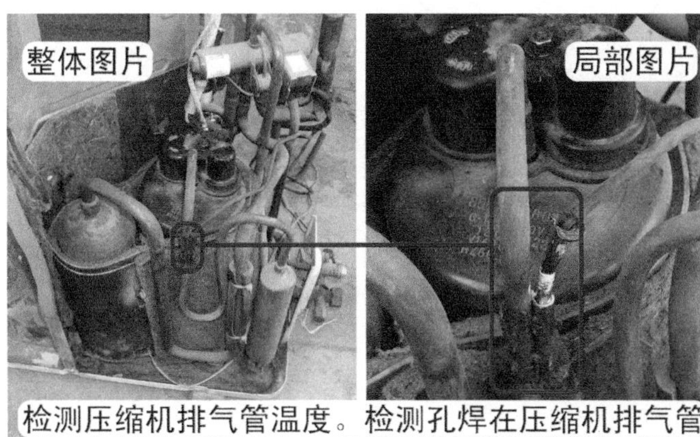

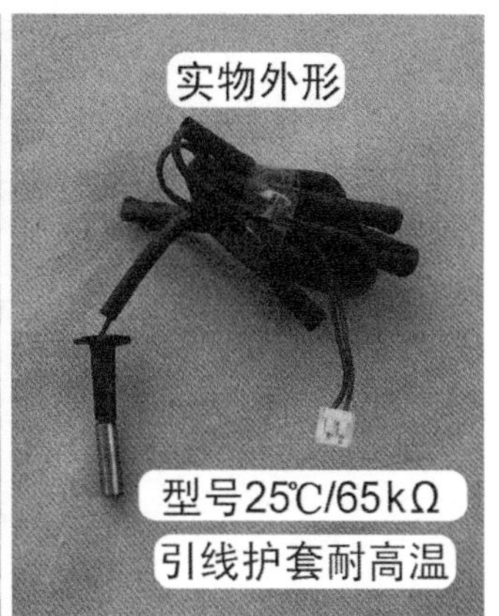

图4-32　压缩机排气温度传感器安装位置和实物外形

① 该电路的作用是检测压缩机排气管温度，由压缩机排气温度传感器（25℃/65kΩ）和分压电阻R208（20kΩ精密电阻、1%误差）等元器件组成。

② 在制冷和制热模式，压缩机排气温度≤93℃，压缩机正常运行；93℃＜压缩机排气温度＜115℃，压缩机运行频率被强制设定在规定的范围内或者降频运行；压缩机排气温度＞115℃，压缩机停机；只有当压缩机排气温度下降到≤90℃时，才能再次开机运行。

2. 工作原理

图4-33所示为室外机传感器电路原理图，图4-34所示为室外管温传感器信号流程。

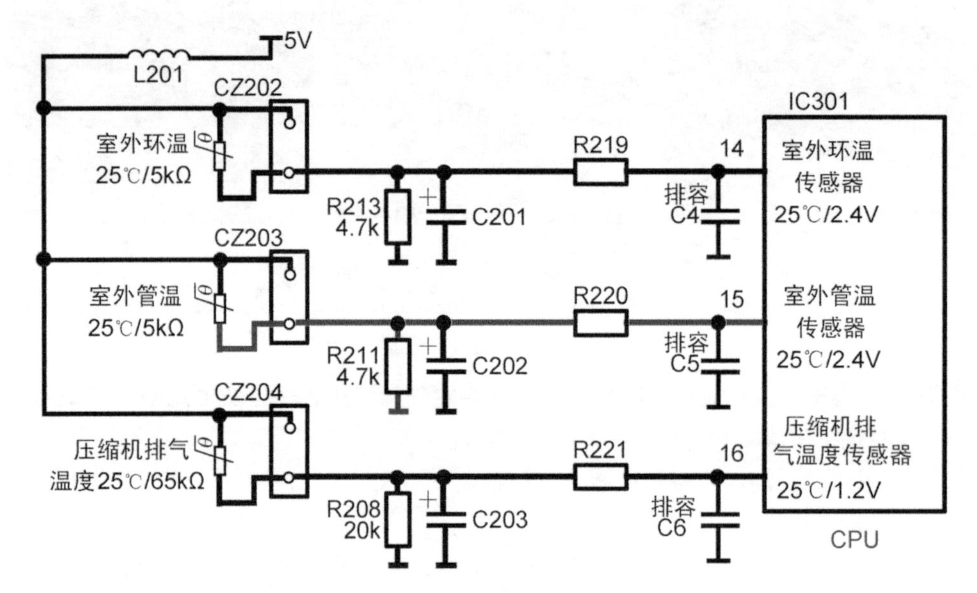

图4-33　室外机传感器电路原理图

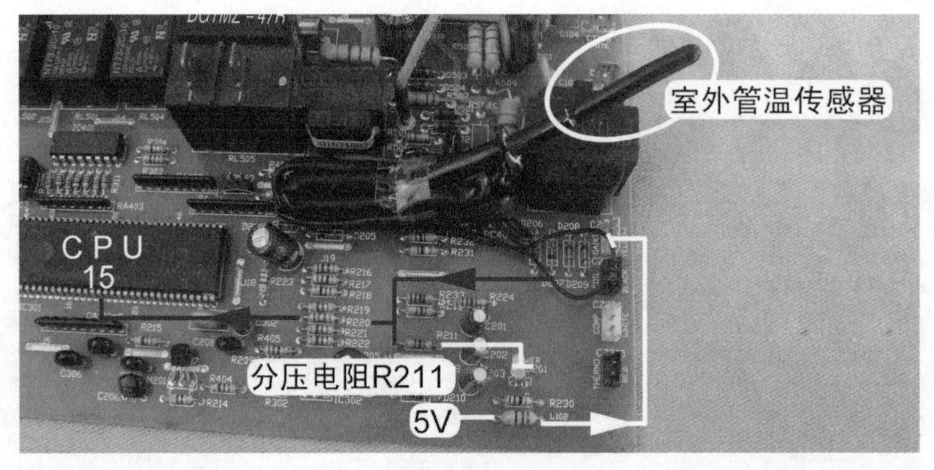

图4-34　室外管温传感器信号流程

CPU的⑭脚检测室外环温传感器温度、⑮脚检测室外管温传感器温度、⑯脚检测压缩机排气温度传感器温度。

室外机3路传感器的工作原理相同，与室内机传感器电路工作原理也相同，均为传感器与偏置电阻组成分压电路，传感器为负温度系数（NTC）的热敏电阻。以室外管温传感器电路为例，如冷凝器温度由于某种原因升高，室外管温传感器温度也相应升高，其阻值变小，根据分压电路原理，分压电阻R211分得的电压也相应升高，输送到CPU⑮脚的电压升高，CPU根据电压值计算得出冷凝器温度升高，与内置的程序相比较，对室外机电路进行控制，假如计算得出的温度大于70℃，则控制压缩机停机，并将故障代码通过通信电路传送到室内机主板CPU。

3. 传感器温度与电压对应关系

① 海信空调器室外环温传感器与室外管温传感器的型号通常为25℃/5kΩ，分压电阻阻值为4.7kΩ或5.1kΩ，制冷和制热模式常见温度与电压的对应关系见表4-5。

■ 表4-5 室外环温、管温传感器温度与电压对应关系

温度（℃）	−10	−5	0	5	20	25	35	50	70
阻值（kΩ）	23.9	18.8	15	12	6.4	5	3.6	2.1	1.1
CPU电压（V）	0.82	1	1.2	1.4	2.1	2.4	2.8	3.4	4

室外环温传感器测量温度范围，制冷模式在20～40℃之间，制热模式在−10～10℃之间。

室外管温传感器测量温度范围，制冷模式在20～70℃之间（包括未开机时），制热模式在−15～10℃之间（包括未开机时）。

说明：室外环温与室外管温传感器的型号和分压电阻阻值均相同，因此在未开机时测量插座分压点电压应相等或接近。

② 压缩机排气温度传感器型号通常为25℃/65kΩ，分压电阻为20kΩ，制冷和制热模式常见温度与电压的对应关系见表4-6。

■ 表4-6 压缩机排气温度传感器温度与电压关系

温度（℃）	−5	5	25	35	80	90	95	100	110
阻值（kΩ）	241	146	65	37.8	7.1	5.1	4.4	3.7	2.7
CPU电压（V）	0.3	0.6	1.2	1.7	3.6	4	4.1	4.2	4.4

压缩机排气温度传感器测量温度范围，制冷模式（包括未开机时）在20～40℃之间，制热模式（包括未开机时）在−10～10℃之间，正常运行时在80～90℃之间，制冷系统出现故障时有可能在90～110℃之间。

③ 室外环温和室外管温传感器，不同空调器品牌使用的型号也不相同。如海信空调器使用的型号通常为25℃/5kΩ，分压电阻阻值为4.7～5.1kΩ之间；如美的空调器使用的型号通常为25℃/10kΩ，分压电阻阻值为8.8kΩ。压缩机排气温度传感器大多数空调器品牌使用型号相同，为25℃/65kΩ，分压电阻阻值为20kΩ。

4. 常见故障

传感器电路常见故障见表4-7。

■ 表4-7　传感器电路常见故障

故障内容	常见原因	检修方法	处理措施
开机不运行，报"室外环温传感器"故障代码	室外环温传感器开路或短路	万用表电阻挡测量，阻值接近无穷大或接近0Ω	更换室外环温传感器
开机不运行，报"室外管温传感器"故障代码	室外管温传感器开路或短路	万用表电阻挡测量，阻值接近无穷大或接近0Ω	更换室外管温传感器
不能进入除霜过程	室外管温传感器阻值变值	万用表电阻挡测量，阻值变小	
开机不运行，报"压缩机排气温度传感器"故障代码	压缩机排气温度传感器开路或短路	万用表电阻挡测量，阻值接近无穷大或接近0Ω	更换压缩机排气温度传感器

三、压缩机顶盖温度开关电路

1. 作用

压缩机运行时壳体温度如果过高，内部机械部件会加剧磨损，压缩机线圈绝缘层容易因过热击穿发生短路故障。室外机CPU检测压缩机排气温度传感器温度，如果高于90℃则会控制压缩机降频运行，使温度降到正常范围以内。

为防止压缩机过热，室外机电控系统还设有压缩机顶盖温度开关作为第二道保护，安装位置和实物外形见图4-35，作用是即使压缩机排气温度传感器损坏，压缩机运行时如果温度过高，室外机CPU也能通过顶盖温度开关检测。

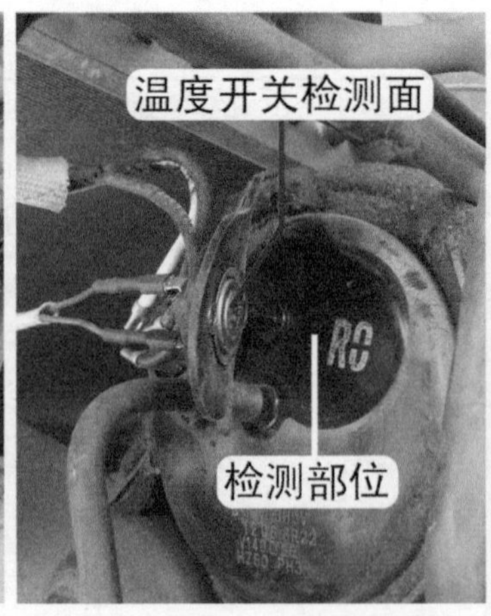

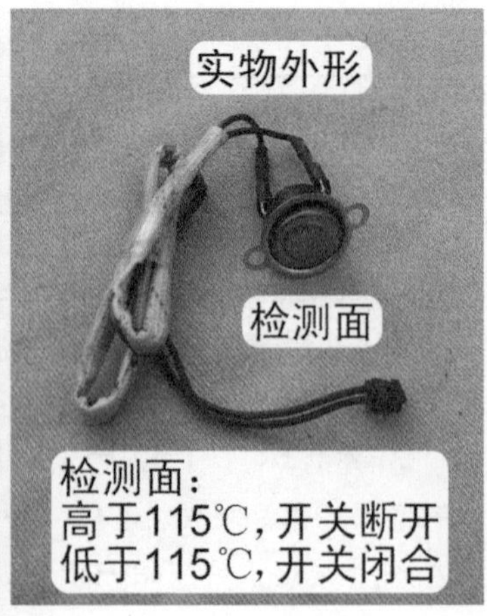

图4-35　压缩机顶盖温度开关安装位置和实物外形

顶盖温度开关检测压缩机顶部温度，正常情况温度开关闭合，对室外机运行没有影响；当压缩机顶部温度超过115℃时，温度开关断开，室外机CPU检测后控制压缩机停止运行，并通过通信电路将信号传送至室内机主板CPU，报出“压缩机过热”的故障代码。

2. 工作原理

图4-36所示为压缩机顶盖温度开关电路原理图，图4-37所示为实物图（温度开关为断开状态），电路在两种情况下运行，即温度开关为闭合状态或断开状态。

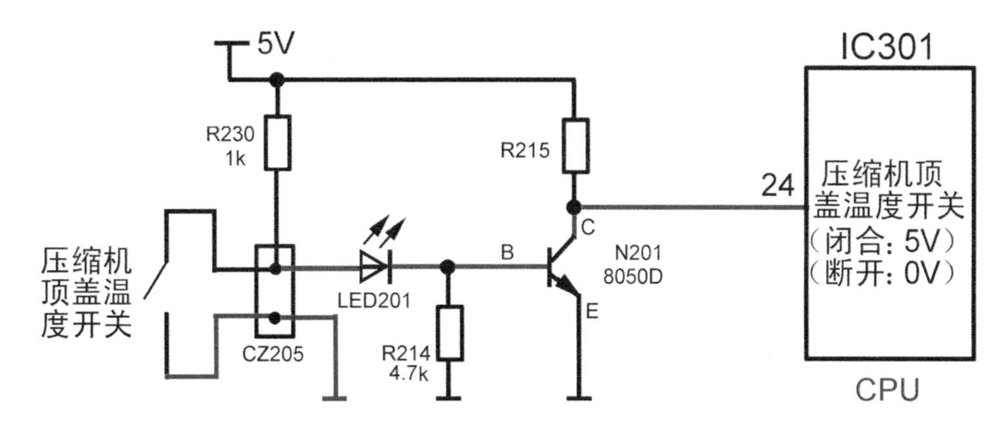

图4-36 压缩机顶盖温度开关电路原理图

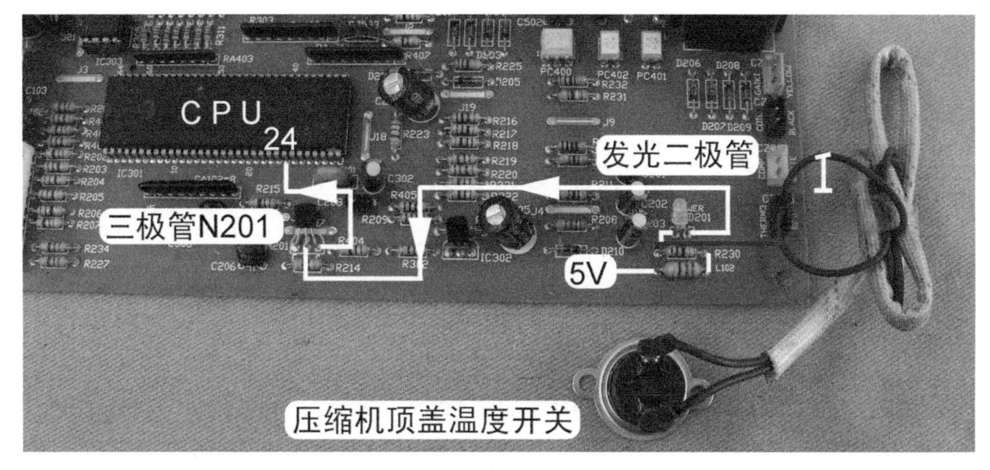

图4-37 压缩机顶盖温度开关电路实物图

制冷系统运行正常时，压缩机壳体温度低于115℃，温度开关处于闭合状态，三极管N201基极相当于接地，发射结电压为0V，发射极、集电极间处于截止状态，5V电压经电阻R215为CPU㉔脚供电，因此温度开关闭合时CPU㉔脚电压为5V。

当因某种原因引起制冷系统运行不正常、压缩机壳体温度升高并超过115℃时，温度开关断开，此时电阻R230、发光二极管LED201、电阻R214组成分压电路，R230和LED201为上偏置电路，R214为下偏置电路，R214的阻值（4.7kΩ）比R230的阻值（1kΩ）大很多，分得的电压大于0.7V，R214与三极管N201的发射结并联，N201因发射结电压大于0.7V而处于饱和导通状态，其发射极、集电极间此时相当于短路，CPU㉔脚接地，引脚电压由5V转变为0V，发光二极管也得电发光，提示维修人员注意温度开关已断开，压缩机壳体温度已经很高。

从上述原理可以看出，CPU根据㉔脚电压即能判断温度开关的状态。电压为5V时判断温度开关闭合，对控制电路没有影响；电压为0V时判断温度开关断开，压缩机壳体温度过高，控制压缩机立即停止运行，并通过通信电路将信息传送至室内机主板CPU，显示“压缩机过热”的故障代码，供维修人员查看。

说明：目前空调器室外机主板检测温度开关的电路不再使用三极管等元器件，由温度开关的插座直接连接CPU引脚。

3. 常见故障

电路的常见故障是温度开关在静态（即压缩机未启动）时为断开状态，引起室外机不能运行的故障。检测时使用万用表电阻挡测量引线插头，见图4-38，正常阻值为0Ω；如果测量结果为无穷大，则为温度开关损坏，应急时可将引线剥开，直接短路使用，等有配件时再更换。

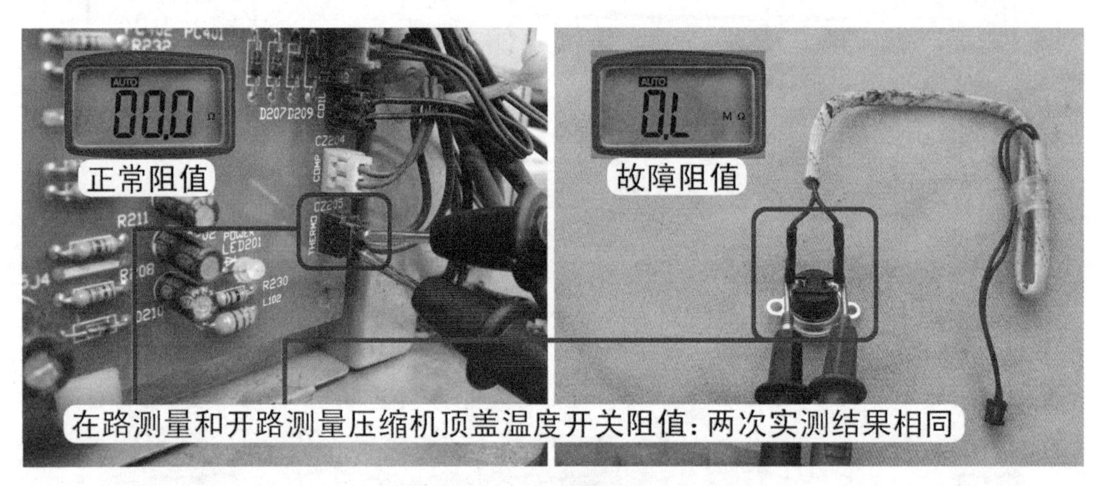
00.0 Ω
正常阻值
0.L MΩ
故障阻值
在路测量和开路测量压缩机顶盖温度开关阻值：两次实测结果相同

图4-38 测量温度开关

4. 应用举例

海信KFR-28GW/39MBP交流变频空调器开机后室内机向室外机供电，但室外机不运行，查看故障代码为“压缩机过热”，在室外机测量压缩机顶盖温度开关阻值为无穷大，说明处于断开状态，手摸压缩机对应的室外机外壳温度已经很高，说明压缩机温度确实已经很高。为判断故障原因，应首先为压缩机降温使其运行，有两种方法：第1种是使用凉水为压缩机壳体降温；第2种是将温度开关引线短接，使CPU判断为压缩体壳体温度不高。维修时使用第2种方法，短接温度开关引线，再次上电开机，压缩机与室外风机运行，测量系统运行压力只有0.1MPa，系统缺氟，补加R22使压力上升至0.45MPa时制冷恢复正常，停机使系统压力上升，使用肥皂泡沫检查，为室外机粗管螺母未拧紧导致微漏，拧紧粗管螺母后将温度开关引线断开，告诉用户等一段时间再开机，压缩机壳体温度下降后室外机才能运行制冷。

从实例可以看出，系统缺氟，压缩机吸气管因无过冷制冷剂散热，导致壳体温度上升，温度开关断开，室外机CPU检测后停机进行保护。维修时短接温度开关引线可以缩短维修时间（使用凉水为压缩机降温的方法还要拆卸和安装室外机外壳）。

四、瞬时停电检测电路

1. 作用

空调器在运行过程中，交流电源供电如果发生瞬时停电，容易引起CPU工作时死机或控制异常，因此设有瞬时停电检测电路，当CPU检测到供电有瞬时停电时，停机进行保护。

说明：早期的电控系统室外机主板设有瞬时停电检测电路。目前的电控系统一般不再设计此电路，瞬时停电检测功能由室外机主板CPU根据输入的供电电压检测信号，通过软件计算得出；或室内机主板CPU通过过零检测电路，由软件计算得出；或根本没有设计瞬时停电检测电路。

2. 工作原理

图4-39所示为瞬时停电检测电路原理图，图4-40所示为实物图。其工作原理与室内机主板的过零检测电路基本相同，只是用处不同。

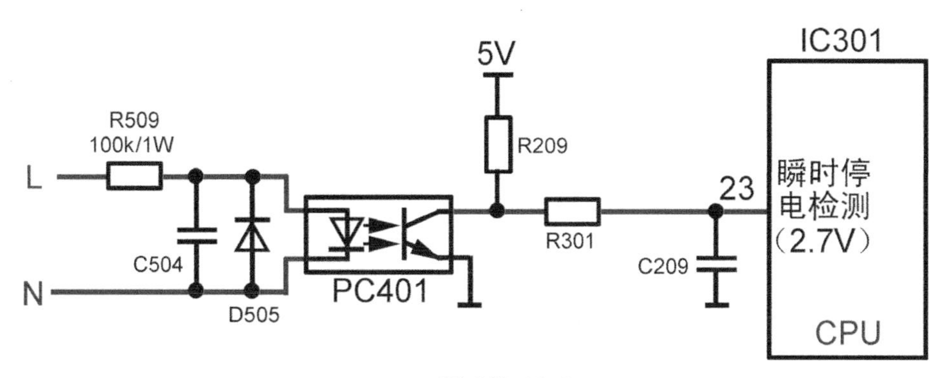

图4-39 瞬时停电检测电路原理图

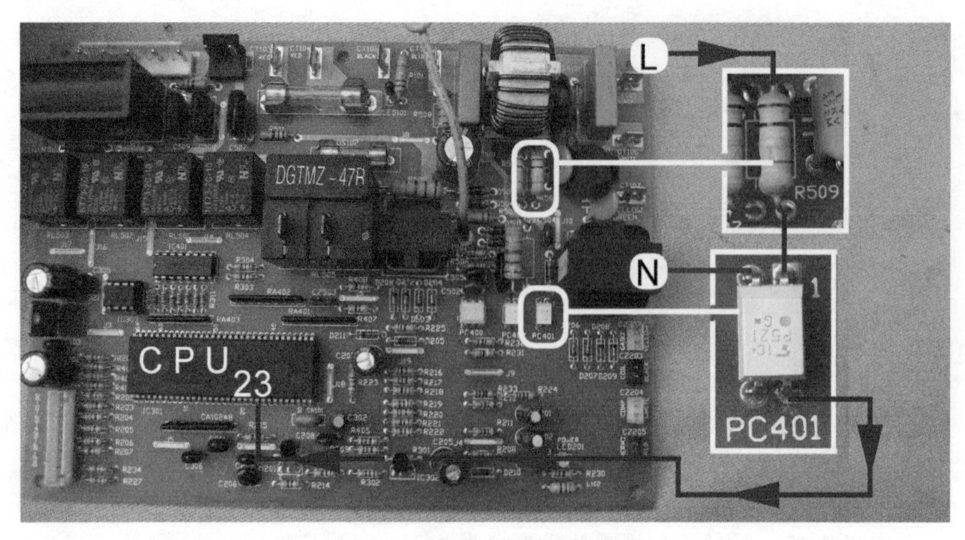

图4-40 瞬时停电检测电路实物图

瞬时停电检测电路由电阻R509、光耦PC401等元器件组成，工作在两种状态，即交流电源处于正半周或负半周。通电后交流电源通过电阻R509限流、C504滤波，为光耦PC401初级内部发光二极管供电。

交流电源正半周即L正、N负时，光耦PC401初级得到供电，内部发光二极管发光，使得次级光电三极管导通，CPU㉓脚经R301接地，因此为低电平0V；交流电源负半周即L负、N正时，光耦PC401初级无供电，内部发光二极管无电流通过不能发光，使得次级光电三极管截止，5V电压经电阻R209、R301为CPU㉓脚供电，因此为高电平5V。

从上述原理得出，交流电源正半周和负半周极性交替变换，CPU㉓脚电压也在0V↔5V交替变换（即为跳变电压），室外机主板CPU根据变化的电压判断电源供电输入正常；如果CPU㉓脚电压的跳变过程中有间隔现象，判断交流电源瞬时停电，控制室外机停止运行，并将信号通过通信电路传送至室内机主板CPU，报出“室外机瞬时停电”的故障代码。

交流电源频率每秒为50Hz，每1Hz为一个周期，一个周期由正半周和负半周组成，也就是说CPU㉓脚电压每秒变化100次，速度变化极快，万用表显示值不为跳变电压而是稳定的直流电压。交流电源供电正常时，万用表直流电压挡实测CPU㉓脚电压为2.7V，光耦PC401初级为0.25V。

3. 常见故障

常见故障有电阻R509开路、光耦PC401初级发光二极管开路或内部光源传送不正常，使得次级一直处于截止状态，CPU㉓脚恒为高电平5V即不为跳变电压。常见故障见表4-8。

■ 表4-8 瞬时停电检测电路常见故障

故障内容	常见原因	检修方法	处理措施
开机不运行，报“室外机瞬时停电”故障代码	电阻R509开路	万用表电阻挡测量，阻值为无穷大	更换R509
	光耦PC401初级发光二极管开路或内部光源传送不正常	万用表二极管挡测量，初级正反向均为无穷大	更换PC401

五、电压检测电路

1. 作用

空调器在运行过程中，如输入电压过高，相应直流300V电压也会升高，容易引起模块和室外机主板过热、过电流或过电压损坏；如输入电压过低，制冷量下降达不到设计的要求。因此室外机主板设置电压检测电路，CPU检测输入的交流电源电压，在过高（超过交流260V）或过低（低于交流160V）时停机进行保护。

电压检测电路有两种常用形式：早期空调器的电控系统使用电压检测变压器，电路设计特点参见本节；目前空调器的电控系统通过检测直流300V电压，室外机CPU通过软件计算得出，电路设计特点在以后的章节详细介绍。

2. 工作原理

图4-41所示为电压检测电路原理图，图4-42所示为实物图，表4-9所示为输入交流电压与CPU引脚电压对应关系。电路由电压检测变压器BT202、降压电阻R504、整流电路D206～D209、分压电阻R233和R224等主要元器件组成。

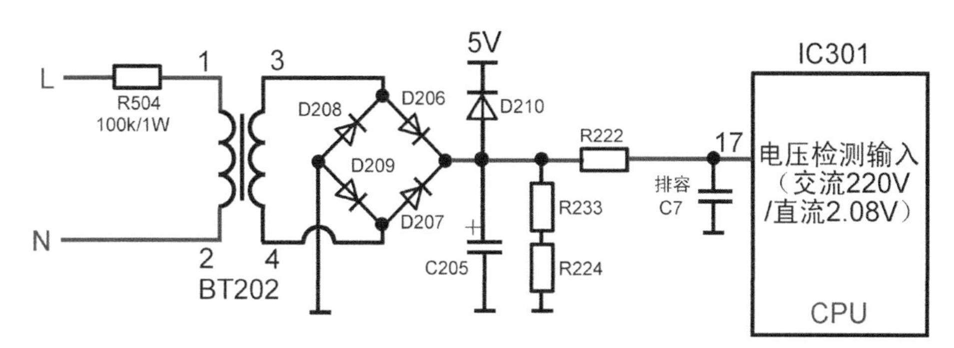

图4-41 电压检测电路原理图

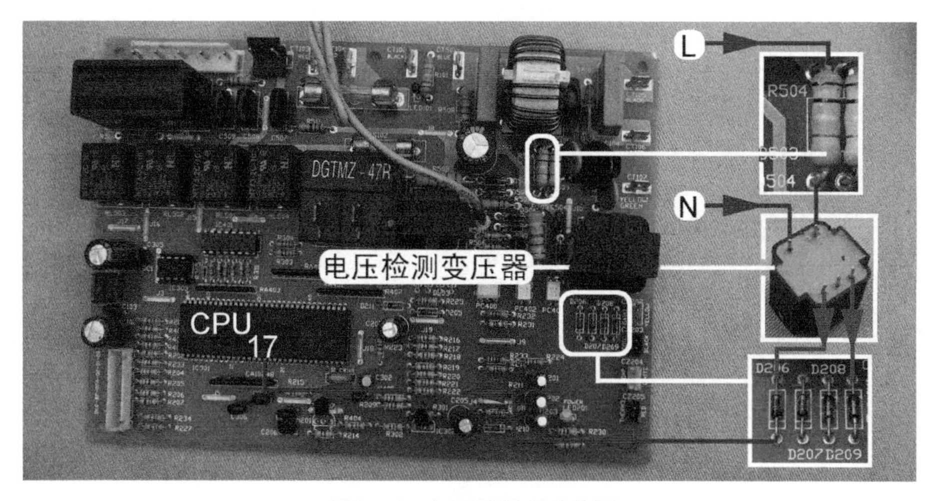

图4-42 电压检测电路实物图

■ 表4-9 输入交流电压与CPU引脚电压对应关系

输入交流电压（V）	CPU⑰脚直流电压（V）	输入交流电压（V）	CPU⑰脚直流电压（V）
160	1.36	170	1.5
180	1.6	190	1.73
200	1.85	210	2
220	2.08	230	2.2
240	2.3	250	2.4

交流电源220V电压经电阻R504降压后送至BT202一次侧，BT202二次侧输出与交流电源成比例的电压，作为交流电源的取样电压，通过D206～D209桥式整流、C205滤波、R233和R224分压，成为与交流电源成比例的直流电压，经R222送至CPU的⑰脚。

CPU内部软件通过计算引脚直流电压，得出实际的交流电源电压值，如果检测交流电压高于260V或低于160V，控制室外机停机进行保护，并将信号通过通信电路传送至室内机CPU，报出“供电电压异常”的故障代码。D210为钳位二极管，防止交流电压过高使得CPU⑰脚的电压超过5.4V而导致CPU过电压损坏。

3. 关键元器件

本电路的关键元器件为电压检测变压器，实物外形见图4-43（a），也就是一个小功率的交流工频变压器，在电路中作为输入交流电源电压的取样器件。若一次侧输入电压高，二次侧输出电压也高；如一次侧输入电压变低，二次侧输出电压也变低。

（1）电阻测量

使用万用表电阻挡，见图4-43（b）和图4-43（c），测量一次绕组1-2阻值为238Ω，二次绕组3-4为318Ω；如果一次绕组或二次绕组阻值均为无穷大，说明电压检测变压器损坏。

说明：图4-43为拆下时的测量方法，在实际操作时可以直接在电路板上测量。

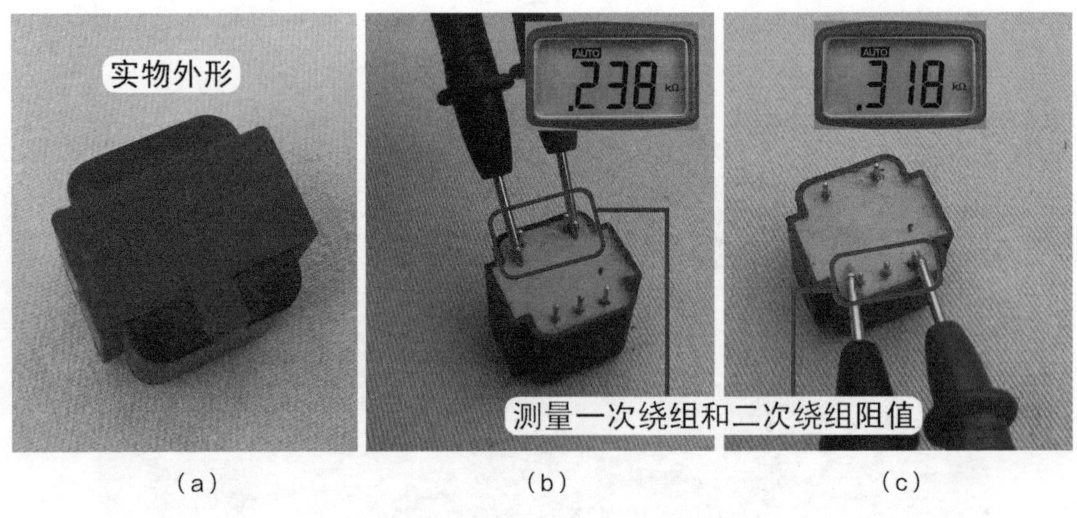

（a） （b） （c）

图4-43 电压检测变压器实物外形和阻值测量方法

（2）电压测量

在室外机主板通上电源时使用万用表交流电压挡，测量电压检测变压器一次绕组和二次绕组的电压值。输入电压为交流235V时，一次绕组1–2引脚交流电压值为4.3V，二次绕组3–4引脚交流电压值为3.3V。如果测量一次绕组1–2电压为0V，故障通常为电阻R504损坏；如果测量一次绕组1–2电压正常而二次绕组3–4电压为0V，故障通常为电压检测变压器损坏。

4. 常见故障

本电路损坏引起的故障现象为遥控开机后室内机运行，室外机不运行，显示故障代码含义为“输入电压异常”。常见故障见表4–10。

表4–10 电压检测电路常见故障

故障内容	常见原因	检修方法	处理措施
开机不运行，显示“输入电压异常”的故障代码	电阻R504开路	万用表电阻挡测量，阻值为无穷大	更换电阻R504
	电压检测变压器BT202绕组开路		更换BT202
	排容C7漏电	万用表电阻挡测量，引脚有漏电电阻值	更换排容或将其直接掰断

六、电流检测电路

1. 作用

空调器在运行过程中，由于某种原因（如冷凝器散热不良），引起室外机运行电流（主要是压缩机运行电流）过大，则容易损坏压缩机，因此变频空调器室外机主板均设有电流检测电路，在运行电流过高时进行保护。

电流检测电路有两种常用形式：早期电控系统使用电流检测变压器，电路设计特点参见本节；目前的电控系统部分机型模块输出代表电流值的电压，经运算放大器放大后，输送至室外机CPU，其通过软件计算得出压缩机运行电流，从而保护压缩机，电路设计特点在以后的章节详细介绍。

说明：部分品牌的早期和目前的电控系统，电流检测电路使用电流互感器，工作原理与本节相同，只是使用的检测元器件不同。

2. 工作原理

图4–44所示为电流检测电路原理图，图4–45所示为实物图，表4–11所示为室外机运行电流与CPU引脚电压对应关系。

电流检测电路由电流检测变压器BT201、整流电路D201～D204、分压电阻R231和R232等主要元器件组成。

电流检测变压器一次绕组串接在交流电压供电回路中，空调器上电后如果处于待机状态，BT201一次绕组无电流通过，二次绕组无感应电压，CPU的⑱脚电压也为0V。

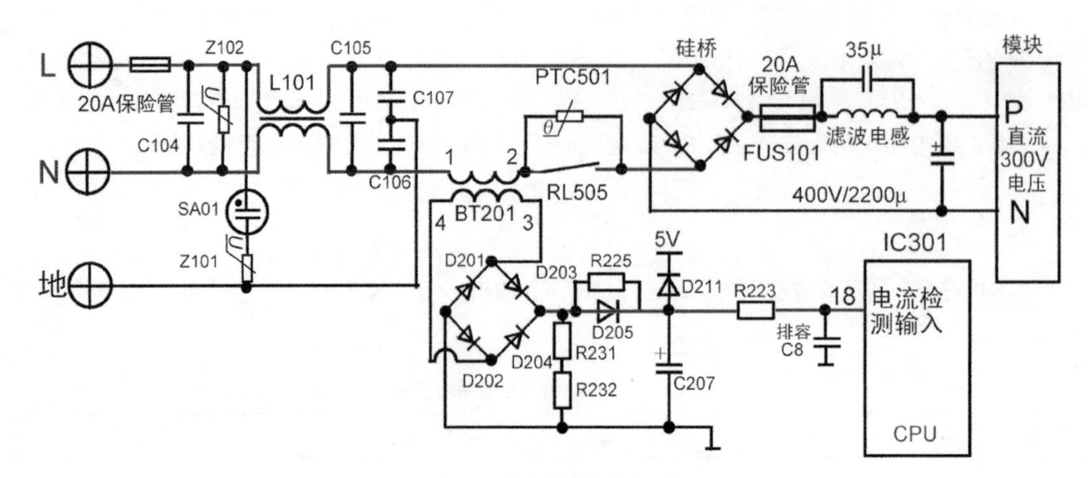

图4-44　电流检测电路原理图

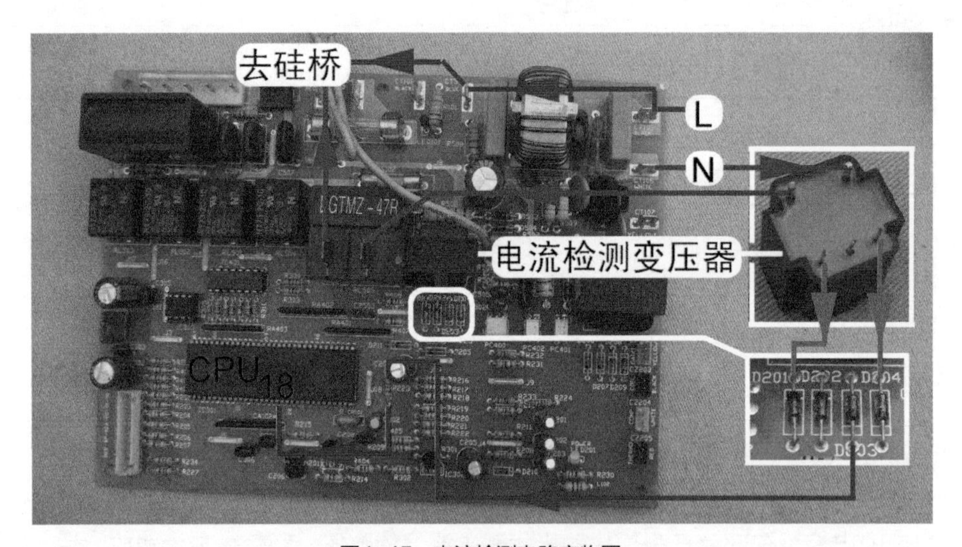

图4-45　电流检测电路实物图

■ 表4-11　室外机运行电流与CPU引脚电压对应关系

运行电流	CPU⑱脚电压	运行电流	CPU⑱脚电压
2A	0.6V	3.5A	1V
5.4A	1.7V	8A	2.5V

开机后室外机CPU控制压缩机频率逐渐上升，转速也逐渐升高，相应的电流逐渐增加，BT201二次绕组感应电压逐渐变大，经D201～D204整流、电阻R231和R232分压、电容C207滤波，变为随运行电流变化而变化的直流电压，作为运行电流的参考信号，送到CPU的⑱脚，CPU内部电路根据输入电压值计算得出实际的运行电流值，并与内部或存储器的参考值相比较，如果CPU计算出运行电流高于一定值或一直为0A，则控制室外机停机，并将信号通过通信电路送至室内机CPU，显示“运行电流过高”或“无负载（即运行电流一直为0A）”的故障代码。

压缩机工作在升频的过程，转速逐渐升高，运行电流逐渐增大，BT201二次侧的感应电压也逐渐上升，因此CPU⑱脚的电压也逐渐上升；反之如压缩机处于降频的过程，转速逐渐下降，CPU⑱脚的电压也逐渐下降。D211为钳位二极管，用于防止压缩机在升频过程中由于电流过大，使CPU⑱脚的电压超过5.4V，而导致CPU过电压损坏。

3. 关键元器件

本电路的关键元器件为电流检测变压器，其实物外形见图4-46（a），相当于一个小型的变压器，在电路中作为输入电流的取样器件。

测量时使用万用表电阻挡，见图4-46（b）和图4-46（c），一次绕组1-2阻值为0Ω，二次绕组3-4阻值为559Ω；如果一次绕组或二次绕组阻值均为无穷大，为电流检测变压器绕组开路损坏。

说明：图4-46为拆下时的测量方法，在实际操作时可以直接在电路板上测量。

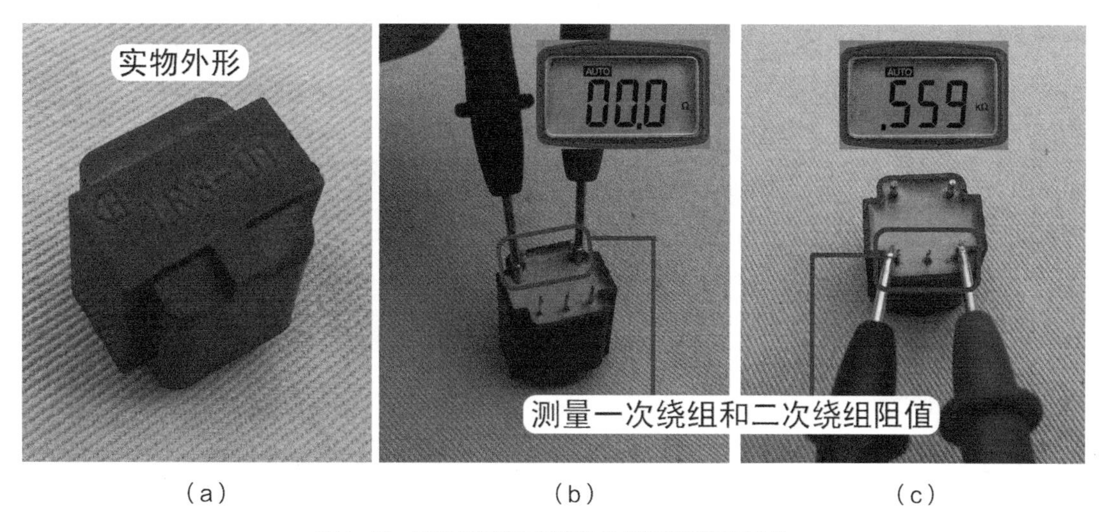

（a）　（b）　（c）

图4-46　电流检测变压器实物外形和阻值测量方法

4. 常见故障

本电路引起的故障现象为开机后室外机运行，但一段时间后室外机停机，报“无负载”或“运行电流过高”的故障代码。常见故障见表4-12。

表4-12　电流检测电路常见故障

故障内容	常见原因	检测方法	处理措施
报“无负载”故障代码	电流检测变压器一次绕组或二次绕组开路	万用表电阻挡测量，阻值为无穷大	更换电流检测变压器
报“运行电流过高”故障代码	分压电阻开路		更换分压电阻
	排容C8漏电	万用表电阻挡测量，引脚有漏电电阻值	更换排容或将其直接掰断

七、模块保护电路

1. 作用

模块内部使用智能电路，不仅处理室外机CPU输出的6路信号，而且设有保护电路，当直流15V欠电压、表面过热、电流过大或短路时，见图4-47，均会输出保护信号到室外机CPU，室外机CPU接收后停止输出6路信号，并停机进行保护，通过通信电路在室内机显示“模块保护”的故障代码。

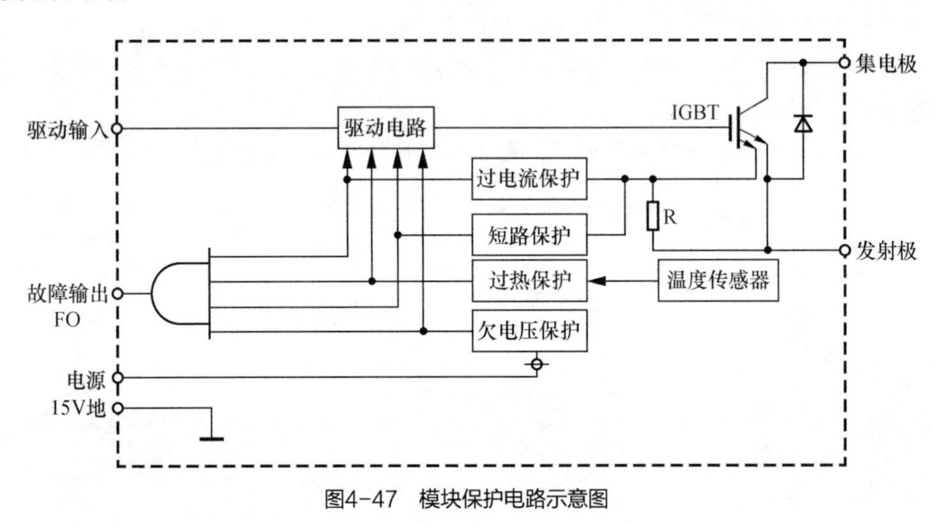

图4-47 模块保护电路示意图

2. 保护内容

① 控制电源欠电压保护：模块内部控制电路使用外接的直流15V电压供电，当电压低于直流12.5V时，模块驱动电路停止工作，不再处理6路信号，同时输出保护信号至室外机CPU。

② 过热保护：模块内部设有温度传感器，如果检测基板温度超过设定值（110℃），模块驱动电路停止工作，不再处理6路信号，同时输出保护信号至室外机CPU。

③ 过电流保护：工作时如内部电路检测IGBT开关管电流过大，模块驱动电路停止工作，不再处理6路信号，同时输出保护信号至室外机CPU。

④ 短路保护：如负载发生短路、室外机CPU出现故障、模块被击穿时，IGBT开关管的上、下臂同时导通，模块检测后控制驱动电路停止工作，不再处理6路输入信号，同时输出保护信号至室外机CPU。

3. 工作原理

图4-48所示为模块保护电路原理图，图4-49所示为实物图，表4-13所示为模块FO引脚（⑮脚）与CPU引脚（㉒脚）电压对应关系。

室外机电控系统上电后，如模块的直流15V供电电压、负载和内部没有短路故障，将处于正常的待机状态，模块⑮脚输出高电平（为直流14.9V），光耦G1初级发光二极管两端电压只有0.1V，因此不能发光，使得次级光电三极管处于截止状态，5V电压经模块板上电阻R13、室外机主板上电阻R234送至室外机CPU㉒脚，为高电平5V，室外机CPU检测后判断模块正常，处于待机状态。

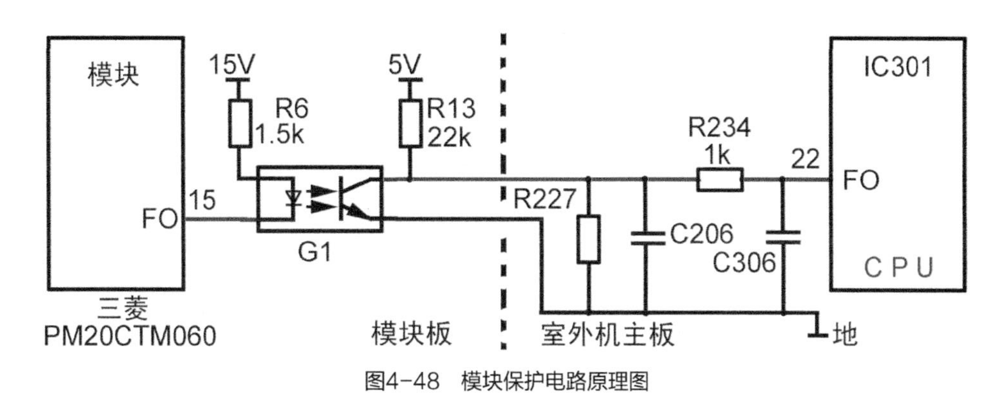

图4-48 模块保护电路原理图

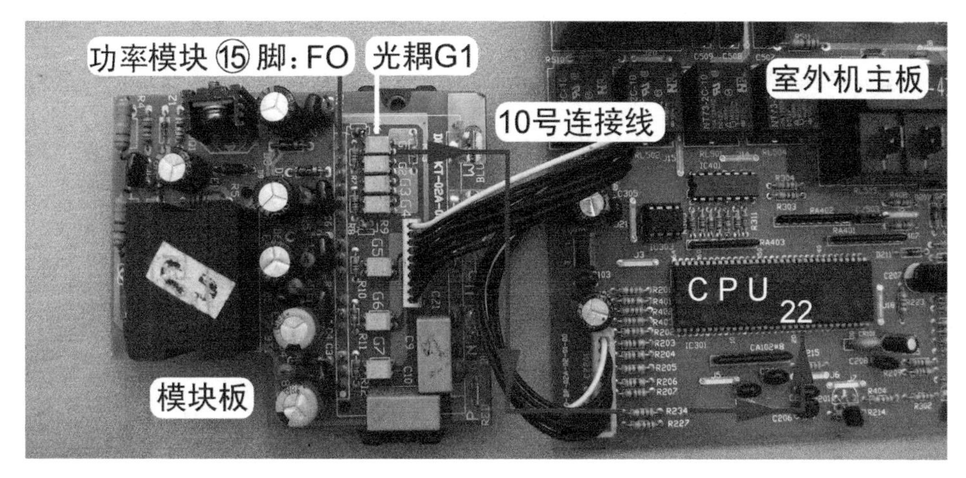

图4-49 模块保护电路实物图

表4-13 模块⑮脚与CPU㉒脚电压对应关系

位 置	模块⑮脚	光耦初级正极	光耦初级两端电压	10号连接线	CPU㉒脚
正常待机（V）	14.9	15	0.1	5	5
欠电压保护（V）	5.8	6.9	1.1	0	0

如果运行或待机时模块内部电路检测到上述的4种保护（欠电压、过热、过电流、短路），此处以控制电源15V欠电压保护为例（即输入的直流15V电压降低至直流12V），模块不再处理输入的6路信号，同时其⑮脚输出低电平（约5.8V），输入的直流12V电压经电阻R6限流，加到光耦G1初级发光二极管正极的电压约6.9V，此时G1初级发光二极管两端电压为直流1.1V，初级发光二极管发光，使得次级光电三极管导通，室外机CPU㉒脚通过电阻R234、G1次级接地，电压为低电平0V，室外机CPU判断模块保护，不再输出6路信号，控制室外机停机，并将信号通过通信电路送至室内机CPU，显示“模块保护”的故障代码。

说明：由于模块检测的4种保护使用同一个输出端子，因此室外机CPU检测后只能判断“模块保护”，而具体是哪一种保护则判断不出来。

4. 测量4种保护注意事项

测量时使用万用表直流电压挡，直流15V电压和直流5V电压的“地”不相通，因此黑表笔应连接各自的“地线”，否则测量得出的电压为错误值。

① 控制电源直流15V如果一直处于欠电压保护，则模块⑮脚一直为低电平，光耦G1初级电压一直为1.1V，室外机CPU㉒脚为低电平0V。

② 过热保护中，模块基板的温度高于保护值110℃时，模块⑮脚为低电平，模块不再处理6路信号（室外机CPU检测后也不再输出6路信号），模块温度会逐渐下降，低于约100℃时，⑮脚恢复为高电平。

③ 过电流保护中，模块内部电路检测到电流过大，⑮脚输出低电平后，室外机CPU控制立即停机，因此⑮脚的低电平电压一般测量不出来。

④ 短路保护中，如果上、下桥臂的IGBT开关管直接导通，相当于直流300V电压短路，室外机上电时PTC电阻因电流过大处于开路状态，室外机电控系统无供电；即使是单个桥臂击穿，直流300V电压也会降低，因此不需要测量⑮脚的低电平电压。

5. “模块保护”故障代码检修方法

开机后室外机停机，室内机报“模块保护”的故障代码时，可按以下步骤检查。

① 断电后拔下模块P、N、U、V、W 5个端子的引线，使用万用表二极管挡，测量模块是否正常（测量方法参见第1章第6节内容），如击穿则更换模块。

② 上电后使用万用表直流电压挡，测量直流15V电压，如低于正常值或高于正常值应检查开关电源电路。

③ 如开机时压缩机启动后室外机立即停机，室内机报故障代码，应拔下压缩机的3根引线，再次上电开机，检查故障代码内容，仍报“模块保护”的故障代码，为模块故障；如改报“无负载”的故障代码，为压缩机卡缸或线圈短路损坏，可更换压缩机试机。

说明：室外机CPU只有一个检测压缩机壳体温度的引脚，压缩机卡缸或线圈短路，室外机CPU不能直接判断，只能依靠模块间接判断。如果压缩机卡缸或线圈短路损坏，启动时则会引起模块电流过大，其⑮脚FO输出低电平，室外机CPU判断为“模块保护”，因此检修“模块保护”故障时，应检查压缩机是否损坏。

第4节 室外机输出部分电路

CPU把输入部分的信号处理后对输出部分的电路进行控制，输出部分的电路主要有主控继电器、室外风机、四通阀线圈和6路信号输出。

一、主控继电器电路

1. 作用

主控继电器电路为室外机供电，并与PTC电阻组成延时防瞬间大电流充电电路，对直流300V滤波电容充电。上电初期，交流电源经PTC电阻、硅桥为滤波电容充电，直流300V电压为开关电源供电，开关电源输出电压，其中的一路直流5V为室外机CPU供电，CPU工作后检测通信信号，正常后控制主控继电器触点闭合，由主控继电器触点为室外机供电。

2. 工作原理

图4-50所示为主控继电器电路原理图，图4-51所示为实物图，表4-14所示为CPU引脚电压与继电器触点状态对应关系。

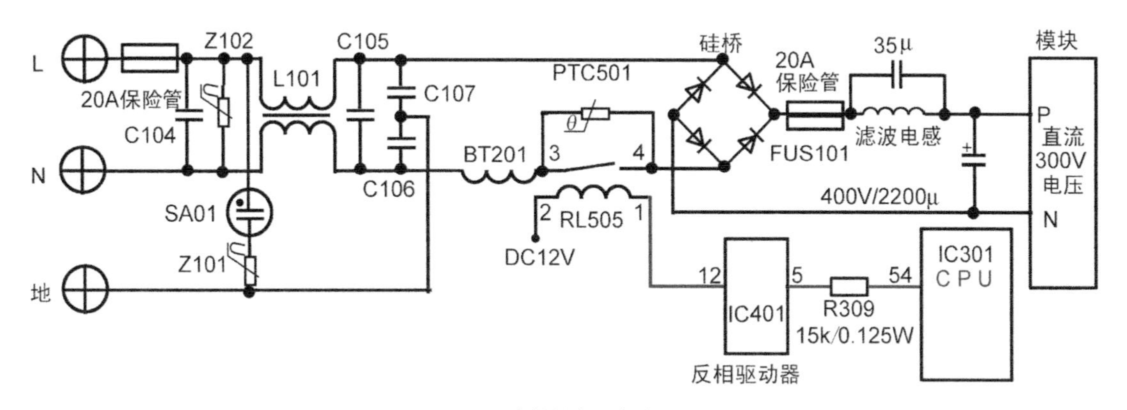

图4-50 主控继电器电路原理图

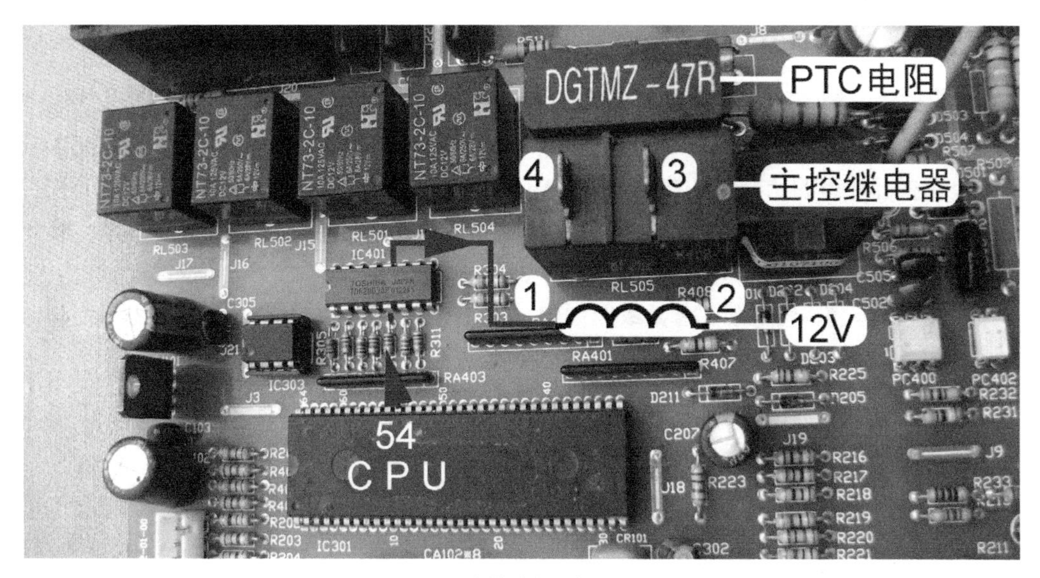

图4-51 主控继电器电路实物图

■ 表4-14 CPU引脚电压与继电器触点状态对应关系

CPU㉞脚	IC401⑤脚	IC401⑫脚	RL505线圈1-2电压	RL505触点3-4状态
直流4.8V	直流2V	直流0.8V	直流11.2V	闭合
直流0V	直流0V	直流12V	直流0V	断开

电路由CPU㉞脚、限流电阻R309、反相驱动器IC401的⑤和⑫脚、主控继电器RL505组成。

CPU需要控制RL505触点闭合时，CPU㉞脚输出高电平5V电压，经限流电阻R309送到IC401的⑤脚（电压约为直流2V），使反相驱动器内部电路翻转，IC401⑫脚电压变为低电平（约0.8V），主控继电器RL505线圈两端电压为直流11.2V，产生电磁吸力使触点3-4闭合。

CPU需要控制RL505触点断开时，CPU㉞脚为低电平0V，IC401的⑤脚电压也为0V，内部电路不能翻转，IC401⑫脚为高电平12V，RL505线圈两端电压为直流0V，由于不能产生电磁吸力，触点3-4断开。

3. 常见故障

常见故障见表4-15，表现为开机后室外机运行约1min，室外机因无供电而停止工作，原因为主控继电器触点不能吸合。

■ 表4-15 主控继电器电路常见故障

故障内容	常见原因	检修方法	处理措施
室外机运行 1min后停机，主控继电器触点不能吸合	限流电阻R309开路	万用表电阻挡测量阻值	更换R309或将其短路
	主控继电器线圈开路		更换主控继电器
	主控继电器触点锈蚀		
	反相驱动器IC401损坏	万用表直流电压挡测量输入端与输出端电压	更换反相驱动器

4. 本机设计原因引起的故障

本机室外机主板CPU与反相驱动器之间设有限流电阻，序号从R305到R311，安装位置见图4-52，参数为15kΩ/0.125W。由于选用功率小而阻值大，在使用一段时间后，电阻容易出现阻值变大或接近开路的状况，限流电阻两端电压过高，使得反相驱动器输入端电压过低，而导致CPU输出的电压经限流电阻后不能使反相驱动器内部电路翻转，出现室外风机不能运行、四通阀线圈不通电（即不能工作在制热模式）、主控继电器触点不能吸合等故障。

后期的主板已将限流电阻的参数改为10kΩ/0.25W或5kΩ/0.25W，目前的主板设计时通常取消限流电阻，CPU输出引脚直接连接反相驱动器输入引脚。

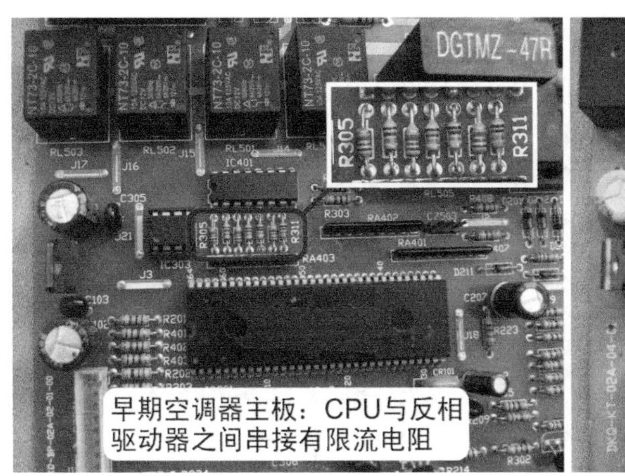

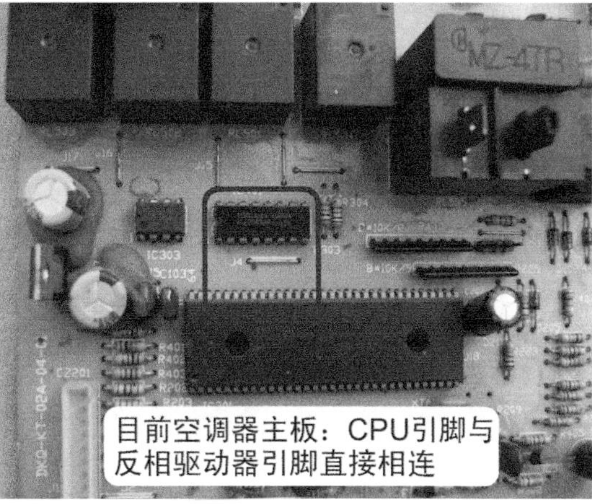

图4-52 反相驱动器限流电阻安装位置

二、室外风机电路

1. 作用

室外机CPU根据室外环温传感器和室外管温传感器的温度信号，处理后控制室外风机按高、中、低3个转速运行，为冷凝器散热。

（1）制冷模式

室外机CPU检测到室外环温高于28℃时控制室外风机高速运行。若室外环温低于28℃，室外管温决定室外风机转速，室外管温小于30℃时室外风机不运行，30～35℃之间以低速运行，36～40℃之间以中速运行，大于41℃以高速运行。

（2）制热模式

室外环温决定室外风机转速。室外环温大于16℃时室外风机以低速运行，在10～15℃之间以中速运行，小于10℃以高速运行。

2. 工作原理

图4-53所示为室外风机电路原理图，图4-54所示为实物图，表4-16所示为CPU、反相驱动器（IC401）引脚电压与室外风机转速的对应关系。

电路由CPU的㊾脚、㊽脚、㊻脚，限流电阻R305～R307，反相驱动器（IC401）的①脚和⑯脚、②脚和⑮脚、③脚和⑭脚，继电器RL501～RL503，启动电容（2μF）以及室外风机组成。

室外机CPU需要室外风机高速运行时，其㊾脚、㊽脚输出高电平5V，㊾脚的5V电压经电阻R305限流后送至IC401的①脚（约2V），内部电路翻转，IC401的⑯脚为低电平0.8V，继电器RL501线圈1-2得到供电，产生电磁吸力使常开触点3-4闭合；同理，CPU㊽脚的5V电压经IC401反相放大信号，使继电器RL502的常开触点3-4闭合；于是电源L端供电经RL501的常开触点3-4→RL502的常开触点3-4，为高速抽头供电，室外风机便以高速运行。

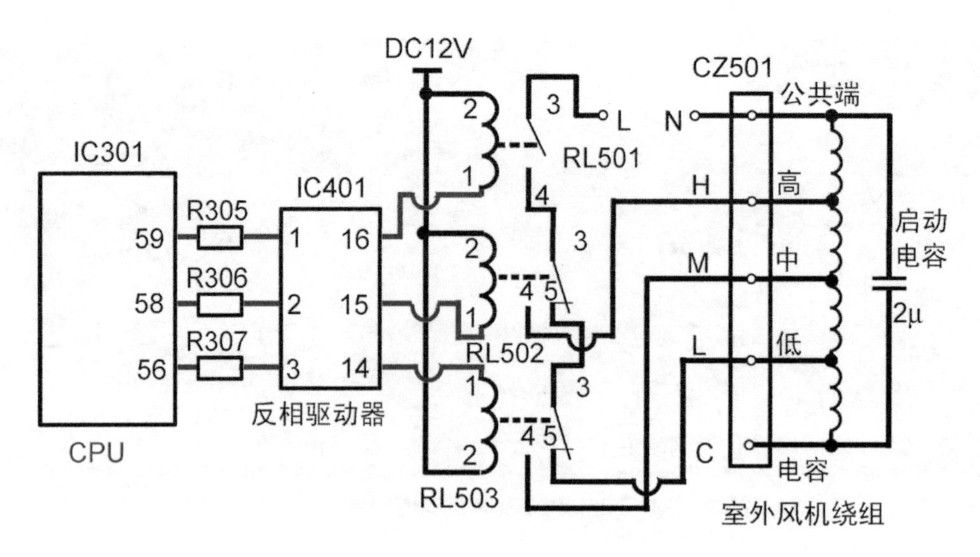

图4-53　室外风机电路原理图

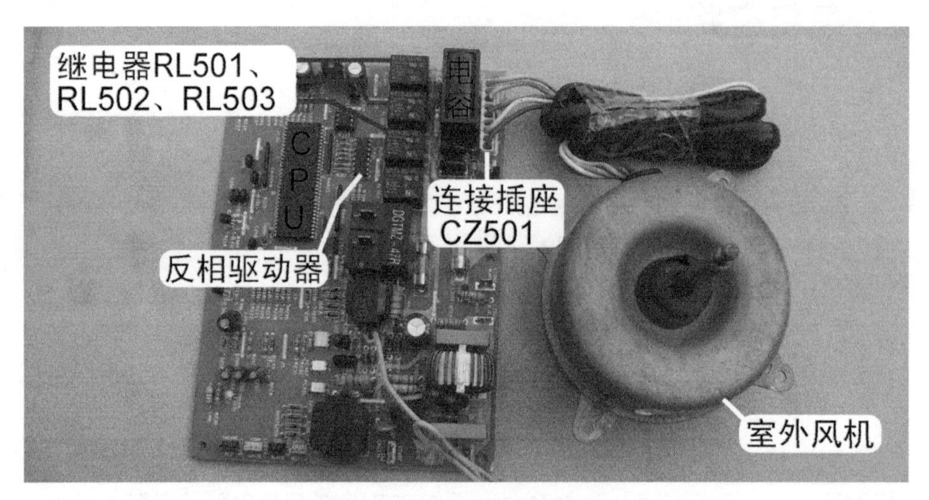

图4-54　室外风机电路实物图

■ 表4-16　　室外风机转速与CPU、IC401引脚电压对应关系

继电器RL501支路			继电器RL502支路			继电器RL503支路			风机工作转速
CPU㊾脚（V）	IC401⑯脚（V）	RL501工作触点	CPU㊽脚（V）	IC401⑮脚（V）	RL502工作触点	CPU㊻脚（V）	IC401⑭脚（V）	RL503工作触点	
4.8	0.8	常开3–4	4.8	0.8	常开3–4	0	12	—	高速
4.8	0.8	常开3–4	0	12	常闭3–5	4.8	0.8	常开3–4	中速
4.8	0.8	常开3–4	0	12	常闭3–5	0	12	常闭3–5	低速
0	12	3–4断开	0	12	—	0	12	—	停止

室外机CPU需要室外风机中速运行时，其㊾脚、㊻脚输出高电平5V，㊾脚的5V电压使继电器RL501常开触点3–4闭合，㊻脚的5V电压使继电器RL503的常开触点3–4闭合，电源L端供电经R501的常开触点3–4→RL502的常闭触点3–5→RL503的常开触点3–4，为中速抽头供电，室外风机以中速运行。

室外机CPU需要室外风机低速运行时，其⑲脚输出高电平5V，使继电器RL501的常开触点3–4闭合，电源L端供电经RL501的常开触点3–4→RL502的常闭触点3–5→RL503的常闭触点3–5，为低速抽头供电，室外风机以低速运行。

室外机CPU需要室外风机停止运行时，只要⑲脚输出低电平0V，继电器RL501的常开触点3–4断开，室外风机就会因无供电而停止运行。

3. 关键元器件室外风机

（1）铭牌和实物外形

图4–55所示为室外风机的铭牌和实物外形。

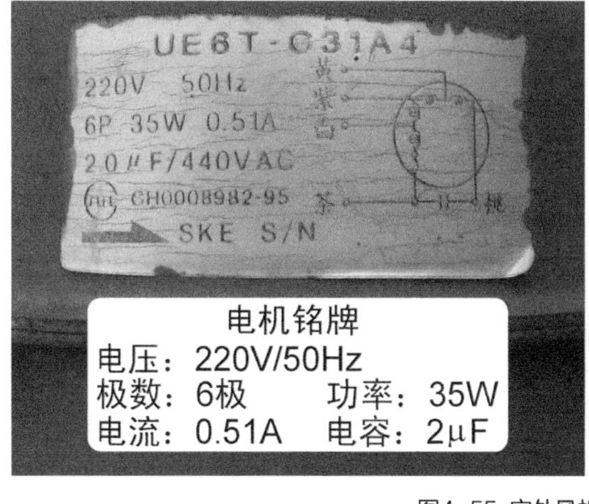

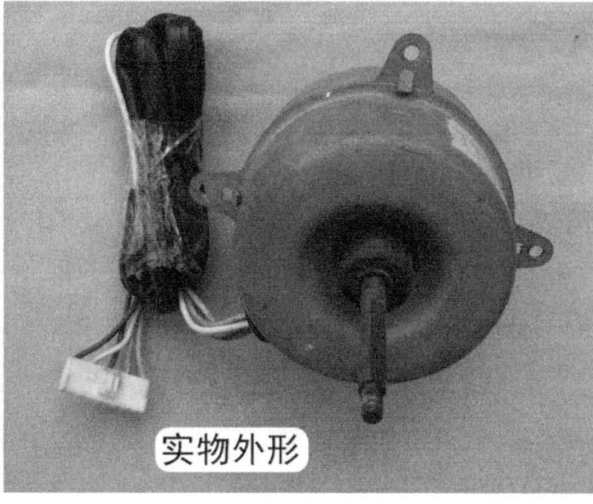

图4–55 室外风机铭牌和实物外形

（2）测量绕组阻值

绕组阻值见表4–17，室外风机绕组示意图见图4–56。

表4–17 室外风机绕组阻值

引线	N–H	N–M	N–L	N–C	H–M	H–L	H–C	M–L	M–C	L–C
阻值（Ω）	183	222	273	353	39	90	170	51	131	80

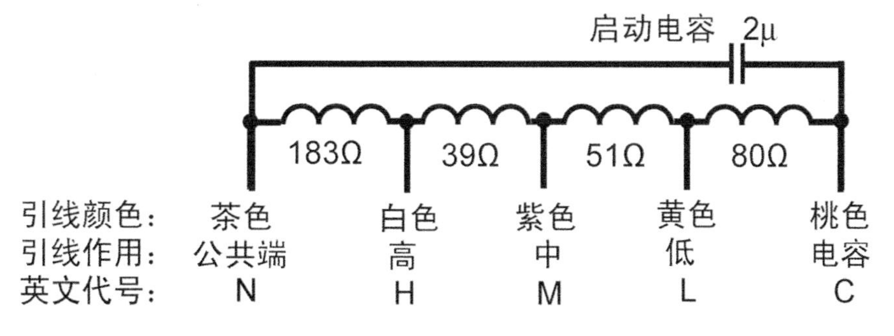

图4–56 室外风机绕组示意图

4. 常见故障

常见故障为室外风机不能运行，见表4-18。

■ 表4-18　　室外风机电路常见故障

故障内容	故障内容	检修方法	处理措施
室外风机不能运行	电阻R305～R307开路	万用表电阻挡测量	更换电阻
	反相驱动器（IC401）损坏	万用表直流电压挡测量输入端与输出端电压	更换反相驱动器
	继电器RL501～RL503线圈开路	万用表电阻挡测量阻值	更换继电器
	启动电容无容量或容量变小	万用表测量或充电测试	更换启动电容
	风机绕组开路或短路	万用表电阻挡测量	更换室外风机
	异物挡住风扇	目测	清除异物
	内部轴承卡死	用手转动风扇	更换轴承或室外风机

三、四通阀线圈电路

1. 作用

该电路的作用是控制四通阀线圈的供电与否，从而控制空调器工作在制冷或制热模式。

2. 工作原理

图4-57所示为四通阀线圈电路原理图，图4-58所示为实物图，表4-19所示为CPU引脚电压与四通阀线圈状态对应关系。

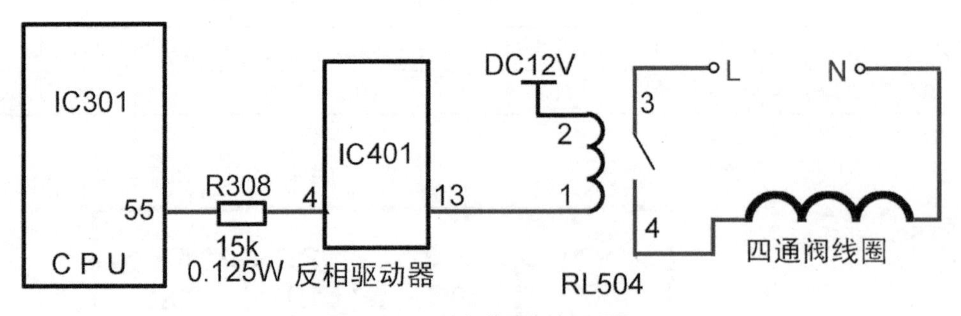

图4-57　四通阀线圈电路原理图

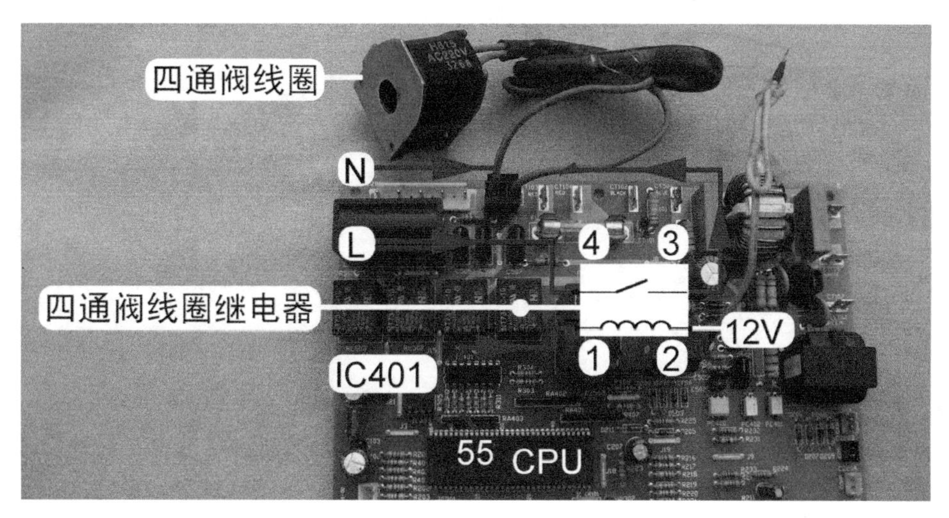

图4-58 四通阀线圈电路实物图

表4-19 CPU引脚电压与四通阀线圈状态对应关系

CPU⑤脚（V）	IC401④脚（V）	IC401⑬脚（V）	RL504线圈1-2电压（V）	RL504触点3-4状态	四通阀线圈电压	空调器工作模式
直流4.8	直流2	直流0.8	直流11.2	闭合	交流220V	制热
直流0	直流0	直流12	直流0	断开	交流0V	制冷

电路由CPU㊺脚、限流电阻R308、反相驱动器（IC401）的④脚和⑬脚、继电器RL504组成。

室内机CPU对遥控器输入信号或应急模式下的室内环温信号处理后空调器需要工作在制热模式时，将控制信号通过通信电路传送至室外机CPU，其㊺脚输出高电平5V电压，经限流电阻R308后送到IC401的④脚（电压约为直流2V），反相驱动器内部电路翻转，⑬脚电压变为低电平（约0.8V），继电器RL504线圈两端电压为直流11.2V，产生电磁吸力使触点3-4闭合，四通阀线圈得到交流220V电源，吸引四通阀内部磁铁移动，在压力的作用下转换制冷剂流动的方向，使空调器工作在制热模式。

当空调器需要工作在制冷模式时，室外机CPU㊺脚为低电平0V，IC401的④脚电压也为0V，内部电路不能翻转，⑬脚为高电平12V，RL504线圈两端电压为直流0V，由于不能产生电磁吸力，触点3-4断开，四通阀线圈两端电压为交流0V，对制冷系统中制冷剂流动方向的改变不起作用，空调器工作在制冷模式。

3. 安装位置

四通阀线圈安装在四通阀阀体表面，测量线圈时使用万用表电阻挡，见图4-59，表笔直接测量插头两端，正常阻值约为1.3kΩ。

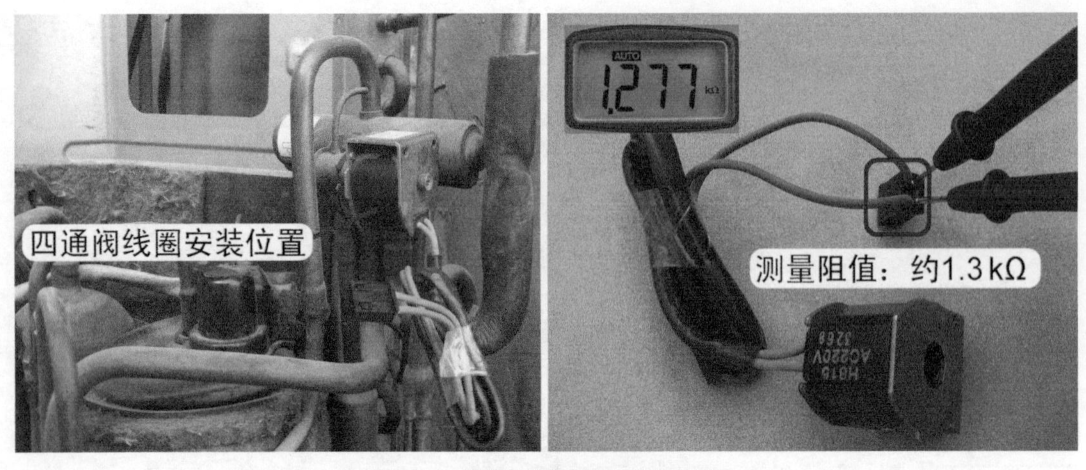

图4-59　四通阀线圈安装位置和测量方法

4．常见故障

常见故障为制冷模式正常，制热开机时室外机运行，室内机蒸发器结霜，见表4-20。

■ 表4-20　四通阀线圈电路常见故障

故障内容	常见原因	检修方法	处理措施
制热开机，室外机运行，室内机蒸发器结霜	限流电阻R308开路	万用表电阻挡测量阻值	更换R308或将其短路
	反相驱动器（IC401）损坏	万用表直流电压挡测量输入端与输出端电压	更换反相驱动器
	四通阀线圈开路	万用表电阻挡测量阻值	更换四通阀线圈

四、6路信号电路

1．基础知识

本机模块的型号为三菱PM20CTM060（最大工作电流20A、最高工作电压600V），在早期空调器的变频电控系统中大量使用。由于室外机CPU输出的6路信号不能直接和模块内部的输入电路相连接，因此在室外机CPU输出端子与模块输入端子之间设有6个高速光耦，用来传递信号。

模块输出端有U、V、W 3个端子，每个输出端对应一组桥臂，每组桥臂由上桥（P侧）和下桥（N侧）组成，因此信号输入端子有6路，分别是U＋、U－、V＋、V－、W＋、W－。U＋、V＋、W＋输入的信号控制3个上桥（即P侧）IGBT开关管，U－、V－、W－输入的信号控制3个下桥（即N侧）IGBT开关管。

由于模块有6个输入端子，因此室外机CPU有6个输出信号端子，传递信号的光耦也是6个，室外机主板与模块板的连接信号引线也是6根。

2. 6路信号工作流程（见图4-60）

① 室外机CPU输出6路信号→② 光耦传递信号→③ 模块放大信号→④ 压缩机得电运行。

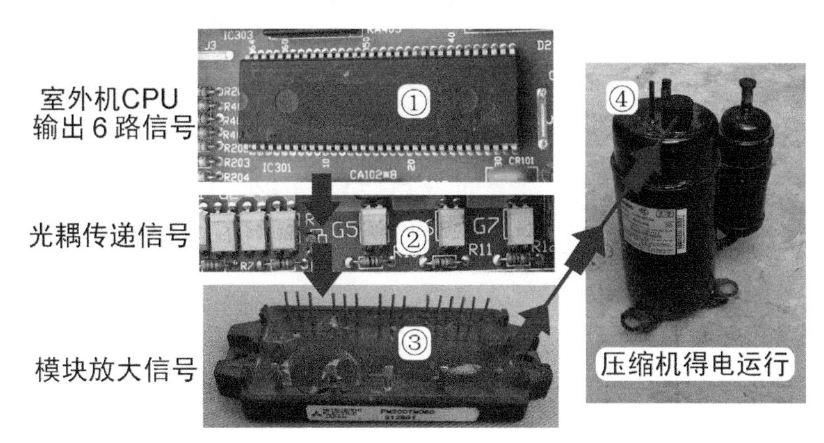

图4-60 6路信号工作流程

3. 三菱PM20CTM060引脚功能

三菱PM20CTM060引脚功能见表4-21，实物图见图4-61，共有20个引脚，弱电一侧有15个引脚，强电一侧有5个引脚。弱电侧有6个引脚为6路信号输入，8个引脚为供电（4路15V供电），1个引脚为保护信号输出；强电侧有2个引脚为直流300V电压输入，3个引脚为U、V、W压缩机输出。

表4-21 三菱PM20CTM060引脚功能

<table>
<tr><th colspan="7">弱电侧</th></tr>
<tr><th colspan="3">6路信号输入</th><th colspan="3">4路直流15V电源输入</th><th rowspan="2">保护信号</th></tr>
<tr><th>引脚</th><th>英文</th><th>作用</th><th>引脚</th><th>英文</th><th>作用</th></tr>
<tr><td>②</td><td>UP或U＋</td><td>U相上桥信号输入</td><td>①</td><td>VUPC或VU－</td><td>U相上桥驱动电路15V负极</td><td rowspan="8">保护信号输出⑮脚（FO）</td></tr>
<tr><td>⑫</td><td>UN或U－</td><td>U相下桥信号输入</td><td>③</td><td>VUPI或VU＋</td><td>U相上桥驱动电路15V正极</td></tr>
<tr><td>⑤</td><td>VP或V＋</td><td>V相上桥信号输入</td><td>④</td><td>VVPC或VV－</td><td>V相上桥驱动电路15V负极</td></tr>
<tr><td>⑬</td><td>VN或V－</td><td>V相下桥信号输入</td><td>⑥</td><td>VVPI或VV＋</td><td>V相上桥驱动电路15V正极</td></tr>
<tr><td>⑧</td><td>WP或W＋</td><td>W相上桥信号输入</td><td>⑦</td><td>VWPC或VW－</td><td>W相上桥驱动电路15V负极</td></tr>
<tr><td>⑭</td><td>WN或W－</td><td>W相下桥信号输入</td><td>⑨</td><td>VWPI或VW＋</td><td>W相上桥驱动电路15V正极</td></tr>
<tr><td colspan="3" rowspan="2"></td><td>⑩</td><td>VNC</td><td>下桥共用15V负极</td></tr>
<tr><td>⑪</td><td>VNI</td><td>下桥共用15V正极</td></tr>
<tr><th colspan="7">强电侧</th></tr>
<tr><th colspan="3">直流300V电压输入</th><th colspan="4">输出端</th></tr>
<tr><td colspan="3">⑯脚（P）：直流300V电压正极</td><td colspan="4" rowspan="2">⑱脚（U）、⑲脚（V）、⑳脚（W）模块输出，驱动压缩机运行</td></tr>
<tr><td colspan="3">⑰脚（N）：直流300V电压负极</td></tr>
</table>

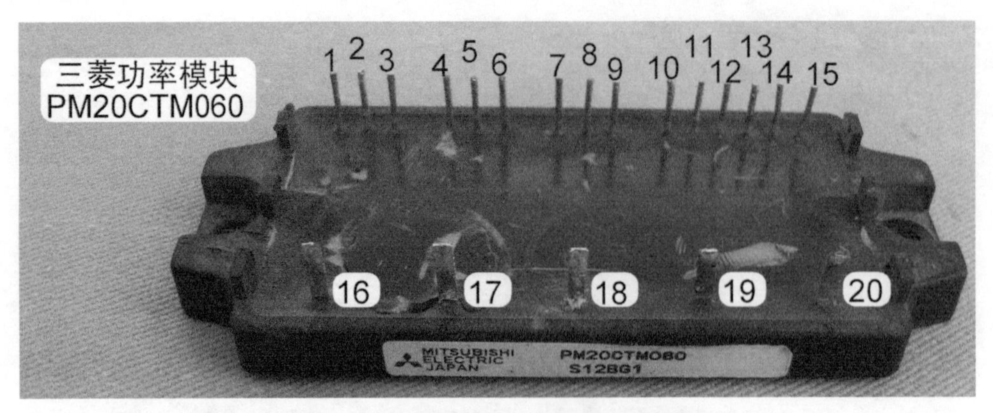

图4-61　三菱PM20CTM060模块实物图

4. 工作原理

图4-62所示为U相上桥IGBT驱动电路原理图，图4-63所示为实物图，表4-22所示为CPU输出6路信号与模块输入引脚对应关系。

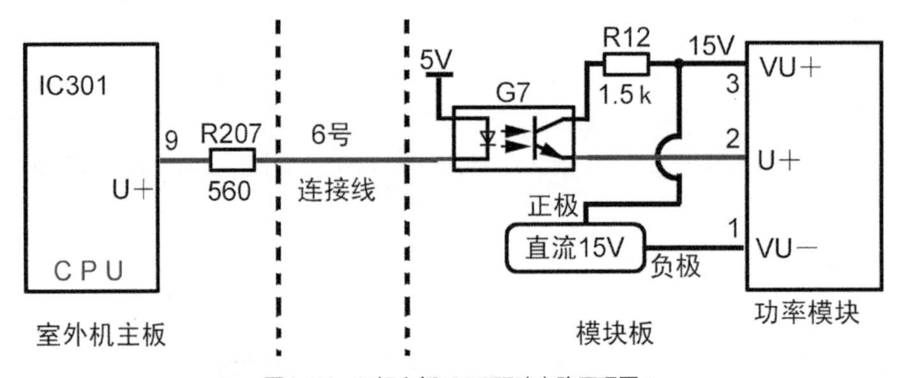

图4-62　U相上桥IGBT驱动电路原理图

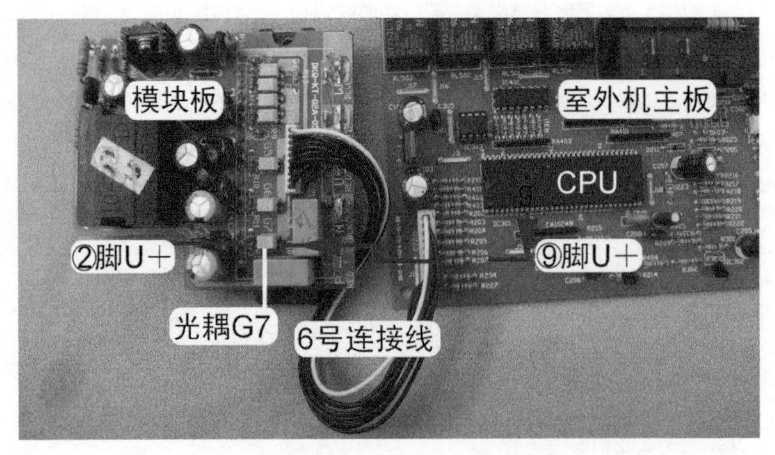

图4-63　U相上桥IGBT驱动电路实物图

表4-22 CPU输出6路信号与模块输入引脚对应关系

6路信号	CPU输出引脚	主板电阻	连接线编号	光耦编号	模块输入引脚
U+	⑨	R207	6	G7	②
U−	⑥	R205	5	G4	⑫
V+	⑧	R206	4	G6	⑤
V−	⑤	R204	3	G3	⑬
W+	⑦	R203	2	G5	⑧
W−	④	R202	1	G2	⑭

室外机CPU输出有规律的6路控制信号，经光耦送至模块内部电路，驱动内部6个IGBT开关管有规律的导通与截止，将直流300V电压转换为频率可变的交流电压，驱动压缩机高频或低频地以任意转速运行。由于室外机CPU输出6路信号控制模块内部IGBT开关管的导通与截止，因此压缩机转速由室外机CPU决定，模块只起一个放大信号时转换电压的作用。

室外机CPU的④~⑨脚输出6路信号，经连接引线送至模块板上6个光耦初级的负极，光耦次级连接模块的6个信号输入端。

6路信号传送过程的工作原理相同，以U+（U相上桥驱动）信号为例说明。室外机CPU⑨脚输出的驱动信号经电阻R207后，再经室外机主板与模块板连接线中的6号引线送到模块板上光耦G7初级的负极，次级的发射极连接模块的②脚。如果室外机CPU输出信号为高电平，G7初级无电压，使得次级截止，模块②脚无驱动电压输入（为低电平），相应的U相上桥IGBT开关管截止；如室外机CPU输出信号为低电平，G7初级发光二极管得电发光，使得次级光电三极管导通，直流15V电压经次级至模块的②脚（为高电平），相应的U相上桥IGBT开关管导通。由此可以看出，室外机CPU输出的6路信号经光耦隔离、模块内部放大后控制6个IGBT开关管按顺序导通与截止，使得直流300V电压转换为频率可调的三相模拟交流电压。

室外机CPU输出的6路信号频率变化非常快，万用表直流电压挡根本测量不出为高电平或低电平，只能判断室外机CPU是否输出信号。实测室外机主板与模块板的引线电压，6路信号相同，待机时为直流5V，压缩机运行（无论高频或低频）时为直流4.5V。

5. 室外机主板和模块板的连接线

此连接线共有10根，作用见表4-23。

连接线中有6根为6路信号线，信号由室外机主板输出；1根为地线，信号由模块板输出，并与室外机主板共用；1根为直流5V线，信号由室外机主板输出；1根为直流12V线，信号由模块板输出；1根为模块保护信号线，信号由模块板输出。

表4-23 室外机主板与模块板连接线的作用

项目	室外机主板输出							模块板输出		
连接线编号	1	2	3	4	5	6	7	8	9	10
作用	W−	W+	V−	V+	U−	U+	5V	地	12V	FO（保护）

续表

项目	室外机主板输出							模块板输出		
待机时电压（V）	5	5	5	5	5	5	5	0	12	5
运行时电压（V）	4.5	4.5	4.5	4.5	4.5	4.5	5	0	12	5

早期变频空调器室外机的电控系统中，即使模块型号相同（三菱PM20CTM060或PM30CTM060），开关电源电路设计位置也不同，连接线数量也一样不相同，图4-64（a）所示为海信KFR-2601GW/BP室外机电控系统，图4-64（b）所示为海信KFR-4001GW/BP室外机电控系统。

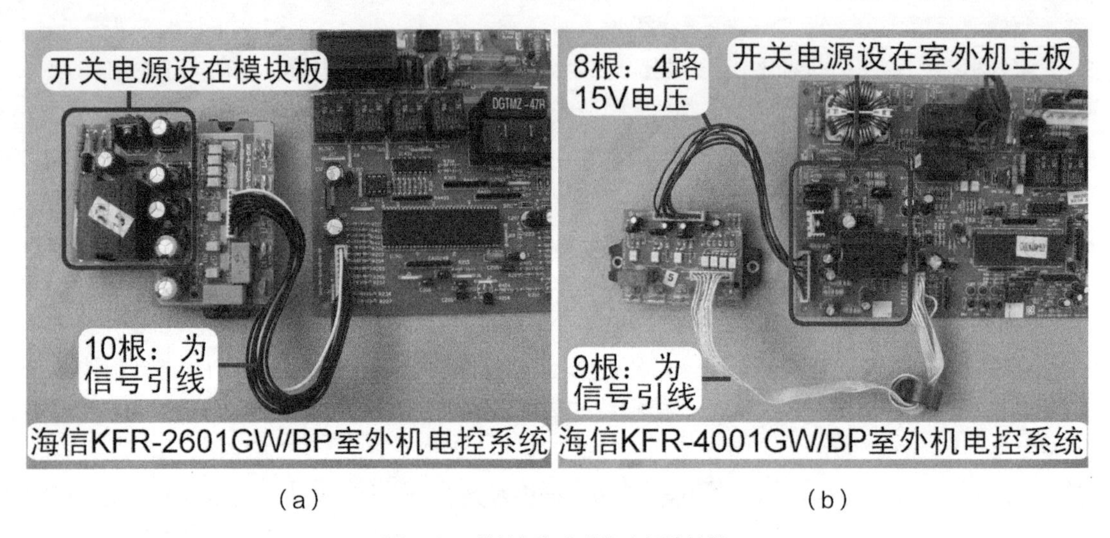

（a）　　（b）

图4-64　模块板与室外机主板连接线

本机开关电源电路设计在模块板上，与室外机主板只有一束10根的连接线。海信KFR-4001GW/BP开关电源电路设计在室外机主板上，有两束连接线：一束为信号连接线，包括9根引线，作用与本机相同，只是少了1根直流12V电压的引线；另一束为电源连接线，包括8根引线，即4路直流15V电压线，信号由室外机主板输出。

说明：目前模块的输入引脚与室外机CPU可以直接连接，不再使用光耦传送信号，并且室外机CPU与模块设计在一块电路板上，因此不再有6路信号的连接线。

6. 关键元器件和常见故障

本电路的关键元器件是模块，常见故障和测量方法详见第1章第6节内容。

7. 限频因素总结

压缩机运行时可以工作在高频或低频状态，由室外机CPU输出的6路信号决定。压缩机工作在高频状态时可实现快速制冷；工作在低频状态时只能维持房间温度，此时制冷效果会明显下降。

室外机CPU由于某种原因控制压缩机低频运行（限制压缩机运行频率，即限频），则表现为制冷效果差的故障，现象为系统运行压力高于正常值0.45MPa，运行电流约为额定值的一半。

限频因素总结如下。此处需要说明的是，在维修制冷或制热效果差故障时，需要了解的压缩机限频保护原因，出现相应故障时排除即可，并不需要死记各种数据，因为不同厂家或同一厂家不同系列的电控系统，软件和硬件设计也不相同。

（1）遥控器设定温度与房间温度之差限制

遥控器设定温度与房间温度之差限制见图4-65。

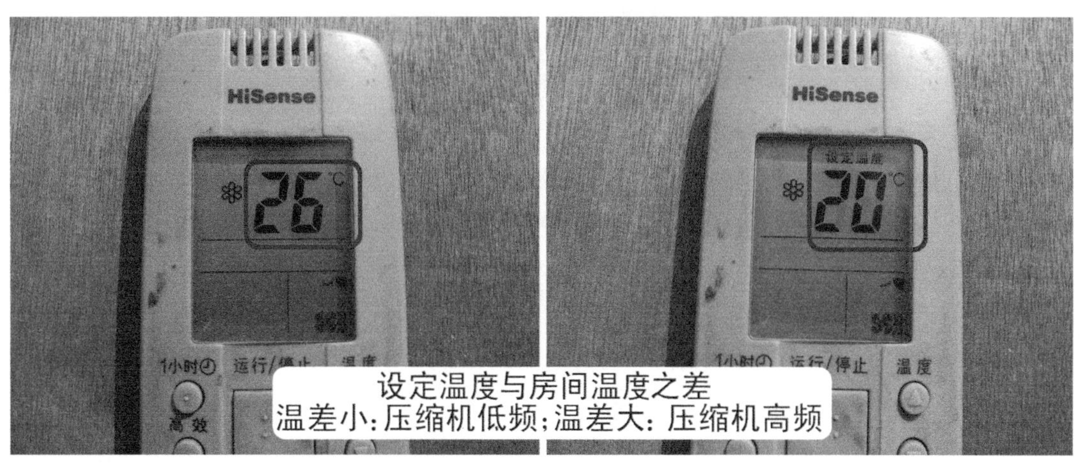

图4-65 遥控器设定温度与房间温度之差限制

① 设置目的：节能省电，变频空调器必备的控制程序。

② 控制内容：温差大，压缩机高频；温差小，压缩机低频；制冷时房间温度低于设定温度，或制热时房间温度高于设定温度，压缩机停机。

（2）遥控器并用节电功能限制

遥控器并用节电功能限制见图4-66。

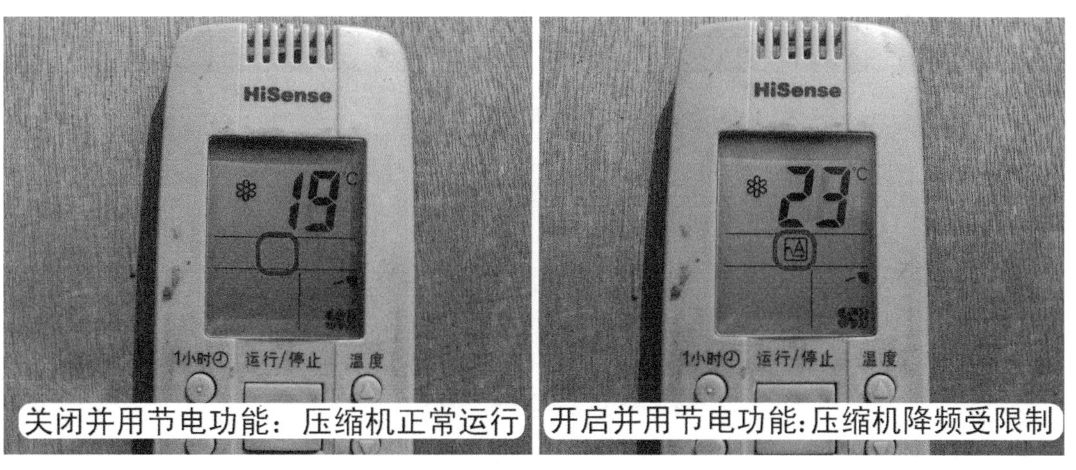

图4-66 遥控器并用节电功能限制

① 设置目的：用电高峰时能与其他电器共同使用。

② 控制内容：开启此功能后，限制压缩机运行频率，使之不能工作在高频状态，控制压缩机电流约为正常值的一半，从而减少空调器功率消耗。

（3）室内风机转速限制

室内风机转速限制见图4-67。

图4-67　室内风机转速限制

① 设置目的：制冷时室内风机为低风而压缩机高频运行，蒸发器表面温度不能及时散出，使得吸气管温度变低，容易使压缩机液击损坏，或者运行时蒸发器出现流水声；制热时蒸发器温度太高，容易使压缩机过载损坏。

② 控制内容：室内机CPU根据室内风机转速，确定是否对压缩机进行限频，如果风速为高风或中风，压缩机按当前频率运行；当室内风机为低风时，室外机CPU控制压缩机降频至一定频率运行，只有风速转换到高风或中风时才能解除限制。

（4）电源电压限制

电源电压限制见图4-68。

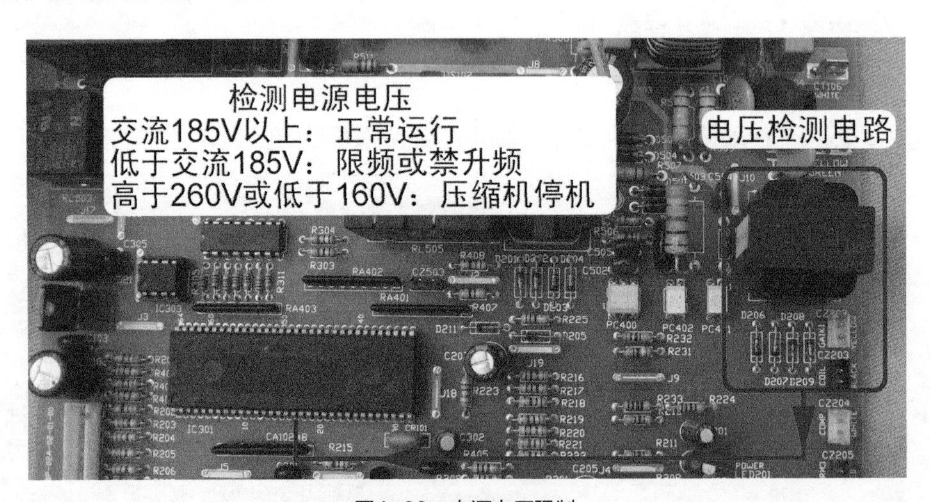

图4-68　电源电压限制

① 设置目的：电源电压过高或过低都会增加模块和室外机主板损坏的概率，电源电压过低制冷量也达不到要求。

② 停机保护条件：检测电源电压低于交流160V或高于交流260V时，室外机CPU控制压缩机停机，并在室内机显示故障代码。

③ 电源电压过低限频：当室外机CPU检测到电源电压低于交流185V时，控制压缩机降频或禁升频；当电压上升至交流185V以上时，解除压缩机限频。限频时室内风机和压缩机、室外风机均在运行。

（5）总电流限制

总电流限制见图4-69。

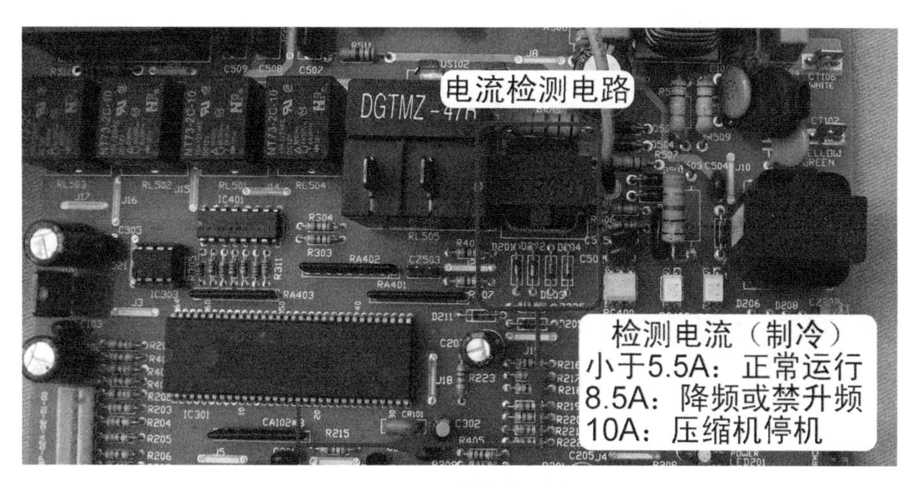

图4-69 总电流限制

① 设置目的：防止压缩机过载损坏。

② 停机保护条件：检测电流大于或等于制冷10A、制热11A，且维持10s，进入过电流保护状态，室外机CPU控制压缩机停机，并在室内机显示故障代码。

③ 过电流限频条件：检测电流大于或等于制冷8.5A、制热10A时，进入过电流限频条件，压缩机以1Hz/s的速度降频或维持当前运行频率，此时室风内机、室外风机和压缩机运行。只有检测电流小于制冷5.5A、制热7A时，才解除过电流限频，压缩机开始正常运行。

（6）冷凝器温度限制

冷凝器温度限制见图4-70。

图4-70 冷凝器温度限制

① 设置目的：防止压缩机过载损坏。

② 停机保护条件：室外机CPU检测室外管温超过70℃，控制压缩机停机，并在室内机显示故障代码；只有室外管温下降到50℃以下，并且停机时间超过3min时，才能再次控制压缩机运行。

③ 冷凝器温度过高限频：室外管温高于55℃，控制压缩机降频运行或维持当前频率运行；只有室外管温低于50℃，才能解除冷凝器温度限制。

（7）压缩机排气温度限制

压缩机排气温度限制见图4-71。

图4-71　压缩机排气温度限制

① 设置目的：防止压缩机过热损坏。

② 停机保护条件：压缩机排气温度大于等于115℃，并且维持20s，进入压缩机排气温度停机保护状态，压缩机停机，室内机显示故障代码；当压缩机排气温度降到90℃以下，且停机时间超过3min，压缩机才能再次运行。

③ 压缩机排气降频保护：压缩机排气温度大于等于100℃时，进入压缩机排气温度降频保护状态，CPU按照表4-24中的温度，控制不同的速率降频；排气温度降到小于100℃时，解除降频保护。

■ 表4-24　压缩机排气温度与降频速率对应关系

$t_{压缩机排气}$	降频速率
110℃≤$t_{压缩机排气}$<115℃	1Hz/1s
105℃≤$t_{压缩机排气}$<110℃	3Hz/10s
100℃≤$t_{压缩机排气}$<105℃	3Hz/100s

④ 压缩机禁升频保护：压缩机排气降频保护时排气温度降到小于100℃，或正常运行时排气温度达到96℃，以上任何一个条件都可进入排气禁升频保护状态，压缩机维持当前频率，根据情况可降但不能升；只有排气温度降到90℃以下，才能解除压缩机禁升频保护。

（8）制冷蒸发器防冻结限制

制冷蒸发器防冻结限制见图4-72。

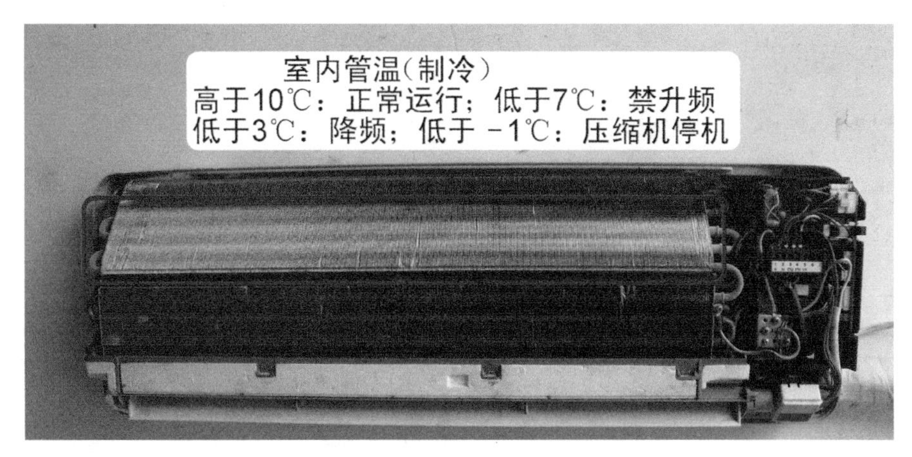

图4-72 制冷蒸发器防冻结限制

① 设置目的：制冷时防止压缩机液击损坏。

② 防冻结停机：室内管温小于-1℃且维持10s，压缩机和室外风机停机，但室内风机正常运行，并在室内机显示故障代码；只有当室内管温大于等于10℃，且压缩机停机已满3min时，压缩机和室外风机才能恢复运行，并且压缩机频率不受限制。

③ 防冻结降频保护：室内管温小于3℃时，进入防冻结降频保护状态，压缩机按3Hz/10s的速率降频，室内外风机正常运行。

④ 防冻结禁升频保护：防冻结降频保护时室内管温上升到6℃，或正常运行过程中室内管温等于7℃，以上两点任意一点满足都会进入防冻结禁升频保护状态，压缩机维持当前频率，根据情况可降但是不能升；当室内管温上升到大于9℃时，解除禁升频保护。

（9）制热蒸发器防过载限制

制热蒸发器防过载限制见图4-73。

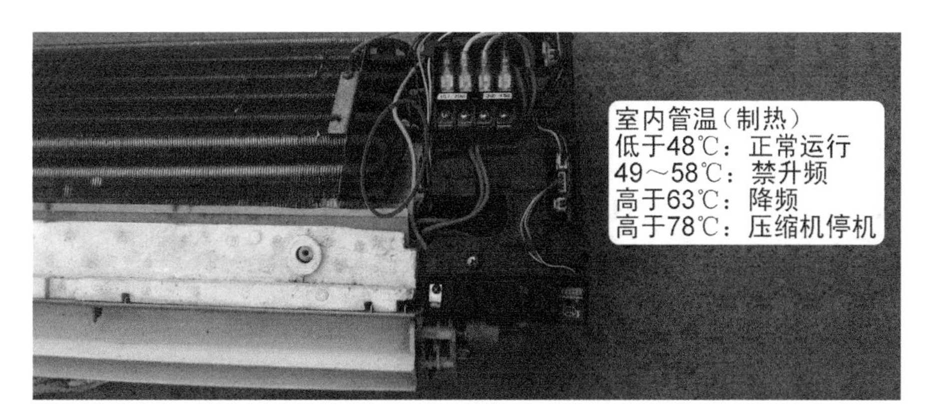

图4-73 制热蒸发器防过载限制

① 设置目的：制热时防止压缩机过载损坏。

② 制热开机，室内管温小于48℃时，频率不受约束。

③ 制热防过载停机保护：室内管温大于78℃，控制压缩机停机保护，并在室内机显示故障代码。

④ 制热防过载降频：室内管温大于63℃时，压缩机降频；当室内管温下降到小于等于58℃时，解除降频保护。

海信KFR-26GW/11BP电控系统

本章以海信KFR-26GW/11BP为原型机，分5节来介绍目前变频空调器单元电路的工作原理、关键元器件、常见故障等相关知识。

由于本机和海信KFR-2601GW/BP单元电路有很多相似之处，本章重点介绍有差别的单元电路，对于相似的单元电路只作简单说明，相关知识请查看第3章或第4章。

第1节 基础知识

本节介绍海信KFR-26GW/11BP室内机和室外机电控系统硬件组成、实物外形、单元电路中的主要电子元器件，并将插座、主板外围元器件、主板电子元器件标上代号，使电路原理图、实物外形一一对应，以方便读者阅读。

一、室内机电控系统组成

图5-1所示为室内机电控系统电气接线图，图5-2所示为实物图（不含端子板）。从图5-2中可以看出，室内机电控系统由主板（控制基板）、室内管温传感器（蒸发器温度传感器）、显示板组件（显示基板组件）、PG电机（室内风机）、步进电机（风门电机）、端子板等组成。

图5-3所示为室内机主板电路原理图。

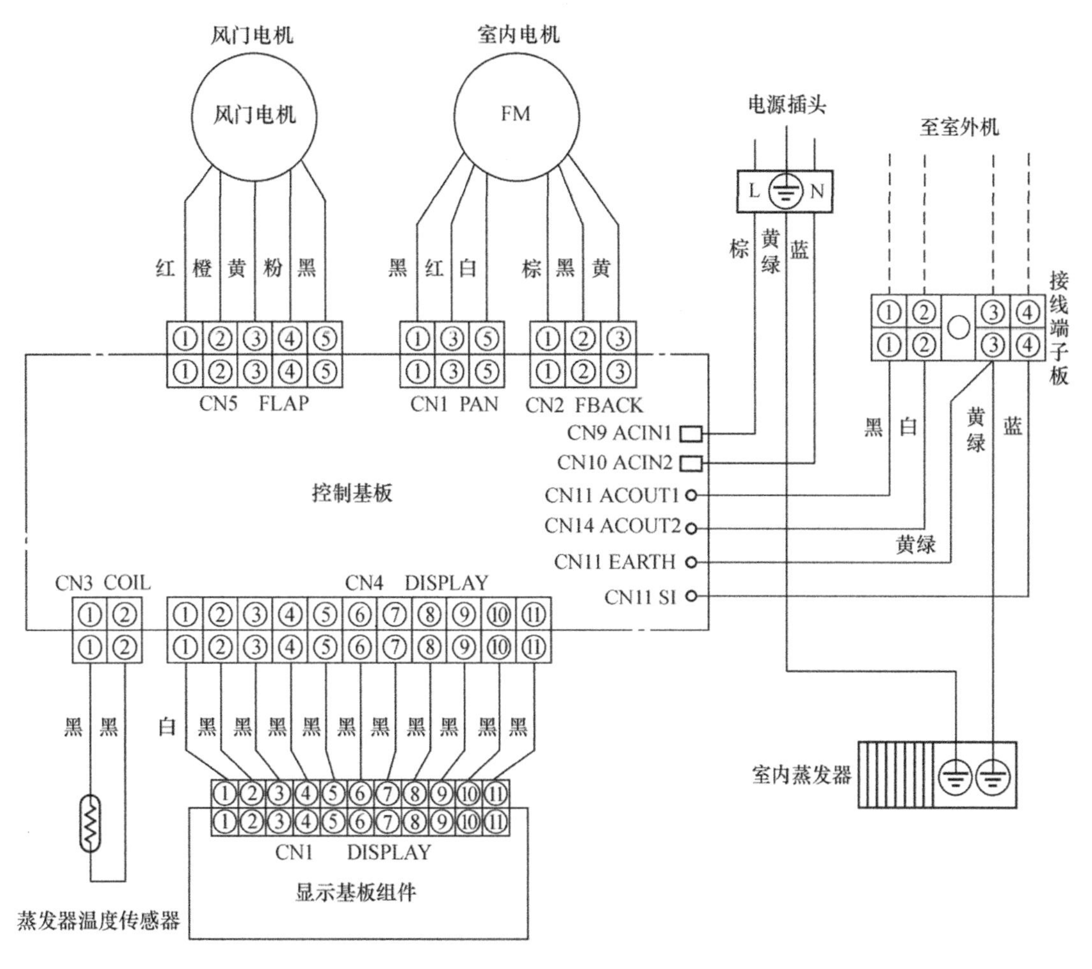

图5-1 室内机电控系统电气接线图

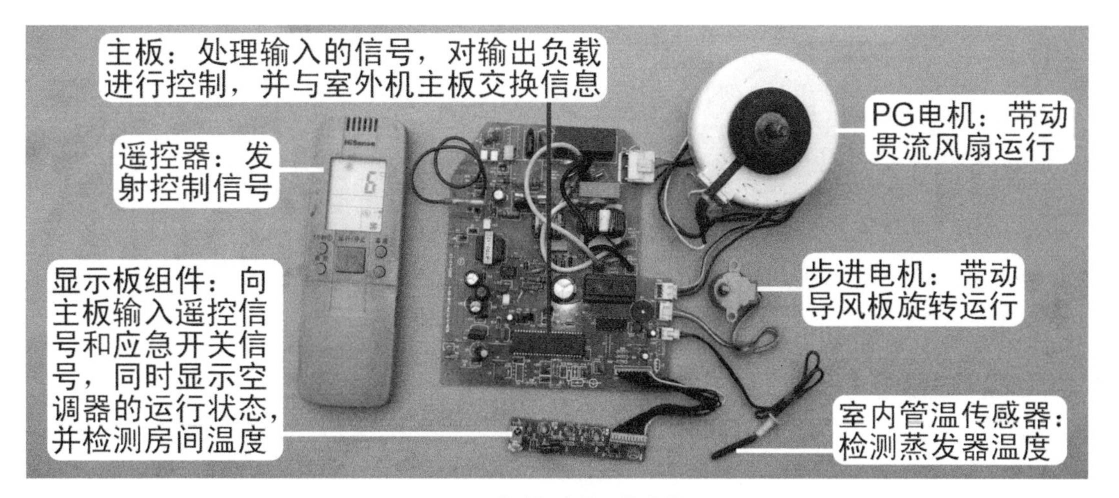

图5-2 室内机电控系统实物图

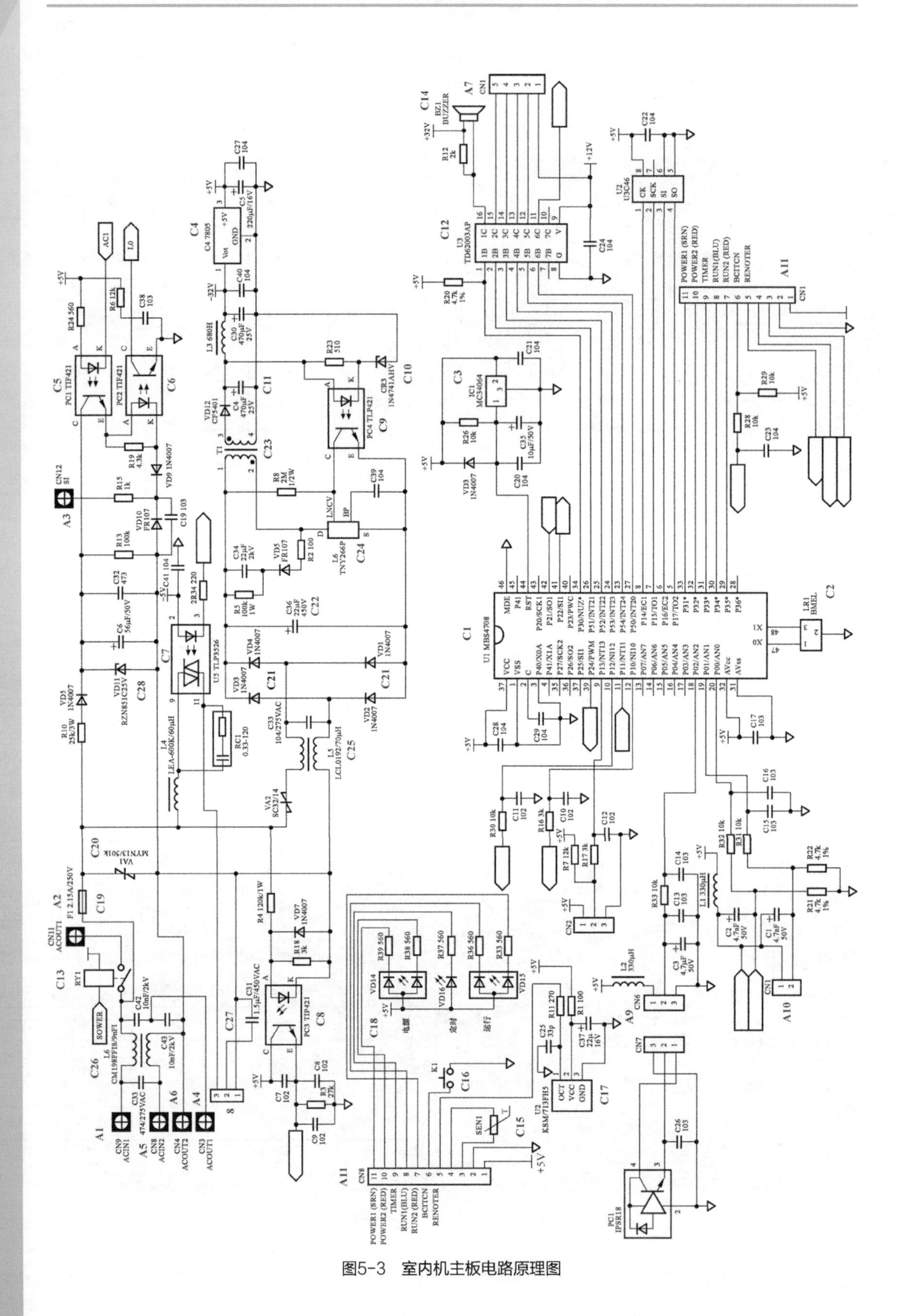

图5-3　室内机主板电路原理图

二、室内机主板插座和外围元器件

表5-1所示为室内机主板插座和外围元器件明细，图5-4所示为室内机主板插座和外围元器件。

表5-1　室内机主板插座和外围元器件明细

标号	插座/元器件	标号	插座/元器件	标号	插座/元器件	标号	插座/元器件
A1	电源L端输入	A5	电源N端输入	A9	霍尔反馈插座	B2	显示板组件
A2	电源L端输出	A6	电源N端输出	A10	管温传感器插座	B3	管温传感器
A3	通信线	A7	步进电机插座	A11	显示板组件插座		
A4	地线	A8	PG电机供电插座	B1	步进电机		

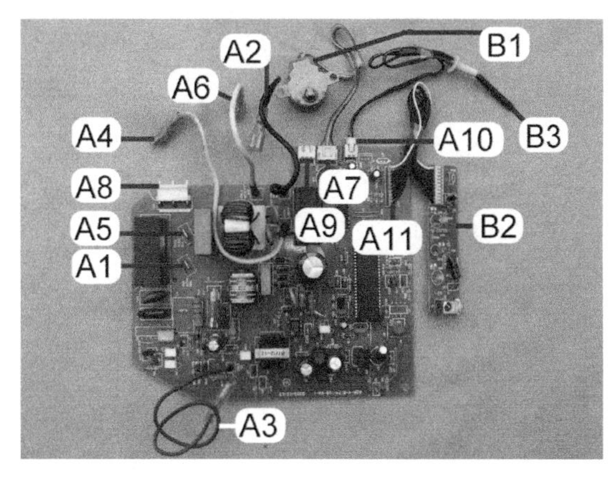

图5-4　室内机主板插座和外围元器件

主板有供电才能工作，为主板供电有电源L端输入和电源N端输入两个端子；室内机主板外围的元器件有PG电机、步进电机、显示板组件和管温传感器，相对应的在主板上有PG电机供电插座、步进电机插座、霍尔反馈插座、管温传感器插座；由于室内机主板还为室外机供电和与室外机交换信息，因此还设有室外机供电端子和通信线。

说明：

① 插座引线的代号以“A”开头，外围元器件以“B”开头，主板和显示板组件上电子元器件以“C”开头。

② 本机主板由开关电源提供直流12V和5V电压，因此没有变压器一次侧和二次侧插座。

三、室内机单元电路中的主要电子元器件

表5-2所示为室内机主板主要电子元器件明细，图5-5所示为室内机主板主要电子元器件。

表5-2　室内机主板主要电子元器件明细

标号	元器件	标号	元器件	标号	元器件	标号	元器件
C1	CPU	C8	过零检测光耦	C15	环温传感器	C22	300V滤波电容
C2	晶振	C9	稳压光耦	C16	应急开关	C23	开关变压器

续表

标号	元器件	标号	元器件	标号	元器件	标号	元器件
C3	复位集成电路	C10	11V稳压管	C17	接收器	C24	开关振荡集成电路
C4	7805稳压块	C11	12V滤波电容	C18	发光二极管	C25	扼流圈
C5	发送光耦	C12	反相驱动器	C19	保险管	C26	滤波电感
C6	接收光耦	C13	主控继电器	C20	压敏电阻	C27	风机电容
C7	光耦晶闸管	C14	蜂鸣器	C21	整流二极管	C28	24V稳压管

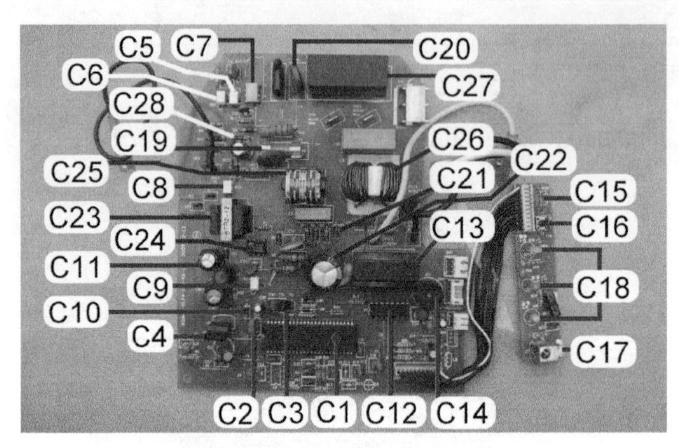

图5-5　室内机主板主要电子元器件

1. 电源电路

电源电路的作用是向主板提供直流12V和5V电压，由保险管（C19）、压敏电阻（C20）、滤波电感（C26）、整流二极管（C21）、直流300V滤波电容（C22）、开关振荡集成电路（C24）、开关变压器（C23）、稳压光耦（C9）、11V稳压管（C10）、12V滤波电容（C11）、7805稳压块（C4）等元器件组成。

交流滤波电路中使用扼流圈（C25），用来滤除电网中的杂波干扰。

2. CPU和其三要素电路

CPU（C1）是室外机电控系统的控制中心，处理输入部分电路的信号，对负载进行控制；CPU三要素电路是CPU正常工作的前提，由复位集成电路（C3）、晶振（C2）等元器件组成。

3. 通信电路

通信电路的作用是和室外机CPU交换信息，主要元器件为接收光耦（C6）和发送光耦（C5）。

4. 应急开关电路

应急开关电路的作用是在无遥控器时用其可以开启或关闭空调器，主要元器件为应急开关（C16）。

5. 接收器电路

接收器电路的作用是接收遥控器发射的信号，主要元器件为接收器（C17）。

6. 传感器电路

传感器电路的作用是向CPU提供温度信号。室内环温传感器（C15）提供房间温度信号，室内管温传感器（B3）提供蒸发器温度信号，5V供电电路中使用了电感。

7. 过零检测电路

过零检测电路的作用是向CPU提供交流电源的零点信号，主要元器件为过零检测光耦（C8）。

8. 霍尔反馈电路

霍尔反馈电路的作用是向CPU提供转速信号，PG电机输出的霍尔反馈信号直接送至CPU引脚。

9. 指示灯电路

指示灯电路的作用是显示空调器的运行状态，主要元器件为3个发光二极管（C18），其中的2个为双色二极管。

10. 蜂鸣器电路

蜂鸣器电路的作用是提示已接收到遥控信号，主要元器件为反相驱动器（C12）和蜂鸣器（C14）。

11. 步进电机电路

步进电机电路的作用是驱动步进电机运行，从而带动导风板上下旋转运行，主要元器件为反相驱动器和步进电机（B1）。

12. 主控继电器电路

主控继电器电路的作用是向室外机提供电源，主要元器件为反相驱动器和主控继电器（C13）。

13. PG电机驱动电路

PG电机驱动电路的作用是驱动PG电机运行，主要元器件为光耦晶闸管（C7）和PG电机。

四、室外机电控系统组成

图5-6所示为室外机电控系统的电气接线图，图5-7所示为实物图（不含端子排、电感A、压缩机、室外风机、滤波器等体积较大的元器件）。

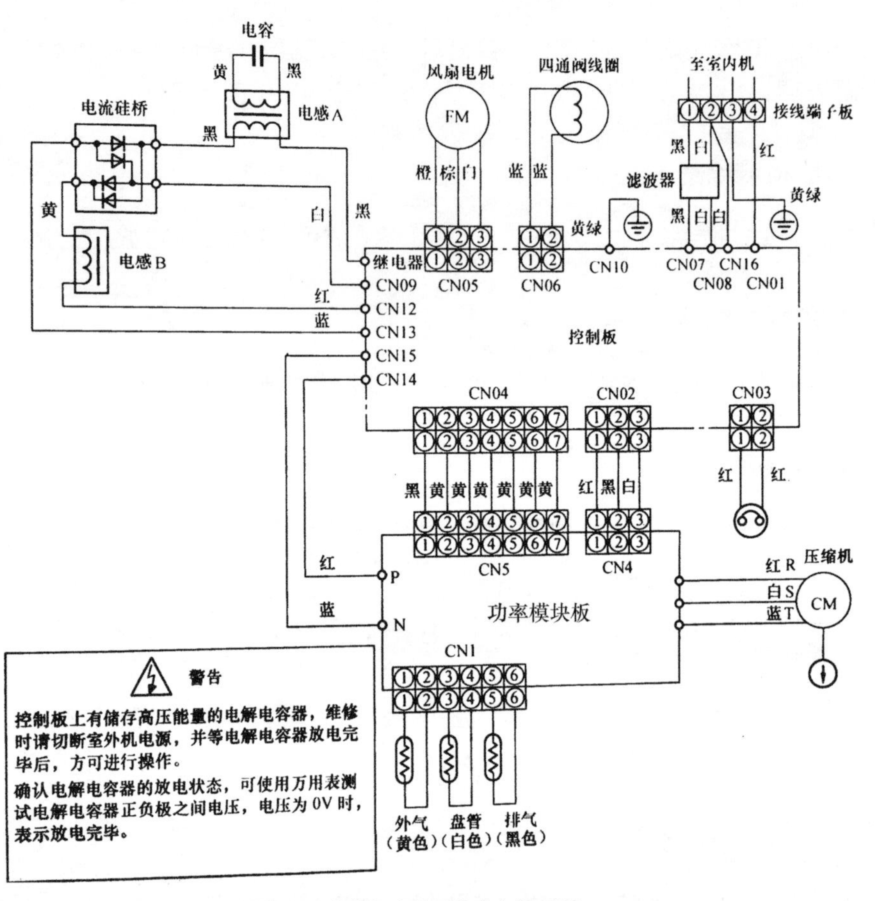

图5-6 室外机电控系统电气接线图

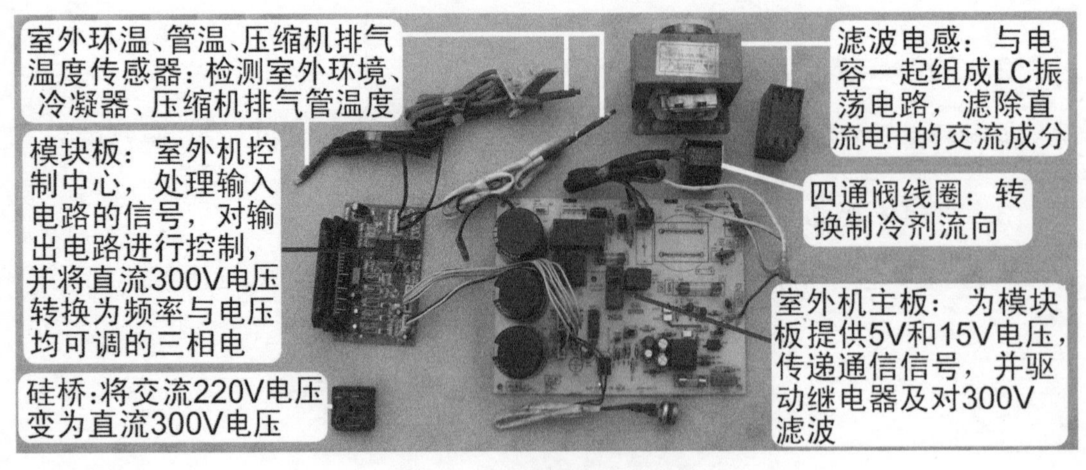

图5-7 1室外机电控系统实物图

从图5-7上可以看出，室外机电控系统由室外机主板（控制板）、功率模块板（简称模块板）、滤波器、整流硅桥、电感A、电容、滤波电感（电感B）、压缩机、压缩机顶盖温度开关（压缩机热保护器）、室外风机（风扇电机）、四通阀线圈、室外环温传感器（外气）、室外管温传感器（盘管）、压缩机排气温度传感器（排气）和端子排组成。

图5-8所示为室外机主板电路原理图，图5-9所示为模块板电路原理图。

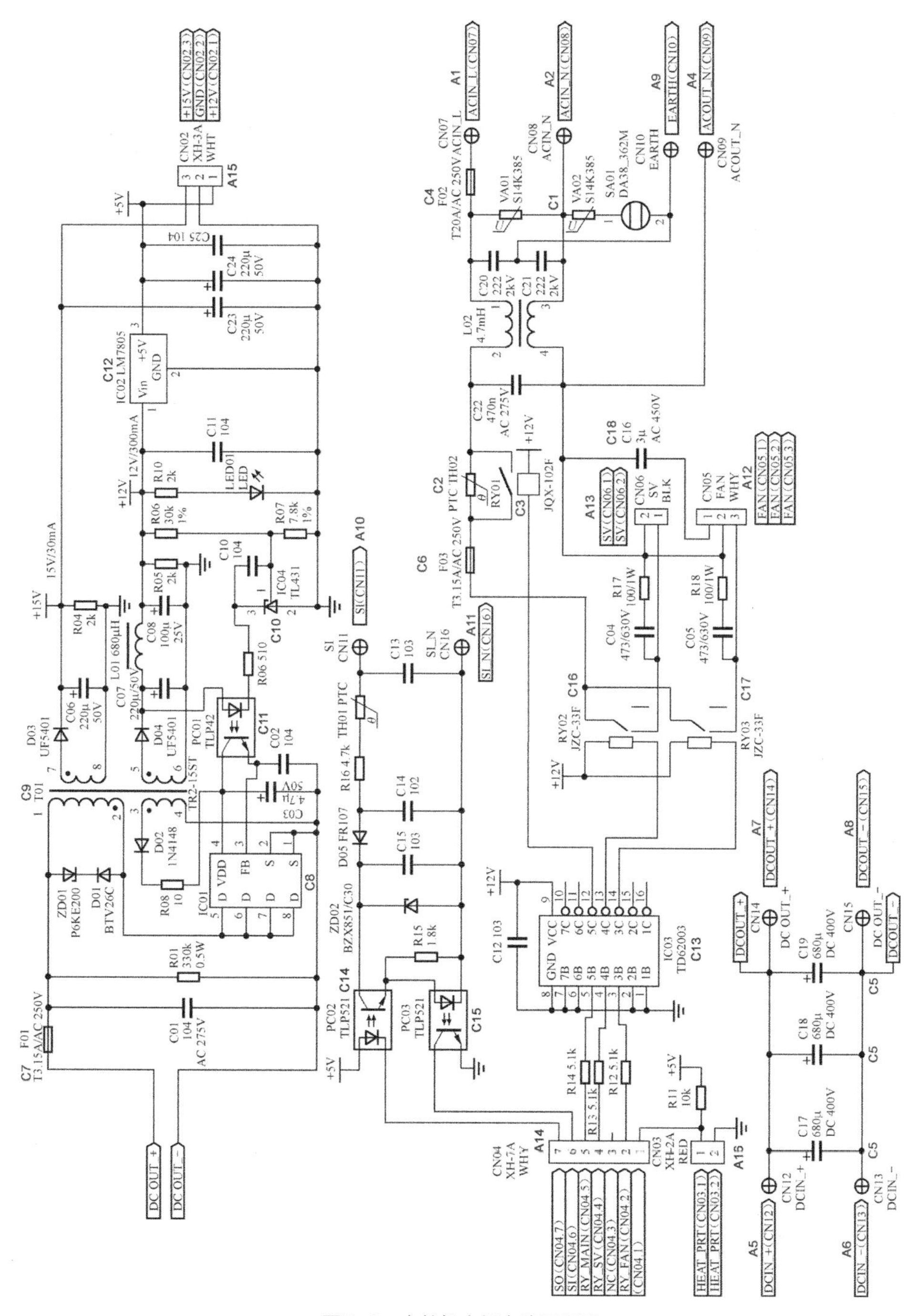

图5-8 室外机主板电路原理图

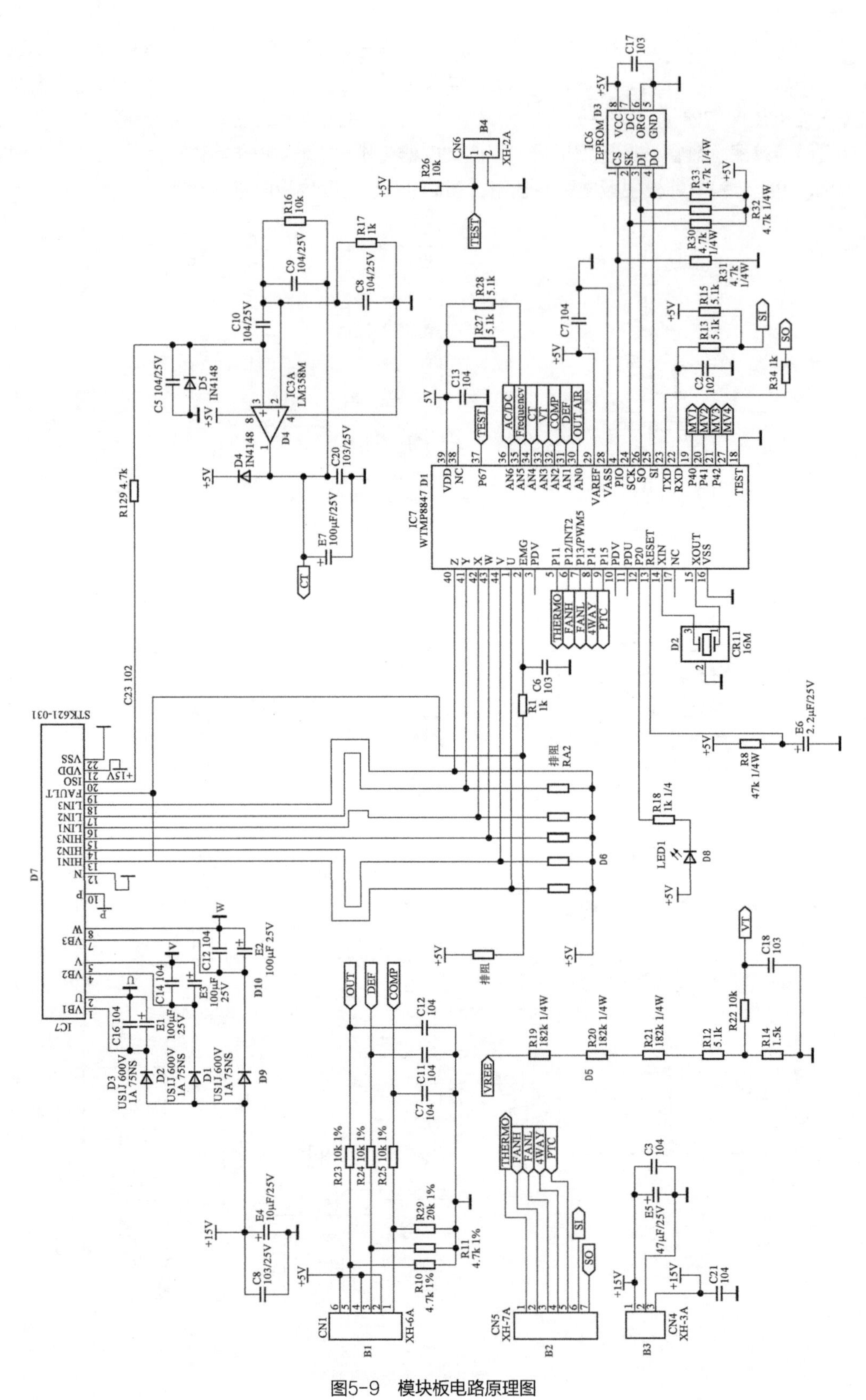

图5-9　模块板电路原理图

五、室外机主板和模块板插座

表5-3所示为室外机主板和模块板插座明细，图5-10所示为室外机主板和模块板插座。

表5-3 室外机主板和模块板插座明细

标号	插座	标号	插座	标号	插座	标号	插座
A1	电源L输入	A6	接硅桥负极输出	A11	通信N线	A16	压缩机顶盖温度开关插座
A2	电源N输入	A7	滤波电容正极输出	A12	室外风机插座	B1	3个传感器插座
A3	L端连至硅桥	A8	滤波电容负极输出	A13	四通阀线圈插座	B2	信号连接线插座
A4	N端连至硅桥	A9	地线	A14	信号连接线插座	B3	直流15V和5V插座
A5	接硅桥正极输出	A10	通信线	A15	直流15V和5V插座	B4	应急启动插座
P、N：直流300V电压输入				U、V、W：连接压缩机线圈引线			

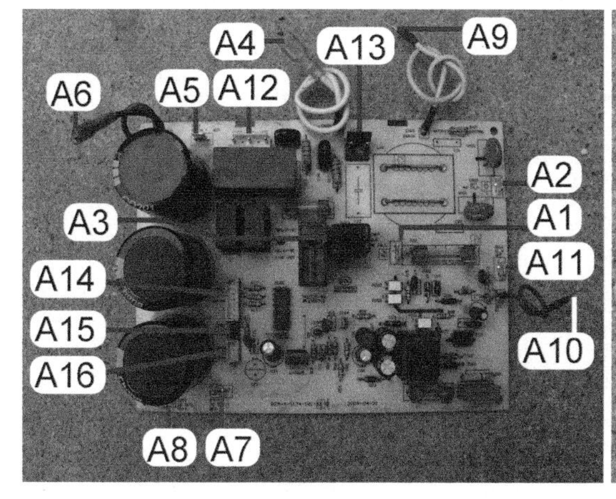

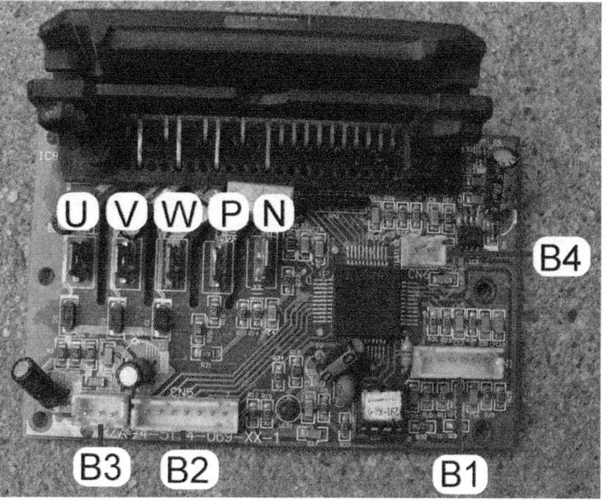

图5-10 室外机主板和模块板插座

1. 室外机主板插座

室外机主板有供电才能工作，为其供电的端子有电源L输入、电源N输入、地线3个；外围负载有室外风机、四通阀线圈、模块板、压缩机顶盖温度开关等，相对应有室外风机插座、四通阀线圈插座、为模块板提供直流15V和5V电压插座、压缩机顶盖温度开关插座；为了接收模块板的控制信号和传递通信信号，设有连接插座；为了和室内机主板交换信息，设有通信线；同时还要输出交流电为硅桥供电，相应设有两个输出端子；由于滤波电容设在室外机主板上，相应有两个直流300V输入端子和两个直流300V输出端子。

2. 模块板插座

CPU设计在模块板上，其有供电才能工作，弱电有直流15V和5V电压插座，强电有直流300V供电电压接线端子；为和室外机主板交换信息，设有连接插座；外围负载有室外环温、室外管温、压缩机排气温度3个传感器，因此设有传感器插座；还有模块输出的U、V、W端子，以及带有强制启动室外机电控系统的插座。

说明：

① 室外机主板插座代号以“A”开头，模块板插座以“B”开头，室外机主板电子元器件以“C”开头，模块板电子元器件以“D”开头。

② 室外机主板设计的插座，由模块板和主板功能决定，也就是说，室外机主板的插座没有固定规律，插座的设计由机型决定。

六、室外机单元电路中的主要电子元器件

表5-4所示为室外机主板和模块板上主要电子元器件明细，图5-11（a）所示为室外机主板主要电子元器件，图5-11（b）所示为模块板主要电子元器件。

■ 表5-4　　室外机主板、模块板主要电子元器件明细

标号	元器件	标号	元器件	标号	元器件	标号	元器件
C1	压敏电阻	C8	开关振荡集成电路	C15	接收光耦	D4	LM358
C2	PTC电阻	C9	开关变压器	C16	室外风机继电器	D5	取样电阻
C3	主控继电器	C10	TL431	C17	四通阀线圈继电器	D6	排阻
C4	20A保险管	C11	稳压光耦	C18	风机电容	D7	模块
C5	滤波电容	C12	7805稳压块	D1	CPU	D8	发光二极管
C6	3.15A保险管	C13	反相驱动器	D2	晶振	D9	二极管
C7	3.15A保险管	C14	发送光耦	D3	存储器	D10	电容

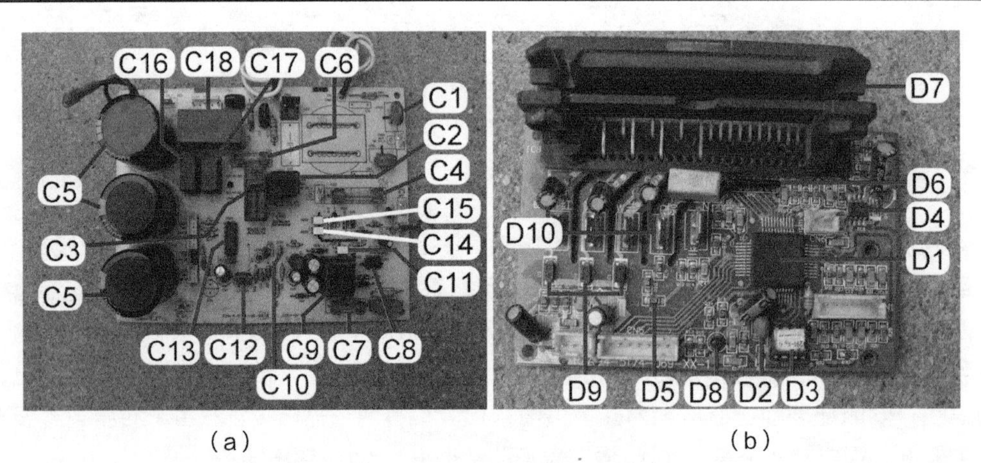

（a）　　（b）

图5-11　室外机主板、模块板主要电子元器件

1. 直流300V电压形成电路

该电路的作用是将交流220V电压变为纯净的直流300V电压，由PTC电阻（C2）、主控继电器（C3）、硅桥、滤波电感、滤波电容（C5）和20A保险管（C4）等元器件组成。

2. 交流220V输入电压电路

交流220V输入电压电路的作用是过滤电网带来的干扰，以及在输入电压过高时保护后级电路，由交流滤波器、压敏电阻（C1）、20A保险管（C4）、电感和电容等元器件组成。

3. 开关电源电路

该电路的作用是将直流300V电压转换成直流15V、直流12V、直流5V电压，其中直流15V为模块内部控制电路供电（模块还设有15V自举升压电路，主要元器件为二极管D9和电容D10），直流12V为继电器和反相驱动器供电，直流5V为CPU等供电。开关电源电路设计在室外机主板上，主要由3.15A保险管（C7）、开关振荡集成电路（C8）、开关变压器（C9）、稳压光耦（C11）、稳压取样集成电路TL431（C10）和5V电压形成电路7805（C12）等元器件组成。

4. CPU和其三要素电路

CPU（D1）是室外机电控系统的控制中心，处理输入部分电路的信号后对负载进行控制；CPU三要素电路是CPU正常工作的前提，由复位电路和晶振（D2）等元器件组成。

5. 存储器电路

存储器电路存储相关参数，供CPU运行时调取使用，主要元器件为存储器（D3）。

6. 传感器电路

传感器电路为CPU提供温度信号。环温传感器检测室外环境温度，管温传感器检测冷凝器温度，压缩机排气温度传感器检测压缩机排气管温度，压缩机顶盖温度开关检测压缩机顶部温度是否过高。

7. 电压检测电路

电压检测电路向CPU提供输入市电电压的参考信号，主要元器件为取样电阻（D5）。

8. 电流检测电路

电流检测电路向CPU提供压缩机运行电流信号，主要元器件为电流放大集成电路LM358（D4）。

9. 通信电路

通信电路与室内机主板交换信息，主要元器件为发送光耦（C14）和接收光耦（C15）。

10. 主控继电器电路

滤波电容充电完成后，主控继电器（C3）触点吸合，短路PTC电阻。驱动主控继电器线圈的器件为2003反相驱动器（C13）。

11. 室外风机电路

室外风机电路控制室外风机运行，主要由风机电容（C18）、室外风机继电器（C16）和室外风机等元器件组成。

12. 四通阀线圈电路

四通阀线圈电路控制四通阀线圈供电与失电，主要由四通阀线圈继电器（C17）等元器件组成。

13. 6路信号驱动电路

6路信号控制模块内部6个IGBT开关管的导通与截止，使模块产生频率与电压均可调的模拟三相交流电，6路信号由室外机CPU输出，直接连接模块的输入引脚，设有排阻（D6）。

14. 模块保护信号电路

模块保护信号由模块输出，直接送至室外机CPU相关引脚。

15. 指示灯电路

该电路的作用是指示室外机的工作状态，主要元器件为发光二极管（D8）。

第2节 室内机电源电路和CPU三要素电路

电源电路和CPU三要素电路是主板正常工作的前提，并且电源电路在实际维修中故障率较高。

一、电源电路

1. 作用

电源电路的作用是将交流220V电压转换为直流12V和5V电压为主板供电，本机使用开关电源型电源电路，图5-12所示为室内机开关电源电路简图。

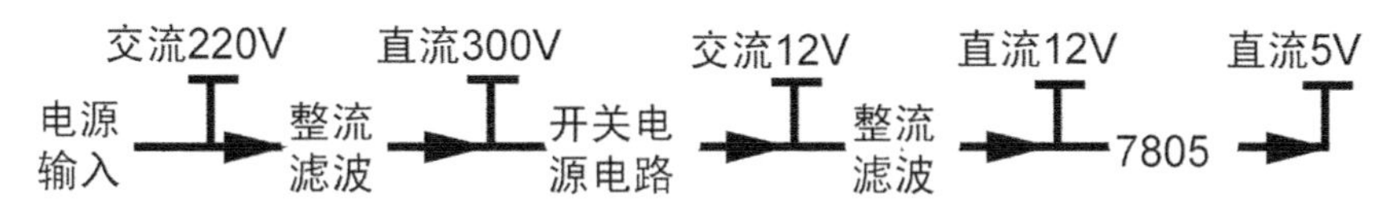

图5-12 室内机开关电源电路简图

2. 工作原理

图5-13所示为开关电源电路原理图，图5-14所示为实物图。

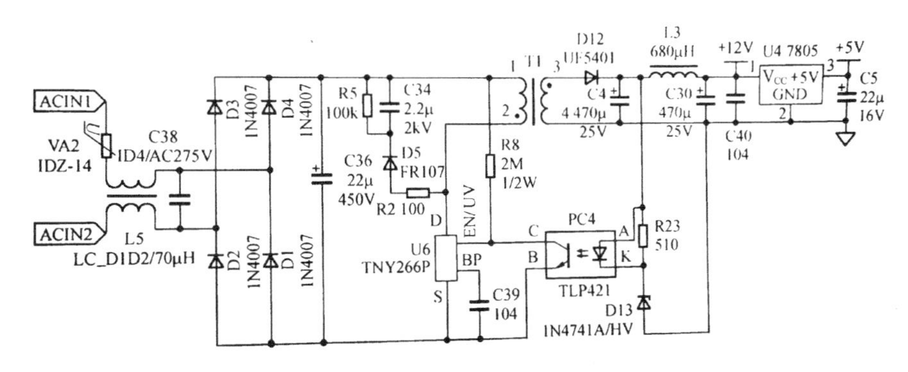

图5-13 开关电源电路原理图

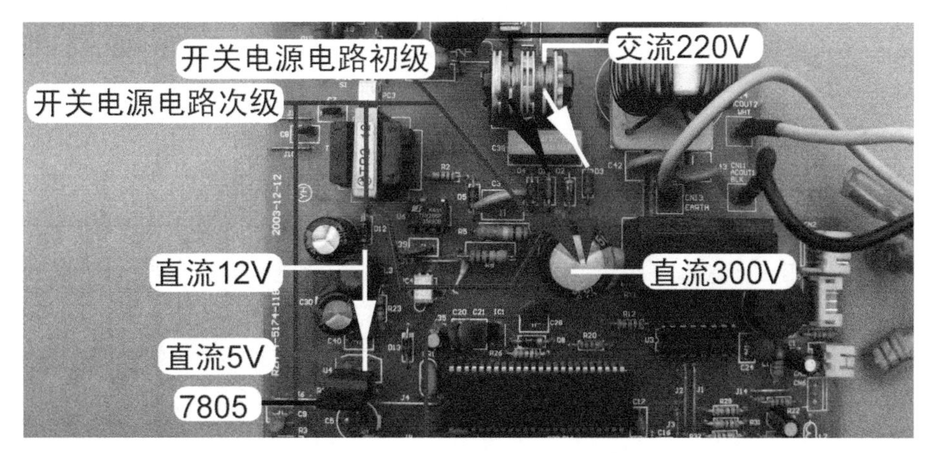

图5-14 开关电源电路实物图

（1）交流滤波电路

电容C33为高频旁路电容，与滤波电感L6组成LC振荡电路，用以旁路电源引入的高频干扰信号；保险管F1、压敏电阻VA1组成过电压保护电路，输入电压正常时对电路没有影响，而当输入电压过高时，VA1迅速击穿，将前端F1保险管熔断，从而保护主板后级电路免受损坏。

交流220V电压经过滤波后，其中一路分支送至开关电源电路，经过由VA2、扼流圈L5、电容C38组成的LC振荡电路，使输入的交流220V电压更加纯净。

（2）整流和滤波电路

二极管D1～D4组成桥式整流电路，将交流220V电压整流成为直流300V电压，电容C36滤除其中的交流成分，使其变为纯净的直流300V电压。

（3）开关振荡电路

本电路为反激式开关电源，特点是U6内置振荡器和场效应开关管，振荡开关频率固定，通过改变脉冲宽度来调整占空比。开关频率固定，因此设计电路相对简单，但是受功率开关管最小导通时间限制，对输出电压不能进行宽范围调节。由于采用反激式开关方式，电网的干扰就不能经开关变压器直接耦合至二次侧，具有较好的抗干扰能力。

直流300V电压正极经开关变压器一次绕组接集成电路U6内部开关管的漏极D，负极接开关管源极S。高频开关变压器T1一次绕组与二次绕组极性相反，U6内部开关管导通时一次绕组存储能量，二次绕组因整流二极管D12承受反向电压而截止，相当于开路；U6内部开关管截止时，T1一次绕组极性变换，二次绕组极性同样变换，D12正向偏置导通，一次绕组向二次绕组释放能量。

U6内部开关管交替导通与截止，开关变压器二次绕组得到高频脉冲电压，经D12整流，电容C4、C30、C40和电感L3滤波，成为纯净的直流12V电压为主板12V负载供电；其中一个支路送至U4（7805）的输入端，经内部电路稳压后在③脚输出端输出稳定的直流5V电压，为主板5V负载供电。

R2、D5、R5、C34组成钳位保护电路，吸收开关管截止时加在漏极D上的尖峰电压，并将其降至一定的范围之内，防止过电压损坏开关管。

C39为旁路电容，实现高频滤波和能量储存，在开关管截止时为U6提供工作电压，由于容量仅为0.1μF，因此U6上电时迅速启动并使输出电压不会过高。

电阻R8为输入电压检测电阻，开关电源电路在输入电压高于100V时，集成电路U6才能工作。如果R8阻值发生变化，将导致U6欠电压阈值发生变化，出现开关电源不能正常工作的故障。

（4）稳压电路

稳压电路采用脉宽调制方式，由电阻R23、11V稳压管D13、光耦PC4和U6的④脚（EN/UV）组成。如因输入电压升高或负载发生变化引起直流12V电压升高，由于稳压管D13的作用，电阻R23两端电压升高，相当于光耦PC4初级发光二极管两端电压上升，光耦次级光电三极管导通能力增强，U6的④脚电压下降，通过减少开关管的占空比，使开关管导通时间缩短而截止时间延长，开关变压器储存的能量变少，输出电压也随之下降。如直流12V输出电压降低，光耦次级导通能力下降，U6的④脚电压上升，增加了开关管的占空比，开关变压器储存能量增加，输出电压也随之升高。

（5）输出电压直流12V

输出电压直流12V的高低，由稳压管D13稳压值（11V）和光耦PC4初级发光二极管的压降（约1V）共同设定。正常工作时实测稳压管D13两端电压为10.5V，光耦PC4初级两端电压为1V，输出电压为直流11.5V。

3. 电源电路负载

（1）直流12V

主要有5个支路：① 5V电压形成电路7805稳压块的输入端；② 2003反相驱动器；③ 蜂鸣器；④ 主控继电器；⑤ 步进电机。

（2）直流5V

主要有7个支路：① CPU；② 复位电路；③ 霍尔反馈电路；④ 传感器电路；⑤ 显示板组件上的指示灯和接收器；⑥ 光耦晶闸管；⑦ 通信电路光耦和其他弱电信号处理电路。

4. 关键元器件

电路关键元器件为开关电源集成电路、开关变压器和稳压管，其在室内机主板的安装位置见图5–5。

（1）开关电源集成电路TNY266P

① 简介。TNY266P共有8个引脚（其中⑥脚为空脚），额定功率10W，图5–15所示为其实物外形，图5–16所示为内部框图。

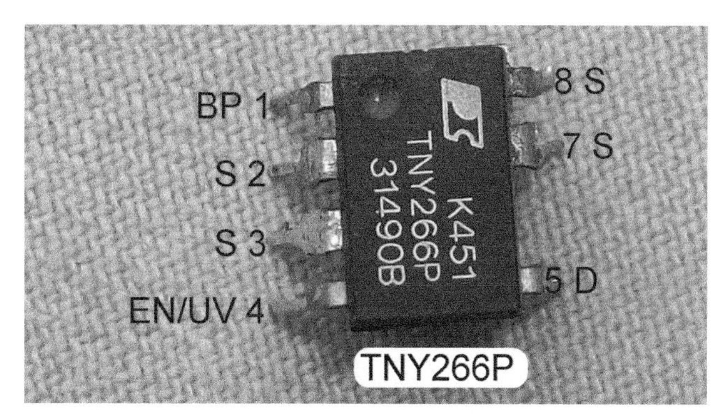

图5–15 TNY266P实物外形

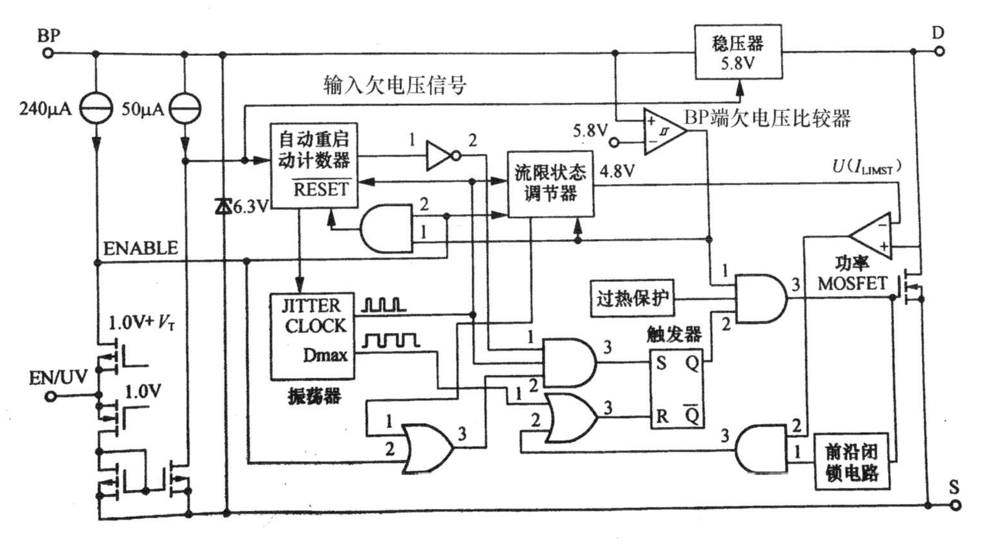

图5–16 TNY266P内部框图

内部电路集成耐压为700V的功率MOSFET开关管和控制电路，使用简单的开/关控制器来稳定输出电压。漏极D电压提供启动电压和工作能量，不用开关变压器的偏置绕组和相关电路，而且控制电路中还结合了自动重启动、输入欠电压检测和频率抖动功能。振荡器的频率固定为132kHz，允许使用低廉的EE13或EF12.6磁芯变压器，具有良好的效率。

振荡器中还增加了频率抖动电路，抖动量为±4kHz，该功能使EMI的均值和准峰值噪声均较低；在发生输出短路或控制环开路等故障时，全集成的自动重启动电路将输出功率限制在安全范围内，既限制了短路输出电流也保护了负载，同时减少了元器件个数，降低了二次侧反馈电路的成本。

② 引脚功能如下。

⑤脚漏极D：外接直流300V电压正极，连接到内部功率MOSFET开关管漏极引脚，提供启动和工作电流。

②脚、③脚、⑦脚、⑧脚源极S：外接直流300V电压负极，4个引脚在内部是相通的，连接到内部MOSFET开关管的源极，为控制电路的公用点，其中②脚和③脚接控制电路的公共端，⑦脚和⑧脚接高压返回端。

①脚BP：内部电路供电引脚，外接0.1μF的瓷片电容；并可控制功率MOSFET开关管的导通与截止（电流大于240μA时可使功率MOSFET开关管截止）；此引脚通过外接电阻与输入直流300V电压相连，可起到欠电压保护作用，如不接电阻就没有欠电压保护功能。

④脚EN/UV：输出电压调整端，接稳压光耦次级。外接至直流300V电压的电阻（本机代号R8），作用是监测直流输入电压，当电压低于直流100V时，内部欠电压检测电路将①脚BP端电压从正常值的5.8V降至4.8V，强迫功率MOSFET开关管截止，起到保护作用。

③ 引脚电压。测量时使用万用表直流电压挡，黑表笔接直流300V电压地，红表笔接引脚，开关电源电路正常工作时实测结果见表5-5。

■ 表5-5　　TNY266P正常工作时引脚电压

引　脚	⑤	②、③、⑦、⑧	①	④
电压	300V，测量时显示值闪动	0V	5.8V	0.4V

（2）开关变压器

① 实物外形和引脚说明。开关电源集成电路TNY266P不需要使用辅助绕组，见图5-14。开关变压器一次侧只有一组供电绕组（共有两个引脚）；室内机主板使用一路直流12V电压，也就是说二次侧只有一组输出绕组就可以了（实际使用两个引脚，中间引脚为空脚），见图5-17。

说明：5V产生电路7805的输入端电压取自直流12V，相当于12V电压的一个负载。

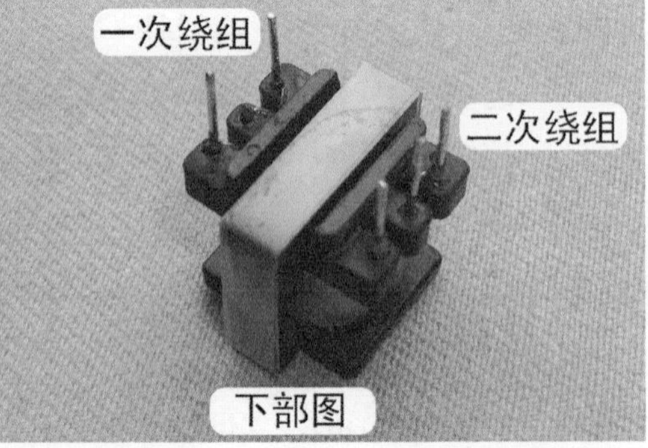

图5-17　开关变压器

② 测量引脚阻值。使用万用表电阻挡，测量一次侧供电绕组阻值为2.2Ω，二次侧输出绕

组阻值为 0.1Ω。

（3）稳压管

稳压管特性为反向击穿时电流可以在很大范围内变化，但两端电压变化很小，将电路中电压的变化情况，通过串接电阻两端的电压表现出来，在电路中起稳压作用或作为电压基准器件使用。稳压管实物外形见图5-18（a），带有圆圈标记的引脚为负极。

稳压管的主要参数为稳压值，即正常工作时两端应保持稳定的电压值。本机稳压电路中的稳压管使用型号为1N4741A，稳压值为11V。

测量时使用万用表二极管挡，见图5-18（b）和图5-18（c），黑表笔接负极，红表笔接正极，为正向测量，显示值为正向导通电压值；黑表笔接正极，红表笔接负极，为反向测量，显示值应为无穷大。

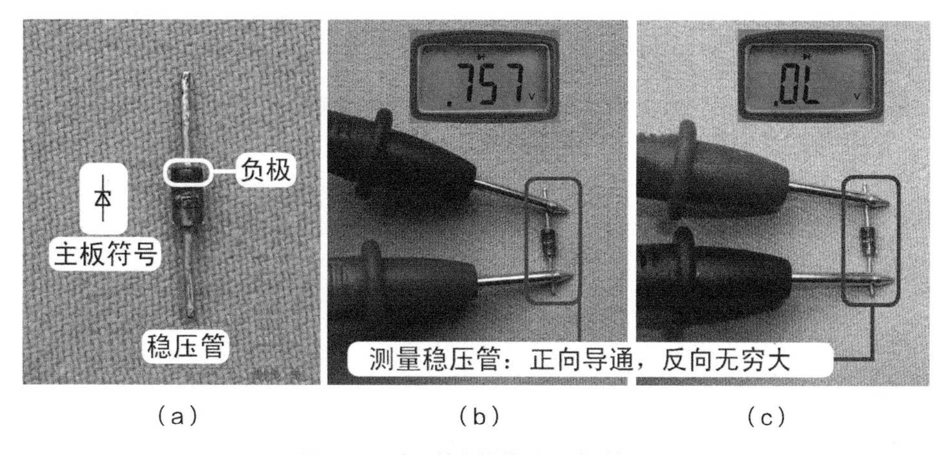

（a）　　（b）　　（c）

图5-18　稳压管实物外形和测量结果

（4）TOP系列开关电源集成电路

① 基础知识。TOP系列开关电源在空调器开关电源电路中也普遍使用，作用和TNY系列、VIPer系列的开关电源集成电路相同，是开关电源电路的核心元器件。其内部集成了高压MOSFET开关管、振荡器、脉宽调制（PWM）控制器、负载短路故障自动保护、输入电压过低或过高自动保护等电路，振荡器工作频率有132kHz和66kHz两种。

TOP系列开关电源常见有两种外形，见图5-19。TOP233Y的额定功率为20W，采用TO-220-7封装，共有7个引脚（其中②脚和⑥脚为空脚），使用时需要散热片；TOP232P的额定功率为9W，采用DIP-8封装，共有8个引脚（其中⑥脚为空脚）。

图5-19　TOP系列开关电源实物外形

② 引脚功能如下。

漏极引脚D：经开关变压器一次侧供电绕组外接直流300V电压正极，连接到内部功率MOSFET开关管漏极引脚，提供启动和工作电流。

源极引脚S：外接直流300V电压负极，连接到内部MOSFET开关管的源极，为控制电路的公用端。

多功能引脚M：过电压（OV）、欠电压（UV）输入引脚，如连接源极引脚则取消过电压和欠电压保护功能。

控制引脚C：用于占空比控制的误差放大器和反馈电流的输入脚，连接稳压光耦。

频率引脚F（仅限Y型封装）：选择开关频率的输入引脚，如果连接源极引脚为132kHz，连接控制引脚为66kHz。P和G封装只能以132kHz频率工作。

③ 引脚电压。测量时使用万用表直流电压挡，黑表笔接直流300V电压地，红表笔接引脚，开关电源电路正常工作时实测结果见表5-6。

表5-6 TOP232P正常工作时引脚电压

引 脚	D	S	M	C
电压	直流300V，测量时显示值闪动	0V	2.8V	5.8V

5. 电路检修技巧

① 遇到主板无5V电压故障，使用反向检修法，排除主板短路故障后，先检查12V电压，再检查开关电源电路，直至查到故障元器件并进行更换。

② 检查开关电源电路时，首先检查直流300V电压，如电压为0V，检查整流和滤波电路；如电压正常，可断开电源，使用万用表逐个检查外围元器件，如果均正常，则可判断为开关电源集成电路损坏；常见为内部开关管短路或开路，或内部电路损坏。外围元器件常见故障为欠电压检测电阻开路。

③ 见图5-20，如果开关电源集成电路（本机室内机主板代号U6、型号TNY266P）损坏，无法购买到同型号配件时，可使用维修彩色电视机常用的电源模块来修复开关电源电路。维修时取下U6，将电源模块红线焊在U6的⑤脚漏极D，黑线焊在⑧脚源极S，开机后调节输出端电压即可使用。

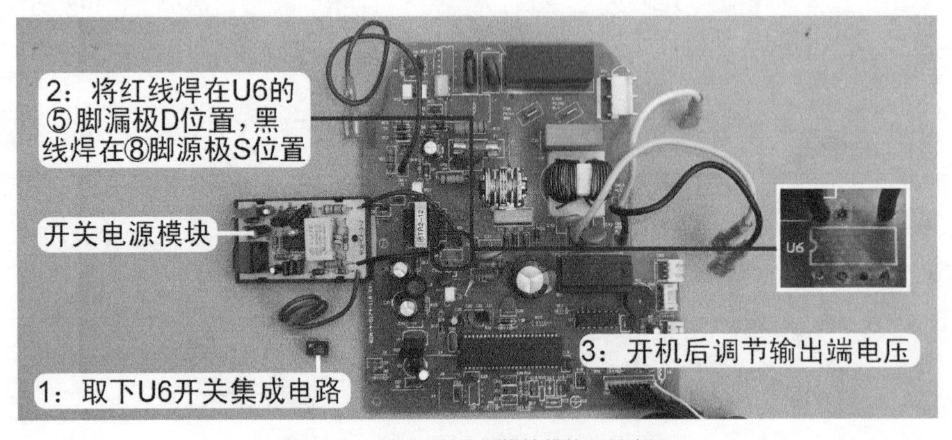

图5-20 使用开关电源模块维修开关电源

6. 常见故障

开关电源电路故障发生率最高，常见故障见表5-7。

表5-7 开关电源电路常见故障

故障内容	常见原因	检修方法	处理措施
保险管熔断	负载有短路故障导致电流过大	① 万用表电阻挡测量室内风机绕组短路；② 万用表二极管挡测量整流二极管击穿	① 更换室内风机；② 更换整流二极管
	压敏电阻击穿	压敏电阻表面炸裂	更换压敏电阻
	U6内部开关管源极与漏极击穿	万用表电阻挡测量阻值	更换U6
主板无直流12V	电压检测电阻R8开路	万用表电阻挡测量，阻值无穷大	更换R8
	U6内部电路损坏	代换法	更换U6
	稳压管损坏	万用表二极管挡测量稳压管损坏	更换稳压管
主板无直流12V（开关电源电路工作正常）	整流二极管开路	万用表二极管挡测量，整流二极管开路	更换整流二极管
	12V电压支路有短路故障	电阻挡测量主滤波电容正极与负极阻值，接近0Ω	排查12V负载，找出故障元器件并更换
主板无直流5V（12V电压正常）	5V电压支路有短路故障	万用表电阻挡测量7805输出端与地端阻值，接近0Ω	排查5V负载，找出故障元器件并更换
	7805损坏	5V电压支路无短路故障，输入端电压为12V，但输出端电压为0V	更换7805

二、CPU和其三要素电路

1. CPU简介

CPU是主板上体积最大、引脚最多的器件，是一个大规模的集成电路，是电控系统的控制中心，内部写入了运行程序。室内机CPU的作用是接收用户的操作指令，结合室内环温、管温传感器等输入部分电路的信号进行运算和比较，确定运行模式（如制冷、制热、除湿和送风等），并通过通信电路传送至室外机主板CPU，间接控制压缩机、室外风机、四通阀线圈等部件，使空调器按用户的意愿工作。

海信KFR-26GW/11BP室内机CPU型号为MB89P475，见图5-21，主板代号U1，共有48个引脚，表5-8所示为主要引脚功能。

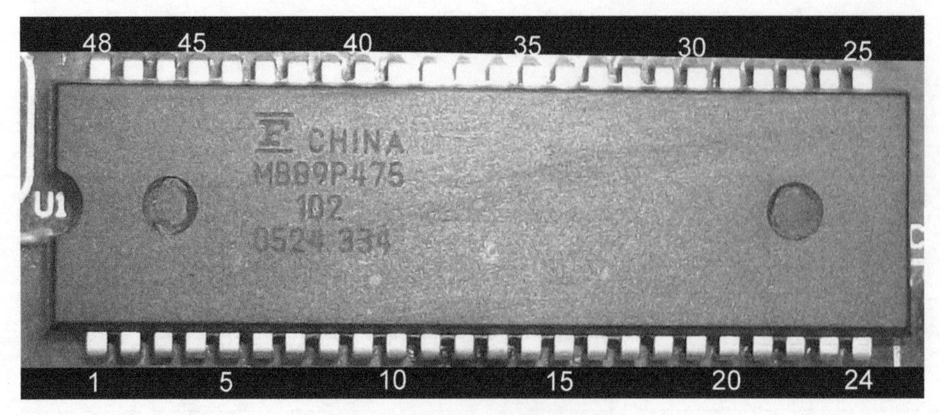

图5-21 MB89P475实物外形

■ 表5-8 MB89P475主要引脚功能

引 脚	英文符号	功 能	说 明
㊲、㉒	VCC或VDD	电源	CPU三要素电路
①、㉑、㊻	VSS或GND	地	
㊼	XIN或OSC1	8MHz晶振	
㊽	XOUT或OSC2		
㊹	RESET	复位	
㊶	SI或RXD	通信信号输入	通信电路
㊷	SO或TXD	通信信号输出	
⑲	ROOM	室内管温输入	输入部分电路
⑳	COIL	室内环温输入	
⑪	SPEED	应急开关输入	
⑫		遥控信号输入	
⑩	ZERO	过零信号输入	
⑨		霍尔反馈输入	
指示灯：㉙高效（红）、㉚运行（蓝）、㉛定时（绿）、㉜电源（红）、㉝电源（绿）			
㉓~㉖	FLAP	步进电机	输出部分电路
㉞	BUZZ	蜂鸣器	
㊴	FAN-DRV	PG电机	
㉗		主控继电器	

注：②脚、③~⑧脚、⑬~⑱脚、㉘脚、㉟脚、㊱脚、㊳脚、㊵脚、㊸脚、㊺脚均为空脚。

2. CPU三要素电路工作原理

图5-22所示为CPU三要素电路原理图，图5-23所示为实物图。电源、复位、时钟振荡电路称为三要素电路，是CPU正常工作的前提，缺一不可，否则会死机，引起空调器上电后室内机主板无反应的故障。

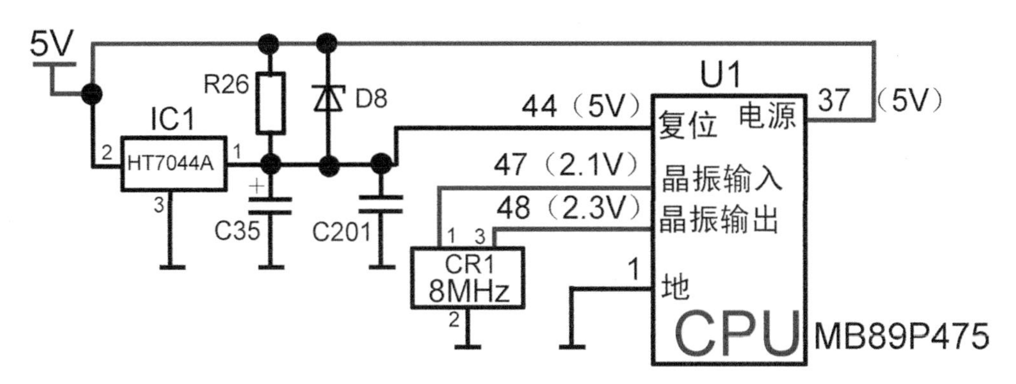

图5-22 CPU三要素电路原理图

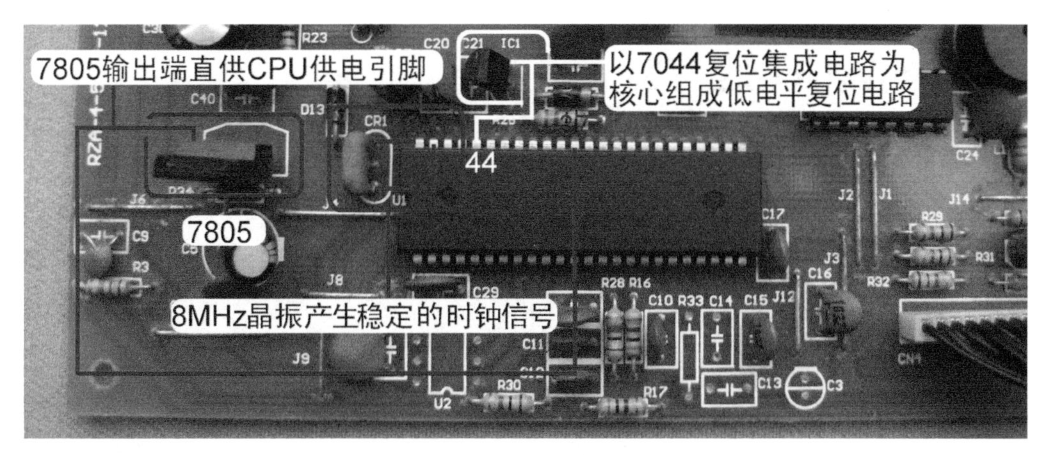

图5-23 CPU三要素电路实物图

（1）电源

CPU㊲脚是电源供电引脚，电压由7805的③脚输出端直接供给。

CPU㊻脚为接地引脚，和7805的②脚相连。

（2）复位电路

复位电路使内部程序处于初始状态。CPU的㊹脚为复位引脚，外围元器件IC1（HT7044A）、R26、C35、C201、D8组成低电平复位电路。开机瞬间，直流5V电压在滤波电容的作用下逐渐升高，当电压低于4.6V时，IC1的①脚为低电平，加至㊹脚，使CPU内部电路清零复位；当电压高于4.6V时，IC1的①脚变为高电平，加至CPU㊹脚，使其内部电路复位结束，开始工作。电容C35用来调整复位时间。

（3）时钟振荡电路

时钟振荡电路提供时钟频率。CPU㊼、㊽为时钟引脚，内部振荡器电路与外接的晶振CR1组成时钟振荡电路，提供稳定的8MHz时钟信号，使CPU能够连续执行指令。

第3节 室内机单元电路

海信KFR-26GW/11BP室内机主板单元电路和海信KFR-2601GW/BP相比，输入部分的过零检测电路、传感器电路和输出部分的指示灯电路有比较大的差别，本节将作重点介绍；而其他单元电路基本相同，本节只是简单介绍其工作原理，相关知识参见第3章内容，相同之处不再一一赘述。

另外，遥控器两者通用，工作原理也相同，本节不再叙述，相关知识参见第3章第6节内容。

一、室内机单元电路框图

图5-24所示为室内机主板单元电路框图，图中左侧为输入部分电路，右侧为输出部分电路。

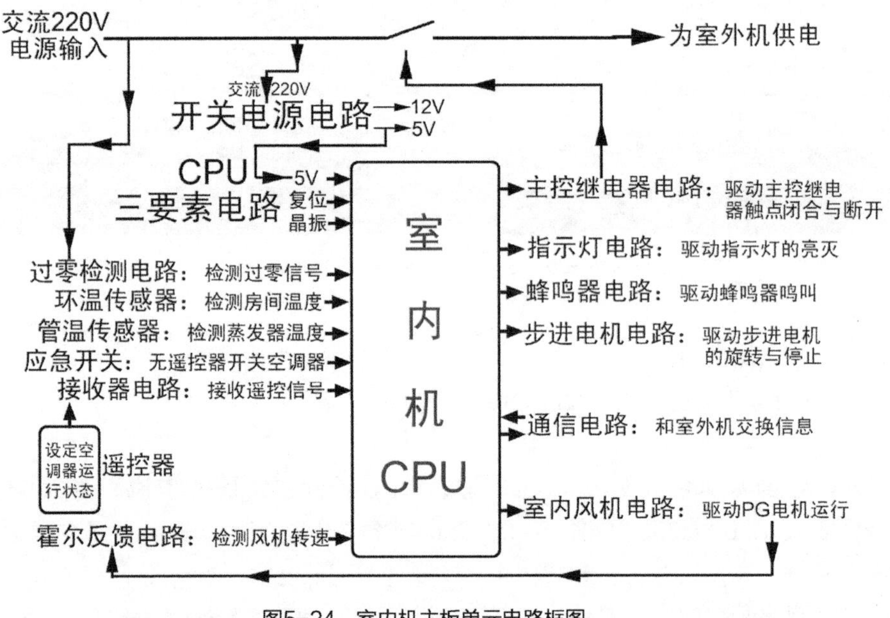

图5-24 室内机主板单元电路框图

二、输入部分电路

1. 应急开关电路

图5-25所示为海信KFR-26GW/11BP应急开关电路原理图，图5-26所示为实物图，作用是无遥控器时可以用其开启和关闭空调器。

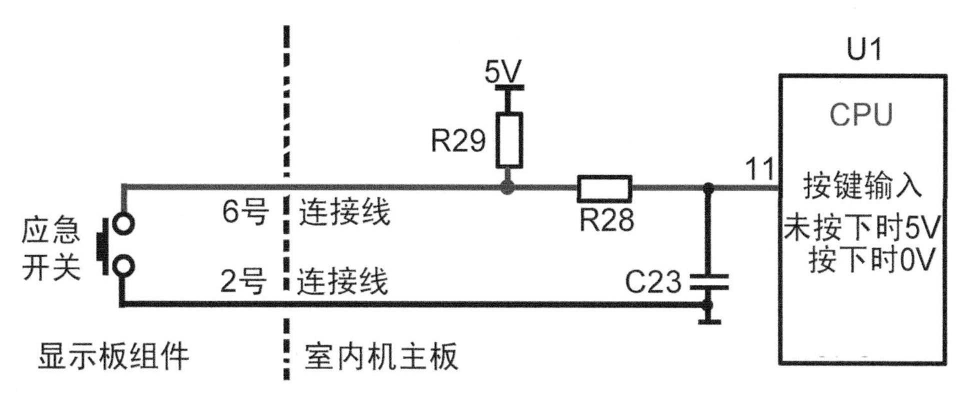

图5-25 应急开关电路原理图

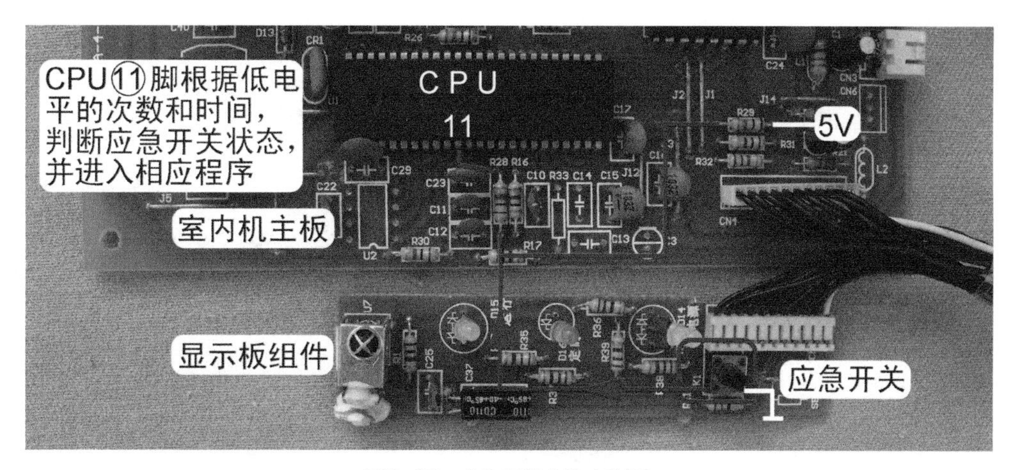

图5-26 应急开关电路实物图

CPU⑪脚为应急开关信号输入引脚，正常即应急开关未按下时为高电平（直流5V）；若在无遥控器时想开启或关闭空调器，按下应急开关的按键，⑪脚为低电平（0V），CPU根据低电平时间长短进入各种控制程序。

该电路的关键元器件、常见故障等相关知识参见第3章第3节的内容。

2. 遥控信号接收电路

图5–27所示为海信KFR–26GW/11BP遥控信号接收电路原理图，图5–28所示为实物图。其作用是处理遥控器发送的信号并将其送至CPU的相关引脚。

（1）工作原理

遥控器发射的经过编码的调制信号，以38kHz为载波频率发送至接收器，接收器将光信号转换为电信号，并进行放大、滤波、整形，经电阻R11和R16送至CPU⑫脚，CPU内部电路解码后得出遥控器的按键信息，从而对电路进行控制；CPU每接收到遥控信号后会控制蜂鸣器响一声给予提示。

该电路的关键元器件、测量接收器方法、常见故障等相关知识参见第3章第3节的内容。

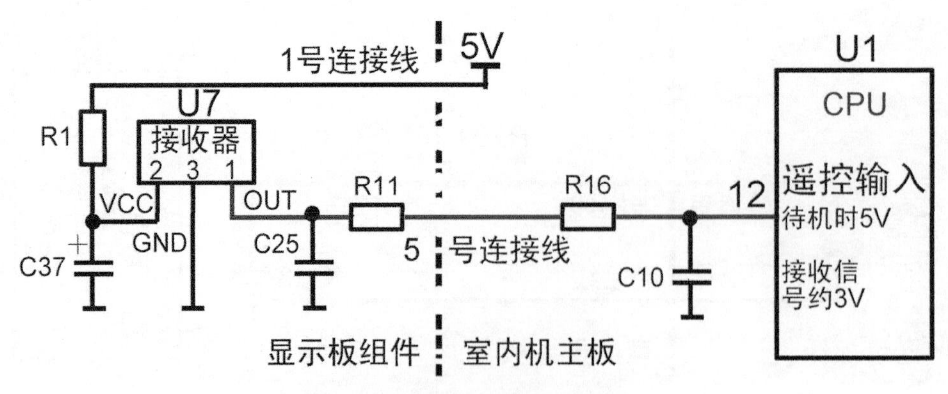

图5-27 遥控信号接收电路原理图

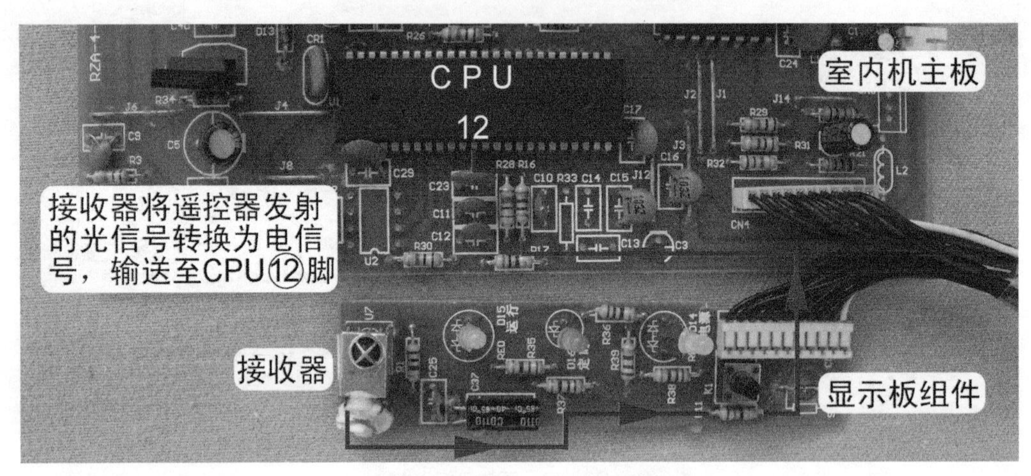

图5-28 遥控信号接收电路实物图

（2）早期和目前空调器的接收器在出厂时的不同之处

早期大多数品牌的空调器室内机显示板组件上的接收器引脚裸露在外，见图5-29（a），容易因受潮引起接收器漏电，出现不能接收遥控信号的故障，并且这是一种通病，无论是变频空调器或定频空调器，在绝大部分空调器品牌中均会出现。

实际上门检修时，一般不用更换接收器，使用电吹风加热接收器，或使用螺丝刀轻轻敲击接收器表面，即可排除故障。但这是一种治标不治本的方法，空调器使用一段时间之后还会再次出现相同的故障，根治的方法就是在更换质量好的接收器后，在引脚表面涂上一层绝缘胶。目前出厂的大多数品牌的空调器，接收器引脚均涂有绝缘胶，见图5-29（b），以减小不接收遥控信号故障的概率。

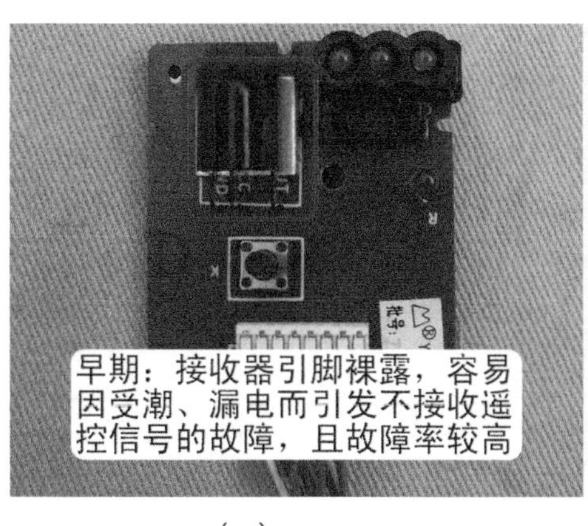

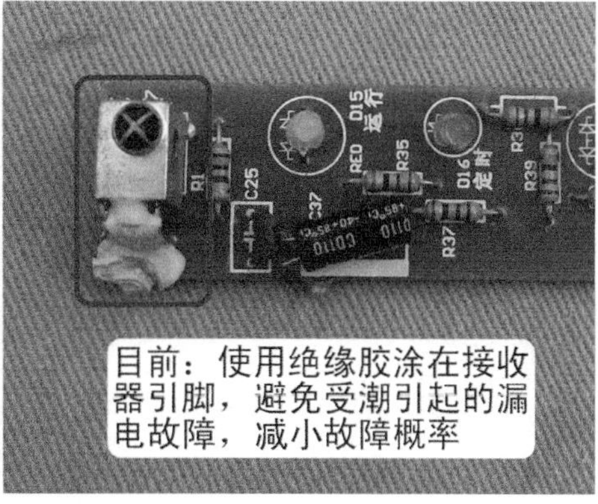

（a）　　　　（b）

图5-29　接收器引脚区别

3. 传感器电路

（1）安装位置

室内机传感器有两个，即环温传感器和管温传感器。图5-30所示为环温传感器安装位置和实物外形，图5-31所示为管温传感器安装位置和实物外形。

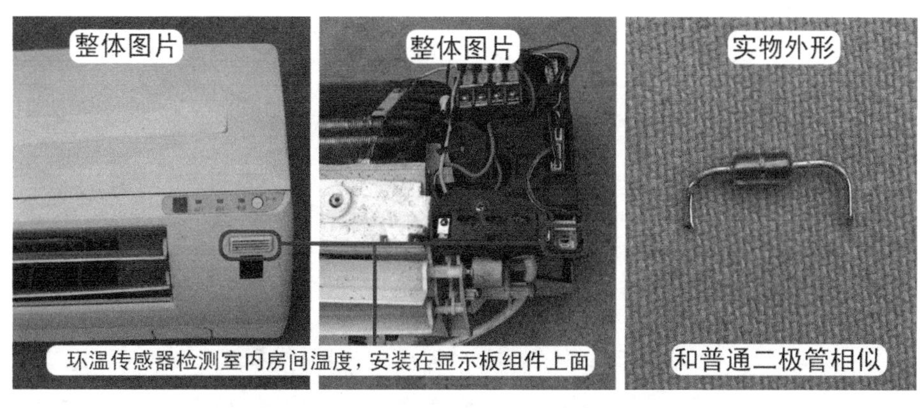

图5-30　环温传感器安装位置和实物外形

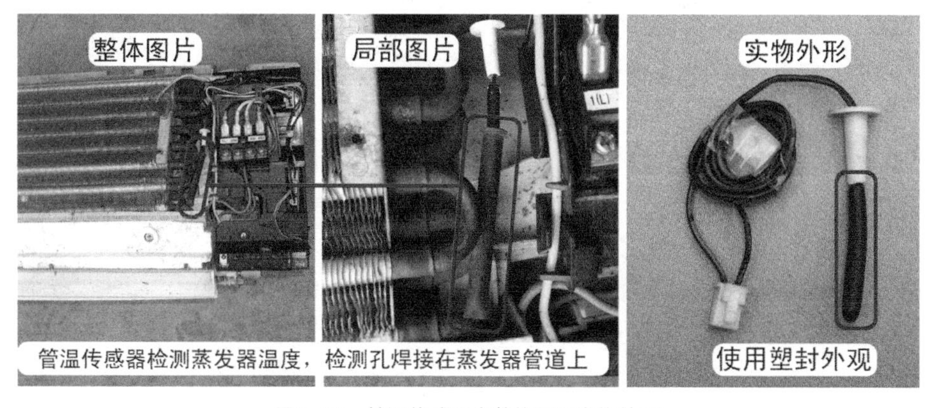

图5-31　管温传感器安装位置和实物外形

本机的环温传感器比较特殊，与常见机型不同，没有安装在蒸发器的进风面，而是直接焊接在显示板组件上面（相对应主板没有环温传感器插座），且实物外形和普通二极管相似；管温传感器与常见机型相同。

（2）工作原理

图5-32所示为传感器电路原理图，图5-33所示为管温传感器信号流程。

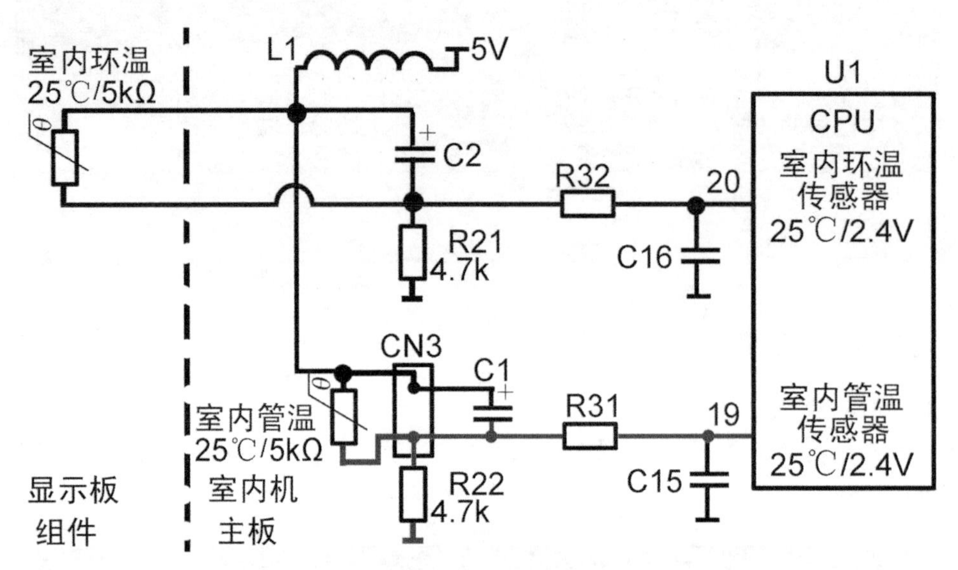

图5-32 传感器电路原理图

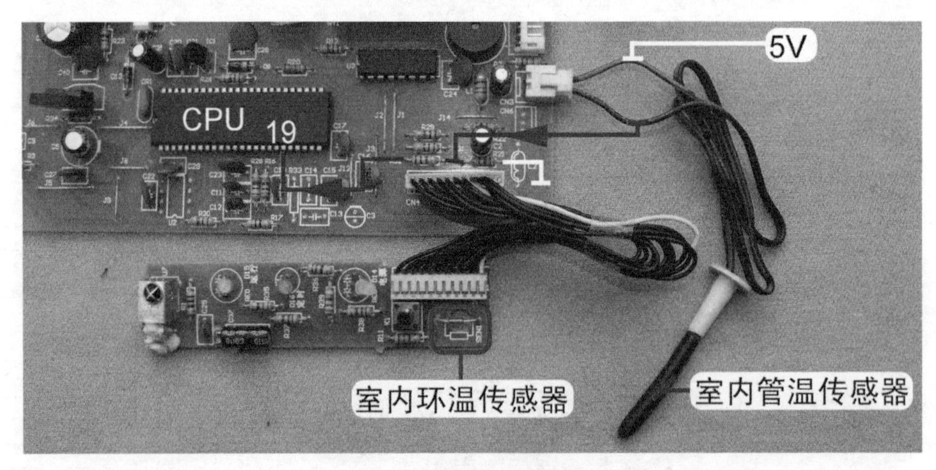

图5-33 管温传感器信号流程

室内机CPU的⑳脚检测室内环温传感器温度，⑲脚检测室内管温传感器温度，两路传感器工作原理相同，均为传感器与偏置电阻组成分压电路，传感器为负温度系数（NTC）的热敏电阻。以室内管温传感器电路为例，如蒸发器温度由于某种原因升高，室内管温传感器温度也相应升高，其阻值变小，根据分压电路原理，分压电阻R22分得的电压也相应升高，输送到CPU⑲脚的电压升高，CPU根据电压值计算得出蒸发器的实际温度，并与内置的数据相比较，对电路进行控制。假如在制热模式下，计算得出的温度大于78℃，则控制压缩机停机，并显示故障代码。

该电路的传感器特性、电路组成与作用、温度与电压对应表、常见故障、传感器检测方法等相关知识参见第3章第3节的内容。

4. 过零检测电路

（1）作用

过零检测电路的作用是为CPU提供电源电压的零点位置信号，以便CPU在零点附近驱动光耦晶闸管的导通角，并通过软件计算出电源供电是否存在瞬时断电的故障。本机主板供电使用开关电源，过零检测电路的取样点为交流220V。

说明：如果室内机主板使用变压器降压型电源电路，则过零检测电路取样点为变压器二次侧整流电路的输出端。两者电路设计思路不同，使用的元器件和检测点也不相同，但工作原理类似，所起的作用是相同的。

（2）工作原理

图5-34所示为电路原理图，图5-35所示为实物图。从电路原理图可以看出，本机过零检测电路与海信KFR-2601GW/BP室外机瞬时停电检测电路基本相同（参见第4章第3节第四部分的内容），工作原理也基本相同，只是所起的作用不同。

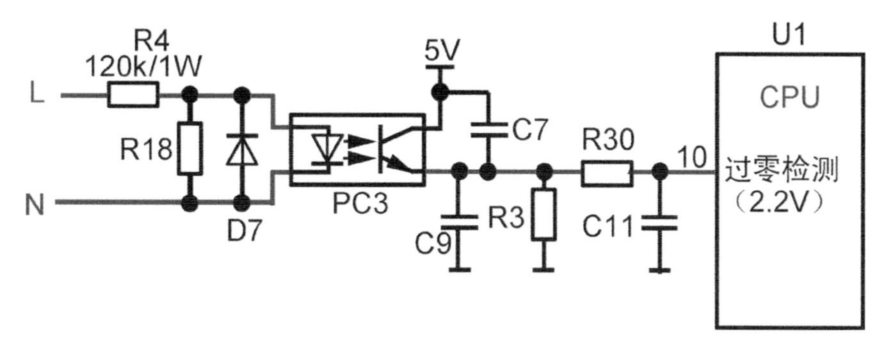

图5-34 过零检测电路原理图

图5-35 过零检测电路实物图

电路主要由电阻R4、光耦PC3等主要元器件组成。交流电源处于正半周即L正、N负时，光耦PC3初级得到供电，内部发光二极管发光，使得次级光电三极管导通，5V电压经PC3次级、电阻R30为CPU⑩脚供电，为高电平5V；交流电源为负半周即L负、N正时，光耦PC3初级无供电，内部发光二极管无电流通过不能发光，使得次级光电三极管截止，CPU⑩脚经电阻R30、R3接地，引脚电压为低电平0V。

交流电源正半周和负半周极性交替变换，光耦反复导通、截止，在CPU⑩脚形成100Hz脉冲波形，CPU内部电路通过处理，检测电源电压的零点位置和供电是否存在瞬时断电。

交流电源频率为每秒50Hz，每1Hz为一个周期，一个周期由正半周和负半周组成，也就是说CPU⑩脚电压每秒变化100次，速度变化极快。万用表显示值不为跳变电压而是稳定的直流电压，实测⑩脚电压为直流2.2V，光耦PC3初级为0.2V。

（3）常见故障

常见故障为电阻R4开路、光耦PC3初级发光二极管开路或内部光源传送不正常，次级一直处于截止状态，使CPU⑩脚恒为低电平（0V），开机后室内风机不能运行，整机也不工作，并报“瞬时停电”或“无过零信号”的故障代码。

5. 霍尔反馈电路

图5-36所示为霍尔反馈电路原理图，图5-37所示为实物图。其作用是向CPU提供代表PG电机实际转速的霍尔信号。电路由PG电机内部霍尔元件、电阻R7和R17、电容C12和CPU的⑨脚组成。PG电机旋转一圈，内部霍尔元件会输出一个脉冲信号或几个脉冲信号（厂家不同，脉冲数量不同），CPU根据脉冲信号数量计算出实际转速。

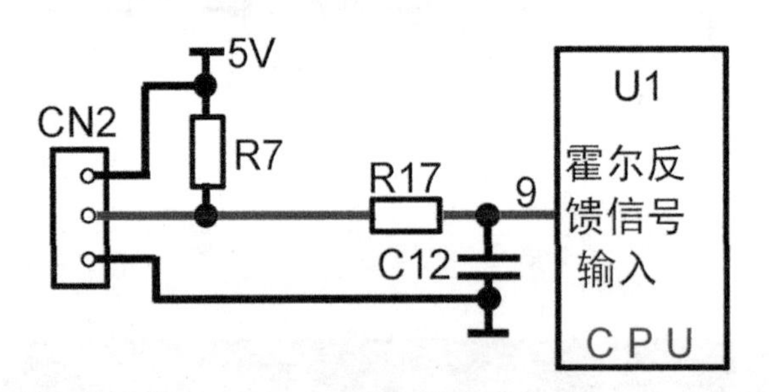

图5-36 霍尔反馈电路原理图

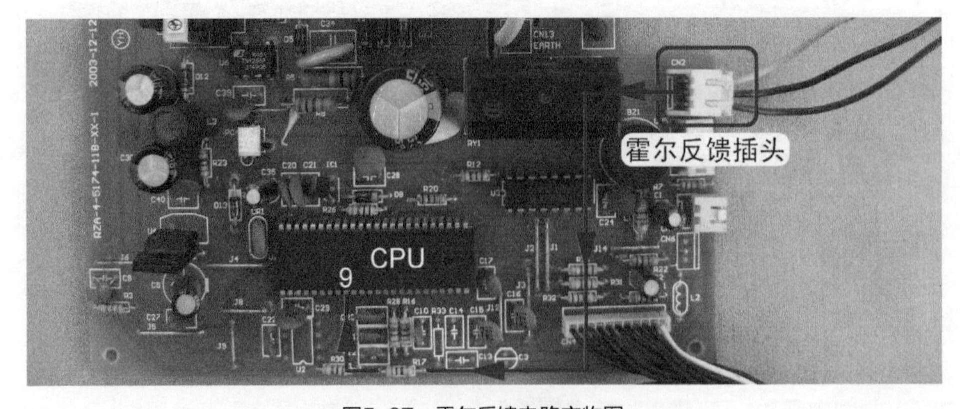

图5-37 霍尔反馈电路实物图

PG电机内部设有霍尔元件，旋转时输出端输出霍尔脉冲信号，通过CN2插座、电阻R17提供给CPU⑨脚，CPU内部电路计算出实际转速，与目标转速相比较，如有误差通过改变光耦晶闸管导通角，从而改变PG电机工作电压，使实际转速与目标转速相同。

PG电机停止运行时，根据内部霍尔元件位置不同，霍尔反馈插座的信号针脚电压即CPU⑨脚电压为5V或0V；PG电机运行时，不论高速还是低速，电压恒为2.5V，即供电电压5V的一半。

该电路的常见故障和霍尔元件检查方法等相关知识参见第3章第5节第五部分的内容。

三、输出部分电路

1. 指示灯电路

（1）工作原理

图5–38所示为指示灯电路原理图，图5–39所示为电源指示灯信号流程。其作用是指示空调器的工作状态，或者出现故障时以指示灯的亮、灭、闪的组合显示代码。CPU㉙～㉝脚分别是高效、运行、定时、电源指示灯控制引脚，运行指示灯D15、电源指示灯D14均为双色指示灯。

定时指示灯D16为单色指示灯，正常情况下，CPU㉛脚为高电平4.5V，D16因两端无电压差而熄灭；如遥控器开启“定时”功能，CPU处理后开始计时，同时㉛脚变为低电平0.2V，D16两端电压为1.9V而点亮，显示绿色。

电源指示灯D14为双色指示灯，待机状态CPU㉜脚、㉝脚均为高电平4.5V，指示灯为熄灭状态；遥控开机后如CPU控制为制冷或除湿模式，㉝脚变为低电平0.2V，D14内部绿色发光二极管点亮，因此显示颜色为绿色；遥控开机后如CPU控制为制热模式，㉜脚、㉝脚均为低电平0.2V，D14内部红色和绿色发光二极管全部点亮，红色和绿色混合为橙色，因此制热模式显示为橙色。

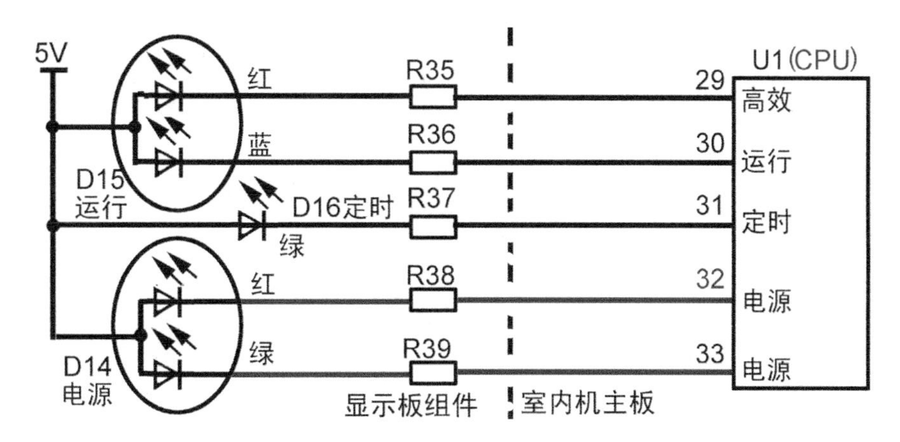

图5–38 指示灯电路原理图

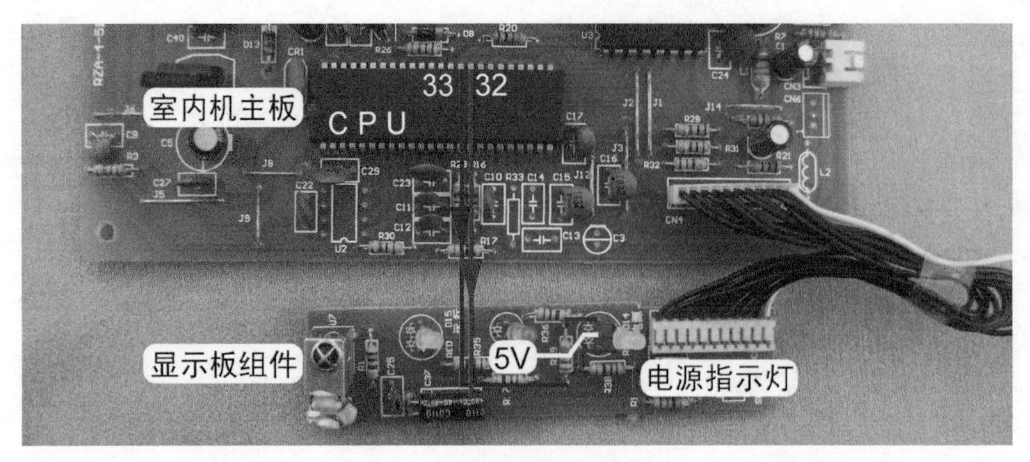

图5-39　电源指示灯信号流程

运行指示灯D15也为双色指示灯，具有运行和高效指示功能，共同组合可显示压缩机运行频率。遥控开机后如压缩机低频运行，CPU㉚脚为低电平0.2V，CPU㉙脚为高电平4.5V，D15内部只有蓝色发光二极管点亮，此时运行指示灯只显示蓝色；如压缩机升频至中频状态运行，CPU㉙脚也变为低电平0.2V（即㉙和㉚脚同为低电平），D15内部红色和蓝色发光二极管均点亮，此时D15同时显示红色和蓝色两种颜色；如压缩机继续升频至高频状态运行，或开启遥控器上的“高效”功能，CPU㉚脚变为高电平，D15内部蓝色发光二极管熄灭，此时只有红色发光二极管点亮，显示颜色为红色。

（2）双色指示灯

普通发光二极管有两个引脚，见图5-40（a），只能显示一种颜色，发光的颜色由使用材料决定（通常外观颜色即为显示的色彩）。

双色指示灯内含两个发光二极管，将正极或负极连在一起作为公共端，因此共有3个引脚，见图5-40（b）。调节发光二极管的显示比例可以混合为其他颜色，因此双色指示灯根据需要可以显示两种或两种以上的颜色。

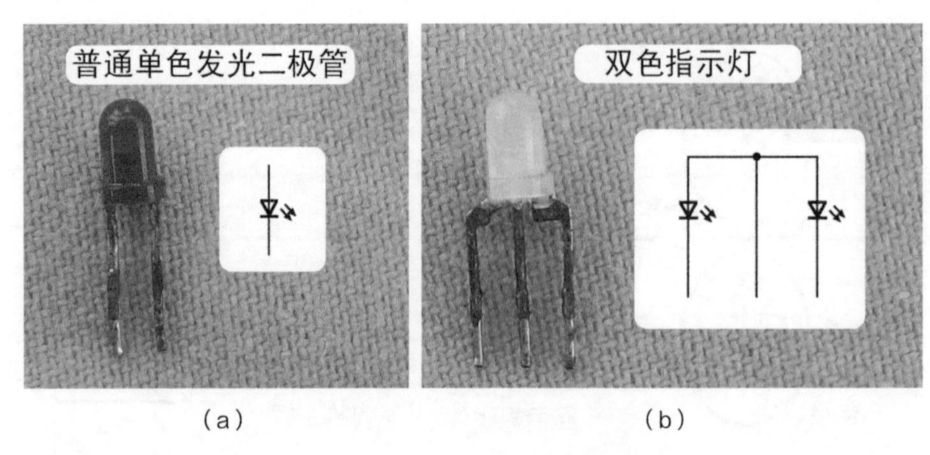

（a）　　（b）

图5-40　普通单色发光二极管和双色指示灯

由于双色指示灯内部结构为发光二极管，因此测量方法与二极管相同，使用万用表二极管挡，应符合正向导通、反向截止的特性。

2. 蜂鸣器电路

图5-41所示为蜂鸣器电路原理图，图5-42所示为实物图。其作用为提示（响一声）CPU接收到遥控信号且已处理。CPU㉞脚是蜂鸣器控制引脚，正常时为低电平；当接收到遥控信号且处理后引脚变为高电平，反相驱动器U3的输入端①脚也为高电平，输出端⑯脚则为低电平，蜂鸣器发出预先录制的音乐。

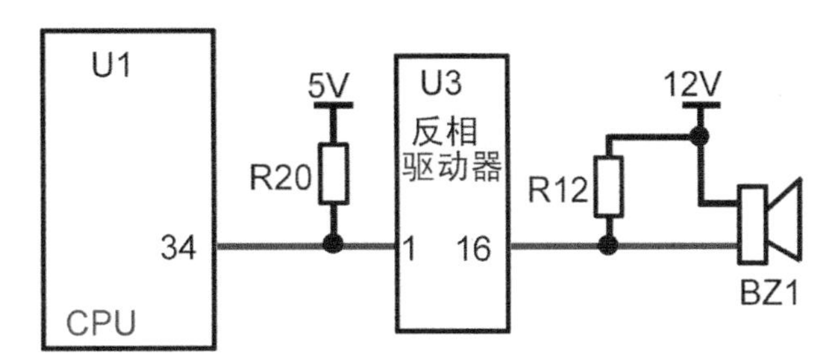

图5-41 蜂鸣器电路原理图

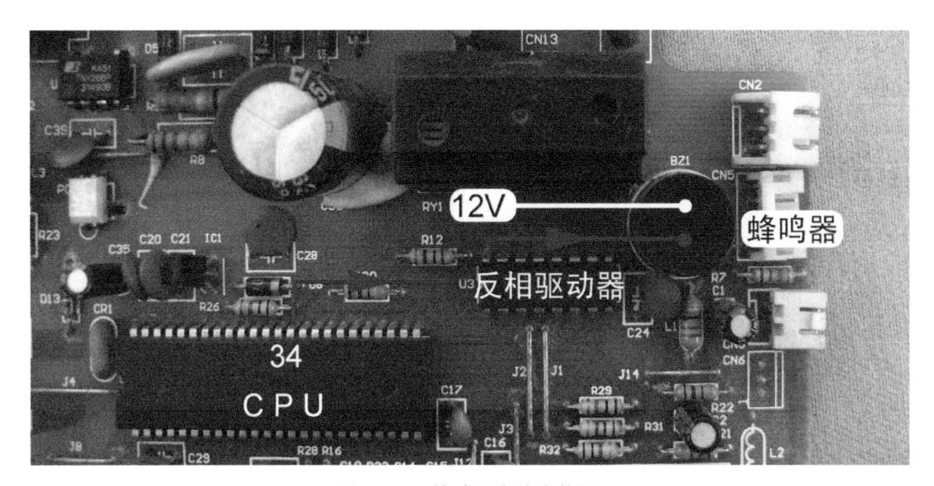

图5-42 蜂鸣器电路实物图

该电路的关键元器件和常见故障等相关知识参见第3章第4节第二部分的内容。

3. 步进电机电路

图5-43所示为步进电机电路原理图，图5-44所示为实物图。

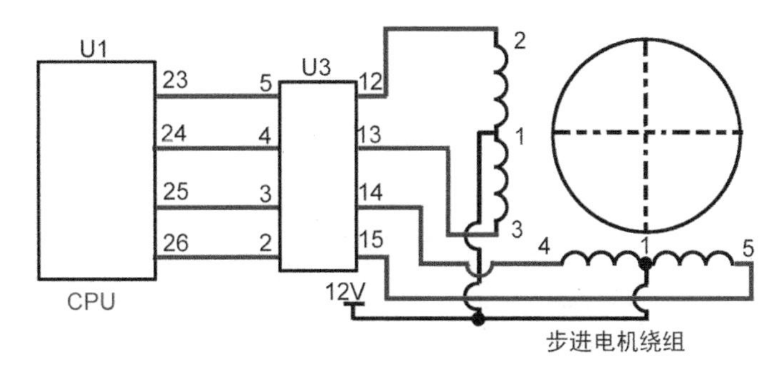

图5-43 步进电机电路原理图

图5-44　步进电机电路实物图

需要控制步进电机运行时，CPU㉓~㉖脚输出步进电机驱动信号，送至反相驱动器U3的输入端⑤脚、④脚、③脚、②脚，U3将信号放大后从⑫~⑮脚反相输出，驱动步进电机绕组，电机转动，带动导风板上下摆动，使房间内送风均匀，到达用户需要的地方；需要控制步进电机停止转动时，CPU㉓~㉖脚输出低电平0V，绕组无驱动电压，使得步进电机停止运行。

步进电机安装位置和内部结构、测量方法、电路常见故障等相关知识参见第3章第4节第三部分的内容。

4. 主控继电器电路

图5-45所示为主控继电器电路原理图，图5-46所示为实物图。其作用是为室外机供电，CPU㉗脚为控制引脚。

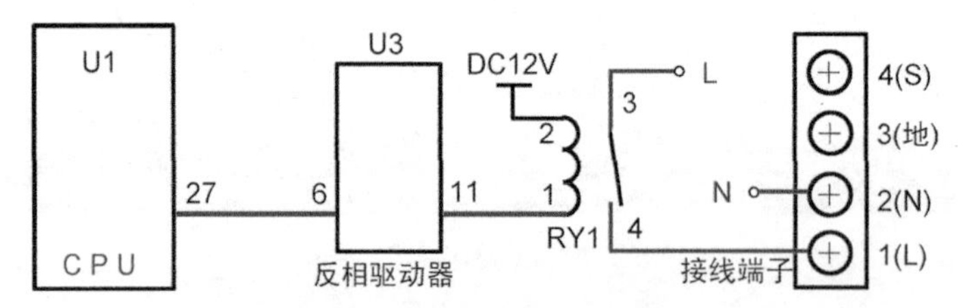

图5-45　主控继电器电路原理图

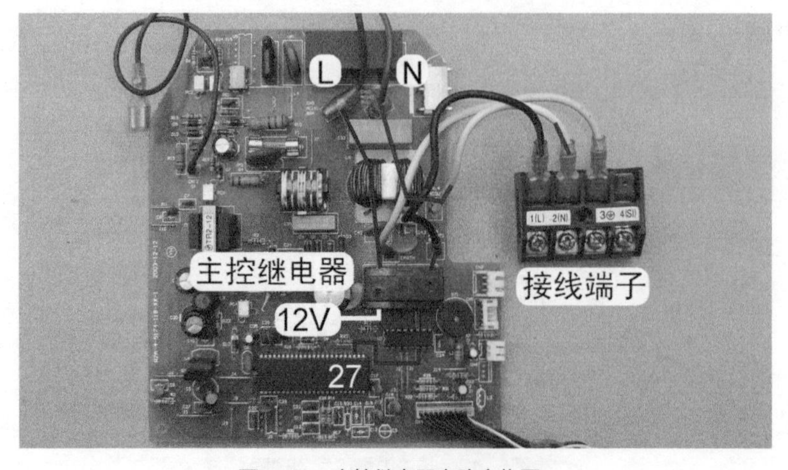

图5-46　主控继电器电路实物图

当CPU处理输入的信号，需要为室外机供电时，㉗脚变为高电平5V，5V电压送至反相驱动器U3的输入端⑥脚，⑥脚为高电平5V，U3内部电路翻转，使得输出端引脚接地，其对应输出端 ⑪脚为低电平0.8V，继电器RY1线圈得到11.2V供电，产生电磁吸力使触点3-4吸合，电源电压由L端经主控继电器3-4触点去接线端子，与N端组合为交流220V电压，为室外机供电。

当CPU处理输入的信号，需要断开室外机供电时，㉗脚为低电平0V，U3输入端⑥脚也为低电平0V，内部电路不能翻转，对应输出端⑪脚为高电平12V，继电器RY1线圈电压为0V，触点3-4断开，室外机也就停止供电。

继电器触点闭合和断开流程图、关键元器件、常见故障等相关知识参见第3章第4节第四部分的内容。

5. PG电机驱动电路

图5-47所示为PG电机驱动电路原理图，图5-48所示为实物图。其作用是驱动PG电机运行，从而带动贯流风扇运行。

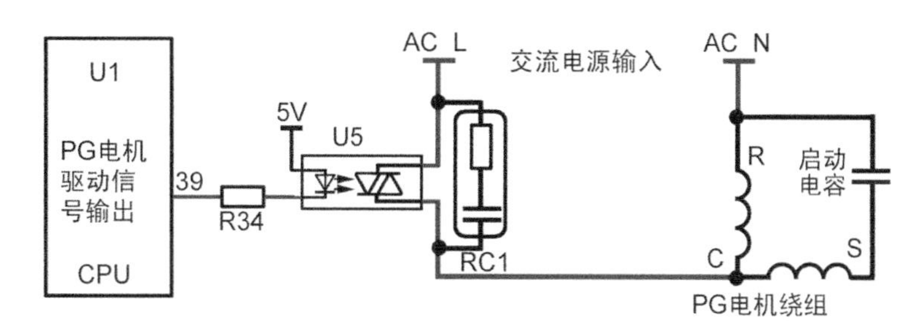

图5-47 PG电机驱动电路原理图

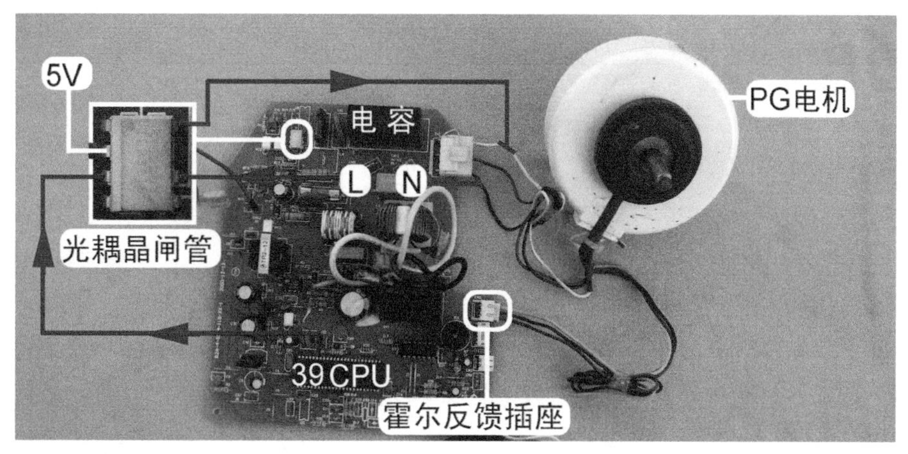

图5-48 PG电机驱动电路实物图

CPU㊴脚输出驱动信号，经R34送至U5（光耦晶闸管）初级发光二极管的负极，次级晶闸管导通，PG电机开始运行。

CPU通过霍尔反馈电路计算出实际转速，并与内置数据相比较，如有误差通过改变㊴脚输出信号，改变光耦晶闸管的导通角，从而改变风机供电电压，使实际转速与目标转速相同。为了控制光耦晶闸管在零点附近导通，主板设有过零检测电路，向CPU提供参考依据。

第4节 室外机电源电路和CPU三要素电路

电源电路和CPU三要素电路是主板正常工作的前提，并且电源电路在实际维修中故障率较高。

一、电源电路

1. 作用

本机使用开关电源型电源电路，开关电源电路也可称为电压转换电路，就是将输入的直流300V电压转换为直流12V和5V电压为主板CPU等负载供电，以及转换为直流15V电压为模块内部控制电路供电。图5–49所示为室外机开关电源电路简图。

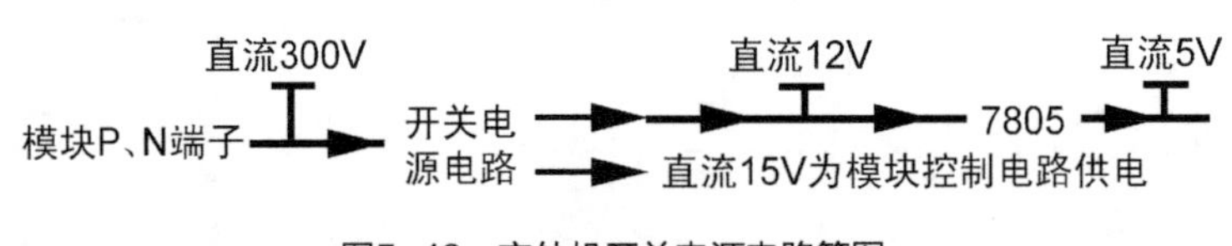

图5–49 室外机开关电源电路简图

2. 工作原理

图5–50所示为开关电源电路原理图，图5–51所示为实物图。其作用是为室外机主板和模块板提供直流15V、12V、5V电压。

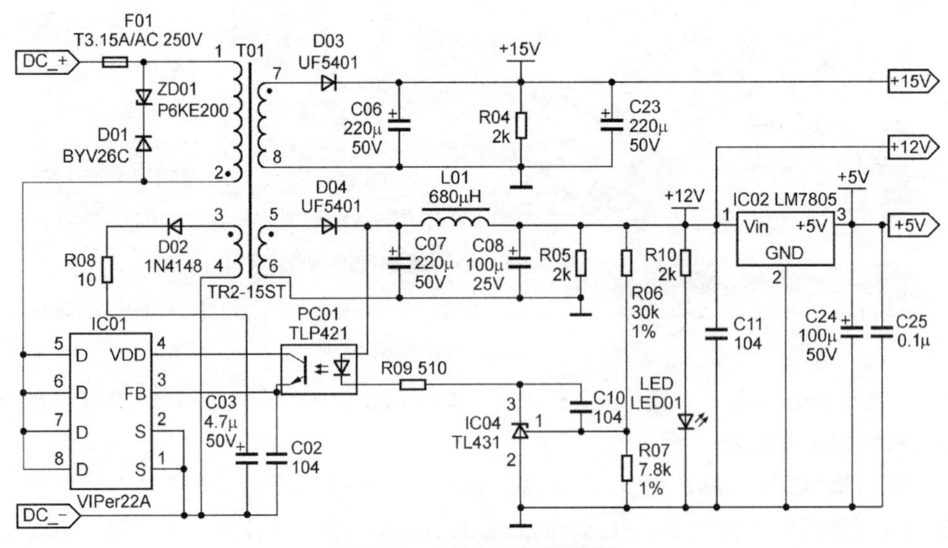

图5–50 开关电源电路原理图

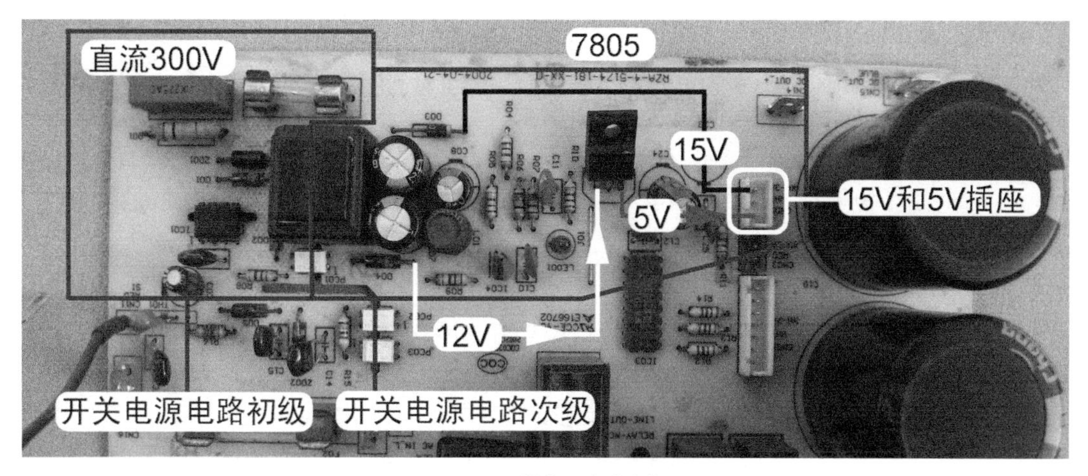

图5-51　开关电源电路实物图

（1）直流300V电压

交流滤波电感、PTC电阻、主控继电器触点、硅桥、滤波电感和滤波电容组成直流300V电压形成电路，输出的直流300V电压主要为模块P、N端子供电，开关电源工作所需的直流300V电压就是取自模块P、N端子。

模块输出供电，使压缩机工作，处于低频运行时模块P、N端电压约直流300V；压缩机如升频运行，P、N端子电压会逐步下降，压缩机在最高频率运行时P、N端子电压实测约240V，因此室外机开关电源供电在直流240～300V之间。

注：直流300V电压形成电路工作原理参见第4章第2节第二部分的内容。

（2）开关振荡电路

该电路以开关振荡集成电路VIPer22A（主板代号IC01）为核心，内置振荡电路和场效应开关管，振荡开关频率固定，通过改变脉冲宽度来调整占空比。其采用反激式开关方式，电网的干扰就不能经开关变压器直接耦合至二次侧，具有较好的抗干扰能力。

直流300V电压（正极）经开关变压器一次侧供电绕组送至集成电路IC01的⑤～⑧脚，接内部开关管漏极D；负极接IC01的①脚、②脚，即内部开关管源极S。IC01内部振荡器开始工作，驱动开关管的导通与截止，由于开关变压器T01一次侧供电绕组与二次绕组极性相反，IC01内部开关管导通时一次侧存储能量，二次绕组因整流二极管D03、D04承受反向电压而截止，相当于开路；U6内部开关管截止时，T01一次绕组极性变换，二次绕组极性同样变换，D03、D04正向偏置导通，一次绕组向二次绕组释放能量。

ZD01、D01组成钳位保护电路，吸收开关管截止时加在漏极D上的尖峰电压，并将其降至一定的范围之内，防止过电压损坏开关管。

开关变压器一次侧反馈绕组的感应电压经二极管D02整流、电阻R08限流、电容C03滤波，得到约直流20V电压，为IC01的④脚内部电路供电。

（3）输出部分电路

IC01内部开关管交替导通与截止，开关变压器二次侧得到高频脉冲电压。一路经D03整流，电容C06、C23滤波，成为纯净的直流15V电压，经连接线送至模块板，为模块的内部控制电路和驱动电路供电。另一路经D04整流，电容C07、C08、C11和电感L01滤波，成为纯净的直流12V电压，为室外机主板的继电器和反相驱动器供电；其中一个支路送至7805的①脚输入端，其③脚输出端输出稳定的5V电压，由C24、C25滤波后，经连接线送至模块板，为模块板上的CPU和弱电信号处理电路供电。

说明：本机使用单电源功率模块（型号为三洋STK621-031），因此开关电源只输出一路直流15V电压；而海信KFR-2601GW/BP使用三菱第二代模块，需要4路相互隔离的直流15V电压，因此其室外机开关电源电路输出4路直流15V电压。

（4）稳压电路

稳压电路采用脉宽调制方式，由分压精密电阻R06和R07、三端误差放大器IC04（TL431）、光耦PC01和IC01的③脚组成。

如因输入电压升高或负载发生变化引起直流12V电压升高，分压电阻R06和R07的分压点电压升高，TL431的①脚参考极电压也相应升高，内部三极管导通能力加强，TL431的③脚阴极电压降低，光耦PC01初级两端电压上升，使得次级光电三极管导通能力加强，IC01的③脚电压上升，IC01通过减小开关管的占空比，开关管导通时间缩短而截止时间延长，开关变压器储存的能量变小，输出电压也随之下降。

如直流12V输出电压降低，TL431的①脚参考极电压降低，内部三极管导通能力变弱，TL431的③脚阴极电压升高，光耦PC01初级发光二极管两端电压降低，次级光电三极管导通能力下降，IC01的③脚电压下降，IC01通过增加开关管的占空比，开关变压器储存能量增加，输出电压也随之升高。

（5）输出电压直流12V

输出电压直流12V的高低，由分压电阻R06、R07的阻值决定，调整分压电阻阻值即可改变直流12V输出端电压，直流15V也作相应变化。

3. 电源电路负载

（1）直流12V

见图5-52（a），直流12V主要有3个支路：① 5V电压形成电路7805稳压块的输入端；② 2003反相驱动器；③ 继电器线圈。

（2）直流15V

直流15V主要为模块内部控制电路供电，见图5-52（b）中黑线指示。

（3）直流5V

直流5V主要有6个支路：① CPU；② 复位电路；③ 传感器电路；④ 存储器电路；⑤ 通信电路光耦；⑥ 其他弱电信号处理电路，见图5-52（b）中红线指示。

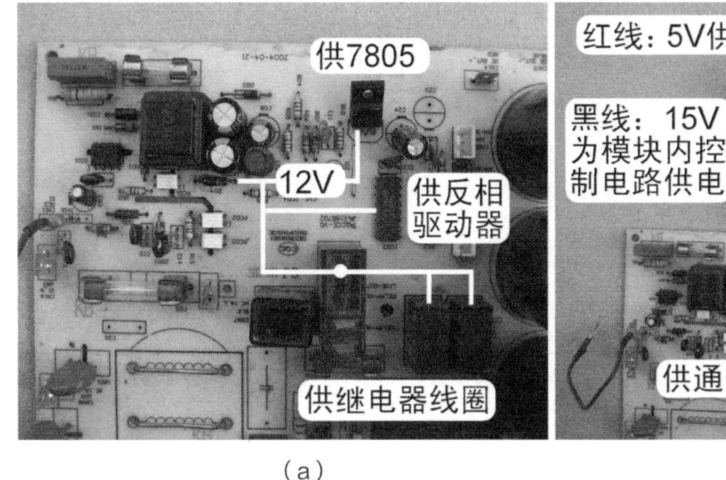

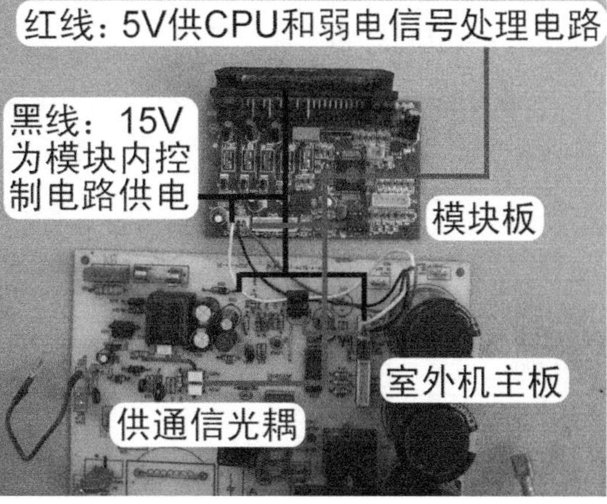

（a）　　　　　　（b）

图5-52　开关电源电路负载

4. 关键元器件

电路的关键元器件为开关电源集成电路、开关变压器、三端误差放大器，其在室外机主板的安装位置见图5-11（a）。

（1）开关电源集成电路VIPer22A

① 简介。VIPer22A实物外形见图5-53，它共有8个引脚，额定功率20W，功能和TNY266P相似。其内部集成耐压为730V的功率MOSFET开关管和控制电路，使用简单的开/关控制器来稳定输出电压，减少外围元器件数量，漏极D电压提供启动电压和工作能量，需要开关变压器提供反馈绕组和相关电路，振荡器的频率固定为60kHz。

图5-53　VIPer22A实物外形

② 引脚功能如下。

⑤～⑧脚漏极D：经开关变压器一次侧供电绕组外接直流300V电压正极，4个引脚在内部是相通的，连接到内部功率MOSFET开关管漏极引脚，提供启动和工作电流。

①脚、②脚源极S：外接直流300V电压负极，连接到内部MOSFET开关管的源极，为控制电路的公用点。

④脚VDD：供电引脚，电压由开关变压器一次侧反馈绕组经整流和滤波后提供，在9～38V范围内均可以工作。

③脚FB：开关管占空比（即输出电压调整端），接稳压光耦次级。

③ 引脚电压。测量时使用万用表直流电压挡，黑表笔接直流300V电压地，红表笔接引脚，开关电源电路正常工作时VIPer22A实测结果见表5-9。

■ 表5-9　VIPer22A正常工作时引脚电压

引脚	⑤～⑧	①、②	③	④
电压	直流300V，测量时显示值闪动	0V	0.9V	20V

④ 常见故障。常见为内部场效应开关管开路或短路、VDD引脚对地击穿、内部控制电路损坏等故障，引起开关电源输出电压为0V，上电后室外机不工作，报“通信故障”的故障代码。

（2）开关变压器

① 实物外形和引脚说明。图5-54所示为开关变压器实物外形和绕组引脚说明。开关电源集成电路VIPer22A的供电引脚需要使用开关变压器辅助绕组，所以一次侧有2个绕组，1个是供电绕组，1个是反馈绕组，2个绕组均有2个引脚，一共有4个引脚；二次侧需要输出2组电压，1个绕组输出12V，1个绕组输出15V，2个绕组共有4个引脚。

说明：5V电压形成电路7805的①脚输入端电压取自直流12V，相当于12V电压的一个负载。

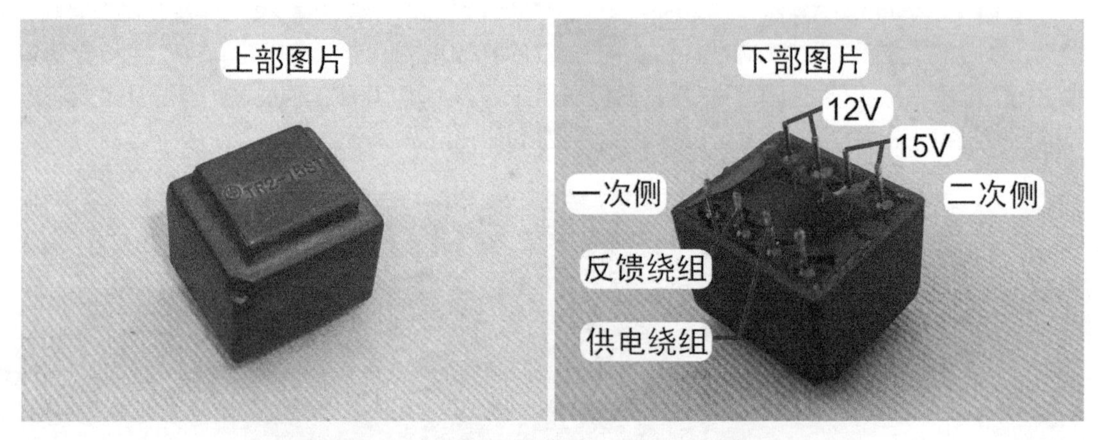

图5-54　开关变压器实物外形和绕组引脚说明

② 引脚阻值。测量时使用万用表电阻挡，测量一次侧供电绕组阻值为4.7Ω，反馈绕组阻值为1.6Ω，二次侧输出15V绕组阻值为0.5Ω，12V绕组阻值为0.2Ω。

（3）三端误差放大器TL431

① 简介。TL431是一个并联型稳压集成电路，属于精密型误差放大器，在空调器电路中通常使用TO-92封装。其实物外形类似三极管，有3个引脚，功能从左到右分别为参考极R、阳极A、阴极K，见图5-55。

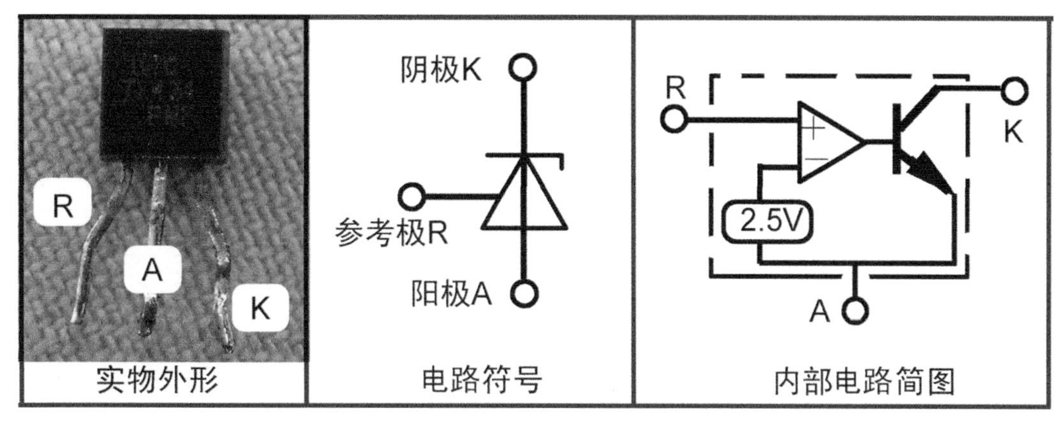

图5-55 TL431实物外形、电路符号和内部电路

② 作用。由于TL431内部有许多电子元器件，属于集成电路，拆下测量时使用万用表电阻挡很难判断，可直接代换试机。

③ 输出电压。TL431内部含有2.5V基准稳压电路，可将其等效为稳压值可变的稳压管，通过改变参考极的两个分压电阻阻值，可实现输出电压在2.5～36V的稳压范围。

输出电压计算公式U_o=2.5×（1+上分压电阻阻值/下分压电阻阻值）。本机主板上分压电阻代号为R06（30kΩ），下分压电阻代号为R07（7.8kΩ），改变R06阻值即可改变直流12V的输出电压，相应直流15V电压也成比例地改变。分压电阻阻值和输出电压对应关系见表5-10。

表5-10 分压电阻阻值与输出电压对应关系

R06阻值（kΩ）	R07阻值（kΩ）	12V输出电压（V）	15V输出电压（V）	TL431的R极电压（V）	TL431的A极电压（V）
20	7.8	8.9	11.3	2.5	7.3
30	7.8	12	15.2	2.5	10.5
40	7.8	15.2	19	2.5	13.7
50	7.8	18.5	23	2.5	16.9

5. 电路检修技巧

① 遇到主板无5V电压故障，使用反向检修法，排除主板短路故障后，先检查12V电压，再检查开关电源电路，直至查到故障元器件并进行更换。

② 如果开关电源集成电路（本机室内机主板代号IC01，型号VIPer22A）损坏，无法购买到同型号配件时，可使用维修彩色电视机用的电源模块来修复开关电源电路。维修时取下IC01集成电路，将电源模块红线焊在IC01的⑤脚漏极D，黑线焊在①脚源极S，开机后调节输出端电压即可使用。

6. 常见故障

开关电源电路故障率最高，常见故障见表5-11。

■ 表5-11 开关电源电路常见故障

故障内容	常见原因	检修方法	处理措施
开关电源无输出电压	IC01内部开关管源极与漏极击穿	用万用表电阻挡测量阻值	更换IC01
	IC01内部损坏	代换法	
	TL431损坏	代换法	更换TL431
主板无直流12V（开关电源电路工作正常）	整流二极管开路	万用表二极管挡测量，整流二极管开路	更换整流二极管
	12V电压支路有短路故障	用万用表电阻挡测量主滤波电容正极与负极阻值为0Ω	排查12V负载，找出故障元器件并更换
主板无直流5V（12V电压正常）	5V电压支路有短路故障	用万用表电阻挡测量7805输出端与地端阻值为0Ω	排查5V负载，找出故障元器件并更换
	7805损坏	5V电压支路无短路故障，①脚输入端电压为12V，但③脚输出端电压为0V	更换7805

二、CPU和其三要素电路

1. CPU简介

CPU是主板上体积最大、引脚最多、功能最强大的集成电路，也是整个电控系统的控制中心。其内部写入了运行程序（或工作时调取存储器中的程序）。

室外机CPU工作时与室内机CPU交换信息，并结合温度、电压、电流等输入部分的信号，处理后输出6路信号驱动模块控制压缩机运行，输出电压驱动继电器对室外风机和四通阀线圈进行控制，并控制指示灯显示室外机的运行状态。

海信KFR-26GW/11BP室外机CPU型号为88CH47FG，主板代号IC7，共有44个引脚（从封装四面引出），采用贴片封装。图5-56所示为88CH47FG的实物外形，表5-12所示为其主要引脚功能。

图5-56 88CH47FG实物外形

■ 表5-12　88CH47FG主要引脚功能

引　脚	英文符号	功　能	说　明
㊴	VDD	电源	CPU三要素电路
⑯	VSS	地	
⑭	OSC1	16MHz晶振	
⑮	OSC2		
⑬	RESET	复位	
④	CS	片选	存储器电路（93C46）
㉔	SCK	时钟	
㉖	SO	命令输出	
㉕	SI	数据输入	
㉒	SI或RXD	接收信号	通信电路
㉓	SO或TXD	发送信号	
㉚	GAIKI	室外环温传感器输入	输入部分电路
㉛	COIL	室外管温传感器输入	
㉜	COMP	压缩机排气温度传感器输入	
⑤	THERMO	压缩机顶盖温度开关	
㉝	VT	过/欠电压检测	
㉞	CT	电流检测	
㊲	TEST	应急检测端子	
②	FO	模块保护信号输入	
㊵~㊹、①	U、V、W、X、Y、Z	模块6路信号输出	输出部分电路
⑨		主控继电器	
⑧	SV或4V	四通阀线圈	
⑥、⑦	FAN	室外风机	
⑫	LED	指示灯	

本机CPU安装在模块板上面，相应的弱电信号处理电路也设计在模块板上面，主要原因是模块内部的驱动电路改用专用芯片，无需绝缘光耦，可直接接收CPU输出的控制信号。

说明：早期模块如三菱PM20CTM060，使用在海信KFR-2601GW/BP等机型中，内部的驱动电路不能直接接收CPU输出的控制信号，信号传递需要使用光耦，因此CPU和模块设计在两块电路板上面，CPU安装在室外机主板，模块和光耦整合为模块板。

2. CPU三要素电路工作原理

图5-57所示为CPU三要素电路原理图，图5-58所示为实物图。电源、复位、时钟振荡电路称为三要素电路，是CPU正常工作的前提，缺一不可，否则会死机，引起空调器上电后室外机主板无反应的故障。

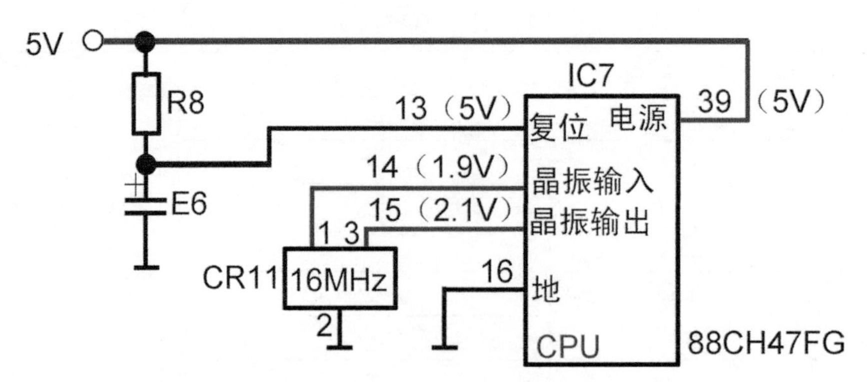

图5-57 CPU三要素电路原理图

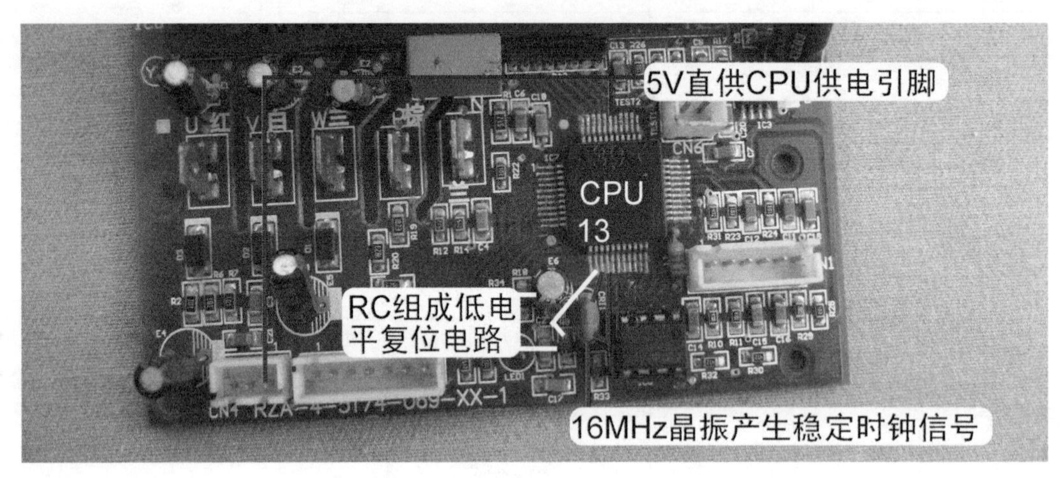

图5-58 CPU三要素电路实物图

（1）电源电路

开关电源电路设计在室外机主板，直流5V和15V电压由三芯连接线通过CN4插座为模块板供电。CN4的1针接红线5V，2针接黑线地，3针接白线15V。

CPU㊴脚是电源供电引脚，供电由CN4的1针直接提供。

CPU⑯脚为接地引脚，和CN4的2针相连。

（2）复位电路

复位电路使内部程序处于初始状态。本机未使用复位集成电路，而使用简单的RC元件组成复位电路。CPU⑬脚为复位引脚，电阻R8和电容E6组成低电平复位电路。

室外机上电，开关电源电路开始工作，直流5V电压经电阻R8为E6充电，开始时CPU⑬脚电压较低，使CPU内部电路清零复位；随着充电的进行，E6电压逐渐上升，当CPU⑬脚电压上升至供电电压5V时，CPU内部电路复位结束开始工作。改变电容E6的容量可调整复位时间。

（3）时钟振荡电路

时钟振荡电路提供时钟频率。CPU⑭脚、⑮脚为时钟引脚，内部振荡器电路与外接的晶振CR11组成时钟振荡电路，提供稳定的16MHz时钟信号，使CPU能够连续执行指令。

第5节 室外机单元电路

海信KFR-26GW/11BP室外机单元电路和海信KFR-2601GW/BP相比，输入部分的电压检测电路和电流检测电路，输出部分的6路信号电路有比较大的差别，本节作重点介绍。而其他单元电路基本相同，本节只是简单介绍其工作原理，相关知识参见第4章内容，相同之处不再一一赘述。

一、室外机单元电路框图

图5-59所示为室外机单元电路框图，其中，CPU左侧为输入部分电路，右侧为输出部分电路。

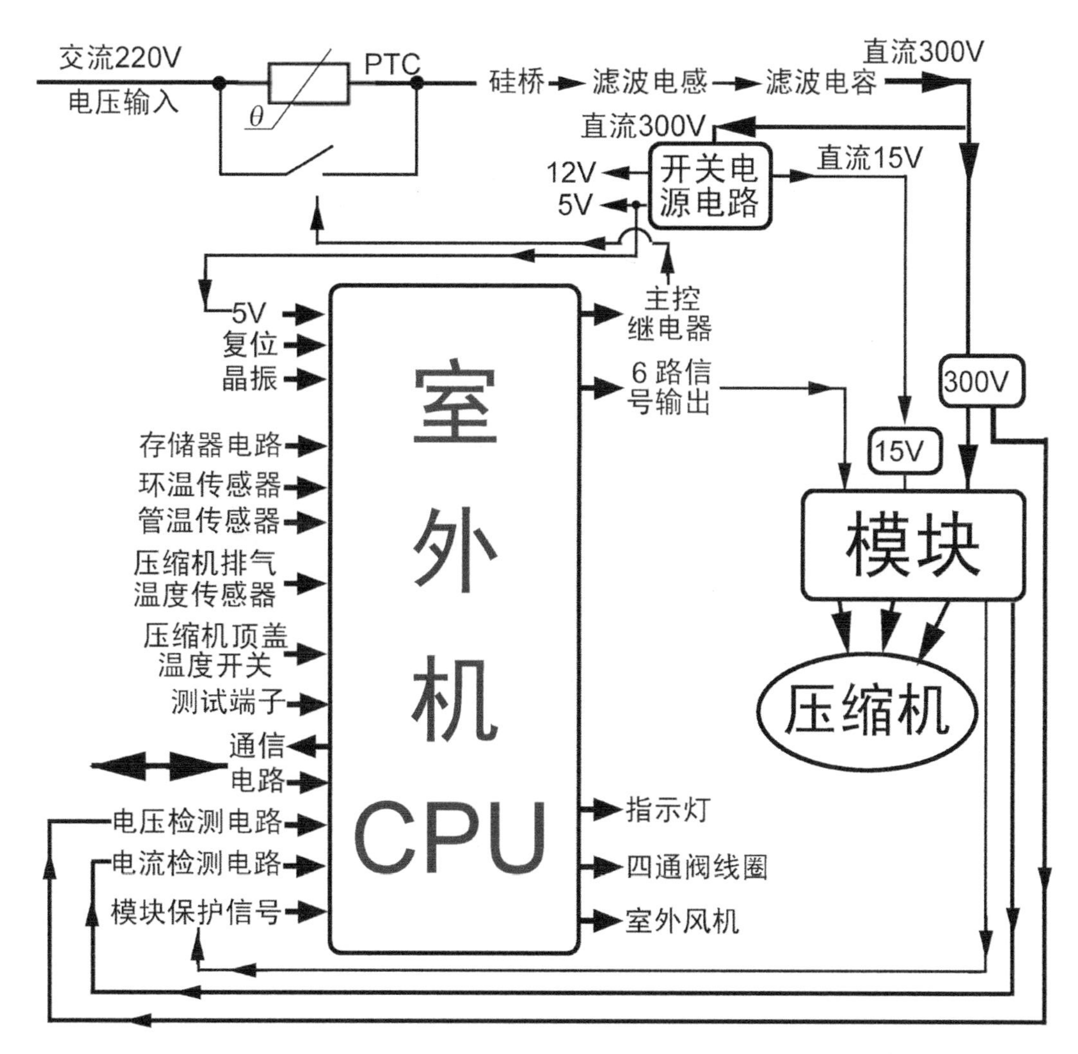

图5-59 室外机单元电路框图

二、输入部分电路

1. 存储器电路

图5-60所示为存储器电路原理图，图5-61所示为实物图。该电路的作用是向CPU提供工作时所需要的数据。

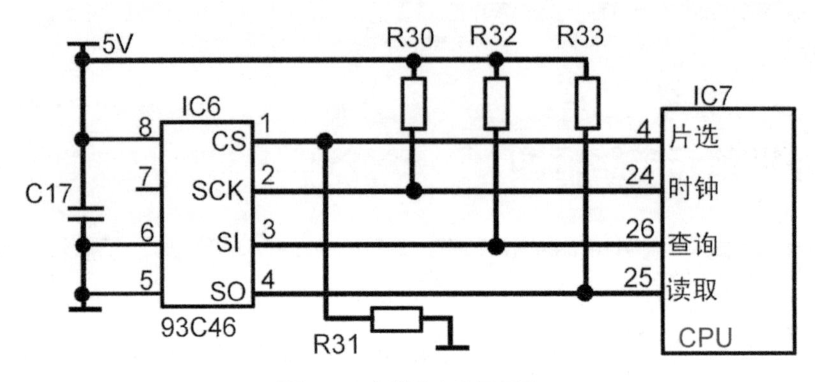

图5-60　存储器电路原理图

图5-61　存储器电路实物图

存储器内部存储室外机运行程序、压缩机U/f值、电流和电压保护值等数据，CPU工作时调取存储器的数据对室外机电路进行控制。

CPU需要读写存储器的数据时，④脚变为高电平5V，片选存储器IC6的①脚，CPU㉔脚向IC6的②脚发送时钟信号，CPU㉖脚将需要查询数据的指令输入到IC6的③脚，CPU㉕脚读取IC6④脚反馈的数据。

电路相关知识参见第4章第3节的第一部分内容。

2. 传感器电路

图5-62所示为传感器电路原理图，图5-63所示为实物图。该电路的作用是向室外机CPU提

供温度信号，室外环温传感器检测室外环境温度，室外管温传感器检测冷凝器温度，压缩机排气温度传感器检测压缩机排气管温度。

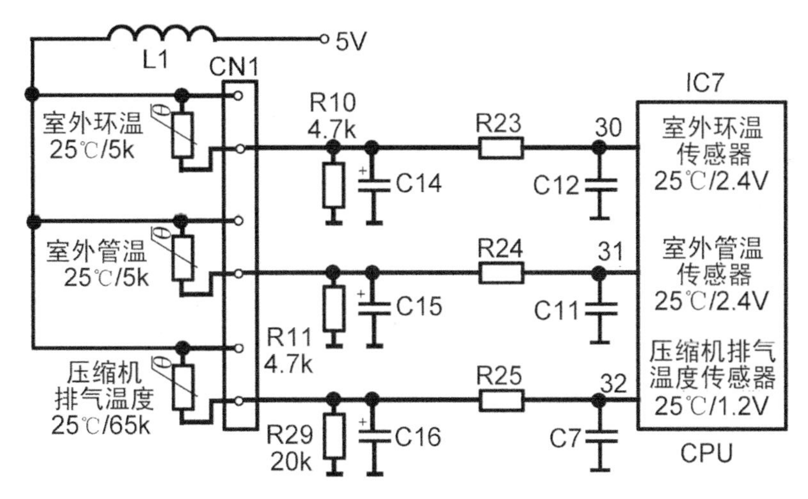

图5-62 传感器电路原理图

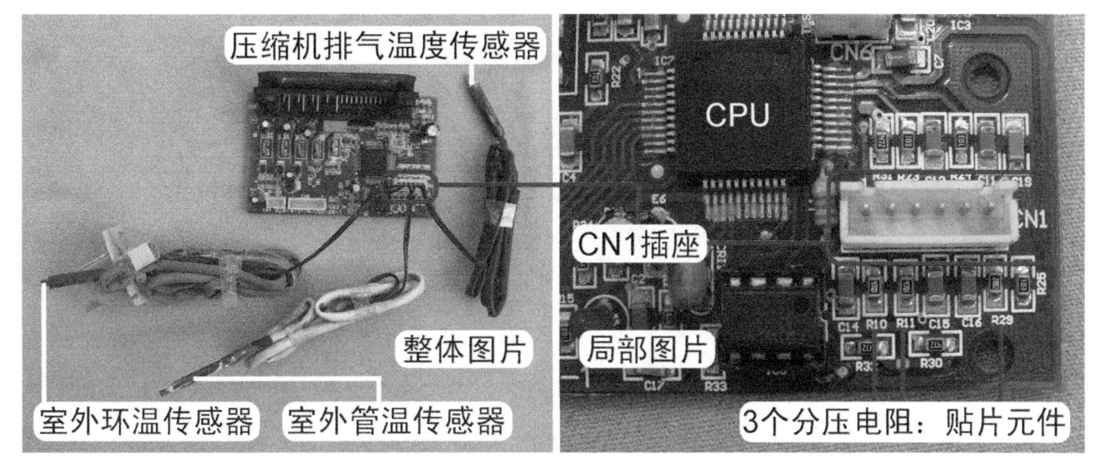

图5-63 传感器电路实物图

CPU的㉚脚检测室外环温传感器温度，㉛脚检测室外管温传感器温度，㉜脚检测压缩机排气温度传感器温度。

传感器为负温度系数（NTC）的热敏电阻，室外机3路传感器工作原理相同，均为传感器与偏置电阻组成分压电路。以压缩机排气温度传感器电路为例，如压缩机排气管由于某种原因温度升高，压缩机排气温度传感器温度也相应升高，其阻值变小，根据分压电路原理，分压电阻R29分得的电压也相应升高，输送到CPU㉜脚的电压升高，CPU根据电压值计算出压缩机排气管的实际温度，与内置的程序相比较，对室外机电路进行控制，假如计算得出的温度大于100℃，则控制压缩机降频，如大于115℃则控制压缩机停机，并将故障代码通过通信电路传送到室内机主板CPU。

传感器安装位置和所起的作用、温度与电压对应关系、常见故障等相关知识参见第4章第3节第二部分的内容。

3. 压缩机顶盖温度开关电路

图5-64所示为压缩机顶盖温度开关电路原理图，图5-65所示为实物图。该电路的作用是检测压缩机顶盖温度开关状态。温度开关安装在压缩机顶部接线端子附近，用于检测顶部温度，作为压缩机的第二道保护。

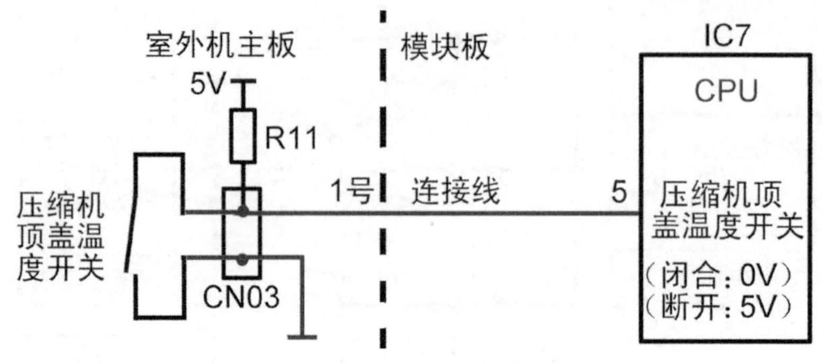

图5-64　压缩机顶盖温度开关电路原理图

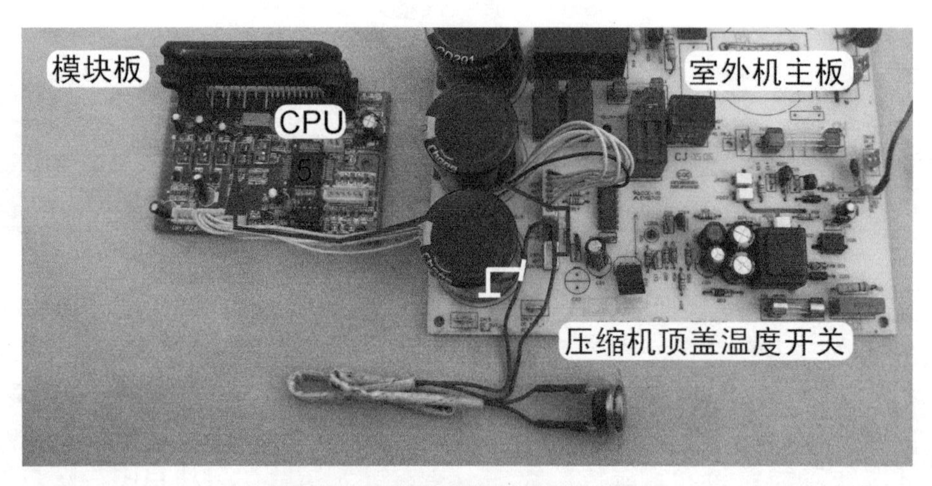

图5-65　压缩机顶盖温度开关电路实物图

温度开关插座设计在室外机主板上，CPU安装在模块板上，温度开关通过连接线的1号线连接至CPU的⑤脚，CPU根据引脚电压为高电平或低电平，检测温度开关的状态。

制冷系统工作正常时温度开关为闭合状态，CPU⑤脚接地，为低电平0V，对电路没有影响；如果运行时压缩机排气温度传感器失去作用或其他原因，使得压缩机顶部温度大于115℃，温度开关断开，5V经R11为CPU⑤脚供电，电压由0V变为高电平5V，CPU检测后立即控制压缩机停机，并将故障代码通过通信电路传送至室内机CPU。

温度开关安装位置、检测方法、常见故障等相关知识参见第4章第3节的第三部分内容。

4. 测试端子

（1）测试功能

模块板上的CN6为测试端子插座，作用是在无室内机电控系统时，可以单独检测室外机电控系统运行是否正常。方法是在室外机接线端子处断开室内机的连接线，使用连接线（或使用螺丝刀的刀头等金属物）短路插座的两个端子，然后再通上电源，室外机电控系统不再检测通信信号，压缩机定频运行，室外风机运行，四通阀线圈上电，空调器工作在制热模式；如果断开CN6插座的短接线，四通阀线圈断电，压缩机延时50s后运行，室外风机不间断运行，空调器改为制冷模式；断开电源，空调器停止运行。

（2）工作原理

图5-66所示为测试端子电路原理图，图5-67所示为实物图。

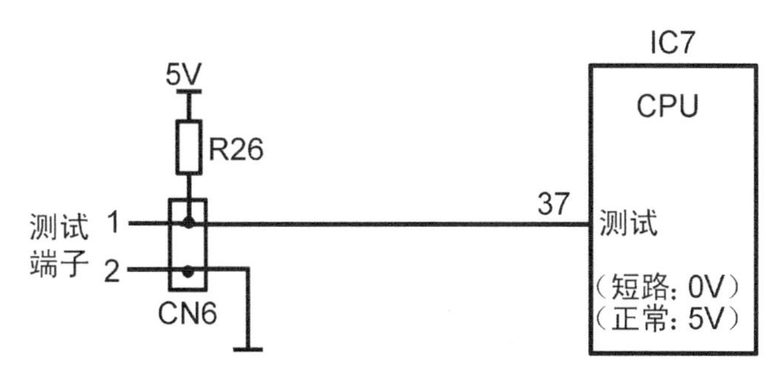

图5-66 测试端子电路原理图

图5-67 测试端子电路实物图

CPU㊲脚为测试引脚，正常时由5V电压经电阻R26供电，为高电平5V；如果使用测试功能短路CN6的两个针脚时，针脚接地，为低电平0V。

室外机上电，CPU上电复位结束开始工作，首先检测㊲脚电压，如果为高电平5V，则控制处于待机状态，根据通信信号接收引脚的信息，按室内机CPU输出的命令对室外机进行控制；如果为低电平0V，则不再检测通信信号，按测试功能控制室外机。

（3）使用技巧

① 如果使用室内机输出的电源供电，在室外机接线端子处只断开通信线，短路CN6插座针脚，遥控开机，室内机输出交流电源，室外机同样按测试功能工作，只不过由于室内机CPU接收不到室外机CPU反馈的通信信号，约2min后即断开室外机的供电。

② 如故障表现为开机后室外机不运行，在确认室内机正常的前提下，使用测试功能可

以大致判断室外机通信电路是否正常。如果使用测试功能室外机能够按程序工作，则说明室外机通信电路出现故障；如果使用测试功能室外机仍不工作，则说明室外机电控系统出现故障，应检查直流5V电压等数据，根据结果判断故障部位。

③ 本机室外机强电电源（直流300V）“地”和弱电信号（直流5V）“地”相通，CN6插座针脚“地”为弱电信号地，但同样有电击的危险，使用螺丝刀的刀头短路CN6插座针脚时，手应握住塑料柄，上电后严禁触摸金属部分，防止电击伤人的意外情况出现。

5. 电压检测电路

（1）工作原理

图5-68所示为电压检测电路原理图，图5-69所示为实物图，表5-13所示为交流输入电压与CPU引脚电压对应关系。该电路的作用是检测输入的交流电源电压，当电压高于交流260V或低于160V时停机，以保护压缩机和模块等部件。

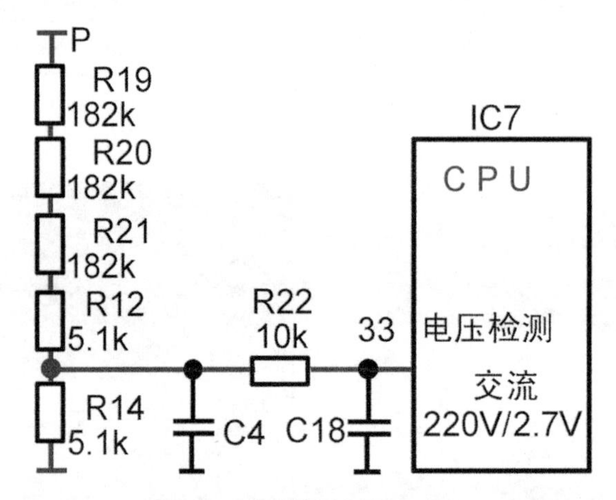

图5-68 电压检测电路原理图

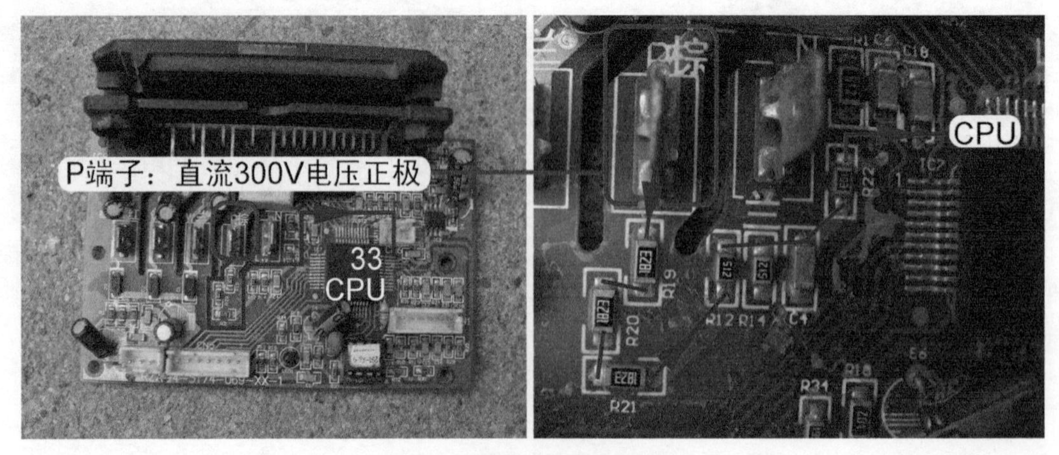

图5-69 电压检测电路实物图

■ 表5-13　CPU引脚电压与交流输入电压对应关系

CPU㉝脚直流电压（V）	对应P接线端子上直流电压（V）	对应输入的交流电压（V）	CPU㉝脚直流电压（V）	对应P接线端子上直流电压（V）	对应输入的交流电压（V）
1.87	204	150	2	218	160
2.12	231	170	2.2	245	180
2.37	258	190	2.5	272	200
2.63	286	210	2.75	299	220
2.87	312	230	3	326	240
3.13	340	250	3.23	353	260

本机电路未使用电压检测变压器等元器件检测输入的交流电压，而是通过电阻检测直流300V母线电压，通过软件计算出实际的交流电压值，参照的原理是交流电压经整流和滤波后，乘以固定的比例（近似1.36）即为输出直流电压，即交流电压乘以1.36即等于直流电压数值。CPU的㉝脚为电压检测引脚，根据引脚电压值计算出输入的交流电压值。

电压检测电路由电阻R19～R22、R12、R14和电容C4、C18组成，从图5-68可以看出，基本工作原理就是分压电路，取样点就是P接线端子上的直流300V母线电压，R19～R21、R12为上偏置电阻，R14为下偏置电阻，R14的阻值在分压电路所占的比例为1/109[R_{14}/（$R_{19}+R_{20}+R_{21}+R_{12}+R_{14}$），即5.1/（182 + 182 + 182 + 5.1 + 5.1）]，R14两端电压经电阻R22送至CPU㉝脚，也就是说，CPU㉝脚电压值乘以109等于直流电压值，再除以1.36就是输入的交流电压值。比如CPU㉝脚当前电压值为2.75V，则当前直流电压值为299V（2.75V×109），当前输入的交流电压值为220V（299V/1.36）。

压缩机高频运行时，即使输入电压为标准的交流220V，直流300V电压也会下降至直流240V左右。为防止误判，室外机CPU内部数据设有修正程序。

说明：室外机电控系统使用热地设计，直流300V“地”和直流5V“地”直接相连。

（2）常见故障

电阻R19～R21受直流300V电压冲击，且由于贴片元件功率较小，阻值容易变大或开路，室外机CPU检测后判断为“输入电源过电压或欠电压”，控制室外机停止运行进行保护，并将故障代码通过通信电路传送至室内机CPU。

6. 电流检测电路

（1）工作原理

图5-70所示为电流检测电路原理图，图5-71所示为实物图，表5-14所示为压缩机运行电流与CPU引脚电压对应关系。该电路的作用是检测压缩机运行电流，当CPU检测值高于设定值（制冷10A、制热11A）时停机，以保护压缩机和模块等部件。

本机电路未使用电流检测变压器或电流互感器检测交流供电引线的电流，而是模块内部取样电阻输出的电压，将电流信号转化为电压信号并放大，供CPU检测。

电流检测电路由模块⑳脚、IC3（LM358）、滤波电容E7等主要元器件组成，CPU的㉞脚检测电流信号。

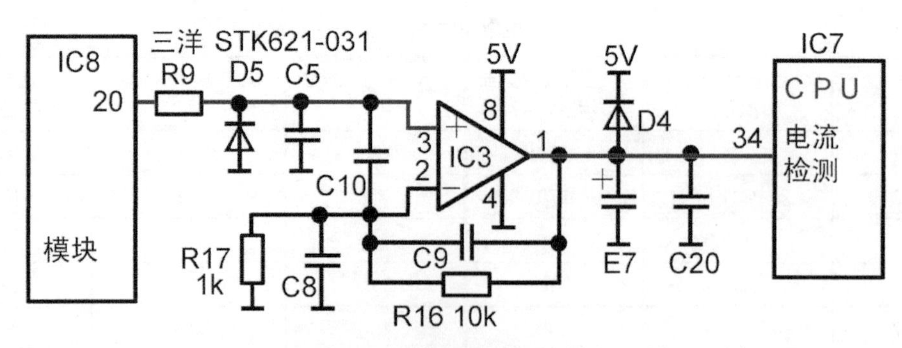

图5-70 电流检测电路原理图

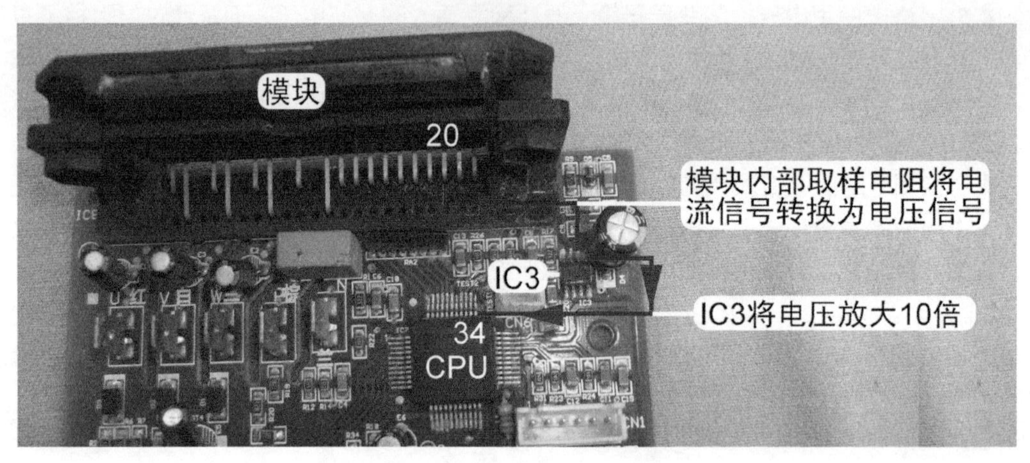

图5-71 电流检测电路实物图

表5-14 CPU引脚电压与压缩机运行电流对应关系

运行电流	CPU㉞脚电压	运行电流	CPU㉞脚电压
1A	0.2V	3A	0.6V
6A	1.2V	8A	1.6V

模块内部设有取样电阻（阻值小于1Ω），将模块工作电流（可以理解为压缩机运行电流）转化为电压信号由⑳脚输出，由于电压值较低，没有直接送至CPU处理，而是送至运算放大器IC3的③脚同相输入端进行放大，IC3将电压放大10倍（放大倍数由电阻R16和R17的阻值决定），由①脚输出至CPU的㉞脚，CPU内部软件根据电压值计算出对应的压缩机运行电流，对室外机进行控制。假如CPU根据电压值计算出当前压缩机运行电流在制冷模式下大于10A，判断为“过电流故障”，控制室外机停机，并将故障代码通过通信电路传送至室内机CPU。

本机模块由日本三洋公司生产，型号为STK621-031，内部⑳脚集成取样电阻，将模块运行的电流信号转化为电压信号，万用表电阻挡实测⑳脚与N接线端子的阻值小于1Ω（近似0Ω）。

（2）关键元器件LM358

LM358共有8个引脚，分两侧设计，有直插式或贴片式两种封装形式，本机使用贴片式。图5-72（a）所示为LM358的实物外形，图5-72（b）所示为LM358的引脚功能和内部电路。

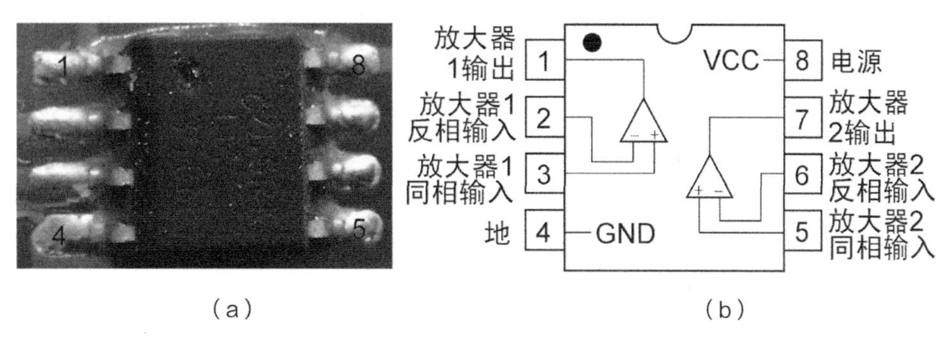

（a）　　（b）

图5-72　LM358实物外形、引脚功能和内部电路

LM358内部设有两个独立的运算放大器，采用差分输入方式，具有直流电压放大倍数大（约100倍）、频带宽（约1MHz）和供电电压范围宽（3～30V）等特点；在变频空调器的室外机电控系统中，LM358所起的作用通常是放大代表模块电流的微弱电压，只使用内部的一块运算放大器，另外一块不用，相对应的引脚为空脚，例如本机IC3的⑤～⑦脚为空脚。

由于 LM358 为集成电路，使用万用表电阻挡不容易确定其是否损坏或正常，通常使用代换法试机。

（3）模块电流取样电阻

图5-73所示为外置模块电流取样电阻的电流检测电路原理图，图5-74所示为实物图。

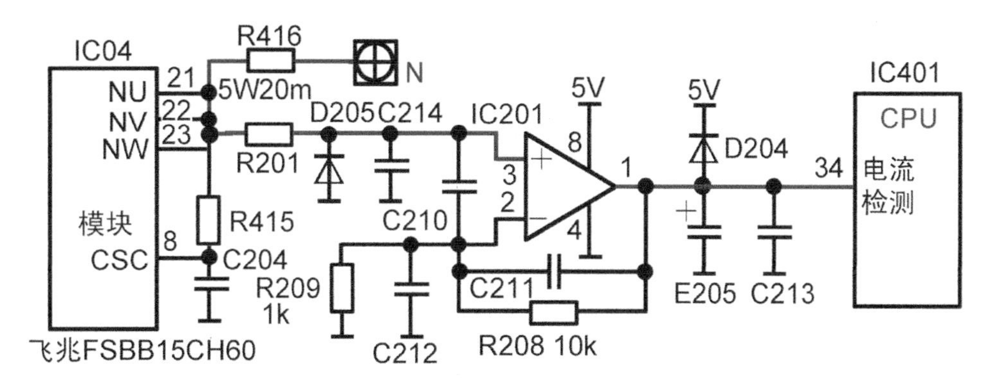

图5-73　外置模块电流取样电阻的电流检测电路原理图

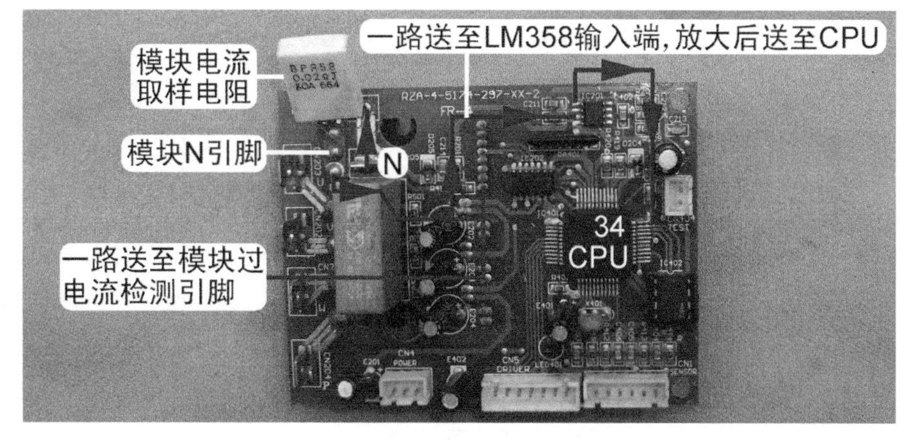

图5-74　外置模块电流取样电阻的电流检测电路实物图

目前变频空调器常用的还有日本三菱公司或美国飞兆（或译作仙童）公司的模块，内部没有集成电流取样电阻，改在外部设计，使用5W无感电阻，阻值通常为20mΩ（即0.02Ω）左右。其实物见图5-74，它串接在直流300V电压负极N接线端子和模块N引脚之间。

该电阻的作用有两个：一是作为模块电流的取样电阻，将电流转化为电压信号由LM358放大后，输送至CPU作为检测压缩机运行电流的参考信号；二是作为模块短路的过电流检测电阻，将电流经RC阻容元件送至模块的CSC引脚，当压缩机运行电流过大或模块内部IGBT开关管短路时，取样电阻两端电压超过CSC引脚的阈值电压，内部SC（过电流）保护电路控制驱动电路不再处理6路信号，由模块的FO端子输出保护信号至室外机CPU引脚，室外机CPU检测后停机进行保护，并将故障代码通过通信电路传送至室内机CPU。

说明：电路原理图和实物图选用海信KFR-26GW/11BP后期模块板。早期的模块板模块选用三洋STK621-031，由于2008年左右不再生产，替代的模块板模块改为飞兆FSBB15CH60，电路只改动模块的相关部分和元器件编号。

（4）常见故障

该电路的常见故障为开机后室外机运行，但一段时间后室外机停机，报“无负载”或“运行电流过高”的故障代码。常见故障见表5-15。

■ 表5-15 电流检测电路常见故障

故障内容	常见原因	检测方法	处理措施
报“无负载”故障代码	LM358损坏	代换法	更换LM358
报“运行电流过高”故障代码	电容C20或E7漏电	用万用表电阻挡测量，引脚有漏电电阻值	更换C20或E7

7. 模块保护电路

（1）作用

当模块内部控制电路检测到直流15V电压过低、基板温度过高、运行电流过大或内部IGBT短路引起电流过大故障时，均会关断IGBT，停止处理6路信号，同时FO引脚变为低电平，室外机CPU检测后判断为“模块故障”，停止输出6路信号，控制室外机停机，并将故障代码通过通信电路传送至室内机CPU。

（2）工作原理

图5-75所示为模块保护电路原理图，图5-76所示为实物图。

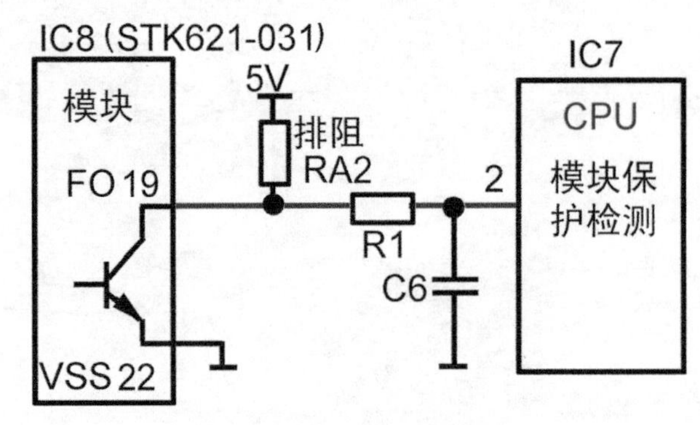

图5-75 模块保护电路原理图

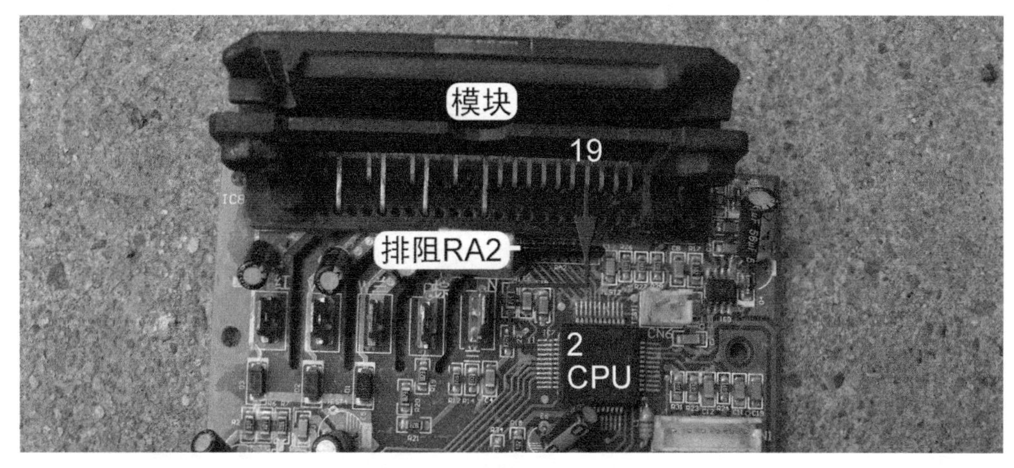

图5-76 模块保护电路实物图

本机模块⑲脚为FO保护信号输出引脚，CPU的②脚为模块保护信号检测引脚。模块保护输出引脚为集电极开路型设计，正常情况下此脚与外围电路不相连，CPU②脚和模块⑲脚通过排阻RA2中代号R1的电阻（4.7kΩ）连接至5V，因此模块正常工作即没有输出保护信号时，CPU②脚和模块 ⑲脚的电压均为5V。

如果模块内部电路检测到上述4种故障，停止处理6路信号，同时⑲脚接地，CPU②脚经电阻R1、模块⑲脚与地相连，电压由高电平5V变为低电平0V，CPU内部电路检测后停止输出6路信号，停机进行保护，并将故障代码通过通信电路传送至室内机CPU。

（3）电路说明

三洋STK621-031模块内部保护电路工作原理和三菱PM20CTM60模块基本相同，只不过本机模块内部接口电路使用专用芯片，可以直接连接CPU引脚，中间不需要光耦；而三菱PM20CTM60属于第二代模块，引脚不能和CPU相连，中间需要光耦传递信号。模块内部保护电路简图和常见故障等相关知识参见第4章第3节第七部分的内容。

三菱第三代和后续系列模块内部接口电路也使用专用芯片，同样可以直接连接CPU引脚，和本机模块相同。

三、输出部分电路

1. 指示灯电路

（1）作用

该电路的作用是显示室外机电控系统的工作状态，本机设计一个指示灯，只能以闪烁的次数表示相关内容。室外机指示灯控制程序：待机状态下以指示灯闪烁的次数表示故障内容，如闪烁1次为室外环温传感器故障，闪烁5次为通信故障；运行时以闪烁的次数表示压缩机限频因素，如闪烁1次表示正常运行（无限频因素），闪烁2次表示电源电压限制，闪烁5次表示压缩机排气温度限制。

说明：一个指示灯显示故障代码时，上一个显示周期和下一个显示周期中间有较长时间的间隔，而闪烁时的间隔时间则比较短，可以看出指示灯闪烁的次数；如果室外机主板设有两个或两个以上指示灯，则以亮、灭、闪的组合显示故障代码。

（2）工作原理

图5-77（a）所示为指示灯电路原理图，图5-77（b）所示为实物图。

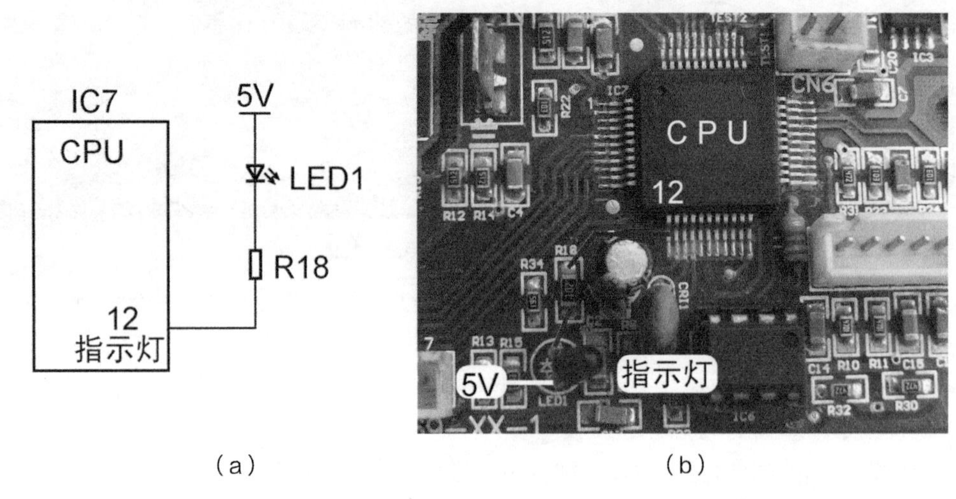

（a）　（b）

图5-77　指示灯电路原理图和实物图

CPU的⑫脚驱动指示灯点亮或熄灭，引脚为高电平4.5V时，指示灯熄灭；引脚为低电平0.1V，指示灯LED1两端电压为1.7V，处于点亮状态；CPU ⑫脚电压为0.1V↔4.5V交替变化时，指示灯表现为闪烁显示，闪烁的次数由CPU决定。

（3）常见故障

指示灯为发光二极管，使用万用表二极管挡测量时应符合正向导通、反向截止的特性。本电路在实际维修中很少出现故障。

2. 主控继电器电路

（1）作用

主控继电器为室外机供电，并与PTC电阻组成延时防瞬间大电流充电电路，对直流300V滤波电容充电。上电初期，交流电源经PTC电阻、硅桥为滤波电容充电，两端的直流300V电压为开关电源供电，开关电源工作后输出电压，其中的一路直流5V为室外机CPU供电，CPU工作后控制主控继电器触点导通，由主控继电器触点为室外机供电。

（2）工作原理

图5-78所示为主控继电器电路原理图，图5-79所示为实物图。电路由CPU⑨脚、限流电阻R14、反相驱动器IC03的⑤脚和⑫脚以及主控继电器RY01组成。

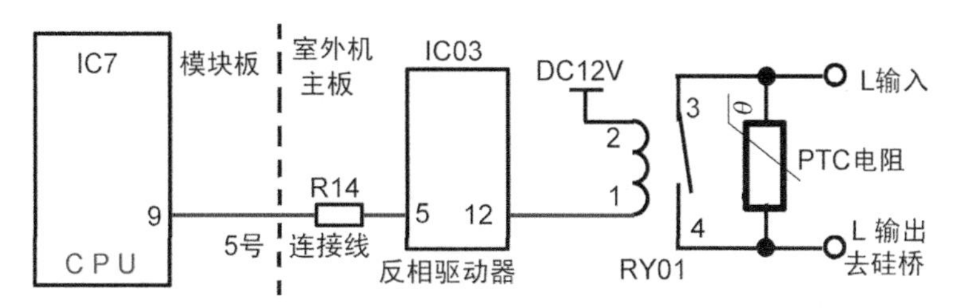

图5-78　主控继电器电路原理图

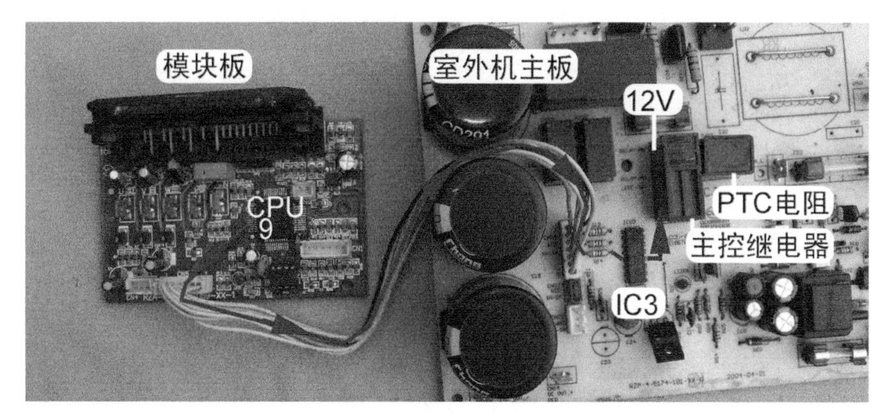

图5-79　主控继电器电路实物图

CPU需要控制RY01触点闭合时，⑨脚输出高电平5V电压，经电阻R14限流后电压为直流2.5V，送到IC03的⑤脚，使反相驱动器内部电路翻转，⑫脚电压变为低电平（约0.8V），主控继电器RY01线圈两端电压为直流11.2V，产生电磁吸力，使触点3-4闭合。

CPU需要控制RY01触点断开时，⑨脚为低电平0V，IC03的⑤脚电压也为0V，内部电路不能翻转，⑫脚为高电平12V，RY01线圈两端电压为直流0V，由于不能产生电磁吸力，触点3-4断开。

直流300V电压形成电路工作原理参见第4章第2节第二部分的内容，主控继电器电路常见故障等相关知识参见第4章第4节第一部分的内容。

3. 室外风机电路

（1）工作原理

图5-80所示为室外风机电路原理图，图5-81所示为实物图。该电路的作用是驱动室外风机运行，为冷凝器散热。

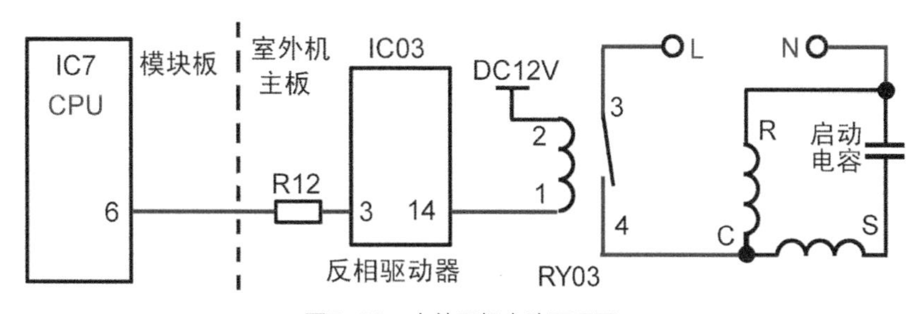

图5-80　室外风机电路原理图

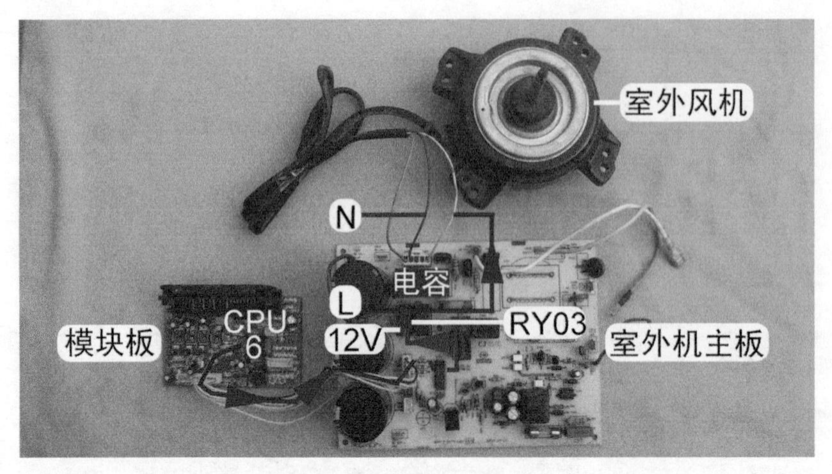

图5-81　室外风机电路实物图

室外机CPU的⑥脚为室外风机高风控制引脚，⑦脚为低风控制引脚，由于本机室外风机只有一个转速，实际电路只使用CPU⑥脚，⑦脚空闲。电路由限流电阻R12、反相驱动器IC03的③脚和⑭脚、继电器RY03组成。

该电路的工作原理和主控继电器驱动电路基本相同，需要控制室外风机运行时，CPU的⑥脚输出高电平5V电压，经电阻R12限流后为直流2.5V，送至IC03的③脚，反相驱动器内部电路翻转，⑭脚电压变为低电平（约0.8V），继电器RY03线圈两端电压为直流11.2V，产生电磁吸力使触点3–4闭合，室外风机线圈得到供电，在启动电容的作用下旋转运行，为冷凝器散热。

室外机CPU需要控制室外风机停止运行时，⑥脚变为低电平0V，IC03的③脚也为低电平0V，内部电路不能翻转，⑭脚为高电平12V，RY03线圈两端电压为直流0V，由于不能产生电磁吸力，触点3–4断开，室外风机因失去供电而停止运行。

（2）室外风机主要参数

室外风机主要参数见表5–16。室外风机只有一个转速，共有3根引线，分别是白线（公共端C）、棕线（运行绕组R）、橙线（启动绕组S）。电机绕组阻值测量方法与引线辨认方法和室内机的PG电机相同。

■ 表5–16　室外风机主要参数

功率	极数	电流	启动电容容量	绕组阻值
33W	6极	0.39A	3μF	RS：446Ω；CS：242Ω；CR：204Ω

4. 四通阀线圈电路

图5–82所示为四通阀线圈电路原理图，图5–83所示为实物图。该电路的作用是控制四通阀线圈的供电与否，从而控制空调器工作在制冷或制热模式。控制电路由CPU⑧脚、限流电阻R13、反相驱动器IC03的④脚和⑬脚、继电器RY02组成。

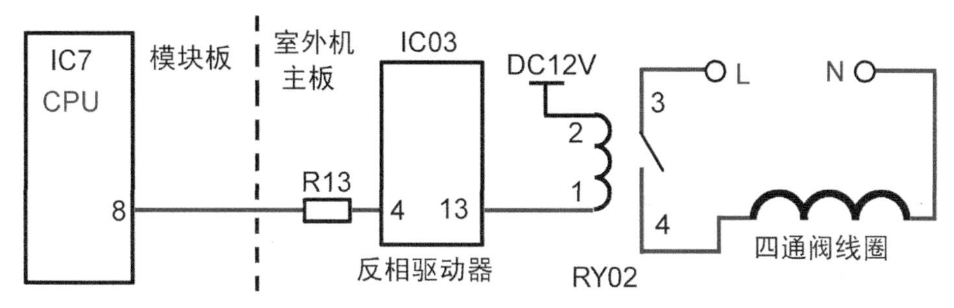

图5-82 四通阀线圈电路原理图

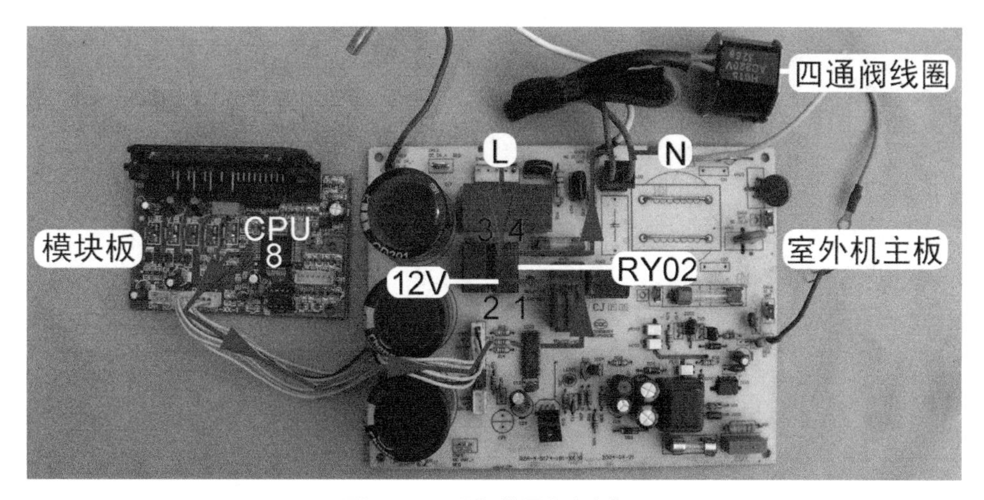

图5-83 四通阀线圈电路实物图

室内机CPU根据遥控器输入信号或应急开关信号，处理后需要空调器工作在制热模式时，将控制命令通过通信电路传送至室外机CPU，其⑧脚输出高电平5V电压，经电阻R13限流后约为直流2.5V，送到IC03的④脚，反相驱动器内部电路翻转，⑬脚电压变为低电平（约0.8V），继电器RY02线圈两端电压为直流11.2V，产生电磁吸力使触点3-4闭合，四通阀线圈得到交流220V电源，吸引四通阀内部磁铁移动，在压力的作用下转换制冷剂流动的方向，使空调器工作在制热模式。

当空调器需要工作在制冷模式时，室外机CPU⑧脚为低电平0V，IC03的④脚电压也为0V，内部电路不能翻转，IC03⑬脚为高电平12V，RY02线圈两端电压为直流0V，由于不能产生电磁吸力，触点3-4断开，四通阀线圈两端电压为交流0V，对制冷系统中制冷剂流动方向的改变不起作用，空调器工作在制冷模式。

四通阀线圈安装位置、常见故障等相关知识参见第4章第4节第三部分的内容。

5. 6路信号电路

图5-84所示为6路信号电路原理图，图5-85所示为实物图。

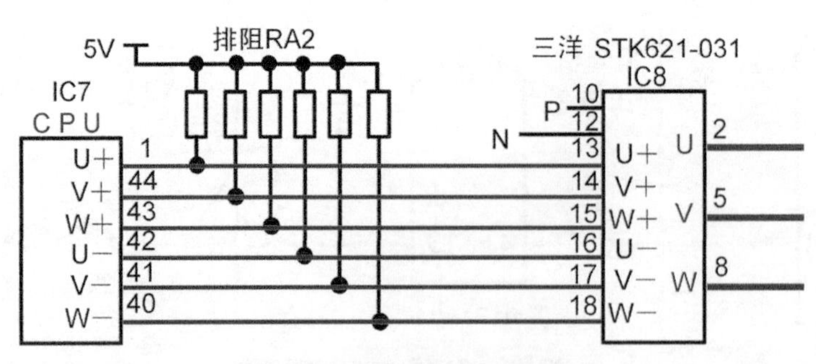

图5-84　6路信号电路原理图

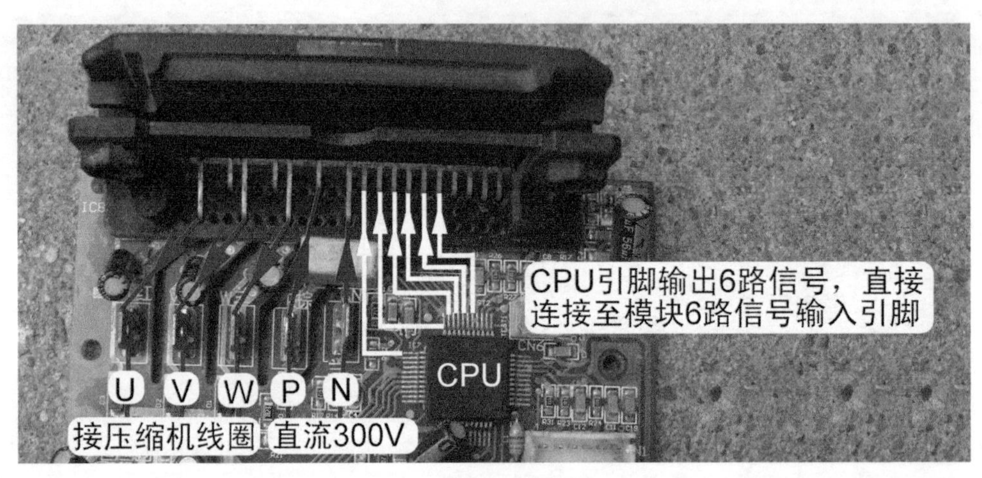

图5-85　6路信号电路实物图

室外机CPU输出有规律的控制信号，直接送至模块内部电路，驱动内部6个IGBT开关管有规律的导通与截止，将直流300V电压转换为频率与电压均可调的三相模拟交流电压，驱动压缩机高频或低频的以任意转速运行。

由于室外机CPU输出6路信号控制模块内部IGBT开关管的导通与截止，因此压缩机转速由室外机CPU决定，模块只起一个放大信号时转换电压的作用。

室外机CPU的①脚、㊹脚、㊸脚、㊷脚、㊶脚、㊵脚6个引脚输出6路信号，直接送至IC8模块（三洋STK621-031）的6路信号输入引脚，经内部控制电路处理后，驱动6个IGBT开关管有规律的导通与截止，将P、N端子的直流300V电压转换为频率可调的交流电压由U、V、W 3个端子输出，驱动压缩机运行。

6路信号工作流程、限频因素总结等相关知识参见第4章第4节第四部分的内容。

第6章 通信电路故障和其他常见故障维修

本章分为两节，主要介绍故障率最高的两个单元电路的故障维修方法，第1节为通信电路故障维修流程，第2节为压缩机故障和跳闸故障。

第1节 通信电路故障维修流程

通信电路故障是变频空调器中较常见的故障之一，由于其电路涉及室内机主板、室内外机连接线、室外机主板和模块板，因而发生故障时所引起的故障现象各不相同，维修方法也各不相同。在实际维修中，通信电路故障发生的概率较高，且根据显示的故障代码内容检修时，也比较难以查到故障部位。本节对通信电路故障的检修方法作简单介绍。

一、故障现象

变频空调器开机后出现室内风机运行，室外机不反应，或者整机运行一段时间之后，室外机停机的故障现象，室内机报“通信故障”的代码。

二、故障原因

出现通信电路故障时有以下几种常见原因。

1. 室内机主板

室内机主板引起的通信电路常见故障见图6-1。

① 主板CPU损坏：不能发送或处理接收的通信信号。

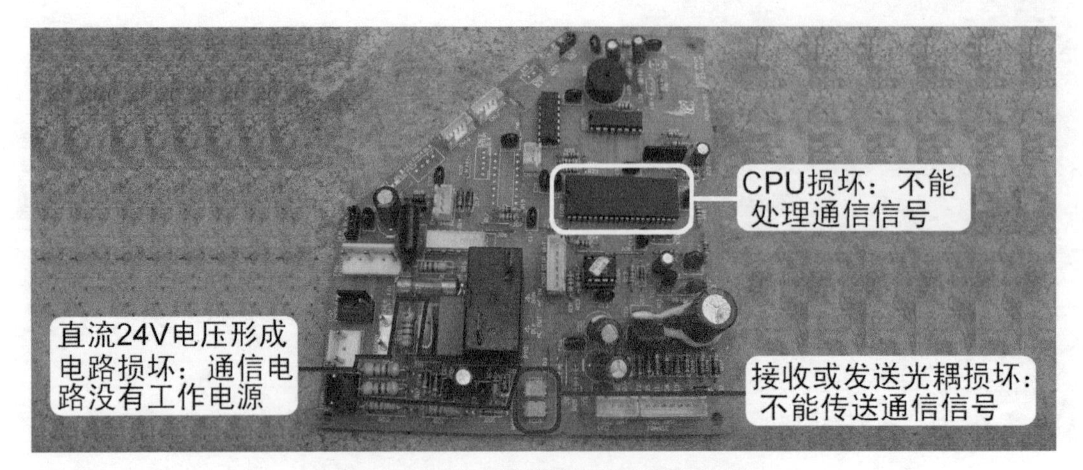

图6-1　室内机主板引起的通信电路常见故障

② 主板直流24V电压形成电路损坏：通信电路无电压而不能工作。

③ 主板发送光耦或接收光耦损坏：通信回路中断。

2. 室内外机4根连接线

室内外机连接线引起的通信电路常见故障见图6-2。

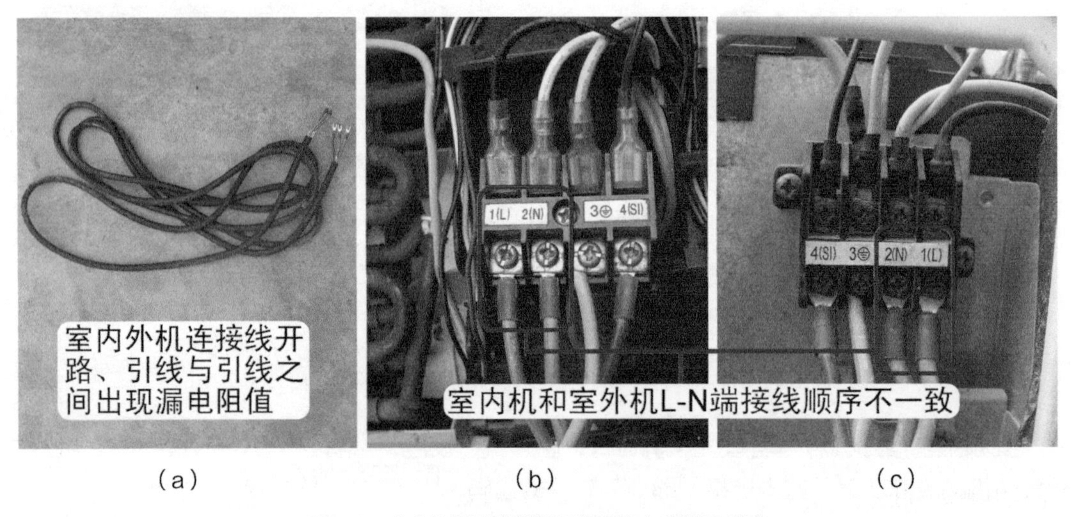

图6-2　室内外机连接线引起的通信电路常见故障

① 室内外机连接线接线错误。

② 室内机接线端子L/N和室外机接线端子L/N顺序相反，通信电路不能构成回路。

③ 室内外机4根引线中的通信线和地线短路：通信信号接地，室内机和室外机CPU接收不到对方传过来的信号。

④ 室内外机连接线中间出现断路故障。

⑤ 室内外机连接线 4 根引线之间有漏电电阻值：传送的信号有不同程度的衰减，室内机或室外机CPU处理后判断为无效信号。

3. 室外机主板

室外机主板引起的通信电路常见故障见图6-3。

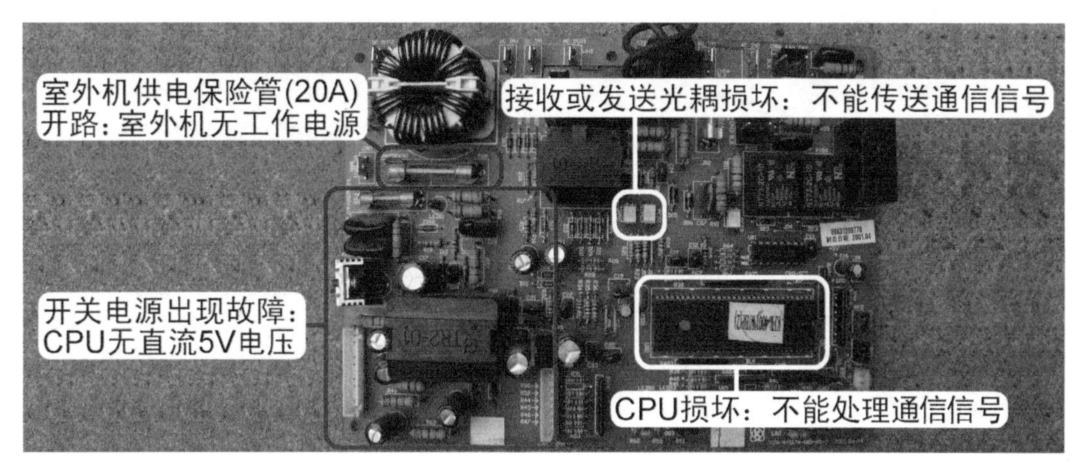

图6-3 室外机主板引起的通信电路常见故障

① 主板CPU损坏：不能发送或处理接收的通信信号。

② 主板发送光耦或接收光耦损坏：通信回路中断。

③ 室外机供电保险管（20A）开路故障：室外机没有工作电源。

④ 开关电源供电保险管（3.15A）或开关电源损坏：室外机 CPU 无直流 5V 工作电源。

4. 滤波板、硅桥、滤波电感、模块

滤波板和硅桥引起的通信电路常见故障见图6-4，滤波电感和模块引起的通信电路常见故障见图6-5。

图6-4 滤波板和硅桥引起的通信电路常见故障

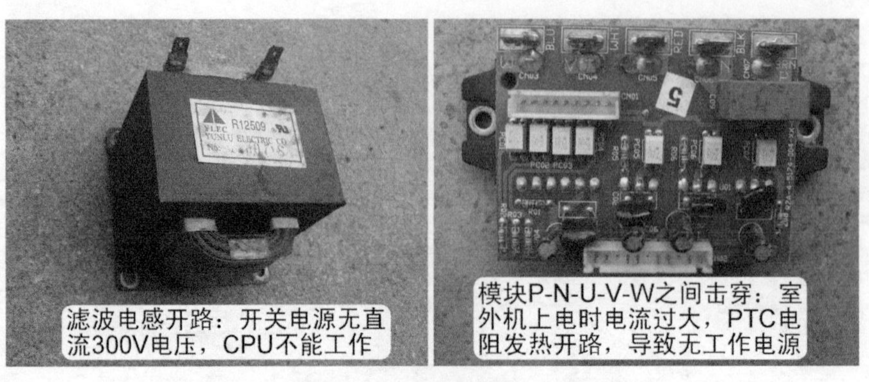

图6-5　滤波电感和模块引起的通信电路常见故障

① 室外机交流供电回路开路：室外机无工作电源。

② 硅桥开路：室外机主板无直流300V电压，室外机CPU不能工作。

③ 滤波电感开路：室外机主板无直流300V电压，室外机CPU不能工作。

④ 模块P与N端子、P与U端子等击穿：开机后引起电流过大，PTC电阻过热，因而阻值变为无穷大，室外机主板无直流300V电压，开关电源不能工作，室外机CPU因无直流5V而不能工作。

三、维修流程

1. 新装机或移机之后的变频空调器出现通信电路故障

故障原因通常为室内机和室外机连接线顺序接错，见图6-2（b）和图6-2（c）。

2. 正在使用的空调器出现通信电路故障

（1）测量室内机N与S端子电压

使用万用表直流电压挡，见图6-6，黑表笔接2号零线N端子，红表笔接4号通信SI端子，在上电但不开机状态下测量，正常为直流24V左右的跳变电压，故障电压为直流0V。

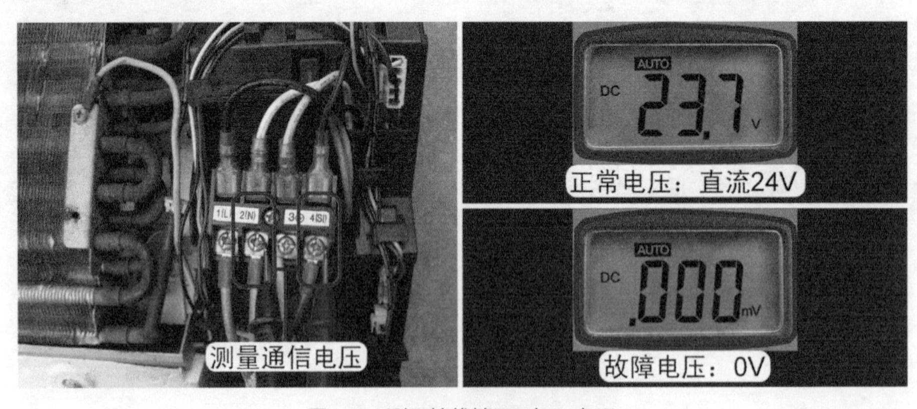

图6-6　测量接线端子N与SI电压

① 正常电压为直流24V左右的跳变电压。原因是室内机CPU只要上电工作，见图6-7，发送信号引脚就输出脉冲通信信号，发送光耦PC1初级得电，发光二极管发光，因而次级导通，直流24V电压经PC1次级引脚、接收光耦PC2初级发光二极管、二极管D9、电阻R15到接线端子。由于室内机与室外机不能构成回路，因此为直流24V左右的跳变电压。

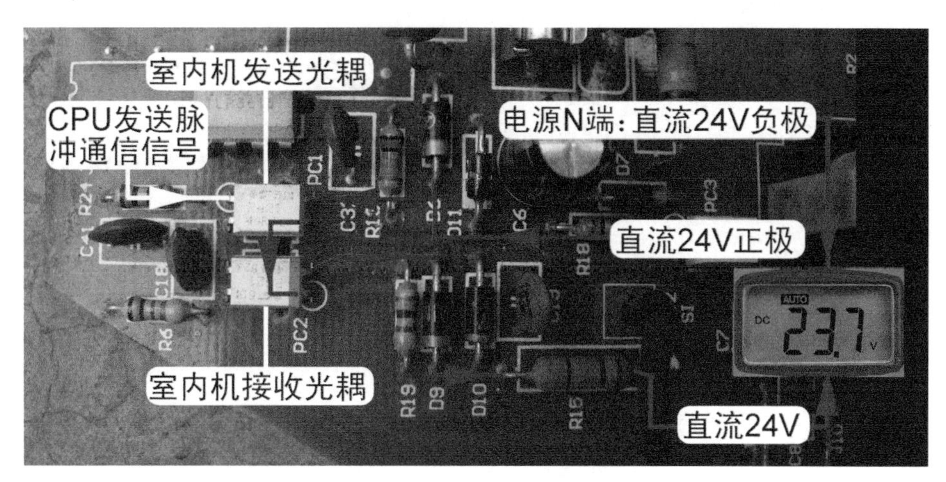

图6-7 直流24V电压形成电路

② 实测电压为0V，说明室内机直流24V电压形成电路或室内机通信电路出现故障，使用万用表直流电压挡，见图 6-8，黑表笔接零线N、红表笔接通信线SI测量电压。

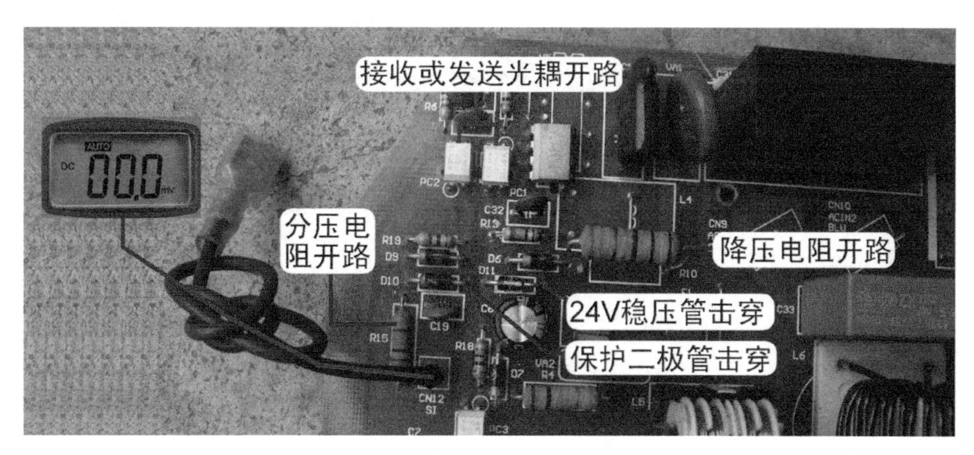

图6-8 电压为0V的常见故障原因

24V电压形成电路故障常见原因有降压电阻R10开路、24V稳压管击穿、保护二极管D10击穿、分压电阻R15开路，其中以降压电阻R10和分压电阻R15损坏最为常见；通信电路常见故障原因有发送光耦PC1或接收光耦PC2损坏。

（2）遥控开机后室内机主板向室外机供电，观察通信电压

常见有以下3种结果。

① 第1种结果：室外机不运行，依旧为直流24V电压不变化，室内机显示故障代码为“通信故障”，检修步骤如下。

步骤一：测量室外机接线端子L、N交流电压，见图6-9，使用万用表交流电压挡。

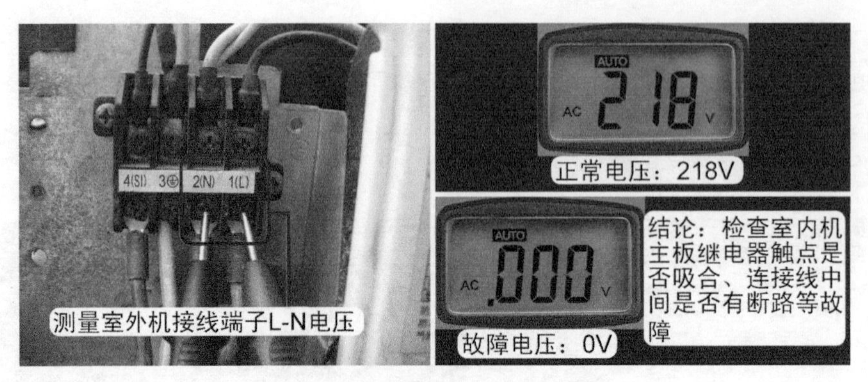

图6-9　测量室外机L、N端子电压

正常值为交流220V。如果电压为交流0V，应检查室内机主控继电器触点是否吸合、室内外机连接线中间是否断路等。

步骤二：测量模块P、N端子电压（即直流300V电压），使用万用表直流电压挡，见图6-10，黑表笔接N端，红表笔接P端，有以下3种结果。

- 测量结果为正常值，即直流300V左右，下一步的检查方法参见步骤三。
- 测量结果为直流0V，下一步的检查方法参见步骤四和步骤五。
- 测量结果为直流120V左右，为硅桥内部其中一个整流二极管击穿。

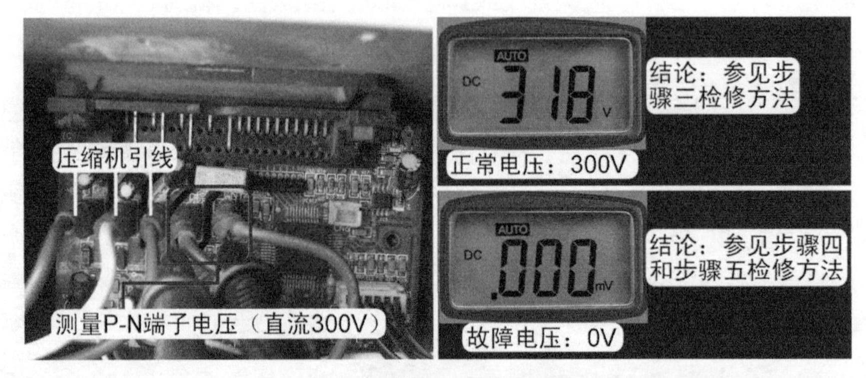

图6-10　测量模块P、N端子直流电压

步骤三：测量模块P、N端电压为直流300V时，应使用万用表直流电压挡，见图6-11，测量直流5V电压。

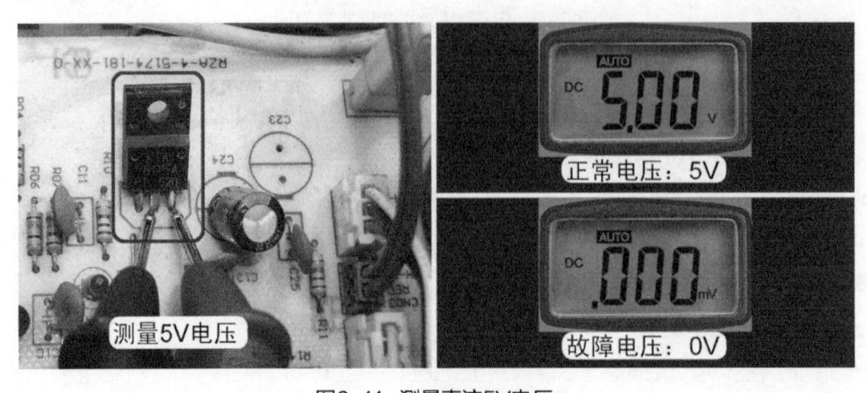

图6-11　测量直流5V电压

黑表笔接地，红表笔接7805的③脚输出端，正常值为直流5V，如测量结果为0V则说明有故障。

测量5V电压，如结果为直流5V，说明开关电源电路正常，为室外机CPU没有工作，应检查其三要素电路，或室外机的通信电路有开路故障。

如果电压为直流0V，通常为开关电源电路出现故障。

图6-12所示为根据5V电压测量结果检查相应单元电路。

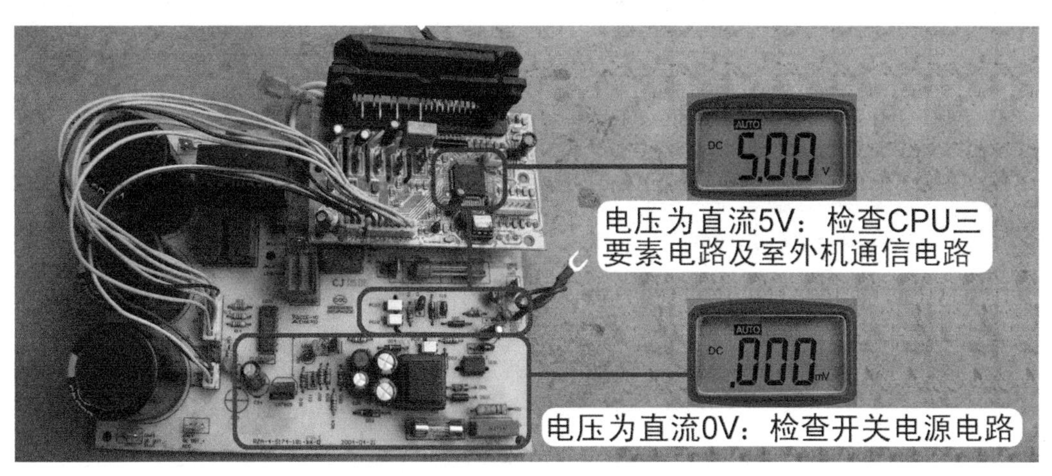

图6-12 根据5V电压测量结果检查相应单元电路

步骤四：测量模块P、N端电压为直流0V时，应使用万用表交流电压挡，见图6-13，测量硅桥的两个交流输入端电压。

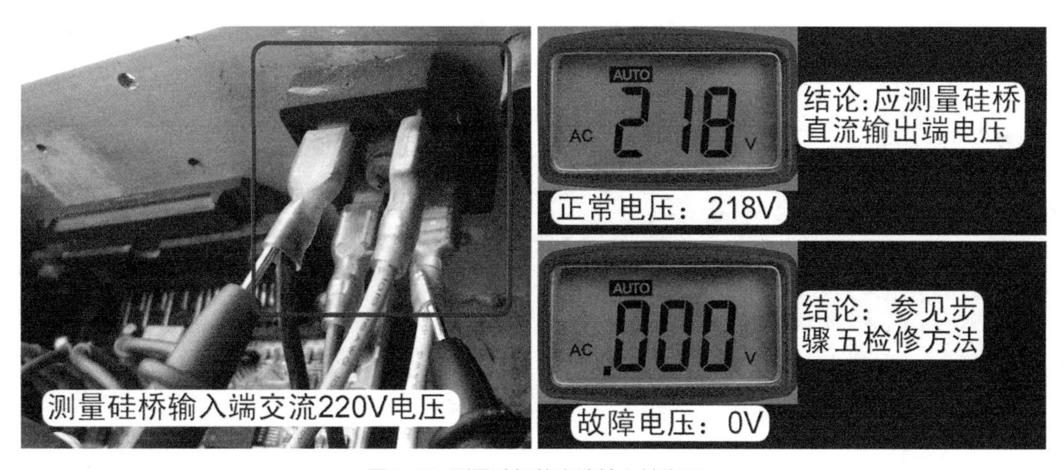

图6-13 测量硅桥的交流输入端电压

说明：硅桥豁口对应端子为直流输出端正极，对角线端子为直流输出端负极，其余两个端子为交流输入端。

正常值为交流220V。

如果为0V则是有故障，参见步骤五的检修方法。

如果测量硅桥交流输入端电压为交流220V而模块P、N端子电压为0V时，应测量硅桥直流输出端电压，使用万用表直流电压挡，见图6-14，红表笔接豁口对应端子即正极，黑表笔接正极对角线端子即负极。

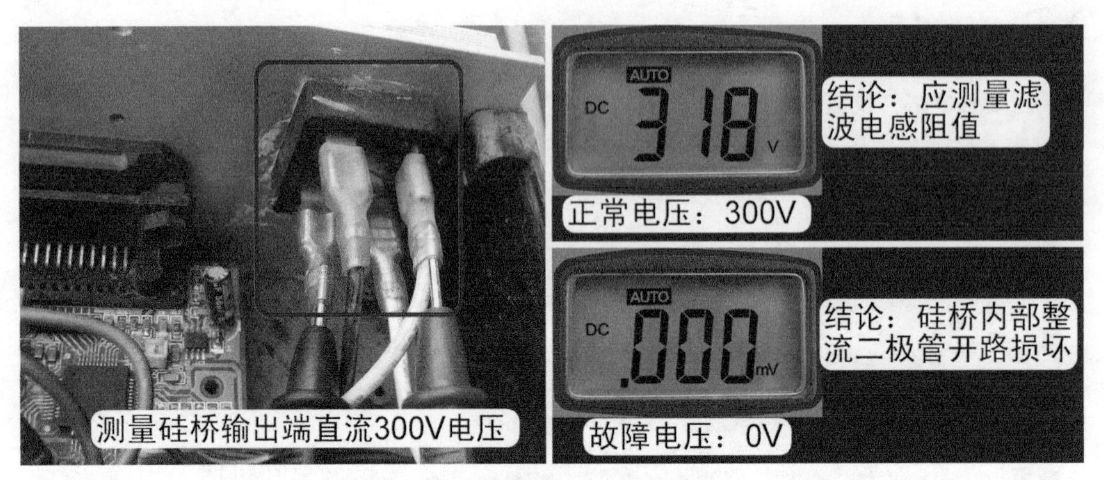
结论：应测量滤波电感阻值
正常电压：300V
结论：硅桥内部整流二极管开路损坏
测量硅桥输出端直流300V电压
故障电压：0V

图6-14　测量硅桥的直流输出端电压

正常值为直流300V左右。

如果电压为直流0V，则为硅桥内部整流二极管开路损坏。

如果硅桥直流输出端电压为直流300V，而模块P、N端子电压为直流0V时，由于模块P、N端子至硅桥直流输出端供电回路中只有滤波电感，应测量其阻值是否正常，见图6-15，使用万用表电阻挡测量连接线阻值。

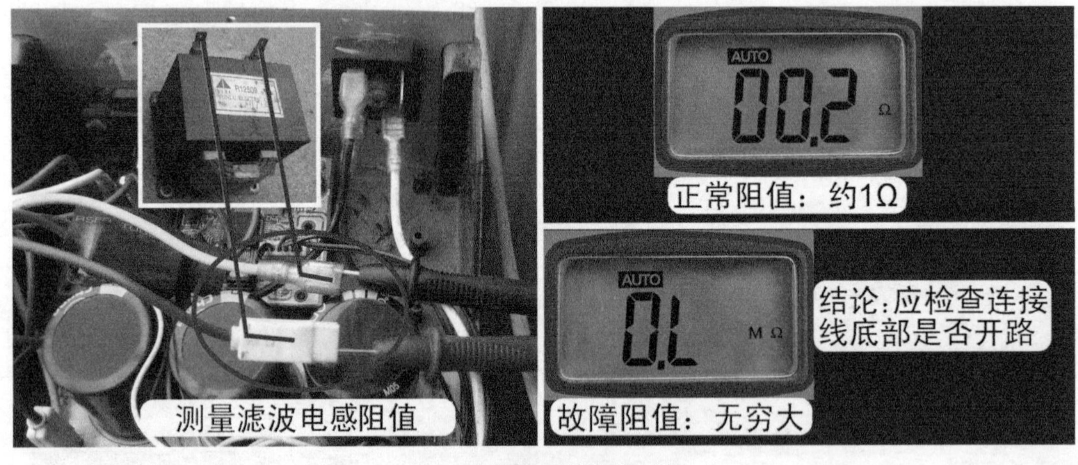
正常阻值：约1Ω
结论:应检查连接线底部是否开路
测量滤波电感阻值
故障阻值：无穷大

图6-15　测量滤波电感阻值

正常阻值约1Ω。

如果阻值为无穷大，应检查其底部连接线是否开路。

步骤五：测量硅桥交流输入端电压为交流0V时，见图6-16，应用手摸与主控继电器触点并联的PTC电阻，感觉其温度，可以判断故障的大致部位：如果温度很高有烫手的感觉，为后级负载有短路故障；如果接近常温，则为前级供电线路出现故障。

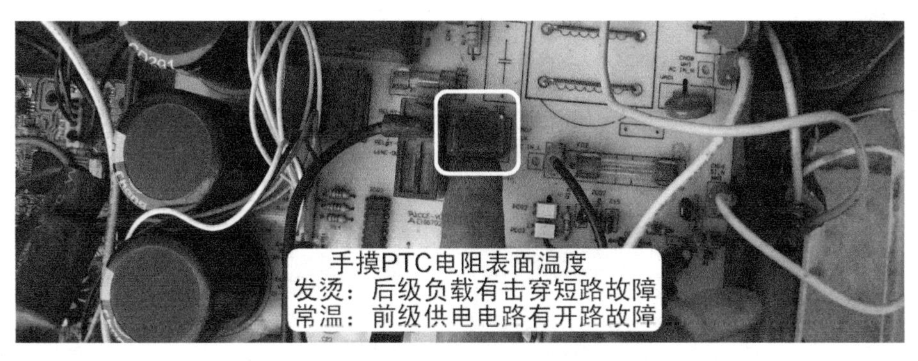

图6-16 手摸PTC电阻表面温度

手摸PTC电阻温度很高，有发烫的感觉。

常见故障见图6-17，通常为硅桥内部某个二极管击穿（也可称为单臂击穿），模块P、N、U、V、W 5个端子之间有击穿损坏或主控继电器触点未吸合等原因引起。

图6-17 PTC电阻温度过高时应检查的故障元器件

手摸PTC电阻为常温，为前级供电电路有故障。

常见故障见图6-18，通常为15A供电保险管（室外机主板上体积最大的保险管）开路、PTC电阻自身损坏、交流220V滤波电感开路等。

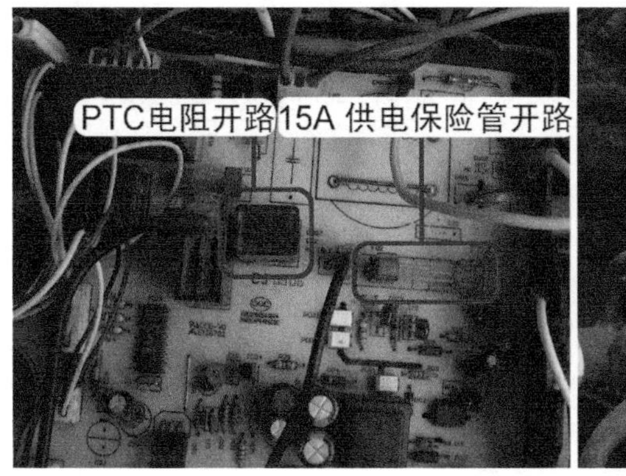

图6-18 PTC电阻为常温时应检查的故障元器件

② 第2种结果：室外机不运行，电压依旧为直流24V不变，室内机主板和室外机主板显示代码的含义均为“通信故障”。

常见故障见图6-19，通常为室外机接收光耦损坏、通信电路的PTC电阻开路损坏、室内外机连接线出现漏电或短路故障等，致使直流24V电压不能构成回路。

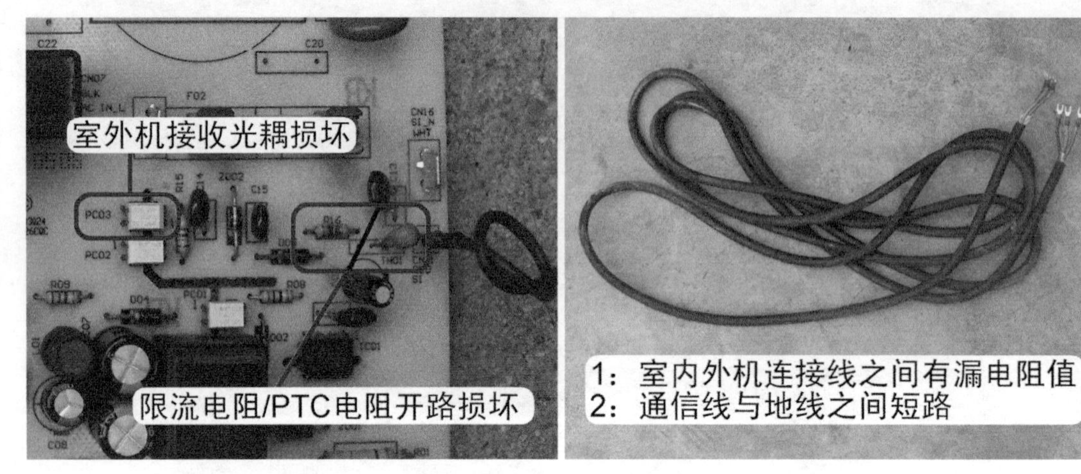

图6-19　室外机不运行，室内机和室外机均报通信故障

③ 第3种结果：开机后通信电压跳动范围正常，室内机和室外机均开始运行，但运行一段时间后室内机主板停止室外机的供电。

常见故障见图6-20，通常为室内机主板接收光耦损坏、室内外机连接线出现漏电或短路故障等。

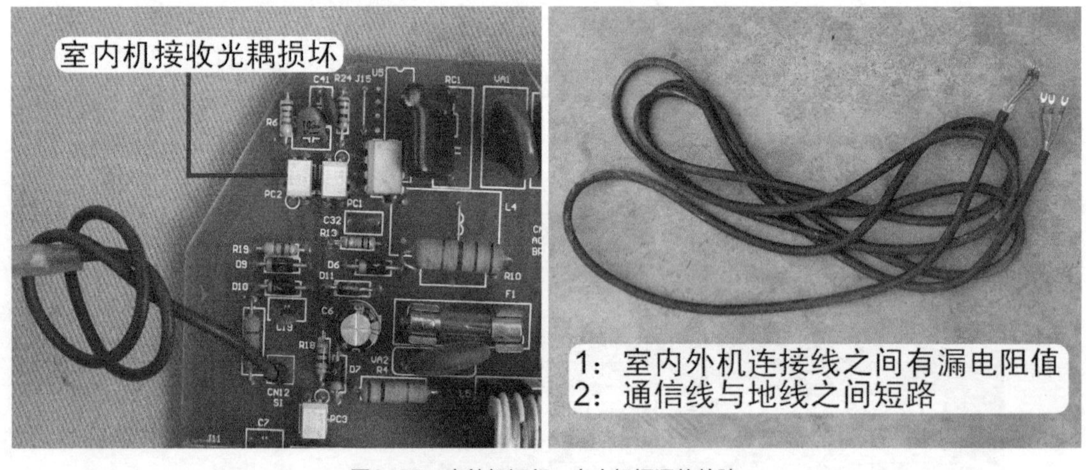

图6-20　室外机运行，室内机报通信故障

第2节 压缩机故障和跳闸故障

一、压缩机线圈对地短路，报模块故障

故障说明：海信KFR-50GW/09BP挂式交流变频空调器，遥控开机后不制冷，检查为室外风机运行，但压缩机不运行。

1. 测量模块

遥控开机，听到室内机主板主控继电器触点闭合的声音，判断室内机主板向室外机供电，到室外机检查，观察室外风机运行，但压缩机不运行，取下室外机外壳过程中，如果一只手摸窗户的铝合金外框、一只手摸冷凝器时有电击的感觉，判断此现象为空调器电源插座中地线未接或接触不良引起。

观察室外机主板上指示灯LED2闪、LED1和LED3灭，查看故障代码含义为“功率模块故障”；在室内机按压遥控器上“高效”键4次，显示屏显示“5”的代码，含义仍为“功率模块故障”，说明室外机CPU判断模块出现故障。

断开空调器电源，拔下压缩机U、V、W的3根引线，以及滤波电容上连接室外机主板的正极（接模块P端子）和负极（接模块N端子）的引线，使用万用表二极管挡，见图6-21，测量模块的5个端子，实测结果符合正向导通、反向截止的二极管特性，判断模块正常。使用万用表电阻挡，测量压缩机的U（红）、V（白）、W（蓝）3根引线，阻值均为0.8Ω，也说明压缩机线圈阻值正常。

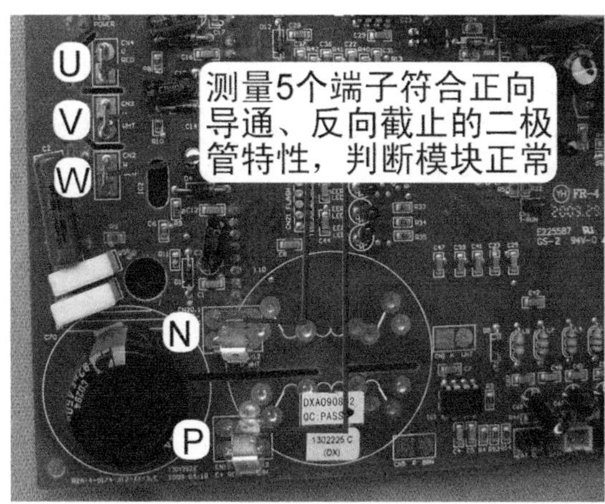
U
V
W
测量5个端子符合正向导通、反向截止的二极管特性，判断模块正常
N
P

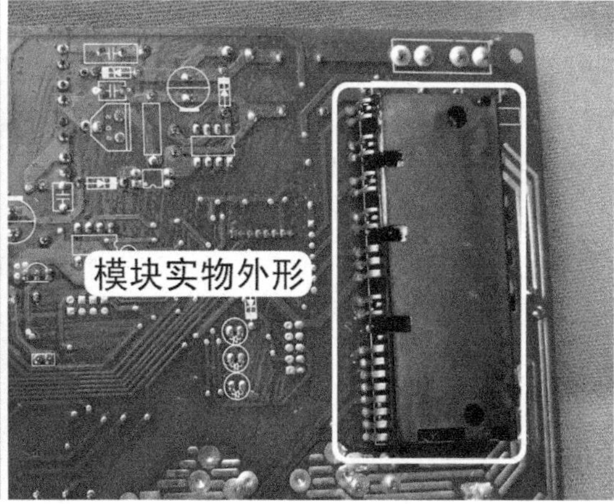
模块实物外形

图6-21 测量模块

2. 更换室外机主板

由于测量模块和压缩机线圈均正常，判断室外机CPU误判或相关电路出现故障。此机室外机只有一块电路板，集成CPU控制电路、模块、开关电源等所有电路，试更换室外机主板，开机后室外风机运行但压缩机仍不运行，故障依旧，指示灯依旧为LED2闪、LED1和LED3灭，报故障代码仍为“功率模块故障”，见图6-22。

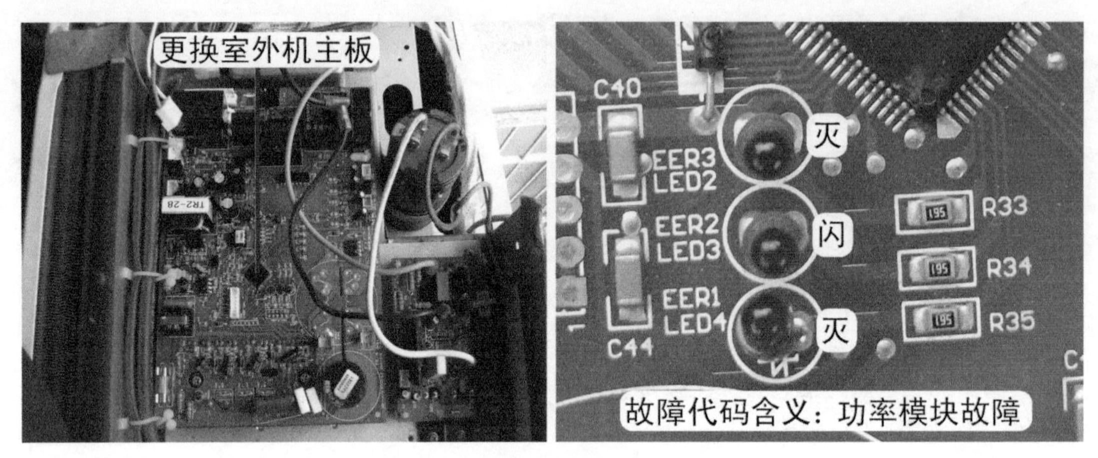

图6-22　更换室外机主板和故障代码

3. 测量压缩机线圈对地阻值

引起“功率模块故障”的原因有模块、开关电源直流15V供电、压缩机异常。现室外机主板已更换，可以排除模块和直流15V供电的问题，故障原因还有可能为压缩机异常。为判断故障，拔下压缩机线圈的3根引线，再次上电开机，室外风机运行，室外机主板上的3个指示灯同时闪，含义为“压缩机正常升频”，即无任何限频因素，一段时间以后室外风机停机，报故障代码为“无负载”，因此判断故障为压缩机损坏。

断开空调器电源，使用万用表电阻挡测量3根引线阻值，U和V、U和W、V和W均为0.8Ω，说明线圈阻值正常。见图6-23（a），将一支表笔接冷凝器（相当于接地线），一支表笔接压缩机线圈引线，正常阻值应为无穷大，而实测约为25Ω，判断压缩机线圈对地短路损坏。

为准确判断，取下压缩机接线端子上的引线，直接测量压缩机接线端子与排气口铜管阻值，见图6-23（b），正常为无穷大，而实测仍为25Ω，确定压缩机线圈对地短路损坏。

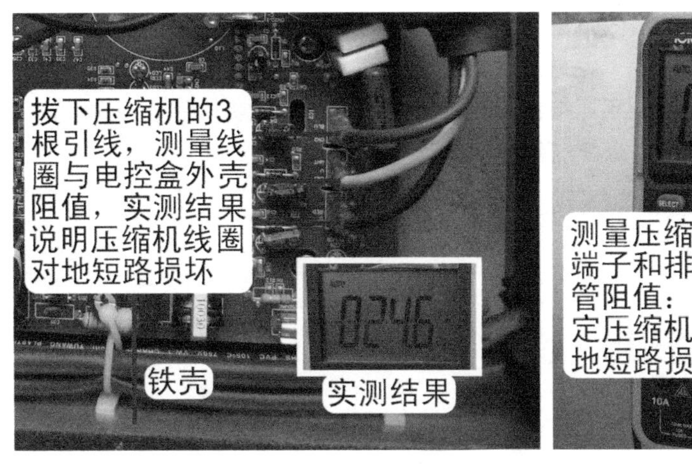

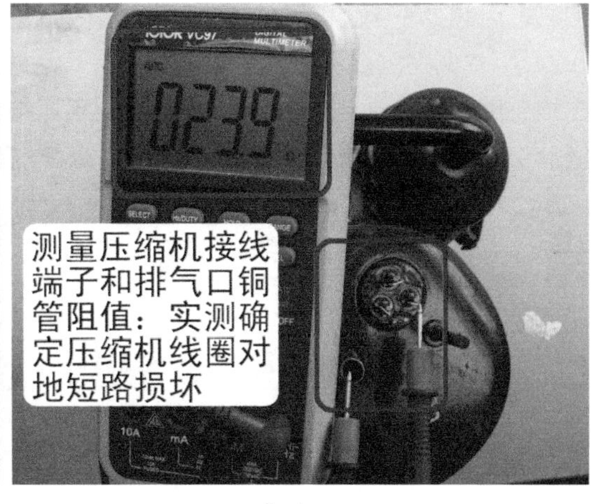

（a）　　　　（b）

图6-23　测量压缩机引线对地阻值

维修措施：见图6-24（a），更换压缩机。见图6-24（b），型号为三洋QXB-23（F）的交流变频压缩机，根据顶部钢印可知，线圈供电为三相，定频频率为60Hz时工作电压为交流140V，线圈与外壳（地）正常阻值大于2MΩ。拔下吸气管和排气管的封塞，将3根引线安装在新压缩机接线端子上，上电开机压缩机运行，吸气管有气体吸入，排气管有气体排出，室外机主板不报“功率模块故障”，更换压缩机后对系统顶空，加氟至0.45MPa后试机制冷正常。

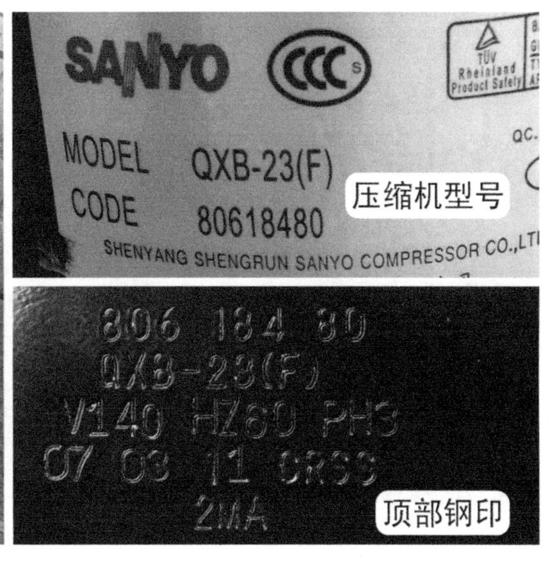

（a）　　　　（b）

图6-24　压缩机实物外形和铭牌

总结：

① 本例在维修时走了弯路，在室外机主板报出“功率模块故障”时，测量模块正常后仍判断室外机CPU误报或有其他故障，而更换室外机主板。假如在维修时拔下压缩机线圈的3根引线，室外机主板不再报“功率模块故障”，改报“无负载”故障时，就可能会仔细检查压

缩机，可减少一次上门维修的次数。

② 本例在测量压缩机线圈时只测量引线之间阻值，而没有测量线圈对地阻值，这也说明在检查时不仔细，也从另外一个方面说明压缩机故障时会报出“功率模块故障”的代码，且压缩机线圈对地短路时也会报出相同的故障代码。

③ 本例空气开关不带漏电保护功能，因此开机后报“功率模块故障”的代码。假如本例空气开关带有漏电保护功能，故障现象则表现为上电后空气开关跳闸。

二、压缩机线圈短路，报模块故障

故障说明：海信KFR-26GW/27BP挂式交流变频空调器，开机后不制冷，查看室外机，室外风机运行，但压缩机运行15s后停机。

1. 查看故障代码

拔下电源插头，约1min后重新上电，室内机CPU和室外机CPU复位。遥控开机后，在室外机观察，压缩机首先运行，但约15s后停止运行，室外风机一直运行，见图6-25（a），模块板上指示灯报故障为LED1和LED3灭、LED2闪，查看代码含义为“功率模块故障”；在室内机按压遥控器上“高效”键4次，显示屏显示代码为“05”，含义同样为“功率模块故障”。

断开空调器电源，待室外机主板开关电源停止工作后，拔下模块板上的P、N、U、V、W5根引线，使用万用表二极管挡，见图6-25（b），测量模块5个端子符合正向导通、反向截止的二极管特性，判断模块正常。

模块板 LED2 指示灯闪，代码含义为“功率模块故障”
灭
闪
灭
万用表二极管挡测量模块的P、N、U、V、W5个端子，符合正向导通、反向截止的二极管特性，判断模块正常

（a）　　（b）

图6-25　故障代码和测量模块

2. 测量压缩机线圈阻值

使用万用表电阻挡，测量压缩机线圈阻值，压缩机线圈共有3根引线，颜色分别为红（U）、白（V）、蓝（W），见图6-26，测量U和V引线阻值为1.6Ω，U和W引线阻值为1.7Ω，V和W引线阻值为2.0Ω，实测阻值不平衡，相差约0.4Ω。

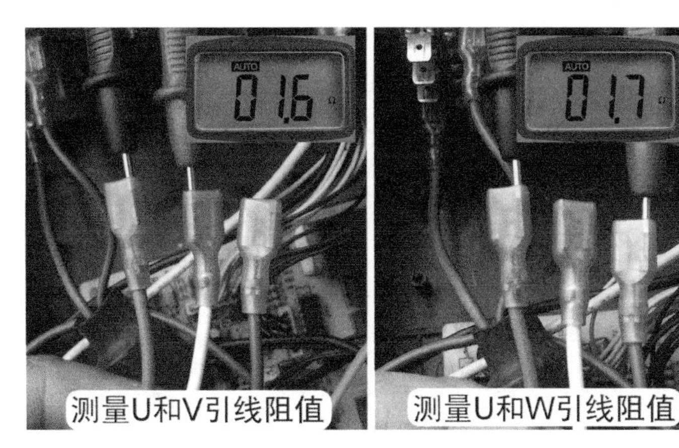

图6-26 测量压缩机线圈阻值

3. 测量室外机电流和模块电压

恢复模块板上的5根引线，使用两个万用表。一个万用表为UT202，选择交流电流挡，表头钳住室外机接线端子上1号电源L相线，测量室外机的总电流，见图6-27；另一个万用表为VC97，选择交流电压挡，测量模块板红线U和白线V的电压，见图6-28。

图6-27 测量室外机总电流

图6-28 测量压缩机线圈运行电压

重新上电开机，室内机主板向室外机供电后，电流为0.1A；室外风机运行，电流为0.4A；压缩机开始运行，电流开始上升，由1A→2A→3A→4A→5A，电流为5A时压缩机停机，从压缩机开始运行到停机总共只有约15s的时间；查看红线U和白线V的电压，压缩机未运行时电压为0V，运行约5s时电压为交流4V，运行约15s时电流为5A，电压为交流30V，模块板CPU检测到运行电流过大后，停止驱动模块，压缩机停机，并报“功率模块故障”的代码，此时室外风机一直运行。

4. 手摸二通阀温度和测量模块空载电压

在二通阀检修口接上压力表，此时显示静态压力约为1.2MPa，约3min后CPU再次驱动模块，压缩机开始运行，系统压力直线下降，当压力降至0.6MPa时压缩机停机。见图6-29（a），此时手摸二通阀温度已经变凉，说明压缩机压缩部分正常（系统压力下降、二通阀变凉），为电机中线圈短路引起（测量线圈阻值相差0.4Ω、室外机运行电流上升过快）。

试将压缩机的3根引线拔掉，再次重新上电开机，室外风机运行，模块板的3个指示灯同时闪，含义为“正常升频无限频因素”，模块板不再报“功率模块故障”，在室内机按遥控器上的“高效”键4次，显示屏显示“00”，含义为“无故障”。见图6-29（b），使用万用表交流电压挡测模块板U和V、U和W、V和W引线电压均衡，开机1min后测量电压约为交流160V，也说明模块输出正常，综合判断压缩机线圈短路损坏。

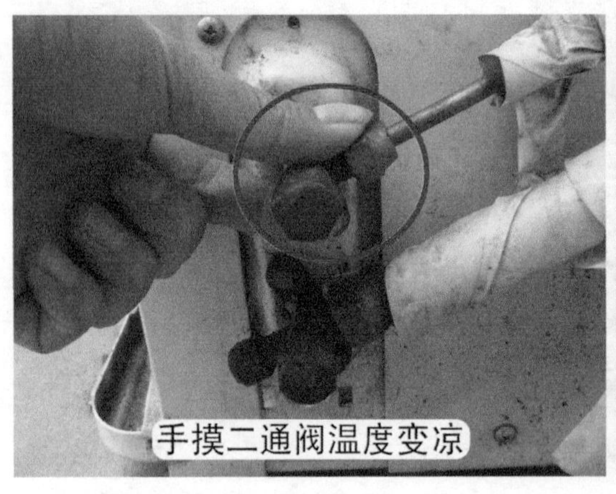

（a）

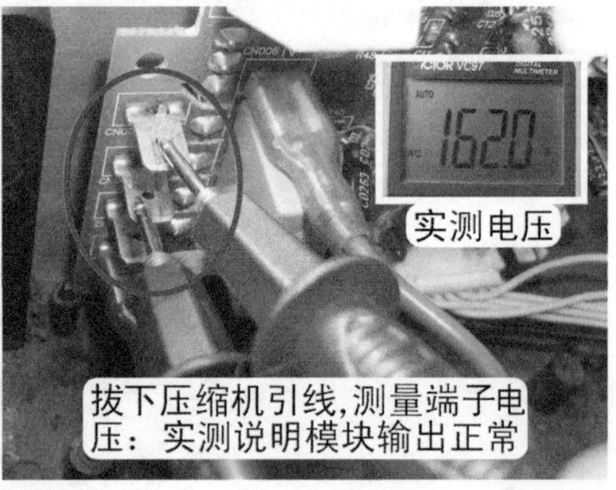

162.0
实测电压
拔下压缩机引线,测量端子电压：实测说明模块输出正常

（b）

图6-29　手摸二通阀温度和测量模块空载电压

维修措施：见图6-30（a），更换压缩机。见图6-30（b），压缩机型号庆安YZB-18R，工作频率30～120Hz、电压交流60～173V，使用R22制冷剂。英文“ROTARY INVERTER COMPRESSOR”含义为旋转式变频压缩机。更换压缩机后顶空加氟至0.45MPa，模块板不再报“功率模块故障”，压缩机一直运行，空调器制冷正常，故障排除。

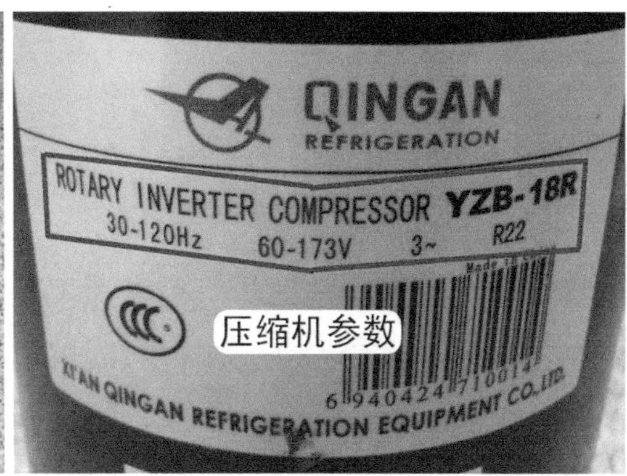

（a） （b）

图6-30 压缩机实物外形和铭牌

三、硅桥击穿，开机空气开关跳闸

故障说明：海信KFR-2601GW/BP挂式交流变频空调器，上电正常，但开机后空气开关跳闸。

1. 开机后空气开关跳闸

将电源插头插入电源插座，导风板自动关闭，见图6-31（a），说明室内机主板5V电压正常，CPU工作后控制导风板自动关闭。

使用遥控器开机，导风板自动打开，室内风机开始运行，但室内机主板主控继电器触点吸合向室外机供电时，空气开关立即跳闸保护，见图6-31（b），说明空调器有短路或漏电故障。

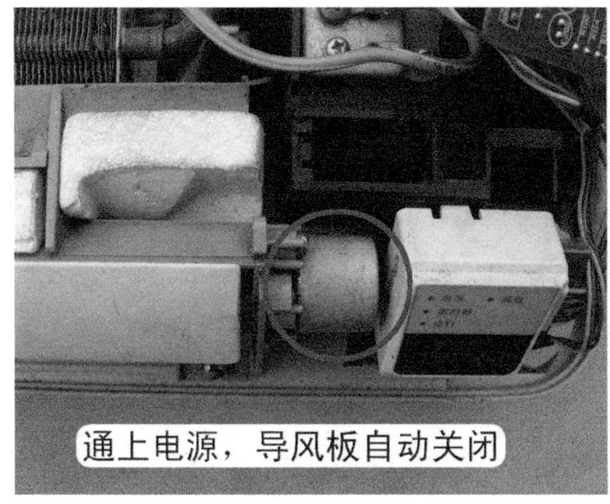

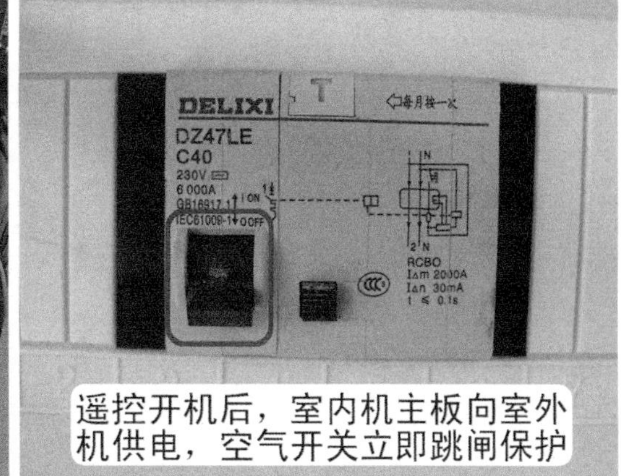

（a） （b）

图6-31 遥控开机后空气开关跳闸

2. 常见故障原因

开机后空气开关跳闸保护，主要是向室外机供电时因电流过大而跳闸。见图6-32，常见原因有硅桥击穿短路、滤波电感漏电（绝缘下降）、模块击穿短路、压缩机线圈与外壳短路。

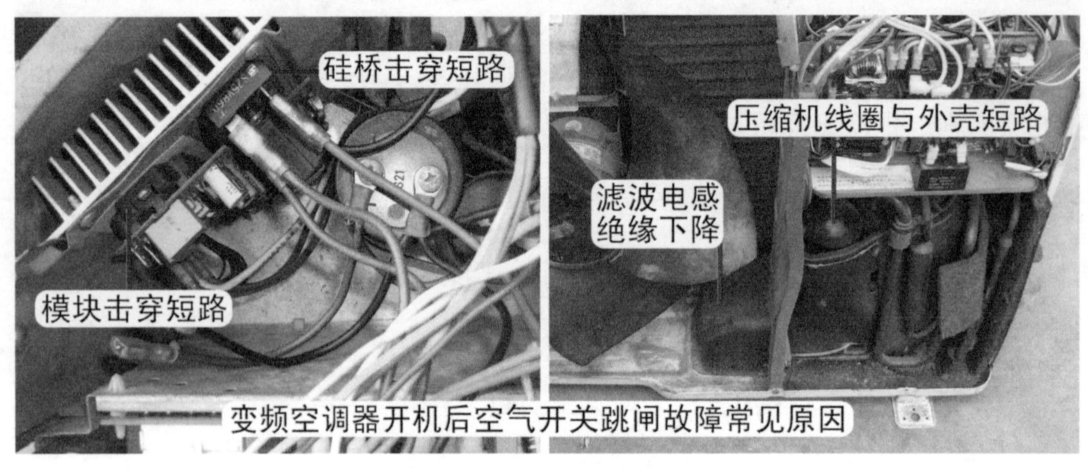

图6-32　跳闸故障常见原因

3. 测量硅桥

开机后空气开关跳闸故障首先需要测量硅桥是否击穿。拔下硅桥上面的4根引线，使用万用表二极管挡测量硅桥，见图6-33，红表笔接正极端子，黑表笔接两个交流输入端时，正常时应为正向导通，而实测时结果均为3mV。

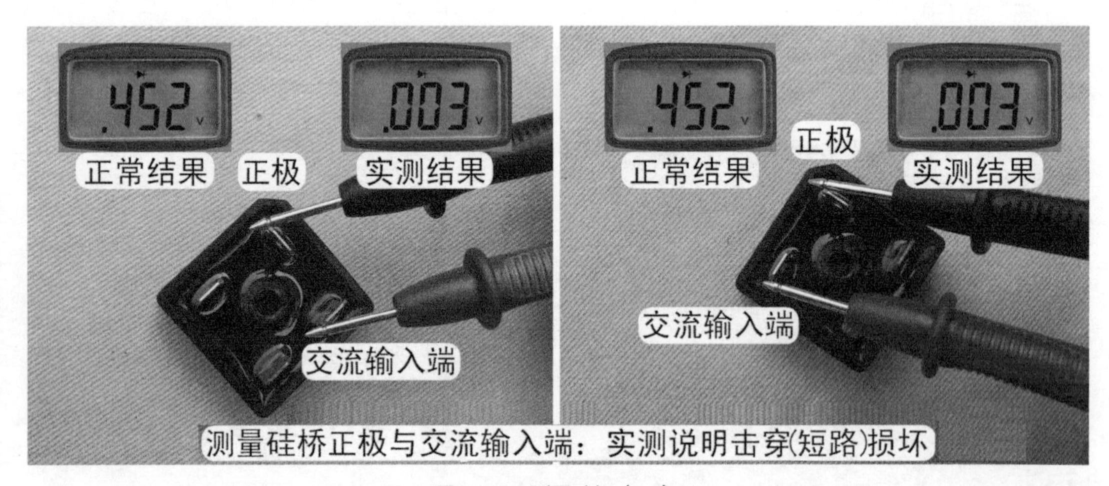

图6-33　测量硅桥（一）

红、黑表笔分别接两个交流输入端子，见图6-34，正常时应为无穷大，而实测结果均为0mV，根据实测结果判断硅桥击穿损坏。

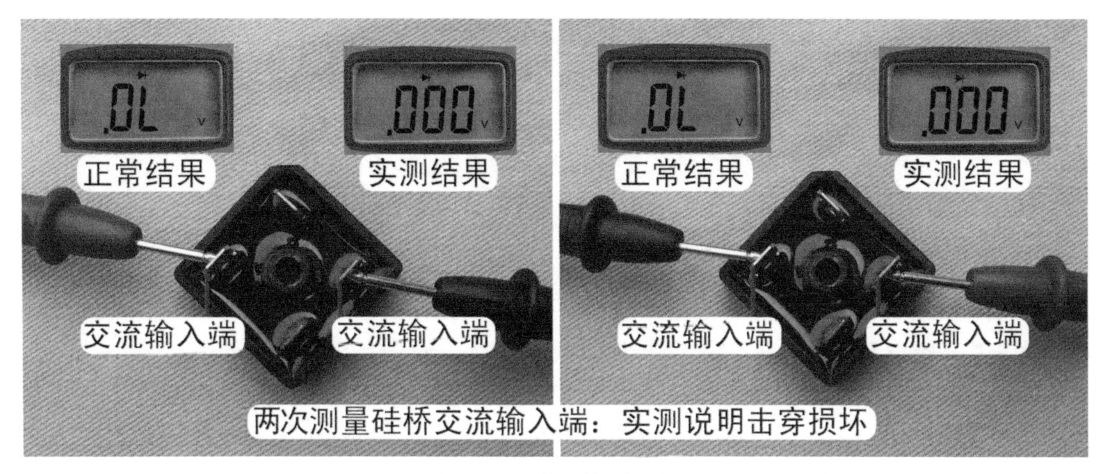

图6-34 测量硅桥（二）

维修措施：见图6-35，更换硅桥。空调器通上电源，遥控开机，空气开关不再跳闸保护，压缩机和室外风机均开始运行，制冷正常，故障排除。

图6-35 更换硅桥

总结：

① 硅桥内部有4个整流二极管，有些型号的变频空调器如只击穿3个，只有1个未损坏，则有可能表现为室外机上电后空气开关不会跳闸保护，但直流300V电压为0V，同时手摸PTC电阻发烫，其断开保护，表现现象和模块P-N端击穿相同。

② 也有些型号的变频空调器，如硅桥只击穿内部1个二极管，而另外3个正常，室外机上电时空气开关也会跳闸保护。

③ 有些型号的变频空调器，如硅桥只击穿内部1个二极管，而另外3个正常，也有可能表现为室外机刚上电时直流300V电压约为直流200V，而后逐渐下降至直流30V左右，同时PTC电阻烫手。

④ 同样为硅桥击穿短路故障，根据不同型号的空调器、损坏的程度（即内部二极管击穿的数量）、PTC电阻特性、空气开关容量大小，所表现的故障现象也各不相同，在实际维修时应加以判断。但总体来说，硅桥击穿一般表现为上电或开机后空气开关跳闸。

四、滤波电感线圈漏电，上电空气开关跳闸

故障说明：海信KFR-2601GW/BP×2一拖二挂式交流变频空调器，只要将电源插头一插入电源，即使不开机，空气开关也断开保护。

1. 测量硅桥

上门检查，见图6-36（a），将空调器插头插入电源，空气开关立即断开保护，由于此时并未开机，空气开关即跳开保护，说明故障出现在强电通路上。

由于硅桥连接交流220V电压，其短路后容易引起上电跳闸故障，因此首先使用万用表二极管挡，见图6-36（b），正向和反向测量硅桥的4个引脚，即测量内部4个整流二极管，实测结果说明硅桥正常，未出现击穿故障。

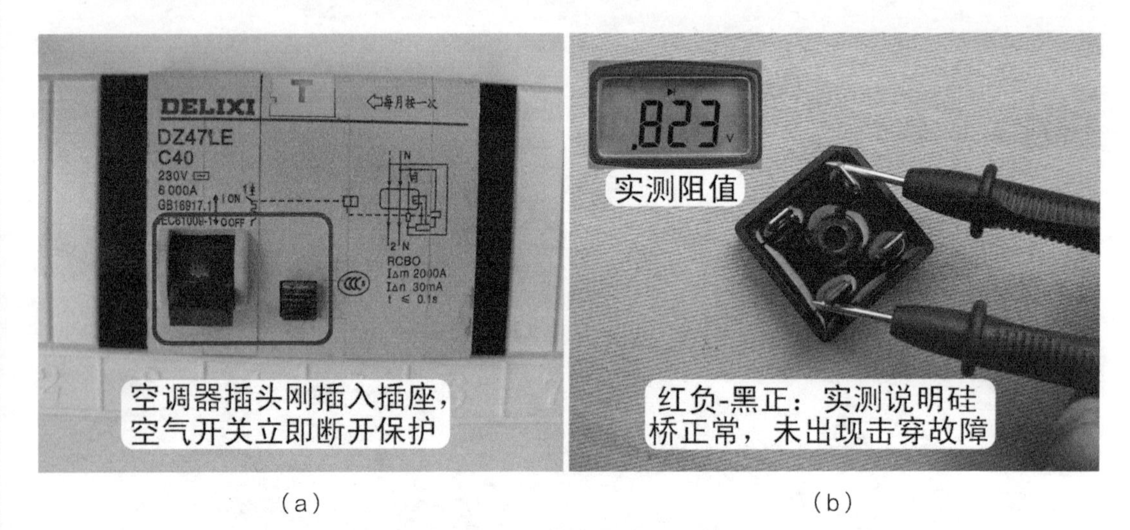

（a）（b）

图6-36　空气开关跳闸和测量硅桥

由于模块击穿有时也会出现跳闸故障，拔下模块上面的5根引线，使用万用表二极管挡测量P/N/U/V/W引线的正向和反向结果均符合要求，说明模块正常。

说明：测量硅桥时需要测量其4个引脚之间正向和反向的阻值，且测量时不用从室外机上取下硅桥，本例只是为使图片清晰才拆下硅桥，图中只显示正向测量硅桥的正与负引脚的结果。

2. 测量滤波电感线圈阻值

此时交流强电回路中只有滤波电感未测量，拔下滤波电感的橙线和黄线，使用万用表电阻挡，测量两根引线的阻值，实测阻值接近0Ω，说明线圈正常导通。

见图6-37，一表笔接外壳地（本例红表笔实接冷凝器铜管），一表笔接线圈（本例黑表笔接橙线），测量滤波电感线圈对地阻值，正常阻值为无穷大，实测阻值约300kΩ，说明滤波电感线圈出现漏电故障。

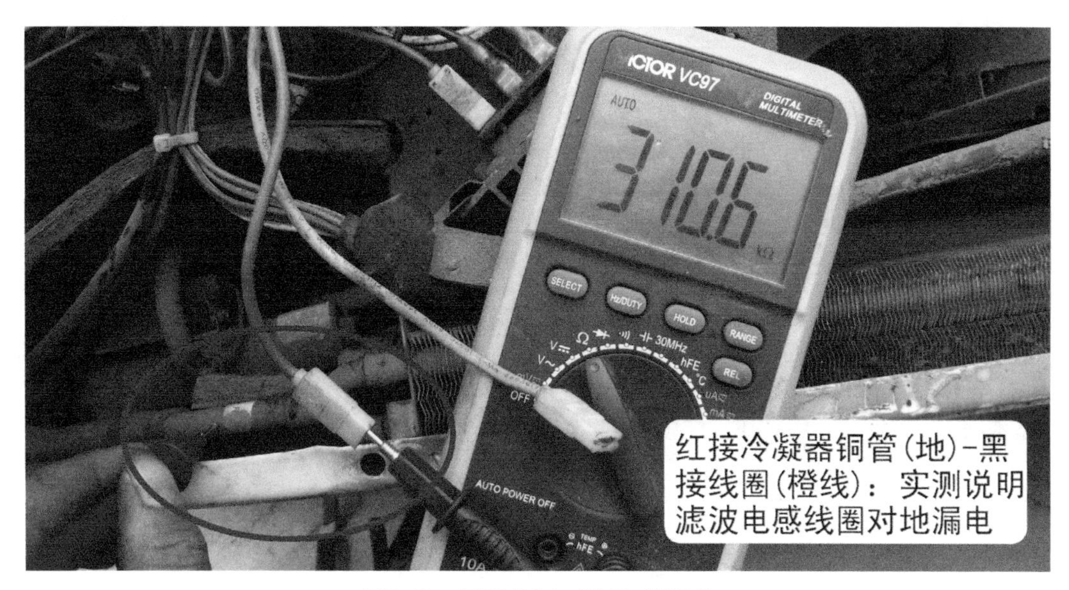

图6-37　测量滤波电感线圈对地阻值

3. 短接滤波电感试机

见图6-38（a），硅桥正极输出经滤波电感后返回至滤波板上，再经过上面的线圈送至滤波电容正极，然后送入模块P端。

查看滤波电感的两根引线插在60μF电容的两个端子，因此拔下滤波电感的引线后，见图6-38（b），将电容上的另外两根引线插在一起（相通的端子上），即硅桥正极输出经滤波板上的线圈直接送至滤波电容正极，相当于短接滤波电感，将空调器通上电源，空气开关不再断开保护，用遥控器开机，压缩机和室外风机开始运行，空调器制冷正常，确定为滤波电感漏电损坏。

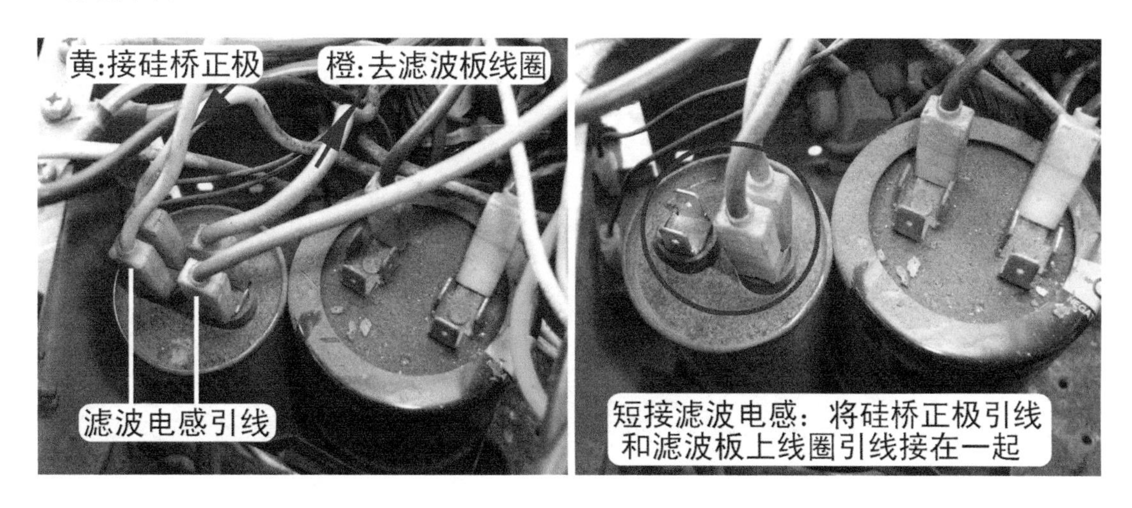

（a）　　（b）

图6-38　短接滤波电感

4. 取下滤波电感

滤波电感位于室外机底座最下部，见图6-39，距离压缩机底脚很近。取下滤波电感时，首先拆下前盖，再取下室外机轴流风扇（防止在维修时损坏扇叶，并且扇叶不容易配到），再取下挡风隔板，即可看见滤波电感，将4个固定螺钉全部松开后，取下滤波电感。

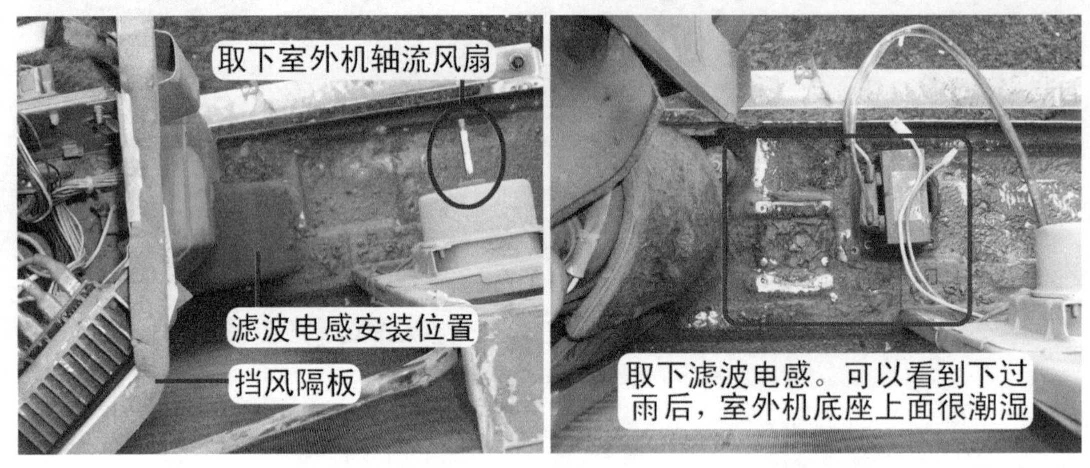

图6-39　滤波电感安装位置及将其取下后的室外机底座

5. 测量损坏的滤波电感

使用万用表电阻挡，见图6-40（a），黑表笔接线圈端子、红表笔接铁芯，测量阻值，正常值为无穷大，实测阻值约为360kΩ，从而确定滤波电感线圈对地漏电损坏。

见图6-40（b），更换型号相同的滤波电感试机，上电后空气开关不再断开保护，遥控开机，室外机运行，制冷恢复正常，故障排除。

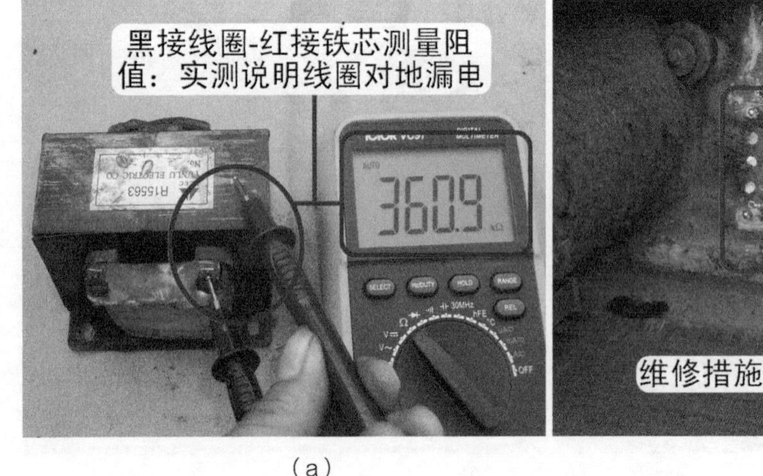

（a）

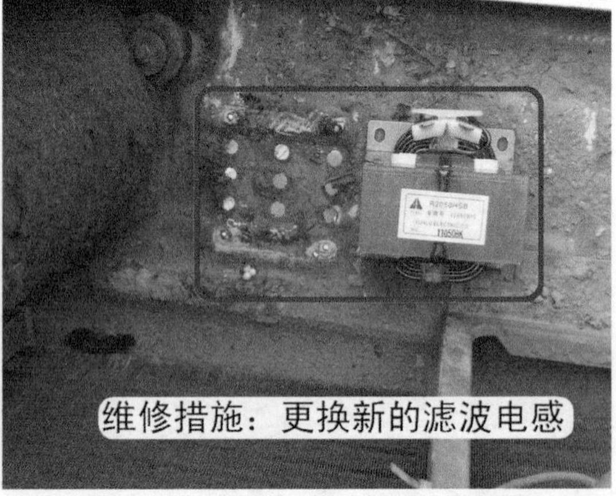

（b）

图6-40　测量滤波电感对地阻值和更换滤波电感

维修措施：更换滤波电感。由于滤波电感不容易更换，在判断其出现故障之后，如果有相同型号的配件，见图6-41，可使用连接引线，接在电容的两个端子上进行试机，在确定为滤波电感出现故障后，再拆壳进行更换，以避免无谓的工作。

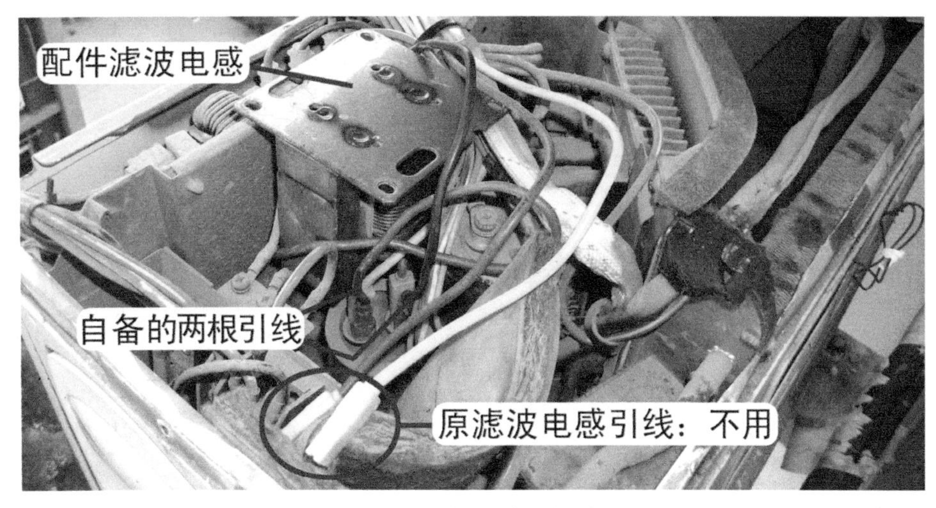

图6-41 使用滤波电感试机

总结：

本例是一个常见故障，是一个通病，在很多品牌的空调器机型均出现过类似现象，原因有以下两个。

① 滤波电感位于室外机底座的最下部，因下雨或制热时被化霜水浸泡，其经常被雨水或化霜水包围，导致线圈绝缘下降。

② 早期滤波电感封口部位于下部，见图6-42（a），时间长了以后，封口部位焊点开焊，铁芯坍塌与线圈接触，引发漏电故障，出现上电后或开机后空气开关断开保护的故障现象。

③ 目前生产的空调器滤波电感封口部位的焊点改在上部，见图6-42（b），这样即使下部被雨水包围，也不会出现铁芯坍塌与线圈接触而导致的漏电故障。

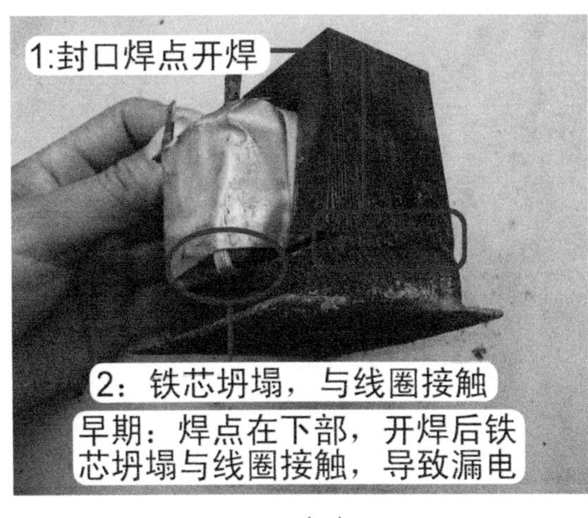

（a）

（b）

图6-42 故障原因